中国科学院教材建设专家委员会规划教材
全国高等院校非计算机专业教材

大学计算机基础教程

第 4 版

主　编　周　敏
副主编　罗玉军　王　勇
编　委　曾爱国　龙达雅　王俭勤　刘正龙
　　　　王　静　王　萍　郑芸芸　韩　轲
　　　　杜晓曦　李　纲　康宏春　刘　锐
　　　　罗　兰

U0316400

科　学　出　版　社
北　京

· 版权所有　侵权必究 ·

举报电话:010-64030229;010-64034315;13501151303(打假办)

内 容 简 介

　　本书根据大学计算机基础课程的基本要求,介绍了计算机基础知识、中文 Windows 基本操作、数据库管理系统 Visual FoxPro 的操作技术、结构化程序设计以及面向对象的程序设计方法。本书充分考虑到非计算机专业学生的特点,内容浅显易懂,知识循序渐进,从面向过程的程序设计过渡到面向对象的程序设计,实例丰富,既考虑了知识的系统性,又考虑了实用性,注重学生实际操作技能和应用能力的培养。

　　本书适合高等院校非计算机专业作为计算机基础课程的教材,也可作为高校教师的教学参考书或其他人员的计算机自学教材。

图书在版编目 (CIP) 数据

大学计算机基础教程 / 周敏主编. —4 版. —北京:科学出版社,2014.1
中国科学院教材建设专家委员会规划教材·全国高等院校非计算机专业教材

ISBN 978-7-03-039358-6

Ⅰ. 大…　Ⅱ. 周…　Ⅲ. 电子计算机-高等学校-教材　Ⅳ. TP3

中国版本图书馆 CIP 数据核字(2013)第 307519 号

责任编辑:邹梦娜　李国红 / 责任校对:陈玉凤
责任印制:赵 博 / 封面设计:范璧合

版权所有,违者必究。未经本社许可,数字图书馆不得使用

科 学 出 版 社 出版

北京东黄城根北街 16 号
邮政编码:100717
http://www.sciencep.com

安泰印刷厂 印刷
科学出版社发行　各地新华书店经销
*
2006 年 2 月第 一 版　　开本:787×1092　1/16
2014 年 1 月第 四 版　　印张:25
2017 年 2 月第十一次印刷　字数:589 000

定价:55.00 元
(如有印装质量问题,我社负责调换)

前　言

为了加强大学计算机基础课程建设,适应计算机教学改革的需要,根据全国计算机基础教学工作指导委员会对非计算机专业计算机基础教学的基本要求,同时参照《四川省普通高校非计算机专业学生计算机应用知识和能力等级考试大纲》的内容,充分考虑高等院校非计算机专业以及医学院校学生的专业特点,编写了这本《大学计算机基础教程》,供医学院校五年制临床医学、医学影像学、高级护理、口腔医学等专业学生使用,也可供高等院校非计算机专业学生使用,理论教学和上机实习共计 108 学时。

医学院校的计算机基础教育,应培养学生以应用为主,注重实效,注重实际操作,能充分利用计算机解决实际问题的能力。随着计算机技术的迅速发展,计算机技术日新月异,新的计算机技术不断涌现,早期的计算机应用基础课程的教学内容,已不能适应现代信息社会飞速发展的需要,因此这门课程的教学内容需要改革,以使学生能适应信息化社会的需要。本书采用 Windows 作为教学的操作系统平台,考虑到数据库技术的发展和面向对象的程序设计方法是当前程序设计的主流,将 Windows 平台下的数据库管理系统 Visual FoxPro 作为教学的主要内容。同时在教材中还介绍了计算机基础知识以及多媒体技术、网络技术的基本概念。

本书的教学内容可分为六个部分。第一部分(第 1 章)主要讲授计算机基础知识,让学生了解什么是计算机以及计算机的基本知识、一般概念,增强计算机意识;第二部分(第 2 章)教学内容主要讲授操作系统 Windows XP 的基本操作,培养学生操作计算机的技能,为学习 Windows 环境下的数据库管理系统 Visual FoxPro 奠定基础。第三部分(第 3 章)教学内容讲授数据库的基本概念;第四部分(第 4 章至第 9 章)讲授数据库管理系统 Visual FoxPro 的基本操作,介绍了 Visual FoxPro 中的数据元素、辅助设计工具的使用、如何创建数据库和表以及表的基本操作、查询与视图及报表的使用方法、SQL 结构化查询语言及应用,使学生获得先进的数据库管理技术;第五部分(第 10 章)详细讲述了结构化程序设计的基本知识、方法和技巧,帮助学生建立程序设计的思想,培养学生的计算思维能力,为讲授面向对象的程序设计奠定基础;第六部分(第 11 章至第 12 章)讲授面向对象的程序设计的基本概念、编程模式及编程技术,培养学生面向对象的程序设计思想,掌握面向对象的程序设计方法并能解决简单的应用问题。本书的教学内容,根据计算机二级考试新大纲的基本要求安排,能满足学生参加计算机二级考试的需要。

本书结构清楚,层次分明,内容由浅入深,注重基本技能训练,重要概念和知识点都有丰富的实例介绍,便于读者理解。这本教材凝聚了我们多年从事计算机基础教学的教学思想和教学方法,是我们教学经验的总结和结晶。在本次再版修订中,增加了一定数量的算法分析例题,希望将计算思维的思想融入教学过程中,旨在培养学生的计算思维能力。由于作者水平有限,书中疏漏和错误之处在所难免,恳请各位老师和读者不吝指正,提出宝贵意见,以使本书再版时更趋完善。

在教材的编写和修订过程中,教研室全体老师提出了许多宝贵的修改意见,在出版中得到教务处领导和老师的大力支持和帮助,在此向他们表示感谢。

编　者

2013 年 11 月

目　　录

第1章　计算机基础知识

电子计算机是一种能存储信息、处理信息并能自动输出结果的电子设备系统。它的发明是20世纪科学技术发展进程中最卓越的成就之一，它的出现为人类社会进入信息化时代奠定了坚实的基础。特别是微型计算机的出现将计算机的应用深入到人类社会的各个领域，对人类社会的发展产生了极其深远的影响。而计算机网络的应用又将人类社会带入了信息化时代，从根本上改变了人们的工作、学习和生活方式。今天，计算机已应用到各行各业，普及到千家万户，成为人们工作、学习和生活的重要工具。掌握计算机基础知识和应用技能，已成为培养现代化人才的基本要求。

§1.1　计算机的发展概况与特点

1.1.1　计算机的发展简介

随着人类社会的进步，科学技术的发展，对计算的要求日趋复杂，人们先后发明和创造了各种计算工具。例如算盘、计算尺、手摇计算机、电动计算机等，随着生产力的发展，特别是20世纪科学技术的飞速发展，这些计算工具远远不能满足生产实践的需要。科学技术的飞速发展，迫切需要有一种速度快、精度高、高度自动化的新型计算工具出现。在19世纪50年代，英国数学家乔治·布尔创立了逻辑代数，用二进制进行运算，为当前的电子计算机奠定了数学基础。1936年，英国科学家图灵首次提出逻辑机的通用模型，建立了电子计算机的算法理论，为电子计算机的出现提供了重要的理论根据。1946年2月14日，在美国宾夕法尼亚大学诞生了世界上第一台电子计算机"ENIAC"（The Electronic Numerical Integrator And Calculator，电子数值积分计算机）。"ENIAC"当时是为计算弹道轨迹而研制的，主要研制人是美国宾夕法尼亚大学的莫奇利（Mauchly）教授和他的研究生埃克特（Eckert）。ENIAC计算机的问世，宣告了电子计算机时代的到来。ENIAC计算机体积相当庞大，占地170平方米，重30吨，使用了18 000多个电子管，耗电140千瓦，每秒仅能运行5000次加减和存数取数运算。但是"ENIAC"计算机并不完善，不能存储程序，只能存20个字长为10位的十进制数。在同年7月美籍匈牙利数学家冯·诺依曼博士提出了存储程序的全新概念，奠定了存储程序式计算机的理论基础，确立了现代计算机的基本结构（称为冯·诺依曼体系结构）。根据冯·诺依曼提出的设计方案，科学家们不久便研制出了人类第一台具有存储程序功能的计算机——"EDVAC"（Electronic Discrete Variable Automatic Computer，离散变量自动电子计算机）。"EDVAC"计算机采用了程序存储和二进制等先进思想，人们可以将指令和数据一起存储到计算机中，使计算机能按事先存入的程序自动执行。"EDVAC"计算机的问世，使冯·诺依曼提出的存储程序思想和结构设计方案成为了现实，并奠定了计算机的冯·诺依曼结构形式。从某种意义上说，到目前为止的所有计算机都是按冯·诺依曼的结构研制而成的，所以又称为冯·诺依曼计算机。

人类社会从石子、结绳计数到电子计算机的出现经历了漫长的发展时期，而从1946年第一台计算机问世到现在仅有60多年时间，计算机的发展却是突飞猛进。按照计算机的主要逻辑部件和元件的工艺变化，计算机的发展经历了电子管、晶体管、中小规模集成电路和大规模集成电路四个年代（表1-1）。

表1-1 计算机的发展年代

年代	时间	主要逻辑部件	主要软件	运算速度	应用领域
第一代	1946～1957	电子管	机器语言 汇编语言	几千～几万次/秒	科学计算
第二代	1958～1963	晶体管	汇编语言 高级语言	几十万次/秒	科学计算 数据处理
第三代	1964～1970	集成电路	操作系统 高级语言	几百万次/秒	事务处理、辅助设计等各个领域
第四代	1971～	大规模集成电路	高级语言 面向对象的语言 分布式 OS,网络 OS	几百万～上亿次/秒	微机和网络的应用,使计算机深入到各个领域

第一代 电子管计算机时代(1946～1957 年)

电子管计算机采用电子管作为运算和逻辑元件,用机器语言和汇编语言编写程序,主要用于科学和工程计算。计算机体积庞大,价格昂贵,操作繁琐,只有专业技术人员才能使用。

第二代 晶体管计算机时代(1958～1963 年)

晶体管计算机的特征是将电子管元件改成了晶体管。因此,计算机的体积大大缩小,而且运算速度加快,可靠性提高,耗电少。晶体管计算机使用了磁芯和磁盘作为存储设备,所使用的软件也有了很大的进步,出现了操作系统和高级程序设计语言。计算机不仅用来进行科学计算,而且还广泛应用于数据处理领域,同时开始用于过程控制。第二代计算机的运算速度可达到每秒几万次到几十万次。

第三代 中、小规模集成电路计算机时代(1964～1970 年)

第三代计算机的运算和逻辑电路采用了更为先进的集成电路,半导体存储器代替了磁芯存储器,体积更加小型化。软件更加丰富,操作系统的功能日益成熟,运算速度已提高到每秒几百万次。在这一时期,计算机的应用深入到了许多领域,计算机已经发展成为一大产业。

第四代 大规模集成电路计算机时代(1971 年以后)

第四代计算机采用大规模集成电路和超大规模集成电路作为主要逻辑部件,可靠性、运算速度等技术指标进一步提高,同时出现了许多不同类型的大、中、小型计算机以及功能强劲的巨型机。特别是在 20 世纪 80 年代出现了微型计算机,大大推动了计算机的普及和应用。90 年代以来,计算机网络的应用和发展,将计算机的应用推向了更高的层次,使计算机成为信息化社会中人人都不可缺少的重要工具。

目前,世界上许多科学技术先进的国家正在探索和研制第五代智能计算机,第五代计算机由超大规模集成电路组成,运算速度可达每秒千亿次以上,而且能将信息采集、存储、处理、通信和人工智能结合在一起,具有读、写、听、说自然语言的能力,还可以进行逻辑推理、联想、学习和积累经验。第五代计算机正在进行两方面的探索,其一是计算机的智能化程度,一种“人工神经网络”的人工智能新技术将使机器的智能程度实现质的飞跃;其二是寻找新材料取代当前的集成电路,例如生物计算机、光电子计算机的设计思想。它的体系结构将突破传统的冯·诺依曼机器的概念,实现高度的并行处理。

1.1.2 计算机的特点

计算机是信息化社会中信息处理的中心,其应用范围已经从单纯的科学计算扩展到数据、文字、图形和声音的处理,成为多媒体计算机,使人们能完成以前不可能完成的工作,同传统的计算工具相比,计算机具有其他计算工具不可比拟的特点。计算机的特点主要包括:

1. 运算速度快

这是电子计算机最显著的特点。计算机的运算速度已从原始的每秒 5000 次发展到了每秒几千万次、甚至上千亿次。由于计算机运算速度快,使得许多过去无法快速处理的问题得到了及时的解决。如气象预报问题,要迅速分析处理当天大量的气象数据资料,才能做出及时的预报。这在以前使用手摇计算机,要花一至两个星期时间,使预报成为了记录,而用现在的一台中型计算机则只需要几分钟就能完成。又如伟大的数学家契依列花费了 15 年的时间,才将 π 计算到 707 位,而用现在中等速度的计算机 8 个小时就可将 π 计算到第十万位,这种速度在人工计算上是不可想象的。

2. 计算精度高

计算机具有过去计算工具无法比拟的计算精度,一般计算尺只有 2 ~ 3 位的有效数字,而电子计算机的有效数字可达十几位、几十位甚至几百位以上的精度。例如,用计算机可把圆周率 π 计算到小数点后 100 万位。这样的计算精度是任何其他计算工具所不可能达到的。

3. 可靠性高

可靠性是指安全、可靠与不出故障。由于大规模和超大规模集成电路的使用,以及采用一定的技术措施,使计算机可连续运行的时间达几万、甚至几十万小时以上而不出故障。

4. 具有记忆存储能力

计算机不仅能进行计算,而且还可以把原始数据、中间结果、程序等存储起来,这是计算机区别于其他计算工具的本质特点之一。一般计算器至多只能存放少量数据,而电子计算机却能存储几万、几十万甚至几千万数据。

5. 具有逻辑判断能力

计算机的逻辑判断能力,是指计算机能对两个信息进行比较,根据比较的结果,自动确定下一步该执行什么操作。因此,人们可以预先把需要处理问题的原始数据和程序存储在计算机中,由计算机自动地一步步工作,直到得出最终结果。

6. 高度的自动化和灵活性

计算机其内部操作运算完全是自动进行的,使用者只要把原始数据和程序输入到计算机内部存储起来,然后发出一条执行命令,计算机就能自动连续地按照程序的步骤执行,并对数据进行运算和处理,直到输出处理结果,整个过程不需人工干涉就能自动完成。

7. 通用性强

通用性是指计算机能解决各种不同类型的问题,应用于不同的领域。目前,通用计算机的应用范围已渗透到各行各业以及人们的日常生活中,这充分说明了计算机的通用性非常强。

1.1.3　计算机的分类

计算机的种类很多,可以从不同的角度进行分类。计算机按照其用途分为通用计算机和专用计算机;按照计算机内部所处理的数据类型可分为模拟计算机、数字计算机和混合型计算机;按照运算速度和规模可分为巨型机、大中型机、小型机和微型机。

1. 按计算机的用途划分

计算机按其用途可分为以下两类:

(1)通用计算机(General Purpose Computer):通用计算机能够完成各种不同类型的计算任务,具有很强的通用性。我们经常所使用的计算机一般都是通用计算机。

(2)专用计算机(Special Purpose Computer):专用计算机是指用来完成某一专门任务、解决特定问题的计算机。

2. 按计算机内部所处理的数据类型和处理方式划分

按计算机内部所处理的数据类型和处理方式,电子计算机可分为如下三类:

(1)数字计算机(Digital Computer):计算机内部所处理的信息是由 0 和 1 组成的离散数字量。这类计算机解题精度高、灵活性大,便于对信息存储,应用十分广泛。我们通常使用的计算机都是数字计算机。

(2)模拟计算机(Analog Computer):计算机内部所处理的信息是连续变化的模拟量如电压、电流等。这类计算机精度有限,信息存储困难,但能模拟实际问题中的物理量,适用于仿真领域的研究,解题速度快。

(3)混合型计算机(Hybrid Computer):混合型计算机是将模拟技术与数字技术灵活结合起来的计算机,它兼有模拟计算机和数字计算机的优点。

3. 按照计算机的运算速度和规模划分

计算机按其运算速度和软硬件规模划分,可分为以下几类:

(1)巨型机(Giant Computer):它具有运算速度快、效率高、软、硬件配置齐全、功能强等特点。采用大规模并行处理结构,有数以百计、千计的处理器,其运算速度可达每秒百亿次甚至千亿次以上。它主要用于科学研究和军事技术等方面的工作。

(2)大中型机(Large-scale or Medium-size Computer):大中型计算机具有较高的运算速度和较大的存储容量,但不如巨型机。它的软、硬件规模较大,价格高,采用对称多处理器结构,有数十个处理器。大中型计算机主要用于信息管理、商业管理、事务处理、大型数据库和数据通信等方面的工作。

(3)小型机(Mini Computer):小型计算机的运算速度和存储容量不及大中型机,但价格相对较低。小型机的规模小、结构简单、设计周期短、软件开发成本低、易于操作和维护。现代的许多高档微机的功能与小型机已没有多大的差别,且在某些方面比小型机更有优势。

(4)微型机(Micro Computer):微型计算机简称微机,又称 PC 机(Personal Computer),诞生于 20 世纪 70 年代,它采用微处理器作为计算机的中央处理单元。微型计算机具有体积小、重量轻、功耗低、可靠性高、价格便宜等优点。微型机技术在近 10 年内发展速度迅猛,平均每 2~3 个月就有新产品出现,1~2 年产品就更新换代一次。平均每两年芯片的集成度可提高一倍,性能提高一倍,价格降低一半。目前处理器已发展到四核处理器时代,最高主频已达 3GHz 以上,内存容量主流是 2GB 以上,硬盘容量高达 200GB 以上,运行速度超过 6 亿条指令/秒。微型机已广泛应用于办公自动化、数据库管理、图像识别、语音识别、专家系统、多媒体技术等领域,并且微型机的应用已渗透到社会生活的各个领域。

§1.2 计算机的应用与发展方向

1.2.1 计算机的应用领域

计算机最初是为了适应科学计算的要求,为提高解题的精度与速度而设计的。但随着计算机的发展,计算机的应用已远远超出了科学计算的范围,在办公自动化、信息处理、数据库管理、图像识别、语音识别、专家系统、多媒体技术、自动控制等领域显示了惊人的能力。归纳起来,计算机的应用领域主要有以下几个方面:

1. 科学计算(或称数值计算)(Scientific Computing)

早期的计算机主要用于科学计算。目前,科学计算仍然是计算机应用的一个重要领域。如高能物理、工程设计、地震预测、气象预报、航天技术等。由于计算机具有高运算速度和精度以及逻辑判断能力,因此出现了计算力学、计算物理、计算化学、生物控制论等新的学科。

2. 过程控制(Procedure Control)

利用计算机对被控制对象进行及时地检测数据,并把检测数据存入计算机,再根据需要对这些数据进行各种处理和判断,并按最佳状态对被控制对象进行自动调节的过程。特别是仪器仪表引进计算机技术后所构成的智能化仪器仪表,将工业自动化推向了一个更高的水平。

3. 数据处理(Data Processing)

信息处理是目前计算机应用最广泛的一个领域。利用计算机来加工、管理与操作任何形式的数据资料,如企业管理、物资管理、报表统计、信息情报检索等。近年来,国内许多机构纷纷建设自己的管理信息系统(MIS);生产企业也开始采用制造资源规划软件(MRP);商业流通领域则逐步使用电子信息交换系统(EDI),实现所谓无纸化贸易。

4. 计算机辅助系统(Computer Aided System)

(1)计算机辅助设计(CAD):是指利用计算机来帮助设计人员进行工程设计,以提高设计工作的自动化程度,节省人力和物力。目前,此技术已经在电路、机械、土木建筑、服装等设计中得到了广泛的应用。

(2)计算机辅助制造(CAM):是指利用计算机进行生产设备的管理、控制与操作,从而提高产品质量、降低生产成本、缩短生产周期,并且还大大改善了制造人员的工作条件。

(3)计算机辅助测试(CAT):是指利用计算机进行复杂而大量的测试工作。

(4)计算机辅助教学(CAI):是指利用计算机帮助教师讲授和帮助学生学习的自动化系统,使学生能够轻松自如地从中学到所需要的知识。

5. 人工智能(Artificial Intelligence)

人工智能就是让计算机模拟人类的某些智能活动,如感知、思维、推理、学习、理解等。这样不仅使计算机的功能更为强大,而且使用计算机也会十分简单,只要告诉计算机该做什么就行了。人工智能一直是计算机研究的重要领域,如专家系统、机器翻译、模式识别(声音、图像、文字)、自然语言理解等都是人工智能的具体应用。

6. 网络通信(Network Communication)

计算机网络是将分布在不同地理位置的计算机用通信线路连接起来,实现计算机之间的数据通信和各种资源共享。例如,国际互联网 INTERNET 就是全世界最大的网络。网络和通信的飞速发展改变了传统的信息交流的方式,加快了社会信息化的步伐。计算机和网络的紧密结合使人们更为有效地共享和利用资源,实现了"足不出户,畅游天下"的梦想。

7. 电子商务(Electronic Commerce)

电子商务是利用现有的计算机软、硬件设备和网络基础设施,通过一定的协议连接起来的电子网络环境进行各种商务活动的方式。电子商务通过电子方式处理和传递数据,渗透到贸易活动的各个阶段,主要包括信息交换、售前售后服务、销售、电子支付、运输、组建虚拟企业、共享资源等等。

8. 视听娱乐(Seeing and Hearing Amusement)

计算机的娱乐功能是随着微型计算机的出现而发展起来的,计算机最初只能处理文字,20世纪80年代以来,由于新技术的运用,计算机可以处理文字、图像、动画、声音等各种数据,这种技术被称为多媒体技术。多媒体计算机进一步扩展了计算机的应用领域,人们不仅可以使用计算机打字、学习、处理信息,而且还能进行绘画、听音乐、看电影甚至玩游戏等娱乐活动。计算机的娱乐功能促进了计算机与人们的生活更加紧密地结合。

计算机及其相关技术的飞速发展和普及,推动了社会的信息化,从根本上改变了人们的工作、生活、学习、消费、娱乐等活动的方式,极大地提高了全社会的工作效率和生活质量。计算机已经成为人类社会不可缺少的一种工具,掌握计算机的基本知识和使用方法是现代社会对每个人的基本要求。

1.2.2 计算机的发展方向

未来的计算机将以超大规模集成电路为基础,向巨型化、微型化、网络化与智能化的方向发展。

1. 巨型化

巨型化是指计算机的运算速度更快、存储容量更大、功能更强。目前正在研制的巨型计算机其运算速度可达每秒百亿次、千亿次以上。

2. 微型化

微型计算机已进入仪器、仪表、家用电器等小型仪器设备中,同时也作为工业控制过程的心脏,使仪器设备实现"智能化"。随着微电子技术的进一步发展,笔记本型、掌上型等微型计算机必将以更优的性能价格比受到人们的欢迎。

3. 网络化

随着计算机应用的深入,特别是家用计算机越来越普及,一方面希望众多用户能共享信息资源;另一方面也希望各计算机之间能互相传递信息进行通信。计算机网络是现代通信技术与计算机技术相结合的产物。计算机网络已在现代企业的管理中发挥着越来越重要的作用,如银行系统、商业系统、交通运输系统等。

4. 智能化

计算机人工智能的研究是建立在现代科学基础之上。智能化是计算机发展的一个重要方向,新一代计算机将可以模拟人的感觉、行为和思维活动,进行"看"、"听"、"说"、"想"、"做",具有逻辑推理、学习与证明的能力。

§1.3 计算机中数据信息的表示方式

1.3.1 十进制和十进制数的表示方法

对于数值的表示,人们习惯采用的是十进制表示法。十进制采用逢十进一的规则进位,它用 0 到 9 十个数字作为记数符号,在数学上把这些记数符号的个数称为基数,故十进制的基数是 10。对于任何一个十进制数,都可以表示成一个多项式形式。例如,可将 256 表示如下:

$$2\times10^2+5\times10^1+6\times10^0$$

在上式中基数的幂次称为权($10^2,10^1,10^0$),它是一种按权展开的多项式形式。

由此可知,对任何一种进位制数,都可以把它表示成按权展开的多项式形式。例如,r 进制数 N 可表示为:

$$N= \sum_{i=n}^{-m} K_i \times r^i$$

其中,r 为基数,i 表示位序号,K_i 表示第 i 位上的一个数字符,它可以是 0 到 $r-1$ 符号中的任何一个,r^i 表示 i 位的位权,简称为权,n 和 m 分别表示该数的最高位和最低位的位序号。

1.3.2 计算机中的数制

在日常生活中人们习惯使用十进制数,这是因为人有一个天然的计算工具十个指头。在日常生活中往往还使用了一些其他数制,如六十进制:1 小时等于 60 分钟,1 分等于 60 秒;十二进制:1 年等于 12 月等等。另外,在人们日常生活中也有使用二进制的,如一双筷子等于两只,两只鞋为一双,它们是逢二进一。

可见,采用什么进制完全取决于人们实际的需要。在计算机内部采用的是二进制数,这是因为:

(1)二进制数在物理元件中容易实现:二进制只有 0 和 1 两个数符,而计算机是用电子器件表示数字信息的。在物理中,具有两种不同稳定状态表示 0 和 1 的电子元件很多。如晶体管的导通与截止、电容的充电与放电、脉冲的有无都可用 0 和 1 两个数符来表示,而要寻找具有十种稳定状态的电子元件是很困难的。

(2)二进制运算规则简单:二进制的加法公式和乘法公式各有 $2^2=4$ 条,具体列表如下:

0+0=0	0×0=0
0+1=1	1×0=0
1+0=1	0×1=0
1+1=10	1×1=1

而相应的十进制加法运算公式从 0+0=0 到 9+9=18 共有 $10^2=100$ 条。同样,乘法公式也有 100 条。

显然,计算机进行二进制数运算要比十进制数的运算简单得多。

1.3.3 二进制数、八进制数和十六进制数

虽然人们习惯于十进制数,但在计算机内部采用的是二进制,一切信息均是用二进制数的形式表示的。用户通常用十进制数和计算机进行交往,然后由计算机自动将十进制数转换为二进制数。除此之外,为了书写方便在计算机中有时还用到八进制、十六进制数。

1. 二进制数(Binary Number)

二进制只有 0 和 1 两个数字符,逢二进一,其基数为 2,位权是 2 的整数幂。任何一个二进制数都可以按权展开。例如:

$$(1011)_2 = 1×2^3+0×2^2+1×2^1+1×2^0$$
$$= (11)_{10}$$

从以上算式可以看出,通过按权展开相加后可得到对应的十进制数。

2. 八进制(Octal Number)

八进制有 0 到 7 八个数字符,按逢八进一进位,其基数为 8,位权是 8 的整数幂。任何一个八进制数都可以按权展开。例如:

$$(207)_8 = 2×8^2+0×8^1+7×8^0$$
$$= (135)_{10}$$

3. 十六进制数(Hexadecimal Number)

十六进制有十六个数字符,按逢十六进一进位,其基数为 16,位权是 16 的整数幂。十六进制的十六个数字符用 0、1、2、…、9、A、B、C、D、E、F 表示。字母 A、B、C、D、E、F 分别表示的值为:10、11、12、13、14、15。任何一个十六进制数都可以按权展开。

例如：

$$(1FF)_{16} = 1 \times 16^2 + F \times 16^1 + F \times 16^0$$
$$= (511)_{10}$$

下面将十进制和二进制、八进制、十六进制的对应关系列表如下（表1-2）。

表1-2　十进制和二进制、八进制、十六进制的对应关系

十进制	二进制	八进制	十六进制
0	0	0	0
1	1	1	1
2	10	2	2
3	11	3	3
4	100	4	4
5	101	5	5
6	110	6	6
7	111	7	7
8	1000	10	8
9	1001	11	9
10	1010	12	A
11	1011	13	B
12	1100	14	C
13	1101	15	D
14	1110	16	E
15	1111	17	F

1.3.4　不同数制之间的转换

1. 二进制与十进制之间的转换

二进制数转换为十进制数只需借用多项式公式按权展开求和即可。例如：

$$(11011)_2 = 1 \times 2^4 + 1 \times 2^3 + 0 \times 2^2 + 1 \times 2^1 + 1 \times 2^0$$
$$= 16 + 8 + 2 + 1$$
$$= (27)_{10}$$

将十进制数转换为二进制数,分整数部分转换和小数部分转换。整数部分转换采用除2取余法。即将十进制整数连续被2除,同时依次记下余数,直到商为零时为止。第一个余数为二进制整数的最低位,最后一个余数为二进制整数的最高位。

例如,将$(11)_{10}$转换为二进制数。

$(11)_{10} = (1011)_2$

小数部分转换采用乘2取整法。即将十进制数连续被2乘,同时依次记下乘积的整数部分(0或1),直到小数部分为0或达到所需要的精确度为止。第一次乘积得到的整数为二进制小数的最高位,最后一次得到的整数为二进制小数的最低位。

例如,将$(0.375)_{10}$转换为二进制数。

解:

$$
\begin{array}{r}
0.375 \\
\times \quad 2 \\
\hline
0 \qquad\qquad .750 \\
\times \quad 2 \\
\hline
1 \qquad\qquad .500 \\
\times \quad 2 \\
\hline
1 \qquad\qquad .0
\end{array}
$$

$$(0.375)_{10} = (0.011)_2$$

既有小数又有整数的十进制数转换为二进制数时,需分别进行整数部分和小数部分的转换,然后相加即可。例如,$(11.375)_{10} = (1011.011)_2$。

2. 二进制与八进制之间的转换

由于每3个二进制位正好对应一个八进制位,因此它们之间的转换是十分方便的。下面先看一下二进制数和八进制数的基本对应关系:

二进制	八进制
000	0
001	1
010	2
011	3
100	4
101	5
110	6
111	7

(1)二进制转换为八进制(三位一并法):将二进制数据转换为八进制数时,以小数点位置为起点,分别向左(整数部分)、向右(小数部分)每三位分一组,不够补零。然后,按前面对应关系,写出相应的八进制数。例如:

$$(11111001.0101)_2 = 011,111,001.010,100$$
$$= (371.24)_8$$

(2)八进制转换为二进制(一分为三法):将八进制数转换为二进制数时,按上面方法的逆过程进行。

$$(371.24)_8 = 011,111,001.010,100$$
$$= (11111001.0101)_2$$

3. 二进制与十六进制之间的转换

同样,二进制数与十六进制数之间的转换也很简单,这里每4位二进制数对应一位十六进制数。它们之间的基本对应关系如下:

二进制	十六进制	二进制	十六进制
0000	0	1000	8
0001	1	1001	9
0010	2	1010	A
0011	3	1011	B
0100	4	1100	C

0101	5	1101	D
0110	6	1110	E
0111	7	1111	F

（1）二进制转换为十六进制（四位一并法）：将二进制数转换为十六进制数时，以小数点位置为起点，分别向左（整数部分）、向右（小数部分）每四位分一组，不够补零。然后，按前面对应关系，写出相应的十六进制数。

例如，将$(11011011.1011011)_2$转换为十六进制数。

$$(11011011.1011011)_2$$
$$=1101,1011.1011,0110$$
$$=(DB.B6)_{16}$$

（2）十六进制转换为二进制（一分为四法）：将十六进制数转换为二进制数时，按上面方法的逆过程进行。

例如，将$(6FE)_{16}$转换为二进制数。

$$(6FE)_{16}$$
$$=0110,1111,1110$$
$$=(11011111110)_2$$

1.3.5 计算机内数的表示方法

数据在计算机内使用二进制形式表示，在计算机内二进制数可以使用原码、反码和补码进行存储。以下假设计算机的字长是8位，即使用8位二进制表示数。当然，现代计算机的字长远远超过8位，已从16位、32位达到64位。

1. 原码（True Form）

把一个十进制数表示为二进制数时，该数的二进制码就叫原码，其最高位为符号位，用0表示正数，用1表示负数，其余7位以二进制形式表示。例如，$[-5]_原=10000101$。数值0有两种表示方法，即正0和负0，记为：$[+0]_原=00000000$，$[-0]_原=10000000$。

2. 反码（One's Complement）

若对原码的各位取反，但符号位不变，将这种二制码称为反码。我们规定正数的反码与原码相同，负数的反码是在原码的基础上按位取反。例如，$[+5]_反=[+5]_原=000000101$。$[-5]_反=11111010$。在反码表示中0也有两种表示方法，即$[+0]_反=00000000$，$[-0]_反=1111111$。利用反码可以将减法运算变为加法运算。但反码表示法在运算时会引起循环进位，影响计算速度，因此人们又引入了补码表示法。

3. 补码（Two's Complement）

补码的符号位与原码约定相同，正数的补码与原码相同，负数的补码是在原码的基础上按位取反后，末尾加1。例如，$[+5]_补=[+5]_原=000000101$，$[-5]_补=11111011$。在补码表示法中0有唯一的表示方法，即$[+0]_补=[-0]_补=00000000$。引入补码表示法后，加法、减法都可以统一用加法实现。

4. 二进制数的定点表示法和浮点表示法

前面讨论的三种表示法方法只能表示单纯整数或小数，称为二进制数的定点表示法。为了表示既有整数又有小数的实数，使用浮点表示方法。

（1）定点表示法：在计算机内，数的小数点位置是固定的。通常把小数点固定在符号位后

面,最高数据位的左边。即

符号位 $.b_1b_2b_3...b_m$

符号位仍用 0 表示正号,用 1 表示负号。小数点后面是 m 个二进位表示的该小数的值。在实际问题中如果数大于 1,则选择一个比例因子,使其参与运算的数的绝对值都小于 1,在输出结果时再按相应的比例因子将该数扩大。

(2)浮点表示法:在计算机内,数的小数位置不固定,可以左右移动。它通常用指数形式表示为:

$$N=M \cdot R^E$$

上式中 M 是浮点数 N 的尾数,规定为纯小数形式。R 为基数,通常取值为 2、8、16。E 为阶码,阶码通常用整数形式,其值决定了小数点在数据中的位置。浮点数仍要加上符号位,小数点在尾数的最高位的左边。例如,实数 110.101 可表示为:$0.110101×2^{11}$。

1.3.6　计算机中常用的信息编码

计算机中可直接表示和使用的数据分为两大类,即数值数据和非数值数据。其中非数值数据又称符号数据,符号数据用于表示一些符号标记。如英文字母、数字、标点符号、运算符号、汉字、图形、语音信息等等。数值数据用来表示数量的多少,它包括定点小数、整数、浮点数和十进制数串四种类型。它们通常都带有表示数值正负符号位。在计算机中,这些数据都是用二进制编码表示的。下面介绍计算机中常用的信息编码:二-十进制编码(BCD 码)、字符编码(ASCII 码)和汉字编码。

1. 字符编码

计算机中的字符按一定的规则用二进制编码表示,一般是用八个二进制位进行编码的。目前最普遍采用的编码是 ASCII(American Standard Code for Information Interchange)码,即美国标准信息交换码,编码见表 1-3。这种字符编码是用八位二进制位进行编码,其中八位二进制数的最高位是 0,其余 7 位进行编码组合(见图 1-1)。例如,字符 A 的 ASCII 码为 01000001,其对应的十进制数为 65。在 ASCII 码表中,有 95 个编码对应着计算机终端能输入并可显示的 95 个字符,另外的 33 个编码对应着控制字符,它们不可显示。

图 1-1　ASCII 编码

表 1-3　ASCII 字符编码表

b_3-b_0 \ b_6-b_4	000	001	010	011	100	101	110	111
0000	NUL(空白)	DLE(数据换码)	SP(空格)	0	@	P	`	p
0001	SOH(序始)	DC1(设备控制1)	!	1	A	Q	a	q
0010	STX(文始)	DC2(设备控制2)	"	2	B	R	b	r
0011	ETX(文终)	DC3(设备控制3)	#	3	C	S	c	s
0100	EOT(送毕)	DC4(设备控制4)	$	4	D	T	d	t
0101	ENQ(询问)	NAK(否认)	%	5	E	U	e	u
0110	ACK(承认)	SYN(同步空转)	&	6	F	V	f	v
0111	BEL(警铃)	ETB(发送块终)	'	7	G	W	g	w
1000	BS(退格)	CAN(取消)	(	8	H	X	h	x
1001	HT(横线)	EM(载体终)	)	9	I	Y	i	y

b_6-b_4 / b_3-b_0	000	001	010	011	100	101	110	111
1 0 1 0	LF(换行)	SUB(取代)	*	:	J	Z	j	z
1 0 1 1	VT(纵线)	ESC(换码)	+	;	K	[	k	{
1 1 0 0	FF(换页)	FS(文件分隔符)	,	<	L	\	l	|
1 1 0 1	CR(回车)	GS(组间隔)	-	=	M	]	m	}
1 1 1 0	SO(移出)	RS(记录间隔)	.	>	N	^	n	~
1 1 1 1	SI(移入)	US(单元间隔)	/	?	O	-	o	DEL(删除)

从 ASCII 码表中可看到,ASCII 码值 00000000(十进制数 0)到 00011111(十进制数 31)及 01111111(十进制数 127)所对应的是控制字符,ASCII 码值 00100000(十进制数 32)对应的是表中第一个可显示符—空格,数字符 0 的 ASCII 码值为 00110000(十进制数 48),大写字母 A 的 ASCII 码值为 01000001(十进制数 65),小写字母 a 的 ASCII 码值为 01100001(十进制数 97)。

如果 ASCII 码的最高位为 1 时,ASCII 码可以表示 256 个字符。前 128 个字符与上表中所列的字符编码完全一样,后 128 个字符及其对应的编码关系,称为扩展的 ASCII 码。扩展的 ASCII 码往往被许多国家用来定义本国的文字代码。

2. 二-十进制编码(BCD 码)

计算机中采用二进制数容易实现并且可靠,运算规则十分简单。缺点是不直观。由于人们习惯使用十进制数,计算机在输入、输出时通常还是采用十进制数表示。但这个十进制数在计算机中要用二进制编码来表示。

十进制数共有 0 ~ 9 十个数码,任一位十进制数至少需要四位二进制编码来表示。其表示方法很多,但常用的是 8421 码(即 BCD 码)。表 1-4 列出了部分编码的关系。

表 1-4 8421 码

十进制数	8421 码	十进制数	8421 码
0	0000	7	0111
1	0001	8	1000
2	0010	9	1001
3	0011	10	0001 0000
4	0100	11	0001 0001
5	0101	⋮	⋮
6	0110	215	0010 0001 0101

8421 码选取的四位二进制数码是按照计数顺序从 0 ~ 9 的前十个状态与十进制数的十个数码一一对应。并且这四位二进制编码的各位仍保持一般二进制数位的权,从左至右各位依次的权为 8、4、2、1,故称 8421 码。由于它是十进制数,但每一位又是用四位二进制编码来表示的,所以又称为二-十进制码。BCD 码比较直观,便于识别。

例如:$(1000\ 0101\ 0010\ .\ 0100\ 1001)_{BCD}$

可以很方便地认出为:852.49

3. 汉字编码

对英文字符及数字信息进行编码是比较容易的,用一个字节的 ASCII 码来表示,使用该字节的低 7 位可以表示 128 个 ASCII 字符。对汉字信息进行数字化编码,远比英文字符要难得多。因为汉字数量众多,常用汉字就有五、六千个,无法使用一个字节来区分、表示全部汉字,而且汉字字形复杂,无论从读音、形状、定义等方面看,都缺乏有机的联系。因此汉字必须要有自己的编码。如何把计算机只能处理的二进制编码转换成各种各样的汉字呢?通过我国计算机专业技术工作者的努力,提出了很多汉字编码方案,成功地解决了汉字的输入、处理和输出问题。在汉字信息处理过程中,经常要使用如下汉字编码:国标码、机内码、输入码和输出码。

(1) 国标码:国标码是根据国家标准 GB2312《信息交换用汉字编码字符集—基本集》所编的汉字编码。该编码是用于汉字信息系统中或通信系统中进行汉字信息交换的代码。在 GB2312 中把代码表分成 1 到 94 个区,每个区又分成 94 位。任何汉字或符号均从它所在的区、位号来识别,每个汉字和字符对应一个唯一的编码。每个汉字、字符、表格符都用 2 个字节表示,每个字节的最高位为 0,其余 7 位为代码。国标码共有汉字及符号 7445 个,其中:汉字 6763 个,分为两级,一级字库从第 16 区到 55 区,包含了最常用字 3755 个,按汉语拼音排列。二级字库从 56 区到 87 区,包含了次常用汉字 3008 个,按偏旁部首排列。1 区到 9 区收录了一般符号 682 个。例如汉字"啊"的国标码为 3021H,其中前两位表示区码,后两位表示位码。

(2) 机内码(简称内码):机内码是指在计算机内存储和处理汉字时所使用的代码。机内码一般用两个字节来表示。对于 ASCII 码字符集中的所有字符,可以用其 ASCII 码值作为内码使用,存储每个字符需占用一个字节的存储空间。但对于汉字,不能使用国标码直接来作为机内码。例如,汉字"啊"其国标码为 3021H,其对应的二进制编码为:00110000 00100001,机内码占用两个字节的存储空间,如果以一个字节存 00110000,另一个字节 00100001,那么就会与 ASCII 码相冲突,因为 00110000 是数字符"0"的 ASCII 代码,而 00100001 是"!"的 ASCII 代码。

为了解决汉字在计算机内存储时不与 ASCII 码字符相冲突,在汉字国标码的基础上将每一汉字的两个字节的高位置为 1,即可和 ASCII 字相区别。例如,对汉字"啊"的国标码进行改造,将每个字节的高位变为 1 即成为汉字"啊"的机内码:10110000 10100001,表示成十六进制就变为:B0A1H。

汉字的机内码实际上就是把国标码的每个字节的最高位都置 1,这样计算机便可以识别和处理这些对应的汉字了。

(3) 输入码(简称外码):输入码是人们通过键盘往计算机输入汉字的代码。有了输入码后,人们就可以利用西文的键盘来进行汉字的输入操作。例如,区位码、拼音、五笔字型、自然码等都是不同的汉字输入方法。当向计算机输入外码后,在计算机内要将外码转换成机内码后才能进行存储和处理,这就是各种汉字操作系统所要解决的问题。

(4) 汉字输出码:汉字输出码是地址码、字形存储码、字形码的统称。

● 地址码:指汉字字形信息在汉字字模库中存放的首地址。每个汉字在字库中占有一个固定大小的连续区域,其中首地址即是该汉字的地址码。

● 字形存储码:是指存放在字库中的汉字字形点阵码。不同的字体有不同的字库,如黑体、仿宋体、楷体等是不同的字体。点阵的点数越多,字的质量越高,越美观。

将每个汉字看做是一个由 m 行 n 列点组成的矩阵,称为汉字的点阵字模,简称点阵。如果用二进制数 1 表示点阵中的黑点,用 0 表示无黑点。一个汉字若用 16×16 点阵表示它,则共有 256 个点,需要用 256 位二进制数表示它们。由于八个二进制位为一字节,一个 16×16 点阵的汉字需要用 32 个字节存储,如图 1-2 是"次"的 16 点阵表示。将每个汉字的点阵信息以二进制文件的形式存储在计算机存储器中,就构成了汉字的点阵字模或汉字库。

● 字形码:指在输出设备上输出汉字时所要送出的汉字字形点阵码。如图 1-3 是"次"的字形信息编码格式。

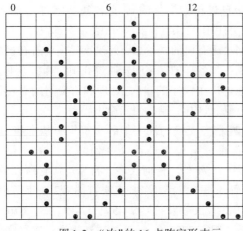

0 字节	00000000	10000000	1 字节
2 字节	00000000	10000000	3 字节
4 字节	00100000	10000000	5 字节
6 字节	00010000	10000000	7 字节
8 字节	00010001	11111110	9 字节
10 字节	00000101	00000010	11 字节
12 字节	00001001	01000100	13 字节
14 字节	00001010	01001000	15 字节
16 字节	00010000	01001000	17 字节
18 字节	00010000	01001000	19 字节
20 字节	01100000	10100000	21 字节
22 字节	00100000	10000000	23 字节
24 字节	00100001	00010000	25 字节
26 字节	00100001	00001000	27 字节
28 字节	00100010	00000100	29 字节
30 字节	00001100	00000011	31 字节

图 1-2 "次"的 16 点阵字形表示　　　　图 1-3 "次"的字形二进制编码表示

以上所介绍的各种汉字编码之间的关系为：

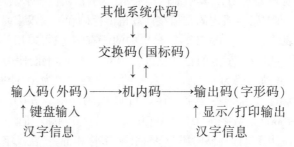

其他系统代码

↓↑

交换码(国标码)

↓↑

输入码(外码)——→机内码——→输出码(字形码)

↑键盘输入　　　　　　　↑显示/打印输出

汉字信息　　　　　　　　汉字信息

4. 图形图像信息的表示与编码

（1）位图图像（Bitmap）：它是通过图像扫描仪或数码摄像机采集并输入到计算机的图像，是由离散行列组成的图像点阵，称为数字图像。

为了适应不同应用的需要，计算机上的图像以多种格式进行存储。如微机中常用的位图格式的文件扩展名为：BMP、PCX、TIF、JPG 和 GIF 等。

（2）矢量图形（Vector Graphics）：矢量图形是用一组描述构成该图形的所有图形单元（如点、直线、圆、矩形、曲线等）的位置、形状等参数的指令来表示该图形。计算机中常用位图表示图像，而用矢量图来表示图形。

5. 视频信息的表示与编码

视频（Video）是由一幅静止的图像（称为帧 Frame）组成的序列，这些静止图像以一定的速率（即每秒显示的帧数目 Frames per Second，称为帧率 fps）连续地显示在屏幕上，典型的帧率从 24fps 到 30fps，这样的视频图像看起来是平滑和连续的。

视频可用图像序列来表示。其中的每一幅图像的表示与上述的静止图像的表示方法相同。视频图像的容量为静止图像的容量与帧率相乘后，再乘以视频图像的播放时间（秒）。如果播放 800×600 分辨率 256 色的图像，若帧率为 30fps，则两小时的视频需要超过 48GB 的容量。这样大的容量给视频图像的存储、传送、显示带来了许多困难。因此，视频图像（包括静止图像）都是先经过压缩，再进行存储、传送和显示的，而显示时要进行解压。

6. 音频信息的表示与编码

声音或者音频信息在计算机中常以数字音频化的形式表示。数字音频是声(音)波(形)数字化的结果。数字化就是将连续的声音波形离散化，主要包括采样和量化。数字音频的质量取决于采样频率和量化位数,采样频率越高、量化位数越多,音频质量就越好,计算机中,声音的采样频率为40KHz左右,量化位数有8位、16位或32位。

§1.4　计算机硬件系统

1.4.1　计算机硬件系统的基本组成

计算机硬件是指计算机中所有物理部件或装置的总称,也称为硬件设备。按冯·诺依曼原理,计算机硬件系统由运算器、控制器、存储器、输入设备和输出设备五大部分组成。它们的相互关系如图1-4所示。图中,实线箭头表示数据信息流向,虚线箭头表示控制信息流向。

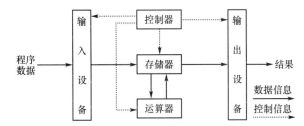

图1-4　电子计算机硬件组成结构图

图1-4所示计算机硬件基本结构中,运算器和控制器是计算机的核心部件。在有了大规模集成电路技术之后,这两个部件被集成在一块芯片上,称为中央处理器CPU(Central Processing Unit)。微型机的中央处理器又称为微处理器MPU。

存储器用于存储程序和数据,根据功能的不同又分为内存储器和外存储器。内存储器和CPU组合在一起,称为主机。输入输出设备是独立于主机的部件,统称为外部设备,又称为I/O设备。

上述五大部件构成了计算机的硬件系统。它们各自的功能明确,相互独立,但又彼此依存,组成一个有机的整体,共同完成用户提交的各种任务。

1. 输入设备(Input)

输入设备用来将程序、数据信息转换成计算机能接受的数字信号,经输入接口电路送给计算机处理。常用的输入设备有键盘、鼠标、光笔、扫描仪、数字化仪以及A/D转换器等。

2. 存储器(Memory)

存储器是用来存放程序和数据的部件。用户先通过输入设备将程序和数据存放在存储器中,运行时,控制器从存储器逐一取出指令进行分析并发出控制命令,完成指令的操作。存储器还可以根据控制命令,将操作结果进行保存。为了对存储器中的信息进行有效的管理,往往将存储器划分为若干存储单元,每个存储单元存储8位二进制代码,称为一个字节。为了识别不同的存储单元,通常给每个存储单元分配一个编号,这个编号称为地址码。这样,就可以根据给定地址在存储器中完成“读”、“写”两种操作。

存储器分为内存储器(简称内存)和外存储器(简称外存)两类。内存与运算器和控制器直接相连,它通常用大规模集成电路芯片组成,其存取速度快,但价格较贵,容量有限。为了弥补内存的不足,通常使用外存储器作补充,外存用来存放需要保存或暂时不用的信息,根据需要将其读入内存。外存价格较便宜,容量很大,但存取速度较慢,如磁盘、磁带、光盘等。

3. 运算器(Arithmetic Logic Unit)

运算器简称 ALU,又称算术逻辑部件。它的主要功能是在控制器的控制下完成各种算术运算和逻辑运算。算术运算是指各种数值运算,例如加、减、乘、除等。逻辑运算是指非算术性质的运算,例如与、或、非、异或、比较、移位等。运算器的核心部件是加法器和若干高速寄存器。加法器用于实施运算,寄存器用于存放参加运算的各类数据及运算结果。

4. 控制器(Control Unit)

控制器是分析和执行指令的部件,它负责统一指挥和控制计算机各个部件按时序协调操作。计算机能够自动、连续地工作,是依赖于人们事先编制好的程序,而程序的执行则是由控制器统一指挥完成的。控制器包括程序计数器、指令寄存器、指令译码器和操作控制部件。

程序计数器(PC)用于存放当前要执行指令的地址,指示指令执行的顺序;指令寄存器 (IR)用于存放从主存储器中读取的指令代码;指令译码器用于将需要执行的指令代码编译成相应的控制信号;操作控制部件根据指令译码器的输出产生控制信号,并按一定的时序发出相应的控制信号。操作控制部件由定时器及各种控制信号产生电路组成。

5. 输出设备(Output)

输出设备用来将计算机内处理的数据通过输出接口电路转换成字符、汉字、图形、声音等人们能接受的形式。常见的输出设备有显示器、打印机、绘图仪及 D/A 转换器等。

1.4.2　计算机基本工作原理

1945 年 6 月,美籍匈牙利数学家和物理学家冯·诺依曼提出了存储程序的通用电子计算机方案——离散变量自动电子计算机方案(Electronic Discrete Variable Automatic Computer),简称 EDVAC 方案。冯·诺依曼提出的计算机设计方案,为现代计算机的基本结构奠定了基础。它的基本要点包括:

(1)采用二进制形式表示数据和指令。

(2)采用"存储程序"工作方式。

(3)计算机的硬件系统由运算器、控制器、存储器、输入设备和输出设备五个基本部分组成。图 1-4 显示了计算机的基本结构,以及五大基本部件之间的关系。

"存储程序"原理可概括为存储程序和程序控制。存储程序就是把事先编好的程序及程序所需的数据,输入并存储在计算机的存储器中。程序控制是将存放程序的第一条指令的地址送程序计数器,依据程序计数器指向的地址取出指令,每取完一条指令后计数器自动加1,这样逐条取出指令加以分析,并执行指令规定的操作,使计算机按程序流程运行,直至结束。

指令(Instruction)是计算机完成某个基本操作的命令。用来规定计算机的各种操作,决定机器功能的全部指令的集合,称为这台计算机的指令系统。指令显然是一串二进制代码,因为计算机只能接受二进制数。一条指令通常由操作码和地址码组成。其中操作码指出了指令所进行的操作,如加、减、乘、除等;地址码则对应计算机的存储地址,表示参加运算的数据应从存储器的哪里取来,又将运算结果放到哪里去。

程序(Program)是完成特定任务的一组指令序列的组合。为了让计算机完成指定的任务,就需要编制相应的程序。程序这个概念与生活很贴近。在日常工作、生活中,不管做什么事,总有一定的思路,一定的步骤,这就是程序。计算机为解决某一问题,不管简单还是复杂,也需要一定的步骤,当然这个步骤必须由人来安排,并通过一定的方式提供给计算机,于是人们就需要按照一定的规则来编写计算机程序,告诉计算机如何去完成解题任务。但是,计算机是不懂人类语言的,所以,不管采用何种编程语言,最终给计算机的必须是它能接受的基本操作,也就是上面提到的指令。

世界上第一台按照存储程序设计思想设计的计算机,是 1949 年由英国剑桥大学数学试验室研制成功并投入运行的。冯·诺依曼在提出的计算机设计方案中,明确了计算机的硬件由五个基本部分组成,并描述了五部分的职能和相互关系。随着电子技术的发展和计算机应用领域的扩大,计算机的结构思想仍然是按照冯·诺依曼原理设计的,我们把这种计算机通常称为冯·诺依曼计算机。随着计算机技术的飞速发展,现代计算机正朝着非冯·诺依曼原理计算机发展。

1.4.3　计算机常用性能指标

1. 字长

字长指在计算机中表示指令的二进制位数。它是在设计机器时所规定的。它取决于寄存器、加法器、数据总线等的位数,直接与计算机的性能和价格有关。字长越长,计算速度越快,精度越高,处理能力越强。微型计算机的字长从 8 位、16 位、32 位,已经发展到 64 位。

2. 存储容量

存储器拥有存储单元的总数称为存储容量。存储容量用来刻画计算机存储信息多少的能力,是存储器的基本技术指标。存储容量常以字节(Byte)为单位来计算,为书写方便,将字节简记为 B。它是计算机中表示信息的基本单位,1 字节等于 8 个二进制位,在实际使用中还经常使用 K 字节、M 字节、G 字节和 T 字节,它们的换算关系如下:

$1KB = 2^{10}B = 1024B$;

$1MB = 2^{20}B = 1024KB$;

$1GB = 2^{30}B = 1024MB$;

$1TB = 2^{40}B = 1024GB$。

目前微型计算机的内存可达 2GB 以上。内存容量越大,运行程序就越快,特别是对大量数据进行连续操作,可减少对外存的存取次数,从而提高系统的运行速度。

3. 主频

主频是指微型机 CPU 的时钟频率。一般来说,主频决定微型机的运算速度,时钟频率越高,计算机的运算速度也越高。

Pentium 586 计算机的主频为 100～200MHz,Pentium Ⅱ 的主频率为 233～400MHz,Pentium Ⅲ 的主频为 450MHz～1.7GHz,Pentium Ⅳ 的主频达 3GHz 以上。目前 Intel 推出的台式机双核处理器 Core(酷睿)四代主频已达 3.9GHz 以上。

4. 运算速度

运算速度是指计算机每秒所能执行的指令条数,其单位为百万次/秒。百万次/秒又称MIPS。当前,微机的运算速度已达几百万到几千万 MIPS。

1.4.4　微型计算机的硬件结构

微型计算机的组成仍按照冯·诺依曼原理设计。它由微处理器、存储器、系统总线、输入/输出接口及其连接的输入/输出设备组成。由于引入了大规模集成电路技术,使得微型计算机中各种器件高度集成(控制器和运算器集成在微处理器中),器件功能相对独立,器件之间进行信息交换利用总线实现。微型机它具有功能强、体积小、价格低、使用方便等特点,是当前计算机发展的一个重要方向。微型机的种类很多,本书主要根据 PC 机(个人计算机)的配置进行讨论。一台典型的 PC 机主要配置有主机箱、键盘、显示器、打印机和鼠标等构成。主机箱内有主板、CPU、内存、硬盘驱动器、软盘驱动器、光盘驱动器、显示卡、电源等。其系统外观如图1-5所示。

图 1-5　微机系统外观图

1. 主板

主板在主机箱内,又称系统板或母板。主板上有中央处理器(CPU)、RAM内存芯片、ROM只读存储器芯片、专用芯片、辅助芯片等。主板上还有扩展槽,以扩展计算机的功能。主机板上的扩展槽是用来插接各种输入输出(I/O)设备接口适配卡的,例如打印机、显示适配卡、声卡、网卡等通讯适配器等。适配器与外部设备连接的插座排在主机箱的后面板上。如图1-6所示。

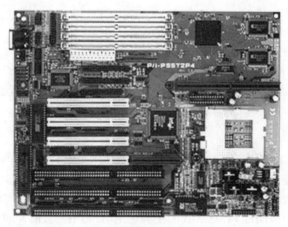

图 1-6　微机主板图

2. 中央处理器 CPU

中央处理器CPU是微机的核心部件。CPU的类型标志着微机的性能和档次。开发CPU芯片的商家很多,主要有Intel、AMD、Cyrix、IBM等几家。Intel生产的Pentium Ⅲ、Pentium 4 CPU芯片如图1-7所示。CPU主要由控制器、运算器、时钟发生器及总线集成在同一块大规模集成电路芯片上构成,又被称为微处理器(MPU)。这是微型计算机的主要特征。在微型计算机中,微处理器的类型与主频率决定微机的基本性能。目前,微机使用最多的微处理器是Intel公司的系列产品80486、Pentium、MMX Pentium、Pentium Ⅱ、Pentium Ⅲ、Pentium 4等。现在Intel公司又推出了四核心处理器技术,四核处理器是指在一个处理器上集成四个运算核心,从而提高计算能力。目前推出的台式机四核处理器有Intel酷睿i5、Intel酷睿i7等类型。

图 1-7　Intel 的 Pentium Ⅲ、Pentium 4 芯片

　　CPU 与其他部件交换信息是通过总线(Bus)来连接的,总线是连接微机系统中各部件的一簇公共信号线,这些信号线构成了微机各部件之间相互传送信号的公共通道。CPU 的内部总线包括数据总线、地址总线和控制总线。数据总线的多少与 CPU 中数据位数相对应,CPU 的数据位数已从 8 位、16 位、32 位推进到了 64 位。地址总线表达了 CPU 能驱动的存储器单元的数量,具有 32 位地址总线的 CPU 能支持 2^{32} 字节(4GB)存储器单元。Pentium 系列 CPU 还支持高速缓存、浮点处理、MMX(多媒体扩展技术)等先进技术。

3. 内存储器

　　内存储器又称为主存储器,存放所要运行的程序和数据,供处理器进行分析处理。内存的特点是存取速度快,它直接与 CPU 交换信息,但存储容量小(一般为几百 MB 到 1GB)。目前微机中的内存,都是用半导体芯片做成的。根据芯片的功能,内存又分为随机存储器、只读存储器、Cache 和 CMOS。

　　(1) 随机存储器 RAM(Random Access Memory):RAM 主要用来存放计算机中运行的程序和所需的数据。其特点是存取速度快、容量小,一旦断电,RAM 中存储的信息将全部丢失。RAM 的容量大小直接影响计算机的整机速度,目前,微机的 RAM 容量一般为 256MB ~ 2GB,甚至更多。RAM 又叫内存条,外观形状如图 1-8 所示。

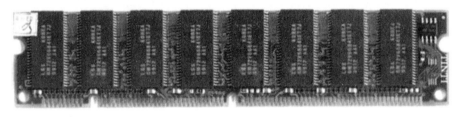

图 1-8　内存条外观图

　　(2) 只读存储器 ROM(Read Only Memory):在主板上一般都装有 ROM-BIOS,将一些固定的、标准的程序和数据如系统引导程序固化在其中,完成对系统的加电自检,引导和设置系统的基本输入输出接口功能。即使断电,ROM 中存储的信息也不会丢失,但只能读出信息,不能写入。通常使用 EPROM 作为只读存储器,它是一种可擦除可编程的只读存储器,利用紫外光照射 EPROM 可将原来的信息删除,然后重新写入程序。

　　(3) Cache:Cache 也称高速缓冲存储器。随着计算机技术的发展,CPU 的主频不断提高,为了解决 CPU 和 RAM 的速度瓶颈问题,引入了 Cache 存储器。Cache 存储器是由双极型静态存储器构成,它的访问速度比 RAM 快得多,CPU 读写 RAM 时,首先访问 Cache。Cache 有两种:集成在 CPU 内的 Cache 称为内部 Cache,其容量小;集成在主板上的 Cache 称为外部 Cache,其容量比内部 Cache 大。

（4）CMOS:CMOS 是微机存放各种硬件设置参数的一种特殊的存储器。例如,硬盘、软盘、时钟等参数。CMOS 依靠主板上的电池供电,关机后 CMOS 中的信息不会丢失。在 CMOS 中只能存放数据,不能在其中运行程序。

4. 外存储器

外存储器又称辅助存储器,与内存储器相比,外存储器的容量要大得多,它的最大特点是可以长期保存信息。外存主要包括硬磁盘(简称硬盘)、软磁盘(简称软盘)、U 盘、移动硬盘、光盘等。磁盘需要通过磁盘驱动器来进行信息的存取,光盘也需通过光盘驱动器来进行读操作。这些驱动器一般是作为外部设备通过磁盘控制器或接口电路与系统总线（系统扩展槽)相连的,其结构如图 1-9 所示。

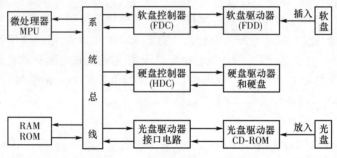

图 1-9　外存系统结构示意图

（1）软盘存储器:软盘(Floppy Disk)是表面具有磁性介质的圆盘,它与唱片非常相似,但要比唱片精密得多,封装在特制的盘套内,只留出读写孔。软盘的种类主要有:5.25 英寸(5.25")和 3.5 英寸(3.5")。现在主要使用 3" 盘。软盘外形如图 1-10。

图 1-10　软盘外形

按照磁性记录介质的涂面和密度不同,软盘又可分为:单面、双面、双密（常称为低密)、高密和超高密等多种类型。

　　磁盘中的数据是存储在若干个同心圆上,与运动场的跑道相似,称为磁道(Track),每个磁道又均匀地划分为多个扇区(Sector)。扇区上的数据容量用字节来衡量。磁盘上的磁道和扇区并不固定,它是在磁盘格式化时由磁盘操作系统来划分。

　　软盘驱动器简称软驱。主机箱一般有两个插口,这便是软盘驱动器,用符号 A:和 B:来表示,如果只有一个软驱,则便是 A。软盘驱动器是用来读写软盘的,软驱上有指示灯,表明软盘的读写情况。

　　(2)硬盘存储器:硬盘(Hard Disk)和硬盘驱动器密封在一个金属盒子中,将它们统称为硬盘。如图 1-11 所示。硬盘片通常由金属材料涂以磁性介质的铝合金圆盘制成,硬盘由一组盘片组成,每个盘片配有相应的读写磁头,磁头不直接接触盘片,然后封装在外壳中。硬盘以 3000～10000 转/秒的恒定高速旋转,所以,从硬盘读取数据很快。目前,硬盘的存储容量已在 200GB 以上。

图 1-11　硬盘

　　硬盘安装在主机内,一般安装一个,也可多个。用符号 C:表示,称作 C 盘。在硬盘分区时,可将一个物理硬盘划分成多个逻辑盘使用,用符号 C、D、E、…表示。主机面板上有指示灯,指示硬盘的工作情况。硬盘的存储格式是按柱面、磁头号和扇区来存储的,如图 1-12 所示。

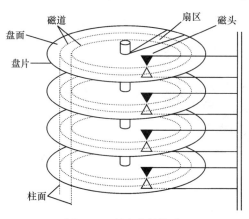

图 1-12　硬盘存储格式

　　硬盘和软盘一样,必须先格式化才能使用,硬盘格式化分三个阶段:低级格式化,分区和高级格式化。通常柱面在出厂检验阶段已将其格式化,有时会因种种原因,必须对其重新格式化。

　　硬盘容量=盘片数×面数×磁道数×(扇区数/每道)×(字节数/每扇区)

硬盘驱动器由头盘组件(Head Disk Assembly，HDA，磁头搭配组件)和印刷电路板两部分组成。头盘组件采用全封闭式，包括主轴、盘片、磁头臂、摇臂等。马达采用直接耦合无刷式，且与主轴做在一起，主轴上直接装配盘片，磁头采用接触式起停，系统不工作时磁头接触在磁盘表面的着陆区内，而不接触数据区，从而保护了数据。

（3）光盘(CD-ROM)：CD-ROM 指只读光盘，它包括一个 CD-ROM 驱动器，一块接口卡和光盘。CD-ROM 驱动器是微机的一个及其重要的附件，目前在配置微机时，几乎都把 CD-ROM 作为一个标准配置。光盘和光驱如图 1-13 和图 1-14 所示。

图 1-13　光盘　　　　　　　　　　图 1-14　光驱

光盘是利用激光器产生的强弱不同的激光束来进行读写操作的。它靠镜片的机械转动来寻找数据，所以光盘驱动器的读取速度较快，存储容量较大，一张光盘可存储 650MB 左右的资料，同时存储的信息也不会丢失。光盘由光驱读取数据，普通光驱只能读取光盘的数据，而不能将数据存储到光盘上，所以普通光驱又称 CD-ROM(Compact Disk Read Only Memory)。现在市面上推出有光盘刻录机，可以在光盘上读写数据。

（4）移动硬盘：移动硬盘主要指采用计算机外设标准接口(USB)的硬盘。作为一种便携式的大容量存储系统，它有许多优点：容量大，单位存储成本低，速度快，兼容性好，即插即用，十分方便。如图 1-15 所示。

（5）U 盘：U 盘是一种基于 USB 接口的无需驱动器的微型高容量活动盘，可以简单方便地实现数据交换。U 盘体积非常小，容量比软盘大很多，一般为 32MB～16GB 以上；U 盘无需驱动器，无外接电源，使用简便，即插即用，可带电插拔；存取速度快，约为软盘速度的 15 倍；可靠性好，可擦写达百万次，数据可以保存 10 年以上。U 盘形状如图 1-16 所示。

图 1-15　移动硬盘　　　　　　　图 1-16　U 盘

5. 系统总线

系统总线包括集成在 CPU 内的内部总线和外部总线。外部总线同样包括数据总线、地址总线和控制总线。数据总线是 CPU 与输入/输出设备交换数据的双向总线，64 位计算机的数据总线有 64 根数据线。地址总线是 CPU 发出指定存储器地址的单向总线。控制总线是 CPU 向存储器或外设发出的控制信息的信号线，也可能是存储器或某外设向 CPU 发出的响应信号线，是双向总线。

6. 输入设备

最常用的输入设备是键盘(Keyboard)和鼠标器(Mouse)。

(1)键盘:键盘是目前最普遍而又最重要的输入控制设备,如图1-17。它通过电缆与系统总线相连接。键盘通过将按键的位置信息转换为对应的数字编码送入计算机主机。用户通过键盘键入指令才能实现对计算机的控制。整个键盘通常分成四个部分:主键盘、功能键、数字键和扩展键。

图 1-17　键盘

(2)鼠标器:鼠标器是计算机的一种辅助输入与控制设备,用于在屏幕上快速移动光标,准确定位。在图形界面软件中,利用鼠标选择和控制人机对话动作,可大大提高工作效率。

从工作原理上可将鼠标器分为两种:机械式和光电式。机械式靠滚动的球定位;光电式靠光的反射定位。其上有三个键:左键、右键和中键,左键最常用。如图1-18所示。

(3)扫描仪:任何文字、图形、图像都可以用扫描仪输入到计算机,并且以图形文件存储。如果安装有中文识别软件,则可以对图形文件中的文字进行识别,变为文本形式输出,这样可代替键盘输入文字,减少文字录入工作量,如图1-19所示。

图 1-18　鼠标　　　　　　　　　　　　图 1-19　扫描仪

7. 输出设备

计算机的输出设备种类很多,常用的有显示器、打印机和绘图仪等。

(1)显示器和显示卡:计算机显示系统有两部分:显示器和显示卡,如图1-20和图1-21所示。

显示器又称监视器,是微机最常用的输出设备,用于输出程序、数据及程序的运行结果。在微机上,显示器分为两种:便携式机采用的液晶LCD显示器和阴极射线管为核心的CRT显示器。显示器有单色和彩色之分,单色显示器不能显示多种颜色,目前已经被淘汰。CRT显示器使用较普遍,它的尺寸用屏幕对角线表示,以英寸为单位,一般使用的是14英寸、15英寸、17英寸和

20 英寸。CRT 显示器的工作原理与电视机的工作原理相同。屏幕上的所有字符或图形均是由像素点组成,像素的多少决定了显示器的分辨率。目前使用较普遍的显示器其分辨率为 800× 600 和 1024×768。对于相同尺寸的显示器,像素越密,像素间的距离越小,分辨率就越高,图形越清晰。目前常用 CRT 显示器的像素间距有 0.28mm、0.26mm、0.25mm 和 0.24mm 等。

图 1-20　显示器　　　　　　图 1-21　显示卡

　　显示器通常经过显示卡与系统总线相连。高质量的显示卡需要有分辨率高的显示器与之配合,才能显示出多种颜色的清晰的字符和图形画面。

　　显示卡插在主板的扩展槽中,其主要功能是把显示器和主机连接起来。按接口类型显示卡分为 PCI 和 AGP 两种。按显示方式又分为 VGA、SVGA、AVGA 等,其分辨率分别为:640×480、1024×768、1600×1200。由于 AGP 显示卡的数据传输速率快,目前显示卡主流产品都采用 AGP 接口类型的显示卡。

　　(2) 打印机:打印机是微机上常用的硬拷贝设备。根据打印机的工作原理,可分为击打式打印机和非击打式打印机,针式打印机属于击打式打印机,喷墨打印机和激光打印机属于非击打式打印机。

　　1) 针式打印机:如图 1-22 所示。针式打印机的打印头由 24 根针组成,在打印一个字符时,是通过相应针的组合打印出来的,实际上是通过点阵信息形成的。宽行打印机可打印的字符比较多,一般是 132 列,窄行打印机是 80 列。针式打印机是一个典型的机械装置,内部有一个微处理器。针式打印机的优点是价格便宜,但字体不够清晰。

　　2) 喷墨打印机:如图 1-23 所示。喷墨打印机使用类似针式打印机的系统,不过不是用打印针把色带压到纸上,而是使用排成阵列的微型喷墨机,它可以在纸上喷出墨点。一台喷墨式打印机有大量的微型喷墨机,一般有 48 或 128 个小喷墨机。当打印头扫过纸张时,喷出的墨点形成了字母,多数喷墨打印机有一种或多种字体。有些喷墨打印机还具有可伸缩字体的功能。喷墨打印机能打印彩色、价格适中、输出质量佳和噪音小等突出优点。但喷墨打印机要求纸张表面光滑,且墨水价格较贵。

　　3) 激光打印机:如图 1-24 所示。激光打印机是复印机、计算机和激光技术的综合体,它有大量移动的机械部分。激光打印机使用同步的多面镜像和完善的光学部件在一个光敏旋转鼓上写字符或图形,激光束扫过旋转着的磁鼓时,通过"开"和"闭"两种状态来表示白色和黑色区域,旋转的磁鼓被照到它的亮点感光,磁鼓上的感光区域就起到形同电磁铁一般的作用,于是当磁鼓旋转通过碳素色粉时,感光区域就将色粉吸附上来;然后,当磁鼓压在打印纸上时,就在打印纸上留下了映像;最后打印纸还要通过一个加热部件,激光打印机使用激光束来使磁鼓感光,使色粉熔固于纸上形成稳固的图像和文本。色粉磁鼓每旋转一圈,激光打印机就打印出一行,因此,激光束类似扫描电视机屏幕和计算机监视器的电子束。

图 1-22　针式打印机　　　图 1-23　喷墨打印机　　　图 1-24　激光打印机

激光打印机打印质量高,它打印的字符和图像精美、效果好,一般轻印刷系统都是用激光打印机印出底稿。但激光打印机价格较贵,成本较高,现在激光打印机的使用已经越来越普及。

1.4.5　计算机系统

计算机系统由硬件和软件两大部分组成。所谓硬件是指构成计算机的有形的物理设备;所谓软件是指为充分发挥计算机效率、提高计算机硬件利用率、扩大计算机功能而设计的一系列程序及有关资料。人们为了完成特定的任务将组成计算机的各个部分紧密配合,形成一个完整的系统,称之为计算机系统。其结构如图 1-25。

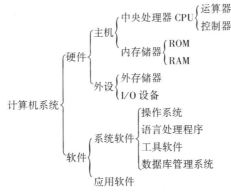

图 1-25　计算机系统

§1.5　计算机软件系统

计算机软件(Software)是各种程序的总称以及使用、维护这些程序的技术资料。没有配备任何软件的计算机称为"裸机","裸机"只是一堆没用的废铁。计算机只有配备了各种不同功能的软件,才是一个完整的计算机系统。软件着重解决如何管理机器和使用机器的问题,通过软件的作用更好地发挥计算机的功能,提高计算机效率,扩大计算机的用途。

软件系统有两种类型:系统软件和应用软件。

1.5.1　系统软件

系统软件是为用户使用计算机提供的硬件资源管理、支持和服务的软件,由计算机软硬件厂商提供。常用的系统软件有操作系统、程序设计语言、为计算机系统服务的各种软件工具、数据库管理系统和网络管理程序等。软件的分层结构如图 1-26。

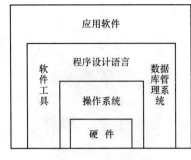

图1-26　软件分层结构

1. 操作系统

操作系统(Operating System,简称 OS)软件是由一组控制、管理计算机硬件与软件资源的程序模块,它为用户和应用软件提供了访问与控制计算机系统的桥梁,提高了计算机各种资源的利用率。用户只要使用它提供的简单命令,就可以使计算机按照用户的要求,高效地完成指定的任务。

操作系统按计算机的工作方式分为实时操作系统、分时操作系统、批处理操作系统和网络操作系统等。

微型计算机常用的操作系统有 MS-DOS、UNIX、Windows 98、Windows 2000、Windows XP 以及 Windows Vista 等。

2. 程序设计语言

程序是用程序设计语言根据解决问题的步骤编制的。程序设计语言又称计算机语言,随着计算机的发展,程序设计语言经历了三个阶段:机器语言、汇编语言和高级语言。

(1) 机器语言(Machine Language):机器语言是以二进制代码组成的指令的集合,是计算机 CPU 能直接识别和执行的语言。这种语言是面向机器的语言,不同型号的计算机,指令系统不一样,机器语言也互不相同。用机器语言编写的程序,难编、难懂、难查、难改。其优点是占用内存少,执行速度快。

(2) 汇编语言(Assembler Language):为避免用机器语言编程的繁琐和易出错,人们创造了一种用英文缩写符号(称为助记符)来代替机器指令的代码,这就是汇编语言。运行时,必须把汇编语言的源程序(Source Program)经机器内的汇编程序翻译成目标程序(Object Program),才能被计算机识别和执行。

汇编语言也是面向机器的语言,不同型号的计算机使用不同的汇编语言,即通用性不强。汇编语言存在不直观、繁琐、易出错等缺点,优点是运算速度快。

(3) 高级语言(High Level Language):高级语言是一种接近于人们思维方式、自动化程度较高的程序设计语言。程序中使用英文单词作指令(常称为语句),运算符号和运算表达式和日常用的数学算式差不多,是一种面向用户的语言。高级语言通用性强,用高级语言编写的程序适用于不同型号计算机。

高级语言编写的程序,必须被翻译成机器语言的目标程序才能执行。将源程序转化为目标程序有两种方式:编译方式(Compilation)和解释方式(Interpretation)。

编译方式是通过相应语言的编译程序将源程序一次全部翻译成目标程序,再经过链接程序的链接,最终处理成可执行的程序。

解释方式是通过相应语言的解释程序,将源程序解释一句,执行一句,直至程序执行完毕。解释方式便于初学者使用,但效率低。

基本 BASIC 语言采用解释方式,其他高级程序设计语言如 C、COBOL、FORTRAN、PASCAL 等,都以编译方式执行。

(4) 面向过程的语言:一种高级编程语言,针对某些操作过程而使用。其使用简单,几乎能用极简单的命令去做你想做的操作。

(5) 面向对象的语言:在 90 年代推出的一种新型的程序设计语言。这种编程方法主要以对象为核心,考虑对象的构造以及与对象有关属性和方法的设计。面向对象的程序设计语言是将程序视为对象来管理,可以简化程序的设计工作,提高程序设计的效率。例如,C++,Visual

BASIC,Visual FoxPro 等都是面向对象的程序设计语言。

3. 数据库管理系统

数据库管理系统是用来定义数据库,帮助和控制用户为增加、删除、修改和检索数据,为用户提供各种简单明了的操作命令,使编程简单,易于修改,便于学习掌握。因此,数据库技术得以迅速发展。关系型数据库管理系统大量涌现,如 FoxBASE、FoxPro、Sybase、Access、SQL Server 软件等。

4. 软件工具

软件工具是为用户使用计算机提供方便,为管理人员提供对计算机的维护和管理的软件。随着软件技术的发展,其数量越来越多,大致分为三类:文本编辑程序(简称编辑程序),链接程序,调试、诊断程序等。

1.5.2 应用软件

应用软件是用户为解决某一特定问题而编制的程序。常用的应用软件有:

1. 文字处理软件

如 WPS、Word 等,主要功能是能对各类文本文件进行编辑、排版、打印及简单表格处理。

2. 电子表格处理软件

如 Lotus 1-2-3、Excel 等,其主要功能是按表格对文字和数据进行编辑、计算、存储、打印、数据分析、制作图表等功能。

3. 计算机辅助软件

(1) CAD:计算机辅助设计,利用计算机的计算及逻辑判断功能进行各种工程或产品的图形设计。

(2) CAT:计算机辅助测试,利用计算机作为工具进行测试。

(3) CAM:计算机辅助制造,利用计算机通过各种数据控制机床和设备,自动完成产品的加工、装配和包装等生产过程。

(4) CAI:计算机辅助教学,利用计算机学习知识。学生与计算机通过人机对话,了解学习内容,完成习题作业,计算机可对习题完成情况进行评判。

(5) 医疗辅助诊断专家系统:将名医看病经验总结出来,编成程序存入计算机中。看病时,根据患者的各种信息,通过推理、比较,给出合理的诊断。

随着计算机应用领域的不断扩大,应用软件的范围也越来越广,而且一些软件正逐步标准化、模块化,逐步形成解决各种典型问题的应用程序集合,即软件包(Software Package)。

§1.6 多媒体技术与多媒体计算机

随着计算机的发展,不仅要求计算机能处理文字信息,而且还要求能够处理各种多媒体信息,例如视觉和听觉信息。媒体是指信息的表示形式或载体,如文字、图形图像、声音、视频信号、动画。多媒体(Multimedia)是集多种数字化媒体以交互方式表示的技术。多媒体计算机(Multimedia Personal Computer,MPC)则是具有多媒体处理功能的计算机。

1.6.1 多媒体计算机硬件

多媒体计算机最基本的硬件是声卡和光驱,目前将这两个部件作为微机的标准配置。

1. 声卡

声卡的采样频率和采样值的编码位数是其最基本的技术指标,声卡的采样频率是指单位时间(秒)内的采样次数。语音信号的采样频率应是语言所需频率宽度的 2 倍,人耳可听到的声音频率范围是 20Hz ~ 22KHz,所以声卡的采样频率必须高于 44KHz。采样值的编码位数是指记录每次采样值用的二进制编码位数。目前声卡的编码位数有 16 位、32 位,编码位数直接影响声卡的质量。

2. 光驱

在前面微机硬件结构中已经叙述,此处不再赘述。

1.6.2 多媒体的关键技术

为了表现色彩鲜艳的高质量图形、立体声音乐和高保真的全屏幕运动画面,对多媒体信息进行实时地压缩与解压缩,对用户来说,这是多媒体的关键技术。除此之外,还有多媒体网络和超媒体等技术,此处只讨论声音和视频数据的压缩与解压技术。

声音与视频数据的信息量特别大,要对其进行存储、处理、传输,就必须对其数据进行压缩和解压缩。目前使用较多的有两类编码及压缩标准。

1. JPEG 标准

JPEG(Joint Photographic Experts Group,联合静态图像专家组)是针对静止图像压缩的国际标准。广泛应用于彩色图像传真、图文档案管理等方面。这种标准分有损和无损两种方案,其压缩比为 10:1 ~ 15:1。

2. MPEG 标准

MPEG(Moving Picture Experts Group, 运动图像压缩专家组)是针对运动图像的标准。活动图像是一连串画面,每幅画面之间有变化,但一般情况下,相邻画面之间的变化不大,利用这种相关特性可以压缩活动图像信息。该标准分 MPEG1 和 MPEG2 两个标准,其压缩比平均为 50:1。

此外,目前又推出了用于可视电话、视频会议等的 H. 261、H. 263、MPEG4 等新标准。

1.6.3 多媒体技术的应用

多媒体技术以计算机技术为核心,将现代声像技术和通信技术融为一体,以自然、生动、形象、丰富的接口界面为目标,使其应用领域十分广泛,它不仅覆盖计算机的绝大部分应用领域,而且还拓宽了新的应用领域。

1. 教育方面

多媒体技术应用于教育领域的成果最多,利用多媒体计算机的文本、图形、音频、视频和动画的综合处理能力和其交互式特点创作的计算机辅助教学软件,能创造出图文并茂、绘声绘色、生动逼真的教学环境,提高学习效率、改善学习效果。其前景十分可观。

2. 服务方面

多媒体技术应用于服务行业的信息查询服务、产品广告与演示等领域,能为顾客提供交互式的形象逼真的查询服务。

3. 家庭娱乐

多媒体技术应用于家庭,使人们足不出户即可欣赏优美的音乐、电视电影等。

4. 通讯方面

多媒体技术与通信技术结合,产生了可视电话、视频会议,随着计算机网络技术和多媒体技术的不断发展,可视电话和视频会议的图像和声音质量会不断改善。多媒体技术的发展将促进通信业的巨大发展。

5. 电子出版方面

多媒体技术应用于出版业,产生了包括电子字典、百科全书等电子图书,将巨大的书本缩微在方寸之间。而且电子书籍内容丰富,具有图像、声音、动画等视听信息,它具有普通出版物无法比拟的优点。

§1.7　计算机网络

1.7.1　计算机网络概述

所谓计算机网络,就是利用通信设备和通信线路把地理位置不同的、功能独立的多台计算机系统相互连接起来,在网络通信协议、网络操作系统的管理下实现网络中资源共享和信息交换的系统。

计算机网络属于多机系统的范畴,是计算机和通信这两大现代技术相结合的产物,它代表着当前计算机体系结构发展的一个重要方向。网络是计算机的一个群体,由多台计算机组成,这些计算机通过一定的通信介质连在一起,彼此之间能够交换信息。

计算机网络可按网络距离远近、连接方式进行分类。按网络距离划分,计算机网络可分为局域网(Local Area Network,LAN)和广域网(Wide Area Network,WAN)。LAN 规模小,范围也小,一般在几百米到 10 公里范围内,适合建在大学校园内、办公楼内等的小范围内部网络。WAN 规模大,范围远,是跨地区的、由各种网络互连而成的大型网络,如 Internet 网。按连接方式和传输媒体划分,计算机网络分为有线和无线网络。计算机之间通过双绞线、同轴电缆、电话线、光纤等有形通信介质连接的网络称为有线网络,计算机之间通过激光、微波、人造地球卫星通信信道等无形介质来互连的网络称为无线网络。

1.7.2　网络连接设备与传输介质

1. 网络连接设备

计算机网络的硬件设备包括计算机设备和网络连接设备。计算机设备有服务器、工作站、共享设备等。服务器是网络的核心设备,负责网络资源管理和用户服务,服务器分为文件服务器、远程访问服务器、数据库服务器、打印服务器等。工作站是具有独立处理能力的计算机,它负责用户的信息处理。共享设备是指为众多用户共享的打印机、磁盘阵列等公用设备。网络连接设备包括用于网内连接的网络适配器、中继器、集线器、传输介质等和网间连接的路由器等。

(1) 网络适配器(Network Adapter):网络适配器是网络系统中的通信控制器或通信处理机。通过它将用户工作站的 PC 机连接到网络上,实现网络资源的共享和相互通信。网络适配器执行数据链路层的通信规程,实现物理层信号的转换。在局域网中通常把它做成一块设备卡,安装在 PC 机的扩展槽中,因而又称之为网卡或网络接口卡。

(2) 集线器(Hub):集线器是共享介质访问型网络设备。当网络采用星形连接结构,并用双绞线连接时,网络中各节点的连接靠集线器完成。集线器按其功能强弱可分为普通集线器、可管理型集线器和智能集线器。普通集线器仅能将分散的计算机或网络设备用双绞线连接起来,不具备容错和管理功能;可管理型集线器具有简单的管理功能和一定的容错能力;智能集线器能支持多种通信协议,可堆叠,具有很强的网络管理功能和容错能力。集线器有 10Mbps(兆位/每秒)、100Mbps 和 10Mbps/100Mbps 自适应的集线器。

(3) 交换机(Switch):交换机是一种新型网络设备,它比集线器的功能更强,它将传统的网络共享介质技术发展成交换式"独享"介质技术,采用交换方式工作,能保证每一个端口的传输率达到标准传输率,大大提高了网络通信带宽。目前最常用的交换机有以太网交换机(Ethernet Switch)、异步传输模式交换机(ATM Switch)、IP 交换机。目前交换机的传输率可达 1000Mbps,在网络互连设备中交换机使用非常广泛。

(4) 网桥(Bridge):网桥也称桥接器,它的作用是连接两个同类型的网络,并且具有存储转发功能。

(5) 路由器(Router):当有两个以上的同类网络要进行互连时,则须使用路由器。路由器的功能比网桥更强,它除了具有网桥的全部功能外还具有路径选择功能,即当要求通信的工作站分别处于两个局域网络且两个工作站之间存在多条通路时,路由器应能根据当时网络上信息拥挤程度自动地选择传输效率比较高的路径。

(6) 网关(Gateway):网关又称信关,当异种网(指异种网络操作系统)互连,或者局域网络与大型机互连,以及局域网络与广域网互连时,需要配置网关。网关设备比路由器要复杂得多,当异型局域网络连接时,网关除具有路由器的全部功能外,更重要的是进行由于操作系统差异而引起的不同通信协议之间的转换。

(7) 调制解调器(Modem):调制解调器的主要功能是完成数字信号和模拟信号的相互转换。在通信甲方的调制解调器将一台计算机的数字信号调制成模拟信号送上传输介质,通信乙方的调制解调器将收到的模以信号解调成数字信号送往计算机。调制解调器必须成对使用。个人计算机可以通过调制解调器经普通电话线连入某局域网或 Internet 网。

2. 传输介质

传输介质是网络中连接收发双方的物理通路,也是通信中实际传送信号的载体。传输介质分为有线传输介质和无线传输介质。网络系统中使用的有线传输介质有:同轴电缆、双绞线、光缆(光纤)等,常用无线传输介质有微波、卫星通信等。

(1) 同轴电缆:同轴电缆由内、外两个导体组成,内导体一般是单芯线,外导体一般由金属编织网织成。内、外导体之间有绝缘材料。同轴电缆分为粗缆和细缆,粗缆使用 DB-15 型连接器,细缆使用 BNC 和 T 型连接器。

(2) 双绞线:双绞线由四对相互绝缘的金属线组成。双绞线点到点的通信距离一般不能超出 100m。目前,计算机网络上用的双绞线有三类线(最高传输速率为 10Mbps)、五类线(最高传输速率为 100Mbps)、超五类线、六类线(传输速率至少为 250Mbps)和七类线 (传输速率至少 600Mbps)。双绞线使用 RJ-45 型连接器。

(3) 光缆:光缆由两层折射率不同的材料组成,内层是具有高折射率的玻璃单根纤维体组成,外层包一层折射率较低的材料。光缆的传输速率可达每秒千兆位。使用 ST 或 SC 连接器。

1.7.3 网络的拓扑结构

网络中各节点的物理连接方式叫网络拓扑(Topology)结构。计算机网络中常见的拓扑结构有总线型、星型、环型、树型、混合型。图 1-27 给出了局域网中常用的拓扑结构图。在实际网络建设中往往采用多种不同拓扑结构的局域网连接起来的混合型结构。

1. 总线型结构

用一条称为总线的主电缆,将工作站连接起来的布局方式,称为总线型拓扑结构。

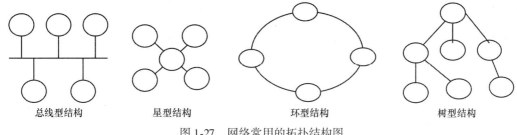

图 1-27　网络常用的拓扑结构图

总线型的特点是:结构简单灵活,便于扩充;可靠性高,网络响应速度快;设备量少、价格低、安装使用方便;共享资源能力强,极便于广播式工作即一个结点发送所有结点都可接收。但总线长度有一定限制,一条总线也只能连接一定数量的结点。

2. 星型结构

星型结构是以中央结点为中心与各结点连接组成的,各结点与中央结点通过点到点的方式连接。

星型网络的特点是:网络结构简单,便于管理;控制简单,建网容易;网络延迟时间较短,误码率较低;但网络共享能力较差,通信线路利用率不高,中央结点负荷太重。

3. 环型结构

环型结构的网络中各结点通过环路接口连在一条首尾相连的闭合环型通信线路中,环路上任何结点均可以请求发送信息。请求一旦被批准,便可以向环路发送信息。环型网络中的数据按照设计主要是单向传输,同时也可是双向传输。

环型网的特点是:信息在网络中沿固定方向流动,两个结点间仅有唯一的通路,大大简化了路径选择的控制;某个结点发生故障时,可以自动旁路,可靠性较高;由于信息是串行穿过多个结点环路接口,当结点过多时,影响传输效率,使网络响应时间变长,但当网络确定时,其延时固定,实时性强。但由于环路封闭故扩充不方便。

4. 树型结构

树型结构可以看成是总线型和星型结构的扩展,它是在总线网上加上分支形成的,其传输介质可有多条分支,但不形成闭合回路。

树型网是一种分层网,其结构可以对称,具有一定容错能力。一般一个分支和节点的故障不影响另一分支节点的工作,任何一个节点送出的信息都可以传遍整个传输介质,也是广播式网络。一般树型网上的链路相对具有一定的专用性,无须对原网作任何改动就可以扩充工作站。

1.7.4　网络协议及网络的体系结构

1. 网络协议

在计算机网络中,协议(Protocol)是指两台通信的计算机之间进行数据交换的信息传送格式规则。一种通信协议由语义、语法和定时三个部分组成。语义定义了通信双方要“讲什么”,如规定通信双方要发出什么控制信息、执行的动作、返回的应答;语法定义了怎样进行通信,即“如何讲”,即确定数据和控制信息的格式;定时关系到何时进行通信,例如同步和异步传输。

2. 网络体系结构

在计算机网络中,将协议组织成分层结构,而每一层协议都要实现一个或几个功能。较高层建立在它的下层基础之上,又为其更高层提供必要的服务功能,同时要把如何实现这一服务的细节对上一层加以屏蔽。不同的网络,其层的数量、各层的名字、内容和功能都不尽相同。国际标准化组织 ISO 制定了"开放式系统互联(Open System Interconnection, OSI)"参考模型,OSI 把网络的通信协议分成七层,它们是物理层、数据链路层、网络层、传输层、会话层、表示层和应用层。协议与层的集合称为网络体系结构。

§1.8 计算机病毒与安全防范

1.8.1 计算机病毒概述

计算机病毒是人为制造的能够侵入计算机系统并破坏计算机软件的程序或指令的集合。它通过"潜伏"或"寄生"在存储介质上,具有自我复制、自我传播能力,当满足一定条件或时机成熟时,使计算机系统内的信息资源受到不同程度的损坏,严重时甚至摧毁计算机系统或使计算机网络全部瘫痪。由于这种特殊的程序的工作方式与生物学中的病毒非常相似,所以将这种特殊的程序取名为计算机病毒。

计算机病毒虽然借用了医学上的病毒名词,但它和生物医学病毒有着本质区别。生物医学病毒是微生物,而计算机病毒是程序或指令。

1. 计算机病毒的特点

(1) 破坏性:任何计算机病毒都将对计算机系统产生破坏作用,但破坏的表现形式各不相同,轻者将占用系统资源,干扰系统正常工作;重者将破坏或删除系统数据,造成系统瘫痪。例如1999 年 4 月 26 日造成全世界数以万计的计算机瘫痪的 CIH 病毒,主要传染 Windows 95/98 应用程序,发作时会清除主板存储在 Flash Memory 芯片中的 BIOS 指令,导致计算机系统无法启动,同时破坏硬盘中的数据。CIH 病毒是迄今为止发现的破坏性最严重的病毒之一。

(2) 传染性:病毒程序通过磁盘、光盘、网络在计算机工作时把自身拷贝到计算机系统,在计算机运行过程中不断自我复制,不断感染别的程序或硬盘分区表或 CMOS 等。从一个程序传染到另一个程序,从一台计算机传染到另一计算机系统,从一个网络传染到另一个网络,被传染病毒的程序、计算机或网络又通过磁盘、光盘、网络传染别的计算机。特别是 Internet 的飞速发展,计算机病毒通过 Internet 进行广泛的传播,大量占用网络资源,导致网络系统的崩溃,给用户使用计算机带来严重的破坏。目前计算机病毒传播的途径越来越广,传播的速度几乎成几何级数增长。

(3) 隐蔽性:病毒程序设计技巧性较高,代码精简,多数用汇编语言编写程序,其长度一般不超过 4KB,依附在一些传输介质上,例如隐藏在可执行文件中或操作系统的引导扇区或硬盘分区表或 CMOS 内,在病毒发作之前,它只悄悄地进行传播,一般很难发现。

(4) 潜伏性:除了非常特殊的病毒外,病毒程序传染计算机后不会立即发作,一般都有一定的潜伏期。病毒程序一般都设置有一个或多个触发条件,在条件满足前,计算机系统没有任何表征,计算机系统工作正常运行,一旦条件成熟,病毒就发作,给系统造成破坏,严重时造成系统瘫痪。

2. 计算机病毒的分类

从已发现的计算机病毒分析,小的病毒程序只有几十条指令,而大的病毒程序可以有上万条指令组成。有的感染系统内所有的程序和数据;有的病毒只对某些特定的程序或数据感兴趣,而有的病毒只是不断自身繁殖,抢占磁盘空间,其他什么都不干。计算机病毒一般可分为:文件型病毒、引导型病毒、宏病毒、混合型病毒。

(1) 文件型病毒:这种病毒往往寄生在扩展名为 COM、EXE、SYS、OVL、DRV、BIN 等文件中。一旦执行这些文件,病毒程序就被激活。首先执行病毒程序,将自身常驻内存,然后设置触发条件,对其他文件进行感染,修改原文件的长度或某些控制信息。DOS 操作系统的

COMMAND. COM 程序是极易被传染的文件,如果发现其长度有变化,则说明可能传染了病毒。常见文件型病毒有:DIR-2、黑色星期五、CIH 等病毒。

(2)引导区型病毒:引导型病毒感染磁盘的引导扇区。当操作系统启动时,将病毒程序读入内存。当系统有磁盘读写请求时,病毒被触发。如:小球病毒、大麻病毒等。

(3)宏病毒:宏病毒寄生于 Microsoft Office 文档的宏代码中,影响有关文档的各种操作,如打开、存储、关闭或清除等。当打开 Office 文档时,宏病毒程序就会被执行,当触发条件满足时,宏病毒开始感染和破坏。据统计宏病毒目前占全部病毒的80%,也是计算机历史上传播最快的病毒,如:台湾1号、台湾2号宏病毒。

(4)混合型病毒:混合型病毒有文件型病毒和引导型病毒两者的特征。

(5)电子邮件病毒:以电子邮件作为传播途径传播病毒。例如伪装成电子贺卡形式的"Happy99"病毒,是随电子邮件或电子贺卡的发送而传播的,它不仅影响用户的通信工作,而且可以使邮件服务器瘫痪。

1.8.2 计算机病毒的检测、清除与防治

1. 计算机病毒的预防

自从计算机病毒蔓延以来,人们提出了许多预防计算机病毒的措施。一般来说,预防措施分为两种:管理手段和技术手段,这两种手段应相互结合。在管理上,制定和完善计算机的管理制度,例如,使用正版软件,禁止使用来历不明或带病毒软件,经常对计算机进行病毒检测等。在技术上,采用一定的技术措施,如预防软件、"病毒防火墙"等。预防计算机病毒应该从以下几个方面加以注意。

(1)使用正版软件,不使用来历不明、或非正当途径获取的软件。

(2)对硬盘上的重要文件和数据定期进行备份,避免病毒破坏后造成无法弥补的损失,做到防患于未然。

(3)对有重要数据的软盘、或无需写操作的软盘加上写保护。

(4)对硬盘划分多个逻辑分区,系统盘最好不装入用户程序和数据,一旦病毒破坏了系统,使系统崩溃,还可以恢复数据。

(5)对引进的软件要进行病毒检测,确定无病毒后再使用,尤其是压缩软件,解压后还要进行检测。

(6)任何病毒在尚未分析出病毒机制之前,人们无法清除这种病毒。这一时期的计算机处于最危险状态,一旦计算机感染了病毒,受到危害将是很大的。因此,防止病毒的入侵要比感染上病毒后再去清除更为重要。因此,安装正版的带有防火墙(防止黑客攻击以阻挡信息盗用或病毒侵入)或有病毒实时监控功能的反病毒软件是很有必要的,使用该软件后还应及时升级。

2. 计算机病毒的检测和清除

计算机病毒的检测和清除,是指在计算机已经感染了病毒时,使用病毒检测和清除软件来检查和清除病毒。目前有许多检测和清除病毒软件,如 CPAV、SCAN、KILL、KV3000、RISING、VRV、Symantec Norton 等,还有软、硬件相结合的反病毒卡。一旦发现计算机被病毒感染,应立即使用杀毒软件清除病毒。

需要注意的是杀毒软件并非万能,因为随时都在产生新病毒,所以某一版本杀毒软件只能清除已知的病毒,不能清除尚未分析出病毒机制的新病毒。如果一旦感染了新病毒,这时应对硬盘进行格式化,或升级杀毒软件后再清除。

1.8.3 计算机安全

计算机安全问题日趋严峻。下面是通常使用的安全措施。

（1）加强计算机管理，提高计算机用户的安全意识和职业道德水平。

（2）计算机用户要按照国家制定的《计算机软件保护条例》、《著作权法》、《专利法》等法律法规，提高知识产权意识，加强软件知识产权保护。

（3）加强反病毒技术的研究。据 ICSA（国际计算机安全协会）的调查，近几年病毒通过软盘或光盘传播呈下降趋势，而通过网络传播却在急剧上升。研制带有防火墙的反病毒软件是当务之急。

§1.9 21世纪计算机的发展趋势

21 世纪的计算机将会向以下几个方面发展。

1. 超级计算机的研制仍然是热点

根据著名的摩尔定律（集成电路的性能每 18 个月翻一番，产品价格却会下降 50%），当今计算机的最高速度为 12 万亿次，到 2010 年时计算机的速度大约为 1500 万亿次。由于微处理器的电子制造工艺到一定时期会达到一个物理极限，人们将寻求新的制造领域，光电子计算机和生物计算机将是 21 世纪主力军。光电子计算机的优点是快速（比电快 1000 倍以上）、不发热、电路之间没有干扰，能克服当今硅芯片的最大缺陷。生物计算机的最大特点是运算速度快，处理信息的时间仅为集成电路的万分之一。它本身具有并行处理能力，而不必依赖数千台微处理器的联合。

2. 计算机将进一步微型化，纳米技术将产生更加微型化的机器人

现在 Mitre 公司已制造出 5 毫米小的机器人，将使它具有自我复制能力，与医学结合，在人类的血液中置入微型机器人以对付癌症、艾滋病、先天性免疫功能丧失综合征等疾病，帮助人类战胜病魔。

3. 计算机人工智能化、人性化

在建立人工智能化、自然化、人性化系统方面，最基本的技术可能就是自然语言处理技术。语音识别技术在近年获得了令人惊讶的进展，如 IBM 公司的 Via Voice 就可以对连续的语音进行比较可靠的识别。现在这些产品有一个较大的限制在于用户必须读出标点符号，比如"逗号"或者"句号"，但这类限制很快就会得到解决。在今后的系统中，你可以像对人说话一样对计算机提问或者提要求，计算机将给出满意的回答。计算机甚至可以理解人类的情绪。

4. 计算机网络化

计算机网络将继续向高速宽带网发展，人类将完全实现无纸办公和移动办公。可装载电脑将扩展其功能，实现 GPS（Global Positioning System，全球定位系统）导航等。

5. 云计算应用

云计算（Cloud Computing），是一种动态的易扩展的且通常是通过互联网提供虚拟化的资源计算方式，用户不需要了解云内部的细节，也不必具有云内部的专业知识，或直接控制基础设施。狭义云计算是指 IT 基础设施的交付和使用模式，指通过网络以按需、易扩展的方式获得所需的资源（硬件、平台、软件）。提供资源的网络被称为"云"。"云"中的资源在使用者看来是可以无限扩展的，并且可以随时获取，按需使用，随时扩展，按使用付费。就像用电不需要家家装备发电机，直接从电力公司购买一样。"云计算"带来了一种新的技术变革，由谷歌、IBM 这样的专业网络公司来搭建计算机存储、运算中心，用户通过一根网线借助浏览器就可以很方便的访问，把"云"作为资料存储以及应用服务的中心。

6. 移动互联网

移动互联网（Mobile Internet，简称 MI）是一种通过智能移动终端，采用移动无线通信方式获取业务和服务的新兴技术,包含终端、软件和应用三个层面。终端层包括智能手机、平板电脑、电子书、MID 等;软件包括操作系统、中间件、数据库和安全软件等。应用层包括学习休闲娱乐类、工具媒体类、商务财经类等不同应用与服务。

随着宽带无线接入技术和移动终端技术的飞速发展,人们迫切希望能够随时随地乃至在移动过程中都能方便地从互联网获取信息和服务,移动互联网应运而生并迅猛发展。然而,移动互联网在移动终端、接入网络、应用服务、安全与隐私保护等方面还面临着一系列的挑战。其基础理论与关键技术的研究,对于国家信息产业整体发展具有重要的现实意义。

移动通信和互联网成为当今世界发展最快、市场潜力最大、前景最诱人的两大业务,它们的增长速度都是任何预测家未曾预料到的,所以移动互联网可以预见将会创造经济神话。移动互联网的优势决定其用户数量庞大,截至 2012 年 9 月底,全球移动互联网用户已达 15 亿。

7. 物联网应用

所谓物联网(The Internet of Things),指的是将各种信息传感设备与互联网结合起来而形成的一个巨大网络。物联网的核心和基础仍然是互联网,是在互联网基础上的延伸和扩展的网络,其用户端延伸和扩展到了任何物品与物品之间,进行信息交换和通信。因此,物联网的定义是通过射频识别(RFID)、红外感应器、全球定位系统、激光扫描器等信息传感设备,按约定的协议,把任何物品与互联网相连接,进行信息交换和通信,以实现对物品的智能化识别、定位、跟踪、监控和管理的一种网络。

物联网在国际上又称为传感网,这是继计算机、互联网与移动通信网之后的又一次信息产业浪潮。世界上的万事万物,小到手表、钥匙,大到汽车、楼房,只要嵌入一个微型感应芯片,把它变得智能化,这个物体就可以"自动开口说话"。再借助无线网络技术,人们就可以和物体"对话",物体和物体之间也能"交流",这就是物联网。

小　结

本章系统介绍了计算机的一般知识,让学生对计算机的发展、计算机中数据信息的表示、计算机软硬件知识、多媒体技术、计算机网络以及计算机安全防范有一个基本的了解。

1. 计算机的发展经历了电子管、晶体管、中小规模集成电路和大规模集成电路四个年代。要了解各个年代计算机的特点。

2. 在计算机内部采用的是二进制数,这是因为二进制数在物理元件中容易实现,以及二进制数运算规则简单。了解二进制、八进制及十六进制的特点及相互转换。

3. 计算机中常用的信息编码有 BCD 码、ASCII 码和汉字编码。ASCII 码即美国标准信息交换码,这种字符编码是用八位二进制数来表大小写英文字母、数字 0~9 以及其他符号。BCD 码就是对每一位十进制数用四位二进制数来表示。在计算机中用 16 位二进制数来表示汉字的编码方案即为汉字编码。在汉字信息处理过程中,经常使用的汉字编码有国标码、机内码、输入码和输出码。

4. 按冯·诺依曼原理:计算机硬件系统由运算器、控制器、存储器、输入设备和输出设备五大部分组成。输入设备用来将程序、数据信息转换成计算机能接受的数字信号,经输入接口送给计算机处理。存储器是用来存放程序和数据的部件。运算器的主要功能是在控制器的控制下完成各种算术运算和逻辑运算。控制器负责统一指挥和控制计算机各个部件按时序协调操作。

5. 计算机的基本工作原理可概括为存储程序和程序控制。存储程序就是把事先编好的程序和数据输入并存储在计算机的存储器中。程序控制就是逐条取出指令加以分析,并执行指令规定的操作,使计算机按程序流程运行。

6. 计算机常用性能指标有字长、存储容量、主频和运算速度。

7. 微型计算机由微处理器、存储器、系统总线、输入/输出接口及其连接的输入/输出设备组成。一台典型微机的配置有主机箱、键盘、显示器、打印机和鼠标等构成。主机箱内有主板、CPU、内存、硬盘驱动器、光盘驱动器、显示卡、电源等。

8. 计算机软件是各种程序的总称以及使用、维护这些程序的技术资料。软件分为系统软件和应用软件。系统软件是为用户使用计算机提供的硬件资源管理、支持和服务的软件。常用的系统软件有操作系统、程序设计语言、软件工具、数据库管理系统和网络管理程序等。应用软件是用户为解决某一特定问题而编制的程序。

9. 多媒体计算机是指可以处理文字、图形图像、声音、视频信号、动画等多媒体信息的计算机。多媒体计算机最基本的硬件是声卡和光驱。

10. 计算机网络就是利用通信设备和通信线路(或链路)把地理位置不同的、功能独立的多台计算机系统相互连接起来,在网络通信协议、网络操作系统的管理下实现资源共享和文件传输。

11. 计算机病毒是人为制造的能够侵入计算机系统并破坏计算机软件的程序或指令的集合。在计算机操作和使用过程中必须加强计算机安全防范,防止计算机病毒带来的各种破坏。

习 题 一

一、选择题

1. 第三代计算机的逻辑器件采用的是(　　)。
   - A. 晶体管
   - B. 中、小规模集成电路
   - C. 大规模集成电路
   - D. 微处理机集成电路

2. 在计算机内部,用来传达、存储、加工处理的数据或指令都是以(　　)形式进行的。
   - A. 二进制
   - B. 拼音简码
   - C. 八进制
   - D. 十六进制

3. 在下列设备中,(　　)不能作为计算机的输出设备。
   - A. 键盘
   - B. 屏幕
   - C. 打印机
   - D. 绘图仪

4. 微型计算机外存储器是指(　　)。
   - A. ROM
   - B. RAM
   - C. 磁盘
   - D. 虚拟盘

5. 在微型计算机中,应用最普遍的西文字符编码是(　　)。
   - A. BCD 码
   - B. ASCII 码
   - C. 汉字编码
   - D. 补码

6. 微机通常称作586、Pentium Ⅱ、Pentium Ⅲ机,这是指该机配置的(　　)而言。
   - A. 总线标准的类型
   - B. CPU 的型号
   - C. CPU 的速度
   - D. 内存容量

7. 通常所说的24针打印机属于(　　)。
   - A. 击打式打印机
   - B. 激光打印机
   - C. 喷墨打印机
   - D. 热敏打印机

8. 目前使用的防病毒软件的主要作用是(　　)。
   - A. 杜绝病毒对计算机的侵害
   - B. 检查计算机是否感染病毒
   - C. 检查计算机是否感染病毒,并清除已被感染的任何病毒
   - D. 检查计算机是否被已知病毒感染,并清除该病毒

9. 在不同进制的四个数中,最小的一个数是(　　)。
   - A. $(10000001)_2$
   - B. $(75)_{10}$
   - C. $(37)_8$
   - D. $(A7)_{16}$

10. 在微型计算机的汉字系统中,一个16×16点阵的汉字的字型码占(　　)个字节。
    - A. 16
    - B. 32
    - C. 48
    - D. 8

11. 微型计算机在工作中突然电源中断,则计算机(　　)会全部丢失。
　　A. ROM 和 RAM 中的信息　　　　　B. ROM 中的信息
　　C. 磁盘中的信息　　　　　　　　　D. RAM 中的信息

12. 汉字系统在计算机内把一个汉字的编码表示为(　　)。
　　A. 汉字拼音字母的 ASCII 代码　　　B. 简化的汉字拼音字母的 ASCII 代码
　　C. 按字形笔画设计成的二进制码　　D. 双字节的二进制编码

13. 在表示存储器的容量时,M 的准确含义是(　　)。
　　A. 1 米　　　　B. 1024KB　　　　C. 1024 字节　　　D. 1024 万

14. 源程序不能直接运行,需要翻译成(　　)程序后才能运行。
　　A. C 语言　　　　B. 汇编语言　　　　C. 机器语言　　　D. PL/1 语言

15. 通常一个完整的计算机系统应包括(　　)。
　　A. 主机与输入、输出设备　　　　　B. 系统软件与系统硬件
　　C. 硬件系统与软件系统　　　　　　D. 计算机及其外部设备

16. 电子计算机能够快速、自动、准确地按照人们的意图进行工作的最基本思想是(　　)。
　　A. 存储程序　　　B. 总结结构　　　C. 采用逻辑器件　　D. 采用十进制

17. 微型计算机中的微处理器包括(　　)。
　　A. CPU 和控制器　　B. 运算器和控制器　　C. CPU 和储存器　　D. 运算器和累加器

18. ROM 存储器是一种(　　)。
　　A. 既能写又能读的存储器　　　　　B. 只能读不能写的存储器
　　C. 不能读不能写的存储器　　　　　D. 只能写不能读的存储器

19. 在计算机网络系统中,INTERNET 是(　　)。
　　A. 局域网　　　　B. 广域网　　　　C. 城域网　　　　D. 以太网

20. 汉字信息处理的三个阶段是(　　)。
　　A. 输入、处理和输出　　　　　　　B. 输入、转换和排序
　　C. 输入、排序和输出　　　　　　　D. 加工、打印和处理

二、填空题

1. 计算机硬件系统由_____、_____、_____、_____和_____构成。

2. 计算机软件系统由_____和_____组成。

3. 二进制数 11010001 转换成八进制数是_____;转换成十六进制数是_____。

4. 计算机语言按发展分为_____、_____和_____。

5. 计算机病毒的基本特征有_____、_____、_____、_____、_____。

6. 计算机病毒的传播途径有_____、_____、_____。

7. 计算机网络按规模分为_____和_____;按拓扑结构分为_____、_____、_____和_____。

三、简答题

1. 在计算机中为什么要使用二进制数?

2. 什么是字节?什么是字长?

3. 什么是指令、程序?

4. 操作系统的功能是什么?常用的操作系统有哪些?

5. 多媒体计算机的基本配置应包括哪些部件?

6. 网络的三个基本要素是什么?

7. 什么是计算机病毒?如何预防计算机病毒的感染?

第 2 章　中文 Windows XP 操作系统

§2.1　中文 Windows XP 概述

Windows XP 是 Microsoft(微软)公司在 2001 年 10 月推出的新一代操作系统,是操作系统发展史上的一次全面飞跃。Windows XP 可以看做是 Windows XP 与 Windows Me 的统一,它使用了 Windows XP 的内核(操作系统的核心部分),在外观和多媒体特性方面则更多地体现了 Windows Me 的风格特征。XP 是英文 Experience(体验)的缩写,自从微软发布 Windows XP 后,便成为软件流行命名新概念。

2.1.1　Windows XP 的特点

目前,Windows XP 的主要版本有两个,Professional 版和 Home 版,前者面向专业用户,后者面向家庭用户。其中的 Professional 又衍生出了 Windows XP Media Center Edition、Windows XP Tablet PC Edition 和 Windows XP Embedded 以及 Windows PE。Windows XP Professional 在 Windows 2000 Professional 的所有优点的基础上,增加了许多新特性,如远程协助、远程桌面等,还完善了帮助和支持系统,进一步降低了管理成本。具体来说,Windows XP 有以下特点:

1. 易用性

在易用性方面,Windows XP 有了较大进步,例如,分组相似任务栏功能可以让任务栏更加简洁,内置集成了防火墙,支持 ZIP 等格式的压缩文件,提供了强大的多媒体功能、图片缩略和幻灯片播放功能等。这些在很大程度上方便了用户,不必再另行安装软件。

2. 稳定性与可靠性

Windows XP 采用了 Windows NT/2000 的核心技术,所以其显著特点是运行可靠、稳定。例如,大多数情况下,如果一个程序出了问题,你的电脑会继续运行,而不是死机。

3. 友好的用户界面

Windows XP 带来的全新感觉首先反映在界面风格的全新变化上,可以发现,开关机界面、桌面、任务栏的风格都发生了一些变化,用户使用得心应手。

4. 网络功能方面

Windows XP 内置了"Internet 连接防火墙"、Windows Messenger 和 MSN Explore。

5. 多媒体功能

Windows XP 除了比 Windows 2000 集成更多的多媒体功能外,还具有很好的兼容性。媒体播放器 Windows Media Player 已经完全和操作系统融合在一起。

6. 无线网络连接

Windows XP 提供了一种比 Windows 2000 中的"红外连接"更先进的宽带无线网络技术。

7. 系统还原

利用"系统还原"可以将计算机还原到以前状态,而不会丢失个人数据文件。

2.1.2　Windows XP 的运行环境

安装 Windows XP 的基本硬件环境如下:

（1）CPU：奔腾 300MHz 或更高。

（2）内存：128M 或更高。

（3）硬盘空间：1.5GB 可用硬盘空间。

要安装 Windows XP，可使用装有 Windows XP 安装光盘的软件，按安装向导完成操作系统的安装。

2.1.3　Windows XP 的启动与退出

当打开计算机的电源开关后，计算机对硬件进行测试。在测试无误后就进入 Windows 的登录画面，输入正确的用户名和密码，单击"确定"按钮，即可进入 Windows 的"桌面"。如图 2-1 所示。

退出 Windows 操作系统一定要按照关机程序正常关闭，否则可能造成数据的丢失或破坏一些没有保存和正在运行的程序，严重时还将造成系统的损坏。

退出 Windows XP 的操作步骤如下：

（1）关闭所有应用程序。

（2）单击桌面上的"开始"按钮，选择"关闭计算机"，出现关闭计算机对话框。

（3）在对话框选择"关闭"，将内存中的信息写到硬盘上，结束运行 Windows，系统自动关闭电源。

2.1.4　Windows XP 的用户界面

当用户启动 Windows XP 中文版操作系统以后，出现如图 2-1 所示的 Windows 工作桌面。

图 2-1　Windows XP 工作桌面

在桌面上出现许多图标，包含文档、应用程序、我的文档、网上邻居、回收站等。不同类型的对象，所使用的图标不同。图标可分为设备类图标、程序类图标、文件类图标、界面类图标。图标不仅出现在桌面上，在其他许多环境下也经常出现。它是一种以图形来表示系统资源的方法，系统资源包括文件、文件夹、应用程序和硬件设备等。

下面对桌面上几个重要的图标做简单的介绍。

（1）我的电脑："我的电脑"是一个用于文件管理和浏览 Windows 系统资源的应用程序。

（2）我的文档：用于管理用户自己的文档。

（3）网上邻居：如果计算机已经和网络连接，通过"网上邻居"可以查看网络中的可用资源。

（4）回收站：在 Windows 中，回收站用于临时存放被删除的文件或文件夹，需要时还可以从回收站恢复被删除的文件或文件夹。

（5）开始按钮：在桌面左下角有一个"开始"按钮，单击该按钮即可弹出一个"开始菜单"，通过它可访问 Windows 下的全部资源。有些菜单项如"程序（P）"、"文档（D）"、"设置（S）"、"搜索（C）"，其右边有向右指的小三角，表示该项还有下一级菜单，叫下拉菜单。用光标指向该菜单项就会显示出它的子菜单。光标指向某一菜单项后，单击则执行该菜单项的命令。

（6）任务栏：任务栏是一长形条，位于桌面的底部，左边是开始按钮，右边是指示器区，如图 2-1 所示。每当打开一个应用程序或文档时，Windows 会在任务栏中为该对象创建一个按钮。应用程序之间的切换，可通过单击任务栏上某程序对应的按钮来激活该程序。在某时刻，只有一个窗口是当前窗口。当前窗口的标题栏呈高亮度蓝色，而在任务栏中对应的按钮是凹陷的形状，其他窗口的标题栏为灰色，对应于任务栏上的按钮是呈凸起的形状。任务栏可以设置为隐藏的（即当光标移到隐藏的任务栏处才弹出），这需要在任务栏快捷菜单中对"任务栏属性"进行设置后才有效。

§2.2　Windows XP 的基本操作

2.2.1　图标操作

图标是 Windows 中资源的一种表示方式。图标操作是 Windows 中的一项基本操作。图标操作包括选择图标、拖动图标、排列图标和删除图标等，也可以直接用图标打开相应的应用程序、文件夹或文档。

1. 选择图标

选择单个图标：用鼠标左键单击要选择的图标，使之变为高亮显示。

选择多个不连续图标：选择多个不连续图标，可以在选择第一个图标之后，按住［Ctrl］键，再单击其他要选择的图标。

选择多个连续图标：可以在选择第一个图标之后，按住［Shift］键，再单击最后要选择的图标。

用矩形框选择图标：如果所选的图标是相邻的，可以将鼠标移动到要选定范围的一角，按住左键拖曳到另一个对角上释放，这样可选中矩形范围内的图标。

2. 移动图标

将鼠标指向图标，按下左键并拖曳，图标将随鼠标光标的移动而移动。

 注　意

图标并不是可以移动到任何地方的，当移动到非法区域时，鼠标将变成禁止符号"⊘"。移动图标有可能删除、复制或移动图标所代表的资源。

3. 排列图标

在桌面上的任意空白处，单击鼠标右键，显示如图 2-2 所示的快捷菜单，将鼠标指向"排列图标"项,用鼠标单击下一级菜单的某项,可以使图标按指定方式排列。

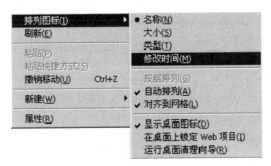

图 2-2　图标排列快捷菜单

4. 删除图标

选定要删除的图标后,把图标拖曳到桌面上的"回收站"图标上释放。也可以在选定图标后按[Del]键。注意,删除图标实际上是删除图标所代表的对象。

2.2.2　键盘和鼠标的基本操作

1. 键盘的基本操作

在 Windows XP 操作中可以用键盘操作来代替鼠标操作。在菜单项文字提示后一般均有一个在括号中且有下划线的大写字母,这个字母就是常规键操作提示。表示该项操作可用按下[Alt]与这个字母键来实现。例如"编辑"菜单项的下拉菜单,可以通过按下[Alt]和[E]键得到。

Windows XP 操作系统还提供一种快捷键操作方式。这是为一些使用比较频繁的操作项目安排的。在某些特殊场合,使用键盘操作可能会比使用鼠标操作更方便。用得最多的键盘命令形式是组合键方式,即按住第一个键不放,再按第二个键。例如,"复制"操作的快捷键是[Ctrl]+[C]。

2. 鼠标的基本操作

鼠标是最常用的输入设备。鼠标使用很简单,只要移动手中的鼠标,即可看到屏幕上的鼠标指针也会移动,可以通过按鼠标上的按键来下达命令。

鼠标有 5 种基本操作,可以用来实现不同的功能,其具体操作方法说明如下:

(1) 指向:移动鼠标,将鼠标指针放到某一对象上。

(2) 单击:将鼠标指针指向某一对象,快速按一下鼠标左键。

(3) 右击:将鼠标指针指向某一对象,快速按一下鼠标右键。

(4) 双击:将鼠标指针指向某一对象,快速按两次左键后松开。

(5) 拖动:按住鼠标左键不放,移动鼠标指针到指定位置后再释放。

2.2.3　窗口的操作

窗口是 Windows XP 的标准用户界面。窗口是屏幕中的矩形区域,Windows 的所有操作都是在窗口中进行的,每个运行的应用程序都有自己的窗口。窗口有三种:应用程序窗口、文档窗口和对话框窗口。应用程序窗口是应用程序运行时创建的,而文档窗口则是由应用程序生成的文件,在其中进行与文档有关的操作。在大多数 Windows 的应用程序窗口中可以包含多个文档窗口。对话框窗口是当用户选择执行某个命令时,系统还需要知道执行该命令的详细信息时,显示的一个询问信息的画面,或者当系统发生错误,或者不能使用某操作时,在屏幕上显示提示信息对话框,以警告操作者。下面以应用程序窗口为例介绍窗口的组成。

1. 窗口的组成

Windows XP 的窗口由很多元素组成,这些元素是进行窗口操作及在窗口中运行应用程序或文档的工具。如图 2-3 所示的是"资源管理器"窗口,下面就窗口中的主要元素进行简要说明。

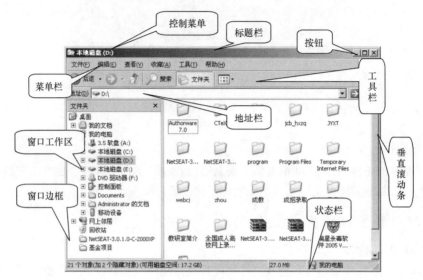

图 2-3　资源管理器窗口

(1) 窗口边框:窗口边框是窗口四周的粗边,它限定了窗口所占的屏幕区域。

(2) 标题栏:标题栏位于窗口顶部,用来显示正在运行的应用程序名称。还可显示和切换窗口的活动状态。

(3) 控制菜单:控制菜单位于标题栏最左边的小图标称为控制菜单图标,单击该图标可显示控制菜单。用户可以通过这些菜单项对窗口进行最大化、最小化、关闭等操作,每个窗口都有一个控制菜单,以实现对窗口的基本操作。

(4) 按钮:按钮位于标题栏的最右端,包括最小化、最大化、关闭和还原按钮。其功能与控制菜单中相应的菜单项相同,其中最大化按钮与还原按钮是交替出现的。各按钮的名称及功能如下:

按钮	名　称	功　　能
■	最小化按钮	将窗口最小化为图标,置于任务栏中。
▢	最大化按钮	将窗口最大化为全屏幕显示。
🗗	还原按钮	在窗口全屏显示时出现,将窗口还原成最大化前的大小。
✕	关闭按钮	关闭窗口。

(5) 菜单栏:菜单栏位于标题栏正下方。菜单栏中列出了该程序可以提供的各种功能,在菜单栏中有多个菜单项,每个菜单项对应一个下拉菜单,每个下拉菜单又包含若干个子菜单项。

(6) 工具栏:工具栏位于菜单栏下方,在不同的窗口中,对应不同的工具栏。工具栏中排列了一些工具按钮,它与菜单栏中的某些菜单项的功能相对应。单击这些按钮,就能执行相应的操作。

(7) 窗口工作区:窗口工作区位于窗口正中间,在窗口中可以对对象进行各种操作。

（8）状态栏：状态栏位于窗口底部，显示应用程序的运行状态，包括对象的个数、可用空间等信息。

（9）滚动条：滚动条包括水平滚动条和垂直滚动条，分别在窗口的右边和底部，当窗口无法显示全部内容时，可使用滚动条来移动查看窗口外的内容。

2. 活动窗口

在 Windows 中，用户可以同时运行多个应用程序，但只有一个应用程序在前台运行，其余的应用程序则处于后台工作状态。在前台运行的应用程序的窗口称为活动窗口。在桌面上多个应用程序窗口中，只有活动窗口的标题栏是突出显示蓝颜色的。同样在一个应用程序的多个文档窗口中，只有一个文档窗口处于活动状态。要改变活动窗口，最简单的方法是用鼠标单击要成为活动窗口的窗口任意位置。

3. 最大化、最小化和关闭窗口

窗口的最大化、最小化、恢复和关闭都可以通过窗口右上角的按钮来实现，具体操作方法如下：

（1）单击"最小化"按钮 ▣，窗口以图标形式缩小到任务栏中。

（2）单击"最大化"按钮 ▢，窗口充满整个屏幕，此时最大化按钮变为还原按钮。

（3）单击"还原"按钮 ▣，窗口还原成最大化前的位置和大小。

（4）单击"关闭"按钮 ✖，窗口关闭。窗口在屏幕上消失，在任务栏的窗口图标也消失。

4. 移动窗口

将鼠标光标移动到窗口标题栏，按下鼠标左键拖动，可以实现窗口的移动。另外，用户也可以打开控制菜单，选择"移动"菜单项，然后使用键盘上的 4 个方向键实现窗口的上、下、左、右移动。

5. 改变窗口大小

将鼠标指针置于窗口的边框或角，鼠标指针变成双向箭头，按下鼠标左键拖动，可以改变窗口的大小。

另外，用户也可以使用控制菜单中的"大小"菜单项改变窗口大小。选择该菜单后，鼠标光标变成四箭头，此时用键盘上的方向键选择改变大小的方向，按［Enter］键结束。

2.2.4　菜单的操作

菜单是将命令用列表的形式组织起来，当用户需要执行某种操作时，只要从中选择对应的菜单项，即可进行相应的操作。菜单中包含的菜单项也称为菜单命令。菜单项可以是可直接执行的命令，也可以是下一级菜单。

1. 菜单类型

（1）窗口菜单：窗口菜单出现在应用程序窗口标题栏下方，它构成了应用程序的菜单栏。窗口菜单通常包含"文件"、"编辑"、"视图"…"帮助"等菜单项，每个菜单项又有自己的下拉式菜单。

（2）下拉式菜单：下拉式菜单又称纵向菜单。用鼠标单击窗口菜单的某一菜单项，即弹出该菜单项所包含的下拉式菜单。

（3）控制菜单：控制菜单主要用来实现对窗口的控制。

（4）快捷菜单：快捷菜单是单击鼠标右键时在鼠标位置弹出

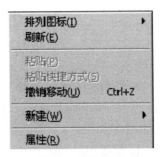

图 2-4　快捷菜单

的菜单。其中的菜单命令是一些与用户当前操作或选中对象密切相关的命令。在 Windows 中，用鼠标右键单击不同的对象将弹出不同的快捷菜单，如右击 Windows 桌面的空白处弹出如图 2-4 所示的快捷菜单。

2. 认识菜单标记

出现在菜单中的菜单选项具有不同的形式，菜单的不同形式代表不同的含义。

（1）右端带省略号（…）：表示选中该菜单项时，将弹出一个对话框，要求用户给定一些必要的信息，如图 2-5 中的菜单项"选择详细信息"。

（2）右端带右向箭头（ ▶ ）：表示该菜单项还有下一级菜单，下一级菜单又称子菜单。在选中该菜单项后弹出子菜单，如图 2-5 所示的菜单项"工具栏"。

（3）呈灰色显示的菜单：表示该菜单项目前不能使用，原因是执行这个菜单项的条件不够，如图 2-6 中的菜单项"粘贴"等。

（4）左侧带选中标记的菜单项：左侧带选中标记的菜单项是以选中和不选中方式起作用的。Windows 中选中标识常见的有"√"或"● "。"√"的作用象开关，有"√"时表示该项正在起作用，无"√"时表示不起作用。"● "的作用是互斥的，在一组选项中，只有带"● "的选项有效。如图 2-5 所示。

（5）名字后面的字母和组合键：紧跟菜单名后的括号中的单个字母是当菜单被打开时，可通过在键盘键入该字母执行该菜单项。如图 2-5 中，当下拉式菜单已经弹出时，按[R]键或用鼠标单击"刷新"项都可以执行"刷新"菜单项。

菜单后面的组合键是在菜单没有打开时，执行该菜单项的快捷操作键。如图 2-6 中，在菜单尚未弹出时，按"全部选定"组合键[Ctrl]+[A]，就可以执行"全部选定"菜单项。

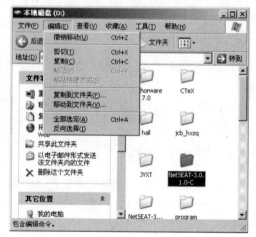

图 2-5　菜单示例　　　　　　　　　　　图 2-6　菜单示例

2.2.5　对话框的操作

对话框是人机交互的基本手段。当应用程序要求输入信息时，系统将弹出一个对话框，用户可以在对话框中设置选项，使程序按指定方式执行。对话框一般包括标题栏、标签、下拉列表框、标尺、预览框和命令按钮。如图 2-7 所示。

1. 标签（选项卡）

标签用来切换不同的功能组。图 2-7 中包括有"主题"、"桌面"、"屏幕保护程序"、"外观"等六个标签。

2. 下拉列表框

图 2-7 中"颜色质量"下可以弹出一个下拉列表框,单击该框右边的箭头可以查看选项列表,然后可单击所需的选项。

3. 标尺

图 2-7 中"屏幕分辨率"下有一标尺,可以通过移动滑块来选择所需数值。

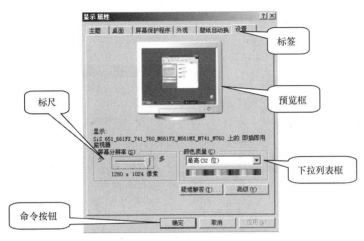

图 2-7　对话框结构

4. 预览框

预览框在标签下方,用来观察对话框中各种选项命令所产生的效果。

5. 命令按钮

图 2-7 中"高级"、"确定"、"取消"和"应用"等都是命令按钮,单击命令按钮就可执行一项命令。若命令按钮上有省略号,则表示单击它将打开一个新的对话框。

6. 选项按钮

如图 2-8 所示,选项按钮用来在一组可选值中仅选择一个选项。

7. 数值框

图 2-8 中"份数"右边有一个数值框,单击该框右边的上下箭头可以更改数值大小,也可直接输入数值大小。

图 2-8　打印对话框中的选项按钮和数值

8. 文本框

图 2-8 中页码范围后有一个文本框,文本框用来输入文字。

9. 列表框

如图 2-9 所示,在列表框中使用滚动条或单击滚动箭头可以上下滚动翻阅列表框中的内容,单击某一内容可以选择不同的选项。

10. 复选框

如图 2-10 所示,在同一组选项中可以同时选取多项。

图 2-9　列表框　　　　　　　　　图 2-10　复选框

2.2.6　使用"Windows 帮助"

1. 启动"Windows 帮助"

Windows 帮助是为用户提供在线学习 Windows 的一种方式。当用户在操作和使用 Windows 过程中遇到疑难问题时可以求助于 Windows 帮助而得到答案。获取 Windows 帮助的方法有以下 3 种:

(1)通过应用程序"帮助"菜单启动"帮助"。应用程序的"帮助"菜单在菜单栏的最右边,选择"帮助"菜单中的"帮助与支持中心"命令,即可打开"帮助与支持中心"窗口。

(2)单击桌面上的"开始"按钮,选择"帮助和支持",将显示"帮助与支持中心"窗口。

(3)当桌面被激活或桌面上有活动窗口时,按[F1]键可以打开 Windows 的"帮助与支持中心"窗口。

2. 获取帮助信息

"帮助与支持中心"窗口如图 2-11 所示。在"帮助与支持中心"窗口中,用户可以通过各种途径找到自己需要的内容,下面向用户推荐几种方式:

(1)直接选取相关选项。使用时选取一个主题并单击,窗口会打开相应的详细列表框,用户可以在该主题的列表框中单击具体内容,在窗口右侧的显示区域就会显示相应的具体内容。

(2)在"帮助与支持中心"窗口中的"搜索"文本框中输入要查找内容的关键字,然后单击"➡"按钮,可以快速查找到结果。

(3)使用帮助系统的"索引"功能进行相关内容的查找。在"帮助与支持中心"窗口的浏览栏上单击"索引"按钮,这时将切换到"索引"页面,如图 2-12 所示。在"索引"文本框中输入要查找的关键字,或者直接在其列表中选定所需要的内容,然后单击"显示"按钮,在窗口右侧即会显示该项的详细资料。

图 2-11 帮助和支持中心窗口

图 2-12 索引页面

§2.3 Windows XP"资源管理器"

Windows 的资源管理主要通过"我的电脑"和"资源管理器"来全面管理计算机的软硬件资源。在管理的资源中最重要的是文件资源,系统中的程序和数据等均是以磁盘文件进行保存的,所以资源管理器的最大任务就是对磁盘、文件夹和文件的管理。文件是按照一定结构组织起来的并存放在磁盘中的信息集合。文件夹是存放一批相关文件的逻辑区域,一个文件夹中还可以包含文件夹,称为子文件夹。在 Windows 中的文件夹相当于 DOS 操作系统中的目录,其目录结

构仍然是一个树型结构。在 Windows 中支持长文件名,文件名最长可达 255 个字符,扩展名可以使用多个分隔符,如 VF. DBF. FILE 是一个正确的文件名或文件夹名,此外,文件名中还可以包含汉字和空格。但文件或文件夹名中不能包含下列字符:|、"、?、\、 、<、>。在 Windows 中文件名和文件夹名的长度可以突破 DOS 文件名中的 8.3 规则(即主文件名 8 个字符,扩展名 3 个字符)的限制,给用户带来极大的方便。

Windows 主要提供了"资源管理器"和"我的电脑"两种管理文件和文件夹的工具,两者虽然界面略有不同,但操作方法比较相似。这里着重介绍"资源管理器"的使用。

2.3.1 启动"资源管理器"

启动"资源管理器"的常用方法有以下三种:

(1)用鼠标右键单击"开始"按钮,在弹出的快捷菜单中选择"资源管理器"。

(2)用鼠标右键单击桌面上的"我的电脑"或"回收站"等图标,在弹出的快捷菜单中选择"资源管理器"。

(3)在"开始"按钮的"程序"下单击"附件",然后选取"Windows 资源管理器"。

2.3.2 "资源管理器"的界面组成

启动"资源管理器"后显示的窗口如图 2-13 所示,资源管理器窗口包括标题栏、菜单栏、工具栏、左窗口、右窗口和状态栏等部分。

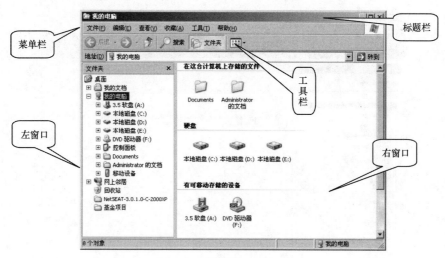

图 2-13　资源管理器窗口

1. 标题栏

显示用户当前打开的磁盘或文件夹,最右边"×"形状的按钮,用于关闭"资源管理器"。

2. 菜单栏

菜单为用户提供各种对文件和文件夹的操作。

3. 工具栏

工具栏上的按钮包括一些常用菜单命令的快捷方式。

4. 文件夹窗口和文件夹内容窗口

左边的文件夹窗口以树形目录的形式显示文件夹,右边的窗口是左边窗口中所打开的文件夹中的内容。从文件夹窗口的图标上可以显示文件夹的展开、折叠状态,若小方格中显示"+"号,表示该文件夹的子文件夹处于折叠状态,单击"+"号就可以将该文件夹展开;如果小方格中是"–"号,则表示该文件夹中的子文件夹已全部显示,单击"–"号,可以将该文件夹折叠。如果文件夹左侧没有小方格,则表明该文件夹是最下层子目录。

5. 状态栏

资源管理器底部是状态栏,它显示当前的工作状态信息,磁盘中的有效空间、可用空间、选定的对象数目等信息。

2.3.3　改变"资源管理器"左右窗口大小

将鼠标指向左、右窗口中间的分隔条上,鼠标指针变成双箭头"←→",这时拖动鼠标移动分隔条,就可以改变资源管理器左右窗口大小。

2.3.4　显示或隐藏"工具栏"

选择"查看"菜单中的"工具栏"命令,在其下一级菜单中有"标准按钮"、"地址栏"、"链接"、等多个菜单项,如图 2-14 所示,它们是"资源管理器"工具栏中的工具。如果菜单项前有"√"符号,则表示该工具呈显示状态,若取消菜单项前的"√"符号,则表示该工具呈隐藏状态。

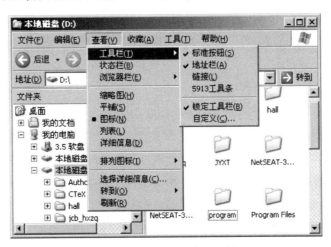

图 2-14　显示或隐藏工具栏

2.3.5　显示或隐藏"状态栏"

选择"查看"菜单中的"状态栏"命令,可以显示或隐藏状态栏。

2.3.6　改变对象查看方式

在"查看"菜单中还有 5 个菜单项,即"缩略图"、"平铺"、"图标"、"列表"和"详细信息",它们是资源管理器中对象的 5 种显示方式。该组菜单项是单选项,每次只能选择其中一种显示方式,选中的菜单项前有"●"符号。如图 2-14 所示,若选中"详细信息",此时右窗口列表框中的对象就按"详细信息"方式显示。

2.3.7　设置对象排序方式

在资源管理器中提供了几种不同的对象排序方式,分别是按名称、大小、类型和修改日期进行显示。用户可选择其中任意一种排序方式进行对象的显示。若选中"自动排列"选项,窗口中的文件图标被用户随意拖动后,资源管理器将对这些图标自动重新排列,如图 2-15 所示。

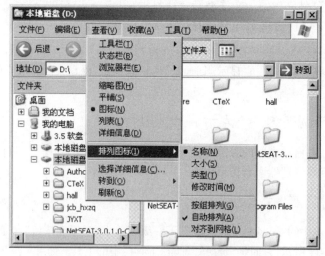

图 2-15　排列图标方式

§2.4　文件和文件夹的操作

2.4.1　选定文件和文件夹

在资源管理器中,可以选定一个文件或文件夹,也可以选定多个连续或不连续的文件或文件夹。

1. 选择一个文件或文件夹

用鼠标单击要选择的文件或文件夹,被选中的文件或文件夹以反白显示。

2. 选择连续的多个文件

用鼠标单击第一个文件,然后按住键盘上的[Shift]键单击最后一个文件,则两个文件之间的所有文件被选中。

3. 选择不连续的多个文件

用鼠标单击第一个要选择的文件,然后按住[Ctrl]键,用鼠标逐个单击其他要选择的文件即可。

2.4.2　打开文件夹

在资源管理器左窗口中用鼠标单击驱动器图标,首先选定当前驱动器,再用鼠标单击要打开的文件夹,此时右窗口中列出该文件夹中的子文件夹和文件。

2.4.3　搜索文件或文件夹

用户可以使用资源管理器中的搜索文件工具来查找具有某些特征的文件或文件夹。

如果要在 C 盘中查找所有扩展名为".DBF"的文件,操作步骤如下:

选择"开始"按钮中的"搜索"子菜单下的"文件或文件夹"命令,打开搜索结果对话框。在"你要找什么"下面单击"所有文件或文件夹"选项,在"全部或部分文件名"下面的文本框中输入" .DBF",然后单击"搜索"按钮,如图2-16所示。"搜索"完成后,结果显示在"搜索结果"对话框的右侧,如图2-17所示。

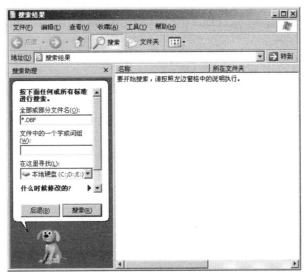

图2-16 "搜索结果"对话框

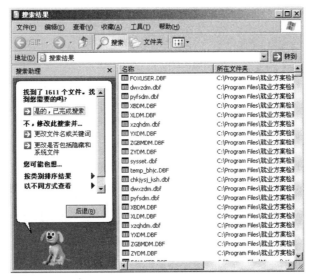

图2-17 "搜索结果"显示

2.4.4 创建文件夹

用户可以在磁盘中的任何位置创建新的文件夹,但不允许在同一文件夹中创建两个名字相同的文件夹或文件。

如果要在 D 盘创建一新文件夹"my file",操作步骤如下:

(1)选定要创建新文件夹的 D 盘。

(2)选择"文件"菜单中的"新建"子菜单中的"文件夹"菜单,右窗口中将出现一个新的文件夹,默认名称是"新建文件夹",该名称处于编辑状态。

(3)输入新建文件夹的名称"my file",然后按[Enter]键或用鼠标单击窗口的空白处即可,如图 2-18 所示。

图 2-18 创建文件夹

2.4.5 重命名文件或文件夹

根据需要用户可以为已存在的文件或文件夹更改名称,操作步骤如下:

(1) 选中要重新命名的文件或文件夹。

(2) 选择"文件"菜单中的"重命名"命令,被选中的名字自动处于编辑状态。

(3) 键入新的名字,按[Enter]键或用鼠标单击窗口的空白处,即可完成重命名。

2.4.6 复制、移动文件和文件夹

1. 使用鼠标拖动复制和移动文件

使用鼠标拖动移动文件:首先选定要移动的文件,然后将鼠标移动到选定的源文件区域,按住鼠标左键拖动文件到目标文件夹图标上,松开鼠标即可。

使用鼠标拖动复制文件:首先选定要复制的文件,然后将鼠标移动到源文件区域,按住[Ctrl]键的同时,拖动文件到目标文件夹松开鼠标即可。

2. 使用菜单命令复制和移动文件

具体操作步骤如下:

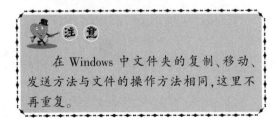

在 Windows 中文件夹的复制、移动、发送方法与文件的操作方法相同,这里不再重复。

(1) 选定要复制或移动的源文件。

(2) 如果要进行移动操作,选择"编辑"菜单中的"剪切"命令;如果要进行复制操作,选择"编辑"菜单中的"复制"命令。

(3) 选定目的文件夹并打开它。

(4) 选择"编辑"菜单中的"粘贴"命令,则选定的文件就被移动或复制到当前文件夹。

2.4.7　发送文件和文件夹

如果用户是向软盘复制文件或文件夹，既可以使用上述复制操作的方法，也可以在选定源文件夹和文件之后，选择"文件"菜单中的"发送到"子菜单中的"3.5 英寸软盘"命令。

§2.5　回　收　站

Windows 中的回收站是用于临时存放被删除的文件或文件夹，以减小用户因误操作而带来的损失。放进回收站的文件或文件夹需要时还可以恢复。

2.5.1　删除文件和文件夹

删除磁盘中不用的文件和文件夹，可以释放磁盘空间。被删除的文件和文件夹通常被放入回收站，在回收站没有清除以前，这些文件还可以被恢复。只有当回收站被清除后，文件和文件夹才真正被删除。

要删除文件和文件夹，首先选定要删除的文件和文件夹，然后选择"文件"菜单中的"删除"命令，或者按键盘命令[Del]，或者将选中的文件或文件夹直接拖动到桌面上的回收站图标上释放鼠标，屏幕上都将显示"确认文件删除"对话框，如图 2-19 所示。用户确认删除后，被删除的文件和文件夹放入回收站之中。

图 2-19　"确认文件夹删除"对话框

2.5.2　恢复文件或文件夹

在桌面上双击"回收站"图标，将打开如图 2-20 所示的回收站窗口。选定要恢复的文件和文件夹，然后选择"文件"菜单中的"还原"命令，这些文件就被还原到删除前的位置。

图 2-20　在回收站中恢复文件或文件夹

2.5.3 清除文件

1. 清除回收站中的文件

在回收站中选定要清除的文件,然后选择"文件"菜单中的"删除"命令,屏幕弹出"确认文件删除"对话框,单击"是"按钮,即可完成清除文件操作。

2. 清空回收站

在回收站窗口中,选择"文件"菜单中的"清空回收站"命令,屏幕弹出"确认删除多个文件"对话框,单击"是"按钮,即可将回收站中的所有文件从磁盘上删除。被清除的文件或文件夹不能再恢复。

每一个磁盘中都可预留一定的空间来供回收站使用。将鼠标移动到"回收站"图标,单击鼠标右键,在弹出的快捷菜单中选择"属性"菜单,可以对每个回收站的容量进行设置。

§2.6 快捷方式的使用

Windows 向用户提供了快捷方式的功能,快捷方式是一种快速启动程序或打开文件和文件夹的手段。无论应用程序存储在磁盘的什么位置,相应的快捷方式都只是作为该应用程序的一个指针,用户可以通过快捷方式快速打开该应用程序。

2.6.1 创建快捷方式

创建快捷方式的方法有以下三种:

(1) 在"资源管理器"或"我的电脑"窗口中,找到要创建快捷方式的文件或文件夹,用鼠标将它拖动到桌面上的空白区域,即可直接在桌面上创建一个该文件或文件夹的快捷方式。

(2) 将鼠标指向桌面的空白区域,单击右键,在弹出的快捷菜单中选择"新建"菜单中的"快捷方式"命令,弹出"创建快捷方式"对话框。在"命令行"框中输入对象的路径和文件名,或单击"浏览"按钮查找所需的文件名,单击"下一步"按钮。在"选择程序的标题"对话框中给定新创建的快捷方式的名称,单击"完成"按钮。

(3) 选定要创建快捷方式的文件或文件夹,单击鼠标右键,在出现的快捷菜单中选择"发送到"下的"发送桌面快捷方式"。

2.6.2 删除快捷方式

快捷方式只是作为应用程序的一个指针,方便用户快速打开应用程序,删除快捷方式不影响快捷方式对应的文件或文件夹。删除快捷方式的方法有以下三种:

(1) 将鼠标光标移到要删除的快捷方式的图标上,单击右键,在弹出的快捷菜单中选择"删除"命令,屏幕上弹出"确认文件删除"对话框。用户确认删除后,系统将快捷方式放入回收站中,桌面上对应的快捷方式图标消失。

(2) 直接将快捷方式图标拖动到"回收站"图标上。

(3) 单击要删除的快捷方式后,按键盘上的[Del]键。

§2.7 "控制面板"简介

"控制面板"是 Windows 用来对计算机系统进行配置的一个管理器。它包括了一系列实用程序,可对桌面、键盘、鼠标、打印机、显示器、调制解调器、网络适配器、网络和多媒体等内外设备进行设置。

2.7.1　进入"控制面板"窗口

进入控制面板窗口的方法有以下 3 种：

（1）打开"我的电脑"窗口，单击左侧的"控制面板"图标。

（2）单击桌面上的"开始"按钮，打开"开始"菜单，选择"设置"命令中的"控制面板"项。

（3）在资源管理器窗口左侧单击"控制面板"图标。

控制面板的窗口如图 2-21 所示。

图 2-21　控制面板窗口

2.7.2　桌面设置

用户可以根据自己工作的需要或个人爱好，对计算机的桌面进行设置。桌面设置包括设置桌面的背景颜色、添加图案、设计桌面的外观、设置屏幕保护等。

1. 背景设置

设置桌面背景的操作步骤如下：

（1）在"控制面板"窗口中双击"显示"图标，弹出"显示属性"对话框，选择"桌面"标签，如图 2-22 所示。

（2）在"背景"列表框中选择需要的墙纸文件，或者单击"浏览"按钮，在其他文件夹中选择墙纸文件。

（3）在"位置"下拉列表框中有三种显示方式："平铺"是用相同的图片覆盖整个桌面；"居中"是在桌面中央放一张图片；"拉伸"是把图片拉伸到覆盖整个桌面。这里选择"拉伸"。

（4）单击"确定"或"应用"按钮，完成背景设置。

2. 外观设置

外观设置主要是设置桌面颜色、窗口颜色、菜单字符的颜色、字体等。外观设置的具体操作步骤如下：

（1）在"控制面板"窗口中双击"显示"图标，弹出"显示属性"对话框，选择"外观"标签。如图 2-23 所示。

 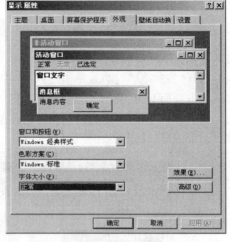

图 2-22 "显示属性"对话框   图 2-23 "外观设置"对话框

（2）在"窗口和按钮"下拉列表框中选择自己喜欢的一种样式。

（3）在"色彩方案"下拉列表框中选择一种方案。

（4）在"字体大小"下拉列表框中选择一种字体大小。

（5）单击"确定"按钮，便可看到设置好的桌面外观效果。

3. 设置屏幕保护

屏幕保护的作用是当用户在规定时间内没有进行计算机的键盘和鼠标操作时，自动在屏幕上显示预定的动态图案，用以屏蔽原来屏幕上的内容。

设置屏幕保护的操作步骤如下：

（1）在"控制面板"窗口中双击"显示"图标，弹出"显示属性"对话框，选择"屏幕保护程序"标签，如图 2-24 所示。

（2）从"屏幕保护程序"列表框中选择系统提供的一种屏幕保护程序，单击"预览"按钮，可以看到动态图案的显示效果。

（3）在"等待"框中设置等待时间，也可以选中"密码保护"复选框，为结束屏幕保护设置密码。

图 2-24 设置屏幕保护

（4）单击"确定"按钮,完成屏幕保护的设置。

4. 显示器特性设置

显示器特性包括颜色、分辨率等参数,在"显示属性"对话框中,选择"设置"标签,如图 2-25 所示,用户可在该对话框中完成下列设置：

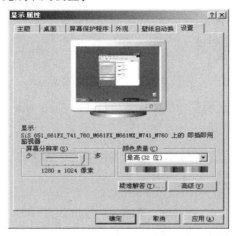

图 2-25　设置显示器特性

（1）颜色：这一参数与计算机系统使用的显示卡有关。一般情况下,SVGA 卡至少支持 256 种颜色,VESA 卡或 PCI 卡支持 64K 或 16M 真彩色。

（2）屏幕分辨率：这个参数设置显示器的分辨率,它与计算机所使用的显示卡和显示器都有关。一般情况下,最低分辨率 640×480,最高分辨率 1280×1024,通常使用 1024×768 分辨率。

（3）显示器类型：单击对话框中的"高级"按钮,可进入设置显示器类型对话框。用户可通过该对话框更改显示器类型和显示卡类型。

显示特性设置完成后,按"确定"按钮生效。

2.7.3　添加/删除应用程序

该工具允许用户安装系统的可选应用程序和其他第三方应用程序。在控制面板窗口中双击"添加/删除程序"图标,打开"添加/删除程序属性"窗口,如图 2-26 所示。窗口中有以下选项：

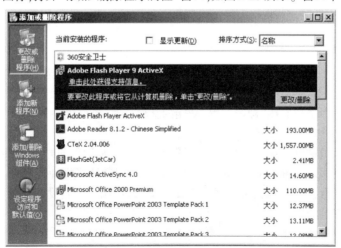

图 2-26　"添加/删除程序"窗口

1. 更改或删除程序

单击"更改或删除程序",再单击要更改或删除的程序。要更改程序,请单击"更改/删除"或"更改"。要删除程序,请单击"更改/删除"或"删除"。

2. 添加新程序

单击该选项,可以通过 CD-ROM 或 Internet 来安装新程序。

3. 添加/删除 Windows 组件

选择"添加/删除 Windows 组件",出现"Windows 组件向导"对话框,如图 2-27 所示。在"组件"列表框中列出了已安装的组件和可以增加的组件,用户可以对这些 Windows 组件重新设置,在需要保留或添加的组件前面的复选框中单击鼠标,置入选中标记"√",在要删除的组件前去掉选中标识,单击"下一步"按钮,开始安装组件,待安装完成后单击"完成"按钮。

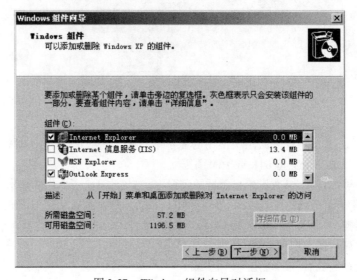

图 2-27　Windows 组件向导对话框

4. 设定程序访问和默认值

选择"设定程序访问和默认值",可以指定某些动作的默认程序,例如网页浏览和发送电子邮件。在开始菜单、桌面和其他地方显示哪些程序可以被访问。

2.7.4　为系统添加新硬件

Windows 支持"即插即用"功能,在安装支持"即插即用"功能的设备时,系统将自动检测设备并引导安装过程。

用户要在系统中添加支持"即插即用"功能的新设备时,操作步骤如下:

(1) 将设备与计算机连接好。

(2) 在控制面板窗口中双击"添加硬件"图标,启动"添加硬件向导"窗口。

(3) 单击"下一步"按钮,系统提问是否已将硬件连接到计算机,回答"是",单击"下一步",系统开始对硬件进行检测,一旦系统检测到新的设备,将给出一个新设备列表。

(4) 选取要安装的硬件设备,单击"下一步"就会开始安装设备。

(5) 根据向导提示完成其他安装步骤。

§2.8　设置字体和输入法

2.8.1　字体设置

Windows 中字体由字体应用程序统一安装管理,当用户认为系统中的基本字体不够用时,还可以安装自己需要的字体。

双击控制面板窗口中的"字体"图标,打开"字体"窗口,如图 2-28 所示,在窗口中可以查看、增加、删除系统中的字体。用鼠标双击某字体图标,可弹出该字体信息的显示窗口,内容包括字样名、字体文件大小、版本号以及不同字号的样例。

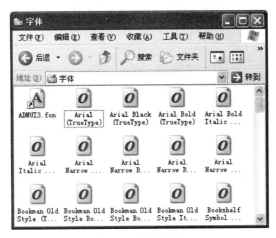

图 2-28　字体窗口

如果要安装新字体,其操作步骤如下:

(1) 在"字体"窗口中,选择"文件"菜单中的"安装新字体"命令,打开"添加字体"对话框,如图 2-29 所示。

(2) 选择要增加的字体文件所在驱动器、文件夹,在"字体清单"列表框中选中需要的字体。

(3) 单击"确定"按钮,字体将被添加到系统中。

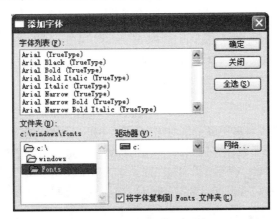

图 2-29　"添加字体"对话框

2.8.2 汉字输入法

Windows 为用户提供了几种常用的汉字输入法,包括微软拼音、全拼、郑码、智能 ABC 输入法等。如果用户需要使用其他输入法,可以通过其他应用程序进行安装。用户可以用鼠标指向任务栏的输入法图标,按右键出现快捷菜单,选择"设置"项,出现"文字服务和输入语言"对话框,如图 2-30 所示。在对话框中可设置输入法属性、添加系统默认输入法以及为输入法定义快捷键。

图 2-30 "输入法属性"对话框

图 2-31 输入法

2.8.3 输入法的切换

在各种汉字输入法之间用户可以按[Ctrl]+[Shift]键进行切换,汉字与英文输入法之间的切换通常定义为[Ctrl]+[Space]。用户也可以通过"文字服务和输入语言"对话框中的"键设置"来重新定义切换键。

最简单的输入法切换方法是用鼠标单击任务栏上的输入法图标,弹出输入法菜单,如图 2-31 所示,在输入法菜单中用鼠标单击要选择的输入法。

2.8.4 中文输入法的屏幕显示

1. 全角/半角状态切换

对于中文状态,有全角和半角之分。在全角方式输入的一个英文字符,比半角方式要占用多一倍的宽度(即 2 Byte);所以在输入数字和英文字符时应在半角状态下输入。而对汉字本身,在全角和半角两种方式下都要占用 2 Byte;在全角状态下按一下空格键也会输入两个空格。一般情况下,在输入中文时要使用全角方式。

要进行全角/半角切换,可以按组合键[Shift]+[Space],也可以单击中文输入状态框中的新月状图标(◗或满月状图标●)。

2. 中、英标点符号切换

在编辑中文文档时,所有的标点符号应该是中文的标点符号。同样,对于英文文档,又必须使用英文标点符号。这两者的切换,可以通过单击中文输入状态框中的第四个按钮 ❝❞ 进行切换。

3. 显示和隐藏 Windows XP 的软键盘

软键盘其形状和真实的键盘很相似,对 PC 键盘,键的分布和功能也基本相同。中文输入状态框中的一个呈键盘模样的按钮 ⌨ 就是软键盘的开关。

软键盘共有 13 个,分别有希腊字母、标点符号、数字序号和特殊符号等。在缺省状态下,软键盘是关闭的;单击该按钮可以打开软键盘,再按一次可以关闭软键盘。右击软键盘按钮,可在弹出的软键盘列表中选择所需的软键盘。

2.8.5　智能 ABC 输入法简介

智能 ABC 是一种智能化的混合拼音输入法,它具有自动分词、构词、自动记忆、强制记忆、词汇频度调整等智能特点。因此用户不仅可以输入标准的字和词组,也可以在输入的过程中动态建立用户的新词组。可以一段话似的进行输入,有自动向后猜测和联想的功能;在输入词组时,可以只输入组成词组的汉字拼音的第一个字母即可,例如:"工人",输入 gr 即可得到,所以输入长词组的速度是很快的。但是由于汉语拼音重码多,只输入汉字拼音的首字母,则会出现较多的重音词组,这样也会降低效率,所以可以输入部分或大部分拼音字母,以降低重码词组。

另外要注意的是,每输入一个字或一个词组的最后一个拼音字母(可以全写或略写)后,必须按一下空格键才会显示选字表,也才能从中选择所要的汉字。若输入拼音后,某字若不在字表的第一页中,则可按[PageDown]或"+"键往后翻一页,而按[PageUp]或"−"键则往前翻一页。

如果输入的一个词组不在词组库中,可以按退格键自建该词组。例如,输入"单击",显示的是"1. 淡季 2. 蛋鸡",没有"单击",这时按一次退格键,在属于"dan"音下的字表中选择"单",然后出现"ji"音下的字母表,选择"击"字,就输入了"单击"词组,并自动创建了该词组(智能拼音"记住"了该词组),这样再次输入拼音"danji"就会显示"1. 单击 2. 淡季 3. 蛋鸡"。

智能拼音的自动记忆功能允许记忆的标准拼音词最大长度为 9 字,最大词条容量为 17000 条。刚被记忆的词并不立即存入用户词库中,至少要使用 3 次后,才有资格长期保存。新词栖身于临时记忆栈之中,如果栈"客满",而当它还不具备长期保存资格的时候,就会被后来者挤出。刚被记忆的词具有高于普通词语,但低于最常用词的频度。

§2.9　Windows 应用程序

2.9.1　应用程序的启动

1. 双击桌面图标启动应用程序

如果在桌面上有要运行的应用程序图标,直接用鼠标双击该图标,就可以启动该应用程序。用户可以将常用的应用程序的快捷方式建立在桌面上。

2. 从"开始"菜单启动应用程序

在"开始"菜单的"程序"命令中,指向相应的应用程序名称,单击鼠标左键,就可以启动该应用程序。

3. 用"我的电脑"或"资源管理器"启动应用程序

双击桌面上的"我的电脑"图标,打开"我的电脑"窗口,在窗口中依次打开应用程序所在的驱动器、文件夹。找到应用程序的文件名,用鼠标双击它,就可以启动相应的应用程序。

2.9.2 应用程序之间的切换

在 Windows 中可以同时运行多个应用程序,但只有一个程序在前台运行,其他都处于后台运行状态,这时可以将前台程序和后台程序进行切换。切换程序的操作方法主要有以下 3 种:

(1)在桌面底部的任务栏中,显示了多个应用程序的标题按钮,其中活动应用程序对应的标题按钮是凹的,非活动应用程序对应的标题按钮是凸的。可用鼠标单击凹凸按钮来切换前台和后台程序。

(2)当要改变为活动窗口的窗口部分或全部可见时,用鼠标单击该窗口中的任意位置,即可使它成为活动窗口。

(3)利用键盘按住[Alt]键不放,每按一次[Tab]键,出现一个已运行的应用程序的小图标,当切换到要激活为前台程序图标时,松开键盘即可。

2.9.3 剪贴板

剪贴板是在内存中定义的一个临时数据存储器,它只保留最近一次存入的信息,用于在应用程序之间进行信息交换。

使用下面的方法可以将数据保存到剪贴板上,用于在应用程序之间进行数据交换。

1. 保存应用程序的文档到剪贴板

选定需存入剪贴板的文本或图片信息,选择"编辑"菜单中的"复制"命令或"剪切"命令,将选定的信息存入剪贴板。

2. 保存全屏幕或当前窗口画面到剪贴板

保存全屏幕画面:按[PrintScreen]键,可以将整个屏幕的画面存入剪贴板。

保存活动窗口画面:按[Alt]+[PrintScreen]键,将当前活动窗口的画面保存到剪贴板。

小 结

Windows XP 是 Microsoft(微软)公司推出的新一代操作系统,具有功能强大、界面友好、操作方便的特点。

1. Windows XP 的基本操作包括图标操作、窗口操作、菜单操作及对话框操作等。图标操作包括选择图标、拖动图标、排列图标和删除图标等。窗口是 Windows 标准用户界面,Windows 的所有操作都是在窗口中进行的,每个运行的应用程序都有自己的窗口。菜单是将命令用列表的形式组织起来,只要用户从中选择对应的菜单项,即可进行相应的操作。当应用程序要求输入信息时,系统将弹出一个对话框,用户可以在对话框中设置选项,使程序按指定方式执行。

2. Windows 为用户提供在线学习的功能,当用户在操作和使用 Windows 过程中遇到疑难问题时可以求助于 Windows 帮助而得到答案。

3. 资源管理器用来管理计算机的软硬件资源。在管理的资源中最重要的是文件资源,资源管理器的最大任务就是对磁盘、文件夹和文件的管理。

4. 对文件和文件夹的操作是 Windows 的基本操作,可以新建文件夹、重命名文件或文件夹、复制文件或文件夹、移动文件或文件夹等。

5. Windows 中的回收站是用于临时存放被删除的文件或文件夹,以减小用户因误操作而带来的损失。放进回收站的文件或文件夹需要时还可以恢复。

6. 快捷方式是一种快速启动程序或打开文件和文件夹的手段。无论应用程序存储在磁盘的什么位置,用户可以通过快捷方式快速打开该应用程序。

7. 控制面板是 Windows 用来对计算机系统进行配置的一个管理程序,可对桌面、键盘、鼠标、打印机、显示器、调制解调器、网络适配器、网络和多媒体等内外设备进行设置。利用控制面板可以对桌面进行设置、可以添加/删除应用程序、可以为系统添加新硬件等。

8. Windows 为用户提供了几种常用的汉字输入法,包括微软拼音、全拼、郑码、智能 ABC 输入法等。智能 ABC 是一种智能化的混合拼音输入法,它具有自动分词、构词、自动记忆、强制记忆、词汇频度调整等智能特点。

习 题 二

选择题

1. 中文 Windows 是一种( )软件。
   A. 应用软件　　　B. 操作系统　　　C. 数据库管理系统　　　D. 办公自动化系统

2. 以下对"快捷方式"描述不正确的是( )。
   A. 快捷方式是快速启动程序或打开文件或文件夹的方法
   B. 快捷方式对经常使用的程序、文件和文件夹非常有用
   C. 快捷方式只能对应用程序设定,无法对文件夹设定
   D. 通过快捷方式可以不必转入"Windows 资源管理器"中文件的位置

3. 资源管理器中用( )方式显示文件与文件夹的所有信息。
   A. 大图标　　　B. 小图标　　　C. 列表　　　　　D. 详细资料

4. 关于 Windows 窗口,下列说法中,哪个是错误的( )。
   A. 文档窗口与应用程序窗口的最大区别是前者没有自己的菜单栏
   B. 每个窗口都有滚动条
   C. 每个窗口都有标题栏
   D. 每个窗口都有控制菜单框

5. 关于 Windows"快捷方式",以下说法不正确的是( )。
   A. 一个快捷方式可以指向多个目标对象
   B. 一个对象可以有多个快捷方式
   C. 快捷方式具有文件名
   D. 在缺省情况下,快捷方式的图标与其所指对象的图标完全相同

6. 以下哪种方法不可以释放硬盘上的空间( )。
   A. 删除无用文件　　　　　　　B. 运行"磁盘清理程序"
   C. 关闭不用的文件　　　　　　D. 清空"回收站"

7. 以下对"屏幕保护程序"描述不正确的是( )。
   A."屏幕保护程序"可以通过在屏幕上显示动态图像起到保护屏幕的作用
   B."屏幕保护程序"可以设定密码
   C."屏幕保护程序"可以设置出现的时间
   D."屏幕保护程序"是 Windows 内置的,无法自行设定

8. 在 Windows 中,要想拷贝活动窗口的映像,可先调整窗口的大小,然后按( )。
   A. Alt-print Screen　　　　　B. Alt-F4
   C. Alt-Shift-Tab　　　　　　D. Alt-Esc

9. 在 Windows 桌面上,在( )上可以找到代表每一个活动窗口的按钮,单击鼠标可打开

相应的程序窗口。

    A. 任务栏   B. 工具栏   C. 格式栏   D. 控制面板

10. 下列关于文档窗口的说法中正确的是(　　)。

    A. 只能打开一个文窗口

    B. 可以同时打开多个文档窗口,被打开的窗口都是活动窗口

    C. 可以同时打开多个文档窗口,但其中只有一个是活动窗口

    D. 可同时打开多个文档窗口,但屏幕上只能见到一个文档窗口

11. 结束 Windows 操作时,(　　)的说法是错误的。

    A. 可以直接关闭电源

    B. 可以在"开始"按钮中选"关闭计算机",再选"关闭"

    C. 可以在"开始"按钮中选"关闭计算机",再选"重新启动"

    D. 可以在"开始"按钮中选"关闭计算机",再选"待机"

12. 在 Windows 窗口中,单击鼠标(　　)键,可显示快捷菜单。

    A. 左   B. 右   C. 中   D. 左右

13. Windows 的桌面指的是(　　)。

    A. 整个屏幕   B. 全部窗口   C. 某个窗口   D. 活动窗口

第3章 数据库基本理论

数据库技术是计算机科学飞速发展中的一个重要领域,是计算机信息处理的基本技术。它的基本功能是对大量的数据进行收集、存储、编辑、加工、保存、传播以及高效应用。它的基本目的是从大量的、原始的数据中经过加工处理抽取、推导出对人们有价值的信息,以此作为决策的依据。数据库技术所研究的主要问题是如何科学地组织和存储数据,如何高效地获取和处理数据。目前,无论从个人电脑的数据管理到 Internet 上的信息资源的利用,还是从办公自动化到大型企事业的信息管理系统,数据库技术已广泛应用于各个领域,数据库系统已成为计算机系统的重要组成部分。

§3.1 数据库概述

数据库技术产生于 20 世纪 60 年代末 70 年代初,其主要目的是有效地管理和存取大量的数据资源。数据库在英文中称为 Database,分开来看,data 是数据,base 可译为基地。数据库可以理解为存储数据的"基地",或存储数据的"仓库"。

3.1.1 数据库的发展阶段

数据库技术随着计算机硬件、软件技术和计算机应用范围的发展而不断发展,大致经历了三个阶段:人工管理阶段、文件系统阶段、数据库系统阶段。

1. 人工管理阶段

人工处理阶段起始于 20 世纪 50 年代,当时计算机主要用于数值计算。在硬件方面,存储设备没有磁盘,数据只能存储在纸带、卡片、磁带上;从软件方面,没有操作系统及管理数据的软件,数据由计算数据的程序携带;在数据方面,数据量小,数据无结构,由用户直接管理,且数据间缺乏逻辑组织,依赖于特定的应用程序,缺乏独立性。

2. 文件系统阶段

在 20 世纪 50 年代后期到 60 年代中期,计算机软、硬件技术得到快速发展,硬件有了磁鼓、磁盘等直接存取数据的存储设备,软件方面有了操作系统。计算机开始应用于事务处理。人们利用计算机处理速度快、存储容量大的特点,把计算机中的数据组织成相互独立的数据文件,可以对文件进行修改、插入和删除,形成了文件系统。但是,文件从整体来看是无结构的,其数据依赖于特定的应用程序,不能完全独立,数据且冗余度大,不能集中管理,给数据管理和维护造成不便。

3. 数据库系统阶段

由于文件系统管理数据的缺陷,迫切需要新的数据管理方式,把数据组成合理结构,能集中统一地管理。20 世纪 60 年代后期,随着计算机技术的不断发展,计算机性能不断提高,出现了大容量磁盘,存储容量大大增加且价格下降。这时,人们开始研究如何解决实际应用中多个用户、多个应用程序共享数据的问题,使数据能为尽可能多的应用程序服务,这就出现了利用数据库来管理数据的技术即数据库系统。数据库系统是将所有数据集中到一个数据库中,形成一个数据中心,实行统一规划,集中管理,用户通过数据库管理系统来使用数据库中的数据。

从文件系统到数据库系统,标志着数据管理技术发展的飞跃。80 年代以来,关系数据库系统的研究取得了辉煌的成就,不仅在大、中型计算机上实现了数据库管理系统,而且在微型计算机上也实现了功能简化的数据库管理系统(例如,Visual FoxPro、Access、Sybase、Oracle、SQL Server等),使数据库技术得到了广泛的应用。

30 多年来,数据库技术飞速发展,不仅在数据库系统中引入面向对象的数据模型,而且数据库技术与网络技术、Web 技术、分布式技术、并行技术进行有机结合,形成了网络数据库系统、Web 数据库系统、分布式数据库系统和并行数据库系统。

(1) 网络数据库系统:随着计算机网络技术的飞速发展,为了满足地理位置分散的用户对数据库应用的需求,要求数据库技术从单机环境走向网络环境,从封闭式走向开放式。网络数据库技术是基于客户机/服务器结构的数据库技术。在客户机/服务器结构中,网络上每个结点都是一台通用计算机。人们将用来执行数据库管理系统功能的某个或某些节点计算机,称为数据库服务器,而将只运行数据库管理系统的外围应用开发工具,支持用户应用的计算机称为客户机。客户机执行应用程序并对服务器提出服务请求,服务器完成客户机所委托的公共服务,并把结果返回客户机,形成客户机/服务器结构。

(2) Web 数据库系统:Web 数据库管理系统是指基于 Web 模式的数据库管理信息系统,它借助于 Internet,以 Web 浏览器/服务器模式为平台,将客户端融入统一的 Web 浏览器,为 Internet用户提供操作方便的服务。

(3) 分布式数据库系统:分布式数据库系统是指数据库的数据分布在计算机网络的不同节点上,但在逻辑上还是属于同一系统。分布式数据库系统可以使多台处理机并行工作,从而提高了数据处理的工作效率。

(4) 并行数据库系统:并行数据库系统是指数据库服务器可以向多台客户机提供服务。客户机可以嵌入特定的应用软件,如图形界面、数据库管理系统前端工具以及客户机/服务器接口软件。

3.1.2 数据库系统的特点

与文件系统比较,数据库系统有下列特点:

1. 数据的结构化

在文件系统中,各个文件不存在相互联系。数据库系统则不同,在同一数据库中的数据文件是有联系的,且在整体上服从一定的结构形式。

2. 数据共享

共享是数据库系统的目的,也是它的重要特点。共享指数据库中的数据能为多个用户服务。而在文件系统中,数据一般是由特定的用户专用的。

3. 数据独立性

在文件系统中,数据结构和应用程序相互依赖,而数据库系统中,用户的应用程序与数据的逻辑组织和物理存储方式无关。

4. 冗余度小

数据专用时,每个用户拥有并使用自己的数据,难免有许多数据相互重复,这就是冗余。在数据库系统中,要尽量使这种冗余达到最小。

5. 数据的完整性

数据库中的数据在操作和维护过程中可以保持正确无误。

3.1.3　数据库的基本概念

数据库技术涉及许多基本概念,主要有数据、信息、数据处理、数据库、数据库管理系统、数据库系统以及数据库应用系统等。

1. 数据

数据是指存储在某一种媒体上能够被计算机识别的物理符号。数据的概念包括两个方面:其一是描述事物特性的数据内容;其二是存储在某一种媒体上的数据形式。描述事物特性必须用一定的符号来表示,这些符号就是数据形式。数据不仅仅指数字、字母、文字和其他特殊字符组成的文本形式的数据,而且还包括图形、图像、动画、影像、声音等多媒体数据。数据可分为数值型数据(如工资、年龄、成绩等)和非数值型数据(如姓名、性别、单位、声音、图像、动画等)。数据可以被收集、存储、处理、传播和使用。

2. 信息

信息是指数据经过加工处理后得到的有价值的知识。它是人们揭示事物特征及其内在联系的一种概念。从计算机应用角度,通常是将信息看成是人们从事各种活动所需的知识。

数据和信息既有联系又有区别,数据反映了信息,而信息又依靠数据来表达。数据只有经过加工和处理变为有价值的数据才能成为信息,而数据是信息的载体,是人们认识信息的一种媒介。在计算机应用环境下,通常把数据和信息作为同一概念来使用。

3. 数据处理

数据处理是指对各种形式的数据进行收集、存储、处理和传播的一系列活动的总称。数据处理也称信息处理。其目的是从大量原始的数据中提炼出对人们有价值的信息;同时也是为了借助计算机强大的存储功能,保存和管理这些大量复杂的数据,以便人们能够有效地利用这些宝贵的信息资源来为人类服务。

4. 数据库

数据库(Database,简称 DB)可以直观地理解为存放数据的仓库,这个仓库就是计算机的大容量存储器。准确地讲,是以一定的组织方式存储在计算机存储器中的相互关联的数据集合。这些数据必须按一定的格式存放,只有这样才能方便查找。

5. 数据库管理系统

数据库管理系统(Data Base Management System,简称 DBMS)是对数据库进行管理的系统软件,它负责数据库的定义、建立、操纵、管理和维护,是在操作系统支持下进行工作的。它是操作和管理数据库的工具。该软件为用户管理数据提供了一整套命令。利用这些命令,用户可以建立数据库文件及各种辅助操作文件,可以定义数据,并对数据进行增加、删除、更新、查找、统计、输出等操作。

目前使用较多的数据库管理系统软件有 Visual FoxPro、Access、Sybase、Oracle、SQL Server 等。

6. 数据库系统

数据库系统(Data Base System,简称 DBS)是指拥有数据库技术支持的计算机系统。它包括四个组成部分:

(1) 数据库:集成化、结构化的数据集合,是数据库系统的管理对象。

(2) 硬件:支持存储和操纵的计算机系统,是数据库系统的物理支撑。

(3) 软件:包括系统软件和应用软件。

（4）用户：利用数据库管理系统提供的命令访问数据库，进行各种操作。

7. 数据库应用系统

数据库应用系统是在数据库管理系统支持下根据实际应用问题开发出来的数据库应用软件，通常是由数据库和应用程序组成。

3.1.4　数据模型

不同的数据库管理系统（DBMS）组织数据的方式是不同的。我们把数据在数据库中的组织方式或组织形式称为数据模型。基本的数据模型有三种：层次模型（树型数据结构）、网状模型（网状数据结构）、关系模型（二维表）。目前广泛使用的 DBMS 软件，多数都是关系型数据库管理系统。例如 Visual FoxPro、Access、Sybase、Oracle、SQL Server 等。

数据库中最常见的数据模型有三种，它们是：层次模型、网状模型、关系模型。

1. 层次模型（Hierarchical Mode）

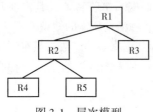

图 3-1　层次模型

层次模型是数据库系统中使用最早的一种模型。若用图来表示，层次模型是一棵倒立的树，根结点在上，子结点在下，逐层排列。在数据库中，满足以下两个条件的数据模型称为层次模型：

（1）有且仅有一个结点无父结点，这个结点称为根结点。

（2）其他结点有且仅有一个父结点。

在层次模型中，结点层次从根开始定义，根为第一层，根的子结点为第二层，根是其子结点的父结点，同一父结点的子结点称为兄弟结点，没有子结点的结点称为叶结点。如图 3-1 所示。例如大学中的行政机构、企业中的部门编制等以及数据间的联系都是层次模型。

层次数据库采用层次模型作为数据的组织方式。典型的层次数据库管理系统是 1968 年 IBM 公司推出的 IMS 系统。

2. 网状模型（Network Mode）

网状模型是一种比较复杂的数据模型。它以网状结构表示数据与数据间的联系。若用图来表示，网状模型是一个网络。在数据库中，满足以下两个条件的数据模型称为网状模型。

（1）允许一个以上的结点无父结点。

（2）一个结点可以有多于一个的父结点。

在网状模型中子结点与父结点的联系不是唯一的，所以要为每个联系命名，并指出与该联系有关的父结点和子结点。网状模型可以表示多个从属关系的联系，也可以表示数据间的交叉关系。图 3-2 给出了一个抽象的网状模型。

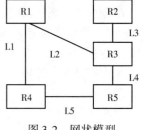

图 3-2　网状模型

网状数据库采用网状模型作为数据的组织方式。网状数据库管理系统的典型代表是 20 世纪 70 年代美国的数据系统研究会 CODASYL（Conference On Data System Language）下属的数据库任务组 DBTG（Data Base Task Group）提出的 DBTG 系统。

3. 关系模型（Relational Mode）

用二维表的形式表示数据与数据间的联系称为关系数据模型。在关系模型中，数据的逻辑结构是一张二维表。在数据库中，满足下列条件的二维表称为关系模型：

（1）每一列中的分量是类型相同的数据。

（2）列的顺序可以任意交换而不改变表的特性。

（3）行的顺序可以任意交换而不改变表的特性。

（4）表中的分量是不可再分割的最小数据项，即表中不允许有子表。

（5）表中的任意两行不能完全相同。

表 3-1 给出的学生基本情况登记表便是一个关系模型。用关系模型设计的数据库就是关系数据库。在关系数据库中的每一个关系都是一个二维表。在二维表中，每一行称为一个记录，用于表示一组数据项，表中的每一列称为一个字段或属性，用于表示每一列中的数据项。表中的第一行称为字段名，用于表示每个字段的名称。

表 3-1 学生基本情况登记表

学号	姓名	性别	出生日期	团员否	入学成绩	简历	相片
20051101	汪小艳	女	1987.04.09	是	556		
20051102	刘 平	男	1988.12.10	是	575		
20051109	刘 军	男	1986.09.10	是	585		
20051103	王小林	女	1988.07.20	否	562		
20051104	肖 岚	女	1987.05.12	是	572		
20051105	周 磊	男	1987.04.07	是	560		
20051106	何艾波	男	1988.01.05	否	556		
20051107	贾 文	女	1988.06.23	是	578		
20051110	罗小平	女	1988.10.01	是	568		
20051108	曾 佳	女	1986.11.23	是	558		

层次数据库和网状数据库这两种数据库管理系统由于结构复杂、用户不易掌握、操作复杂等缺点，因而限制了这两种数据库管理系统的发展。关系数据库采用关系模型作为数据的组织方式，它以其严格的数学理论、使用简单灵活、数据独立性强等优点，被认为是最有前途的一种数据库管理系统。现在世界上主流的数据库管理系统几乎都是关系型的。例如，Oracle、Sybase、Informix、Visual FoxPro、SQL Server 等。

§3.2　关系数据库基础知识

关系数据库采用关系模型作为数据的组织方式。下面就关系数据库中涉及关系模型中的一些基本术语以及关系运算做一简单介绍。

3.2.1　关系数据库的基本术语

关系：一个关系就是一张二维表，每个关系有一个关系名。在计算机中，一个关系可以存储为一个文件。在 Visual FoxPro 中，一个关系就是一个表文件。每个表文件由若干记录组成，每个记录由若干数据项组成。一个关系的逻辑结构就是一张二维表。

元组：二维表中水平方向的行称为元组，每一行是一个元组。在 Visual FoxPro 中每一行叫做一条记录。

属性：二维表中垂直方向的列称为属性，每一列有一个属性名。在 Visual FoxPro 中，一列称为一个字段。例如在表 3-1 中的学号、姓名、性别等都是字段。

域：一个属性的取值范围叫做一个域。例如在表 3-1 中性别的域为男和女，团员否的域为是和否。

主关键字：二维表中的某个属性或属性的组合，其值能唯一地标识一个元组或记录，则称该属性为主关键字。在 Visual FoxPro 中具有唯一取值的字段称为主关键字段。例如表 3-1 中的学号就是主关键字,而姓名、性别、出生日期等都可能有相同值,因此不能用它们作主关键字。确定主关键字的条件是不能有重复值,不能有空(NULL)值。

外部关键字:如果表中的一个字段不是本表的主关键字,而是另外一个表的主关键字,这个字段就称为外部关键字。

分量:元组中的一个属性值叫做元组的一个分量。例如在表 3-1 的第一行中的 20051101、汪小艳、女等就是该元组的分量。

数据表:同一类型记录的集合,是一张二维表,行与记录对应,列与字段对应。在 Visual FoxPro 中表是一个扩展名为 .DBF 的文件。

数据库:存储在计算机系统中有结构的数据的集合,是汇集多个数据表的一个文件。在 Visual FoxPro 中一个数据库是一个扩展名为 .DBC 的文件。通过数据库,用户可以方便地生成一组相关表并保持表间的持久关系,这样用户在设计程序时具有更大的灵活性,而且程序更加易于维护。

相关表:包含在数据库中的数据表。

自由表:与数据库没有联系的数据表。

关系模式:对关系的描述称为关系模式。一个关系模式对应一个关系结构。其格式为:

关系名(属性名 1,属性名 2,属性名 3,…,属性名 n)

例如学生基本情况表的关系模式描述如下:

学生情况登记表(学号,姓名,性别,出生日期,团员否,入学成绩,简历,相片)

采用关系模型作为数据的组织方式的数据库叫做关系数据库。表 3-1 中的关系是一个学生基本情况登记表。表中的每一行是一条学生记录,是关系的一个元组,学号、姓名、性别、出生日期、团员否、入学成绩、简历、相片均是属性或字段。其中学号是唯一识别一条记录的属性,因此称为关键字。

3.2.2 关系运算

要在关系数据库中查询用户关心的数据,就需要对关系进行运算。基本的关系运算有三种:选择、投影、连接。关系运算的操作对象是关系,运算的结果仍为关系。

1. 选择(Selection)

选择运算是在关系中选择满足给定条件的记录。在二维表中,选择运算是找出满足指定条件的行。选择运算是一种横向运算,它可以根据用户的要求从关系中筛选出满足一定条件的记录,这种运算可以改变关系表中记录的个数,但不改变关系的结构。

选择运算可以用以下形式表示:

SELECT 关系名 WHERE 条件

表 3-2 学生基本情况登记表

学号	姓名	性别	出生日期	团员否	入学成绩	简历	相片
20051101	汪小艳	女	1987.04.09	是	556		
20051102	刘 平	男	1988.12.10	是	575		
20051109	刘 军	男	1986.09.10	是	585		
20051103	王小林	女	1988.07.20	否	562		
20051104	肖 岚	女	1987.05.12	是	572		

续表

学号	姓名	性别	出生日期	团员否	入学成绩	简历	相片
20051105	周　磊	男	1987.04.07	是	560		
20051106	何艾波	男	1988.01.05	否	556		
20051107	贾　文	女	1988.06.23	是	578		
20051110	罗小平	女	1988.10.01	是	568		
20051108	曾　佳	女	1986.11.23	是	558		

2. 投影(Projection)

投影运算是在关系中选择某些属性列组成新的关系。投影运算是一种列向操作,它可以根据用户的要求从关系中选出若干字段组成新的关系。投影运算可以改变关系的结构。

投影运算可以用以下形式表示:

PROJECT 关系名(属性名1,属性名2,…,属性名n)

表3-3　学生基本情况登记表

学号	姓名	性别	出生日期	团员否	入学成绩	简历	相片
20051101	汪小艳	女	1987.04.09	是	556		
20051102	刘　平	男	1988.12.10	是	575		
20051109	刘　军	男	1986.09.10	是	585		
20051103	王小林	女	1988.07.20	否	562		
20051104	肖　岚	女	1987.05.12	是	572		
20051105	周　磊	男	1987.04.07	是	560		
20051106	何艾波	男	1988.01.05	否	556		
20051107	贾　文	女	1988.06.23	是	578		
20051110	罗小平	女	1988.10.01	是	568		
20051108	曾　佳	女	1986.11.23	是	558		

3. 连接(Join)

连接运算是将两个关系通过共同的属性名进行连接,产生一个新的关系。连接运算可以实现两个关系的横向合并,在新的关系中可以反映出原来两个关系之间的联系。

连接运算的格式可表示为:

JION 关系名1 AND 关系名2 WHERE 条件

表3-4　关系R(学生情况表)

学号	姓名	性别	出生日期	团员否	入学成绩	简历	相片
20051101	汪小艳	女	1987.04.09	是	556		
20051102	刘　平	男	1988.12.10	是	575		
20051103	王小林	女	1988.07.20	否	562		

表3-5　关系S(学生成绩表)

学号	计算机	英语	高等数学	总分
20051101	90	85	70	245
20051102	85	75	82	242
20051103	67	70	80	217

表3-6 关系U

学号	姓名	性别	计算机	英语	高等数学	总分
20051101	汪小艳	女	90	85	70	245
20051102	刘 平	男	85	75	82	242
20051103	王小林	女	67	70	80	217

选择和投影运算属于单目运算,对一个关系进行操作;而连接运算属于双目运算,对两个关系进行操作。以上这些关系运算,在 Visual FoxPro 中都有相应的操作命令。

3.2.3 关系的完整性

数据库系统在运行过程中,由于各方面原因,例如数据输入错误、程序错误、用户误操作,都可能造成数据错误和混乱。为了保证关系中数据的正确,需要建立数据完整性的约束机制来加以控制。关系的完整性是对关系的某种约束条件,是对关系中的数据与其有关联关系的数据间必须遵循的规则、制约和依存关系。以保证数据的正确性、有效性和相容性。关系的完整性包括实体完整性、域完整性和参照完整性。

1. 实体完整性

实体是关系描述的对象,一行记录是一个实体属性的集合。实体完整性是指关系中的主关键字的值不能取空值(Null)且必须是唯一的。实体完整性规则规定基本关系中组成主关键字的所有属性都不能取空值(如果主关键字是由多个属性组成)。例如,表3-1 的学生基本情况表中,"学号"为主关键字,因此"学号"不能取空值,而不是整体不能取空值。如果以"学号"和"姓名"两个字段的组合作为主关键字,则"学号"和"姓名"都不能取空值,而不仅是"学号"不能取空值。

2. 域完整性

域是关系中属性值的定义范围。域完整性约束也称为用户自定义完整性。不同的关系数据库系统根据其应用环境的不同,往往还需要一些特殊的约束条件,域完整性就是针对某一具体关系数据库的约束条件,它反映了某一具体应用所涉及的数据应满足的条件。例如,单科成绩的取值范围通常是 0~100 之间,性别的取值范围只能是"男"或"女"两个值中的一个,其他字符的输入则认为是无效输入,系统拒绝接收。在 Visual FoxPro 命令中的 VALID 语句进行域完整性的控制。

3. 参照完整性

在实际的应用系统中,为了减少数据的冗余度,通常设计几个关系来描述相同的实体,这就存在关系之间的引用参照,即一个关系属性的取值要参照其他关系。参照完整性是定义外部关键字与关键字之间引用的规则。引用的时候必须取基本关系中已经存在的值。

参照完整性是指一个关系中外部关键字的值必须是相应数据库中的其他关系的主关键字值之一,或为空。例如,关系 R(表 3-4 学生情况表)中的学号字段的每一个分量必须是关系 S(表 3-5 学生成绩表)中的学号字段的分量之一。

小　　结

1. 数据库技术是随着计算机硬件、软件技术和计算机应用范围的发展而不断发展,其主要目的是有效地管理和存取大量的数据资源。数据库的发展大致经历了三个阶段:人工管理阶段、文件系统阶段、数据库系统阶段。

2. 数据是指存储在某一种媒体上能被计算机识别的物理符号；信息是经过加工和处理后有意义的数据；数据库(Database)是存储在计算机设备上，按一定的结构组织起来的相关数据的集合，也可以看成是长期存储在计算机内、有组织的、可共享的数据集合；数据库不仅包括描述事物和数据本身，也包括相关事物之间的关系；数据库管理系统(DBMS)是对数据库进行管理的系统软件；数据库管理系统不仅管理数据本身，而且管理对数据的描述；数据库系统包含硬件系统、系统软件、数据库应用系统和各类人员；在数据库技术的研究和发展中，被广泛应用的是面向对象数据库管理系统。

3. 数据模型包括层次模型、网状模型和关系模型。层次模型和网状模型是第一代数据模型，关系模型是第二代数据模型，关系模型相当于一个二维表，更接近于人们的思维方式，已成为当今市场的主流。

4. 由关系模型建立起来的数据库称为关系数据库，关系数据库中的关系运算包括选择、投影、连接，实际应用中的关系运算，通常是几种关系运算的综合；关系的完整性包括实体完整性、参照完整性和域完整性。

习　题　三

一、填空题

1. 关系数据库中每个关系的形式是＿＿＿＿＿＿＿＿＿＿，数据与数据间的联系在关系模型中用＿＿＿＿＿＿表示。

2. 在关系型数据库的基本操作中，从表中取出满足条件的元组的操作称为＿＿＿＿＿；把两个关系中相同属性的元组连接到一起形成新的二维表的操作称为＿＿＿＿＿＿；表中抽取属性值满足条件的列操作称为＿＿＿＿＿＿。

二、简答题

1. 数据库系统由哪几部分组成？其核心部分是什么？

2. 什么是数据库、数据库管理系统和数据库系统？它们之间有何种联系？

3. 什么是关系、元组和属性？

4. 什么叫数据模型？常用的数据模型有哪三种？各有什么特点？它们之间的区别是什么？

5. 任意一张二维表是否都是关系？为什么？

第4章 Visual FoxPro 系统概述

Visual FoxPro 6.0 是 Microsoft 公司于 1998 年推出的为处理数据库和开发数据库应用程序而设计的功能强大的面向对象的可视化开发环境,它是一个强大的关系数据库管理系统,由于具有强大的功能、丰富的可视化工具、友好的图形用户界面等特点深受用户的欢迎。1989 年 Fox Software 公司在 FoxBase 基础上推出 FoxPro 1.0,1991 年推出 FoxPro 2.0,一年以后 Fox Software 公司被并入 Microsoft 公司。Microsoft 公司在 1993 年推出了 FoxPro 2.5,1995 年又推出了 Visual FoxPro 3.0。Visual FoxPro 3.0 可以说是 FoxPro 系列数据库管理系统的一次历史性突破。它首次在 XBase 数据库管理系统中引入了面向对象程序设计技术,采用了大量的可视化开发工具,彻底更新了数据库的概念。Microsoft 在推出 Visual FoxPro 3.0 以后,于 1996 年推出了 Visual FoxPro 5.0,1998 年推出了目前使用的 Visual FoxPro 6.0。

本章主要介绍 Visual FoxPro 6.0(以下简称 VFP)的特点、技术指标、启动和退出方法,工作环境和设置工作环境的方法,主要文件类型以及工作方式,VFP 的可视化管理工具。最后用一个简单实例来引入面向对象的程序设计的基本概念和基本方法。

§4.1 VFP 的特点、技术指标、工作环境及启动和退出

4.1.1 VFP 的特点

VFP 是用于数据库管理的软件,其主要特点如下:

1. 强大的查询与管理功能

VFP 拥有近 500 条命令、200 余种函数,其功能非常强大。VFP 采用了 Rushmore 快速查询技术,能从具有众多记录的数据库表中迅速选出一组满足查询要求的记录,查询响应时间从以往的数小时或数分钟减少到数秒,极大地提高了查询效率。VFP 提供了一种称为"项目管理器"(Program Manager)的管理工具,可供用户对所开发项目中的数据、文档、源代码和"类库"(Class Library)等资源集中进行高效的管理,开发与维护均更加方便。

2. 引入了数据库表的新概念

在同一数据库中的数据库文件,相互间总是存在着这样那样的数据联系,称为数据的结构化。在 VFP 以前的数据库系统中,一个数据库文件就是一张二维表,每一个数据库文件(使用 DBF 为扩展名)都是独立存在的。各个数据库文件之间的联系是在使用时由用户临时建立,一般通过在编程中用命令来描述。而 VFP 引入了数据库表的概念,一张二维表只是一个数据库表,把相互间有联系的表集中在一起,构成一个数据库。在定义表时,就将它们区分为属于某一数据库的"数据库表"(Database Table)和不属于任何数据库的"自由表"(Free Table)两大类。对所有的数据库表,在建表时就同时定义它与库内其他表之间的关系。这就使 VFP 建立的数据库表更加符合数据库的实际,也方便了用户对这些表的使用。

3. 扩大了对 SQL 语言的支持

在 VFP 中提供了标准的数据库语言,即结构化查询语言 SQL(Structured Query Language),其查询语句不仅功能强大,而且使用灵活。在 VFP 中,SQL 型的命令有 8 种。这不仅加强了 VFP

语言的功能,也为 VFP 的用户提供了学习与熟悉 SQL 语言的机会。

4. 大量使用可视化的界面操作工具

在 VFP 中向用户提供了向导(Wizard)、设计器(Designer)、生成器(Builder)等界面操作工具达 40 多种。它们普遍采用图形界面,能帮助用户以简单的操作快速完成各种查询和设计任务。VFP 的设计器普遍配有工具栏和弹出式快捷菜单。每个工具按钮对应一项功能,用户可通过它们方便地完成操作或设计控件,不必编程或很少编程即可实现美观实用的应用程序界面。大多数设计器还可提供快捷菜单,内含最常用的菜单选项,供用户随时调用。

5. 支持面向对象的程序设计

早期的数据库语言只支持面向过程的程序设计(结构化程序设计)。VFP 除继续使用传统的面向过程的程序设计外,还支持面向对象的程序设计,允许用户对"对象"(Object)和"类"(Class)进行定义,并编写相应的代码。由于 VFP 预先定义和提供了一批基类,用户自己可以在基类的基础上定义类和子类(Subclass),由于子类对类具有继承性(Inheritance),利用类的继承性可减少编程工作量,大大加快了软件的开发进程。

6. 通过 OLE 实现应用集成

"对象链接与嵌入"(Object Linking and Embedding,简称 OLE)是美国微软公司开发的一项重要技术。通过这种技术,VFP 可与包括 Word 与 Excel 在内的微软其他应用软件共享数据,实现应用集成。例如在不退出 VFP 环境的情况下,用户就可在 VFP 的表单中链接其他软件中的对象,直接对这些对象进行编辑。用户可以在 VFP 中与其他软件之间进行数据的输入与输出。VFP 还能提供自动的 OLE 控制,用户借助于这种控制,甚至能通过 VFP 的编程来运行其他软件,让它们完成诸如计算、绘图等功能,实现应用的集成。

7. 支持网络应用

VFP 既适用于单机环境,也适用于网络环境。支持客户/服务器结构,既可访问本地计算机,也支持对服务器的浏览。对于来自本地、远程或多个数据库表的各种数据,VFP 可支持用户通过本地或远程视图访问与使用,并在需要时更新表中的数据。在多用户环境中,VFP 还允许建立事务处理程序来控制对数据的共享,包括支持用户共享数据,或限制部分用户访问某些数据等。

4.1.2　VFP 的技术指标

VFP 主要技术指标如表4-1所示。

4.1.3　VFP 的启动和退出

1. 启动 VFP

VFP 的启动方式较多,但最常用的还是从"开始"菜单启动 VFP,具体操作步骤如下:

(1)单击"开始"按钮,系统弹出"开始"菜单。从"开始"菜单中选择的"程序"。

(2)从"程序"菜单中选择"Microsoft Visual FoxPro 6.0"命令,系统即启动 VFP,并打开 VFP 工作窗口,进入 VFP 工作环境,如图 4-1 所示。

如果经常要使用 VFP,可以在 Windows 桌面上建立一个 VFP 的快捷图标,以后在桌面上使用鼠标双击该图标即可启动 VFP。

表 4-1　Visval FoxPro 主要技术指标

名称	技术指标
表文件	表中记录最大数:10 亿条
	表中字段最大数:255 个
	打开表的索引文件数:没有限制
	同时打开表文件的最大数:255 个
记录	一条记录的最多字符数:65500 个
字段	数据库表的字段名最大长度:128 个字符
	自由表的字段名最大长度:10 个字符
	设置字符字段最大宽度:254 个字符
	设置数值字段的最大宽度:20 位
	数值计算的精确值位数:16 位
	整数的最大值:2147483647
	数值的最小值:−2147483647
程序文件	源程序的行数:没有限制
	每行命令最长字符:8192 个
	编译后最大值:64kB
内存变量	内存变量的最大值目:65000 个
	使用数组的最大数目:65000 个
	每个数组中元素的最大数目:65000 个
报表	设计报表添加的对象数:设有限制
	报表的最大长度:20 英寸
其他	同时打开"浏览"窗口的最大数目:255 个
	打开各类窗口的最大数目:没有限制

2. VFP 的退出

退出 VFP 通常可以采用以下五种方式:

● 从"文件"菜单中选择"退出"命令。

● 单击工作窗口右上角的"关闭"按钮。

● 在命令窗口中键入"Quit"命令。

● 双击工作窗口左上角的控制菜单图标。

● 直接按[Alt]+[F4]。

4.1.4　VFP 的用户界面

图 4-1 显示了 VFP 的用户界面,即 VFP 的工作环境。VFP 的用户界面主要由菜单栏、工具栏、命令窗口、结果显示区以及状态栏构成。

图 4-1　VFP 工作环境

1. 菜单栏

VFP 的菜单可根据不同的运行环境进行动态改变,它是为用户使用 VFP 命令提供的快捷途径。使用时,先单击菜单栏的某个菜单,VFP 将弹出一个下拉菜单,然后选择菜单命令。菜单栏的使用方法和 Windows 相同。

2. 工具栏

在菜单栏下方由按钮组成的行就是一个工具栏。它包括一些系统的常用功能,用于快速执行某些常用的命令。若要执行某条命令,只需用鼠标单击相应的命令按钮即可。

在进入 VFP 以后,VFP 的工作窗口在默认状态下总是显示"常用"工具栏。"常用"工具栏提供了频繁使用的命令按钮。用户可以根据需要随时显示被隐藏的工具栏。若要显示一个工具栏,可从"显示"菜单中选择"工具栏"命令,系统弹出"工具栏"对话框,如图 4-2 所示,在"工具栏"对话框中选择要显示的工具栏名称,单击"确定"按钮,系统即显示选择的工具栏。

在图 4-2 所示的"工具栏"对话框中列出了 VFP 提供的工具栏名称。在工具栏名称的左边显示有复选标记,表明该工具栏已显示。例如,如果目前"常用"工具栏已显示出来,那么它所对应名称的左边将会出现复选标记。若要隐藏一个工具栏,可以在弹出的"工具栏"对话框中再次选择已显示的工具栏名称。

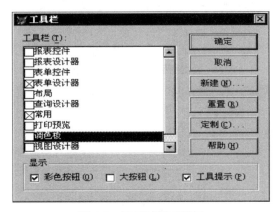

图 4-2　"工具栏"对话框

3. 命令窗口

命令窗口用于输入并执行 VFP 的命令或语句。输入一条命令后按［Enter］键命令被立即执行。单击菜单"窗口"下的"命令窗口"可以控制命令窗口的显示或消失。

4. 结果显示区

结果显示区通常用于显示操作的结果。例如,使用 List 命令可以在结果显示区显示当前表中的全部记录。

5. 状态栏

状态栏用于显示当前的工作状态。例如,在打开了一个指定的表以后,状态栏将显示该表的名称以及所拥有的记录数目。

4.1.5　设置工作环境

VFP 在启动时通常使用默认值设置系统工作环境。如果默认配置不能满足用户的需要,还可以重新设置系统工作环境。例如,将 VFP 的缺省工作目录设置为自己所建的文件夹;调整日期和时间的显示格式为自己的习惯格式等。

设置 VFP 的工作环境分临时设置和永久设置。临时设置的工作环境仅保存在内存中,只在当前工作期有效,退出 VFP 时即被释放。永久设置的工作环境将保存在 Windows 注册表中,下次启动 VFP 时将作为默认值生效。

VFP 通常使用命令行开关、"选项"命令、SET 命令来设置系统工作环境。

1. 使用命令行开关

在启动 VFP 的可执行文件 VFP6.EXE 后添加开关参数来控制 VFP 的启动方式。

【例 4-1】 在使用"开始"菜单启动 VFP 时,禁止显示 VFP 的版权界面。

操作步骤如下:

(1) 单击"开始"按钮。

(2) 在"开始"菜单的"程序"子菜单中,将鼠标放置在"Microsoft Visual FoxPro 6.0"命令上并单击鼠标右键,系统弹出一快捷菜单。

(3) 在快捷菜单中选择"属性"命令,系统弹出"属性"对话框,如图 4-3 所示。

图 4-3 VFP 属性对话框

(4) 在"属性"对话框中选择"快捷方式"选项卡。

(5) 在"目标"文本框中将原有的设置"……\Vfp98\VFP6. exe"修改为:

"……\Vfp98\VFP6. exe " - T

(6) 最后单击"确定"按钮。

于是在下次启动 VFP 时,系统将不再显示 VFP 的版权界面。

2. 使用"选项"命令

使用"选项"命令可以临时设置或永久设置系统的工作环境。使用"选项"命令设置系统工作环境,其操作步骤如下:

(1) 从"工具"菜单中选择"选项",系统弹出"选项"对话框,如图 4-4 所示。

(2) 在"选项"对话框中选择适当的标签。

(3) 在指定的标签中选择需要设置的选项。

(4) 若要永久设置系统的工作环境,单击"设置为默认值"按钮。若要设置临时工作环境直接单击"确定"按钮。

（5）单击"确定"按钮设置生效。

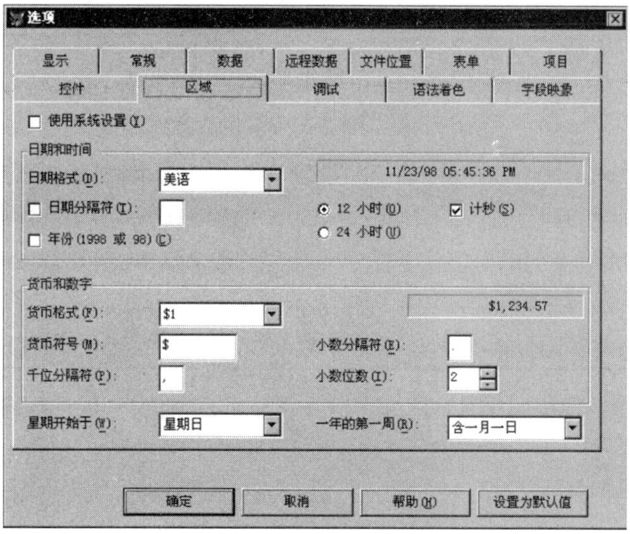

图 4-4   "选项"属性对话框

【例 4-2】　若要在 VFP 中按照年月日的顺序输入及显示日期值，可以在"选项"对话框中进行设置，具体操作步骤如下：

（1）从"工具"菜单中选择"选项"命令，系统弹出"选项"对话框。

（2）在"选项"对话框中选择"区域"选项卡。

（3）从"区域"选项卡的"日期格式"组合框中选择"ANSI"选项。

（4）单击"确定"按钮。

3. 使用 SET 命令

在 VFP 的程序或命令窗口中，可以使用 SET 命令临时设置系统工作环境。表 4-2 列出了一些常用的 SET 命令。

表 4-2   常用的 SET 命令

SET 命令	命令功能
SET STATUS BAR ON|OFF	是否显示状态栏
SET TALK ON|OFF	是否显示命令执行结果
SET CLOCK ON|OFF	是否显示时钟
SET BELL ON|OFF	是否发出警告
SET ESCAPE ON|OFF	用户按[ESC]键时是否取消程序运行
SET SAFETY ON|OFF	是否打开系统的安全性检查
SET EXCLUSIVE ON|OFF	数据库是否以独占方式打开
SET DELETED ON|OFF	是否忽略已作删除标记的记录
SET EXACT ON|OFF	是否精确地对 2 个字符串进行比较
SET LOCK ON|OFF	是否自动对文件进行加锁
SET MULTILOCKS ON|OFF	是否一次可对多条记录加锁
SET DEFAULT TO [cPath]	设置默认的工作目录

续表

SET 命令	命令功能
SET PATH TO [cPath]	设置搜索路径
SET HELP TO [FileName]	设置帮助文件以替换系统帮助
SET DATE TO	设置日期格式
SET CENTURY ON|OFF	显示日期时,年号是否以4位数显示
SET HOURS TO [12|24]	设置时间以12或24小时的格式显示
SET SECONDS ON|OFF	显示时间时,确定是否显示秒
SET MARK TO [cDelimiter]	设置日期分隔符
SET DECIMALS TO [nDecimaces]	设置数值显示时的小数位数

【例4-3】 在 VFP 中按照年月日的顺序输入及显示日期值,可以在程序或命令窗口中使用 SET 命令。SET 命令为:

SET DATE TO ANSI

§4.2　VFP 的文件类型

在 VFP 中文件可以分为三大类:数据库文件、文档文件和程序文件。它们以不同扩展名来标识和区别,分别表示其特定的内容和用途。

4.2.1　数据库文件

数据库文件是用来存储数据库数据的文件。它将数据库数据分别存放在不同的文件中,主要有数据库容器文件、表文件、索引文件等。

1. 数据库容器文件

数据库容器文件的扩展名为.DBC、.DCT 和.DCX,其中,.DBC 为数据库容器的主文件扩展名,.DCT 为数据库容器的备注文件扩展名,.DCX 为数据库容器的索引文件扩展名。

2. 表文件

表是关系数据库中用来存储数据的主体,表文件的扩展名为.DBF 和.FPT。其中,.DBF 为表的主文件扩展名,主文件用于存储固定长度的数据;.FPT 为表的备注文件扩展名,备注文件用于存放可变长度的数据。

3. 索引文件

索引的主要作用是加快检索数据的速度。VFP 中主要有两种与表有关的索引:复合索引和单一索引。复合索引文件的扩展名为.CDX。在一个复合索引文件中,可以为一个表建立多个索引标识。每一个索引标识代表一种处理及显示记录的顺序。单一索引文件的扩展名为.IDX,每一个单一索引文件代表一种处理及显示记录的顺序。

4.2.2　文档文件

文档文件用来存放用于创建某些对象的数据文件,其结构与数据库中的表文件完全相同,只是文件扩展名不一样。文档文件主要包括表单文件、报表文件、菜单文件以及项目文件等。

1. 表单文件

表单是用户用于数据输入与输出的图形界面。表单文件的扩展名为.SCX 和.SCT,其中,.SCX 为表单的主文件,.SCT 为表单的备注文件。

2. 报表文件

报表文件为用户打印表中数据提供了方便灵活的途径,可以采用 VFP 提供的报表设计器来创建。报表文件的扩展名为.FRX 和.FRT。

3. 菜单文件

菜单文件用于保存用户使用 VFP 的菜单设计器创建菜单程序时所产生的设计数据。菜单文件的扩展名为.MNX 和.MNT。

4. 项目文件

在 VFP 中项目管理器是组织数据和对象的可视化操作工具。项目管理器所使用的数据存储在扩展名为.PJX 和.PJT 的文件中,其中,.PJX 为项目主文件,.PJT 为项目备注文件。

4.2.3　程序文件

程序是由命令所构成的语句序列。程序文件是针对一个具体应用所开发的程序。

1. 源程序文件

VFP 中默认的源程序文件扩展名为.PRG,还增加了以.MPR 和.QPR 为扩展名的源程序文件。.MPR 是菜单程序的扩展名,.QPR 是查询程序的扩展名。

2. 编译后的程序文件

VFP 为了加快程序的执行速度,允许用户首先对源程序进行编译,然后再执行编译后的程序文件。编译后的程序文件名与源程序文件名相同,但是其扩展名不同,如表 4-3 所示。

表 4-3　源程序文件与编译后的程序文件扩展名

源程序文件扩展名	编译后的程序文件扩展名
.PRG	.FXP
.MPR	.MPX
.QPR	.QPX

3. 应用程序文件

为了便于管理和发布程序文件,VFP 提供了项目管理器。利用项目管理器可以将数据文件、文档文件和程序文件打包到一个应用程序文件中,生成扩展名为.APP 或.EXE 的应用程序文件。如果生成的是.APP 应用程序文件,则需要在 VFP 环境下才能运行;如果生成的是.EXE 应用程序文件,则可以在操作系统环境下直接运行。

§4.3　VFP 的工作方式和命令结构

4.3.1　VFP 的工作方式

VFP 是一个既面向数据库最终用户,同时又面向软件开发人员的数据库管理系统。VFP 提供了菜单方式、命令方式和程序方式,来分别满足数据库最终用户和软件开发人员的不同需要。

1. 菜单方式

在 VFP 中提供的菜单和工具按钮允许用户通过直观的操作来完成指定的任务。这对数据库最终用户来说是一种非常方便的操作方式,用户不需记忆繁多的命令格式,通过菜单和交互式对话框就可以完成设计任务。

2. 命令方式

在 VFP 的命令窗口中,通过从键盘输入命令的方式来完成各种操作命令。提供命令方式是为了对数据库进行快捷而灵活的操作,同时熟悉命令操作是程序开发的基础,对于数据库系统开发人员,必须要熟练地掌握常用的命令。

【例4-4】 将 Student. dbf 表中于 1988 年 6 月 30 日之后出生的所有学生显示出来的命令是:
USE Student
LIST FOR 出生日期>{^1988-06-30}

3. 界面操作方式

在 VFP 系统中多种方便用户操作的工具,例如向导、设计器、生成器等。用户可以通过这些工具完成对表、表单、程序的设计和操作。随着计算机的推广和应用,将逐渐从命令方式转变为以界面操作为主、命令操作为辅的操作方式。

4. 程序方式

程序方式就是将完成数据管理任务所需要执行的一系列命令和程序设计语句,保存到一个扩展名为 . PRG 的程序文件中,需要时调用该程序文件就可自动运行程序,并将结果显示出来。这种方式在实际应用中,是最重要的方式,它不仅运行效率高,而且可重复执行。

VFP 为用户提供了程序编辑器,可以在命令窗口中输入命令 MODIFY COMMAND <程序文件名>打开程序编辑器,或者从"文件"菜单中选择"新建"命令,在弹出的对话框中选择"程序"单选项,单击"新建"文件按钮也可打开程序编辑器。下面举例说明。

在命令窗口中输入命令:MODIFY COMMAND test,然后按回车键进入程序编辑器,程序名为 test. prg。在命令窗口中依次输入以下命令:
SET TALK OFF
USE STUDENT
LIST FIELDS 学号,姓名,入学成绩 FOR 入学成绩>=560
USE
RETURN

程序输入完毕,按[CTRL]+[W]存盘退出。如图 4-5 所示。如果要执行程序,只需在命令窗口中输入:DO test,即可在结果显示区显示程序的输出结果。

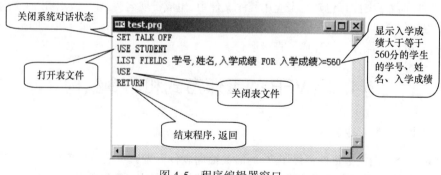

图 4-5　程序编辑器窗口

4.3.2　VFP 的命令结构

1. 命令结构

一般地说,VFP 的命令总是由一个称为命令字的动词开头,其后跟随若干子句(称为命令子句),用来说明命令的操作对象、操作结果与操作条件。其命令结构如下:

<命令字> [<范围>] [FIELDS<字段名表>][FOR｜WHILE <条件>] [OFF]
[TO PRINTER|TO FIEL<文件名>]

命令字:也称命令动词,它给出命令实现的功能。

命令子句:给出执行命令所需的参数,各个参数间用空格分隔,要用逗号者除外。

通常一条 VFP 命令后面可以由若干命令子句构成,且顺序无关,使得在一条命令中可以实现多种复杂的功能。

2. 命令中的短语

(1) FIELDS 子句:用于指出当前处理的字段或表达式,后面的字段名表中各字段名用逗号分开。

(2) 范围子句:用于指出本条命令的作用范围,它有四种方式:

- ALL　　　　　对表中全部记录进行操作
- NEXT n　　　对当前记录开始的 n 个记录进行操作
- RECORD n　　对第 n 个记录进行操作
- REST　　　　从当前记录到表的尾部

当无范围子句时,操作范围由命令按默认值进行,命令执行后,记录指针发生变化。

(3) 条件子句

- FOR<条件>:在指定范围内逐条检查记录,对符合条件的记录执行命令。
- WHILE<条件>:在指定范围内逐条检查记录,符合条件者执行命令,当遇到第一个不满足条件的记录,停止命令的执行。同时有 FOR<条件>和 WHILE<条件>子句时,先执行 WHILE 子句,后执行 FOR 子句。

(4) TO PRINTER 或 TO FIELS:把命令执行结果送到打印机或文件中。

以下给出了若干简单的 VFP 命令的示例。

- USE Student　　　　　　　　&& 打开名称为 Student(学生情况)的表文件
- LIST　　　　　　　　　　　　&& 列表显示当前表的所有记录
- LIST FOR 入学成绩>560　　&& 显示入学成绩超过 560 分的所有学生
- LIST next 5 fields 学号,姓名,性别,入学成绩

　　　　　　　　　　　　　&& 从当前记录开始显示下面 5 个记录

3. 命令窗口的操作

在命令方式下,用户可在命令窗口中输入一条一条的命令,以实现各种操作。当输完一个命令后,按回车键执行命令,命令的执行结果显示在结果显示区中。如图 4-6 所示。命令窗口中的命令自动保存下来,可以通过鼠标或光标键来选择执行过的命令,选择好后按回车键可重新执行所选的命令。命令窗口的显示和隐藏可通过选择"窗口"菜单下的"命令窗口"命令实现。

4. 命令特点

从以上的示例不难看出,VFP 的命令具有下列特点:

(1) 采用英文单词表示命令,命令的功能和英文单词的含义基本相同,命令的各部分简洁规范(最简单的命令仅含一个命令字)。

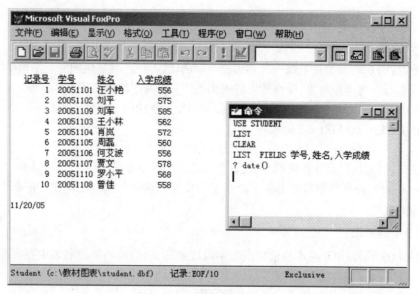

图 4-6　命令窗口及结果显示

（2）操作对象、结果和条件均可用命令子句的形式来表示。命令子句的数量不限（有些命令有二三十条子句），顺序无关。

（3）命令中只讲对操作的要求，不描述具体的操作过程，所以又称为"非过程化"语言，而常见的高级语言都是"过程化"语言。

（4）VFP 的命令既可逐条用交互的方式执行，又可编写成程序，以"程序文件"的方式执行。命令中的词汇还可使用简写，只写出它们的前 4 个字母即可。在命令书写中大小字母均可。

5. 命令分类

VFP 拥有近 500 条命令，大致可分为以下 7 类：

（1）建立和维护数据库的命令。

（2）数据查询命令。

（3）程序设计命令：包括程序控制、输入/输出、打印设计、运行环境设置等命令。

（4）界面设计命令：包括菜单设计、窗口设计、表单（包括其中的控件）设计等命令。

（5）文件和程序的管理命令。

（6）面向对象的设计命令。

（7）其他命令。

本书从下章起，将陆续介绍 VFP 的部分常用命令。

6. 命令格式中的符号约定

在 VFP 命令中采用了统一的符号约定，这些符号的含如下：

<……>　　　　表示必选项，尖括号内的参数必须根据规定格式输入其参数值。

［……］　　　　表示可选项，方括号内的参数根据具体要求选择输入其参数值。

　|　　　　　　表示"或者选择"选项，可以在竖杠两边任意选择一项。

……　　　　　表示省略选项，有多个同类参数重复。

注意

　　上面所列符号是书写时约定的专用符号,用于命令或函数语法格式中的表达形式,在实际命令或函数操作时,不能输入以上专用符号,否则将产生语法错误。

§4.4　VFP 的可视化辅助设计工具

　　VFP 不仅采用面向对象、事件驱动的程序设计方法,而且还提供了一个可视化的集成开发环境,程序员可以简化数据管理,使得应用程序的开发更加方便合理,开发效率更高,大大减轻了程序设计工作量。VFP 提供了一系列的可视化辅助编程工具,例如,设计器、向导以及生成器。利用这些可视化设计工具,可以迅速生成表单、查询及报表,快速创建应用程序。本节对这些编程的辅助设计工具的主要功能和操作方法作一个简单的介绍。

4.4.1　向导(Wizard)

　　向导是一种交互式的快捷设计工具,它通过对话框的形式,帮助用户快速完成某一指定任务。例如创建一个新表,创建一个表单,建立一项查询,设置一个报表的格式等。

　　VFP 有 20 余种向导工具。利用这些向导工具,可以创建表、视图、查询等数据文件,可以建立报表、标签、图表、表单等 VFP 文档,还可以创建 VFP 的应用程序等。表 4-4 列出了 VFP 提供的 21 种向导的名称及其简明用途。

表 4-4　VFP 向导一览表

向导名称	用　途
表向导(Table Wizard)	创建一个表
查询向导(Query Wizard)	创建查询
本地视图向导(Local View Wizard)	创建一个视图
远程视图向导(Remote View Wizard)	创建远程视图
交叉表向导(crosstab Wizard)	创建一个交叉表查询
文档向导(Document Wizard)	格式化项目和程序文件中的代码并生成文本文件
图表向导(Graph Wizard)	创建一个图表
报表向导(Report Wizard)	创建报表
分组/总计报表向导(Group/Total Report Wizard)	创建具有分组和总计功能的报表
一对多报表向导(One-To Many Report Wizard)	创建一个一对多报表
标签向导(Label Wizard)	创建邮件标签
表单向导(Form Wizard)	创建一个表单
一对多表单向导(One-To Many Form Wizard)	创建一个一对多表单
数据透视表向导(Pivot Table Wizard)	创建数据透视表
邮件合并向导(Mail Unite Wizard)	创建一个邮件合并文件
安装向导(Install Wizard)	从发布树中的文件创建发布磁盘
升迁向导(Promote Wizard)	创建一个 Oracle 数据库,使之尽可能多地重复 VFP 数据库的功能
SQL 升迁向导(SQL Promote Wizard)	创建一个 SQL Server 数据库,使之尽可能多地重复 VFP 的功能
导入向导(Import Wizard)	导入或追加数据

续表

向导名称	用　　途
应用程序向导（Project Wizard）	创建一个 VFP 应用程序
WWW 搜索页向导（WWW Search Page Wizard）	创建 Web 页面，使该页的访问者可以从 VFP 表中搜索及检索记录

下面以表单向导为例介绍向导的使用方法。运行表单向导的操作步骤如下：

（1）在 VFP 窗口中选择"文件"菜单下的"新建"，系统弹出新建对话框。

（2）在文件类型中选择"表单"，然后按"向导"按钮。

（3）系统以系列对话框的形式向用户提示每步操作的详细步骤，引导用户选定所需的选项，回答系统提出的询问，来完成表单向导的操作。

图 4-7（a）～（e）显示了运行表单向导所显示的 5 个对话框，读者可从中体会其使用方法。其他向导的使用这里不再叙述。

图 4-7　VFP 表单向导系列对话框

向导工具的特点是快速方便,操作简单,可以迅速得出结果。但是由于它强调要快,完成的任务也相对比较简单。在实际应用中,通常是首先利用向导创建一个较简单的框架,然后再用相应的设计器进一步对它修改。例如若需创建一个新表,可先用表向导来创建,然后再用表设计器来修改。

4.4.2　设计器(Designer)

设计器是一种可视化的设计工具,提供了一个友好的图形用户界面,为用户完成不同任务提供了良好的设置和选择工具。它比向导具有更强大的功能,可用来创建表、表单、数据库、查询和报表,还可用设计器创建的组件装到应用程序中,或者修改 VFP 应用程序的组件。

表 4-5 列出了 VFP 中 9 种设计器的用途。与向导相似,设计的对象也包括数据文件与 VFP 文档两大类。

表 4-5　VFP 设计器一览表

设计器	用　途
表设计器(Table Designer)	创建表并在其上建索引
查询设计器(Query Designer)	创建本地表查询
视图设计器(View Designer)	运行远程数据源查询,创建可更新的查询
表单设计器(Form Designer)	创建表单,用以查看并编辑表中数据
报表设计器(Report Designer)	创建报表,显示及打印数据
标签设计器(Label Designer)	创建标签布局以打印标签
数据库设计器(Database Designer)	设置数据库,查看并创建表间的关系
连接设计器(Counection Designer)	为远程视图创建连接
菜单设计器(Menu Designer)	创建菜单或快捷菜单

下面就以表单设计器为例,来说明表单设计器的使用方法。无论是建立新表单还是修改已有的表单程序都要打开表单设计器。打开表单设计器有 3 种方法:

(1) 在"文件"菜单中选择"新建"或直接单击常用工具栏上的"新建"按钮,出现"新建"对话框,选择"表单"单选按钮并按"新建文件"按钮,如图 4-8 所示。

(2) 在命令窗口中使用命令:CREATE FORM。

(3) 在项目管理器中选择"文档"标签,选中"表单",再按"新建"按钮。

图 4-9 为进入表单设计器时的初始画面。

表单设计器中包含一个新创建的表单或是待修改的表单,可在其上添加和修改控件。表单可在表单设计器内移动或是改变其大小。

图 4-8　新建对话框

4.4.3　生成器(Builder)

生成器也可译为构造器,来源于英文 Builder 一词。生成器是带有选项卡的对话框,可以帮助用户按要求设计各种控件的表现形式,它可以简化创建或修改应用程序中所需要的控件,以简单直观的人机交互操作方式完成应用程序的界面设计。例如生成一个组合框或生成一个列表框等等。表 4-6 显示了由 VFP 提供的 10 种生成器。

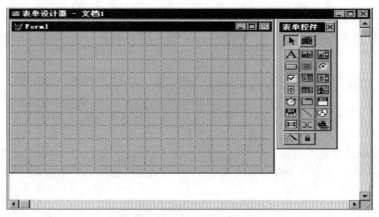

图 4-9　"表单设计器"窗口

表 4-6　VFP 生成器一览表

生成器	功　能
组合框生成器(Combo Box Builder)	生成组合框
命令组生成器(Command Group Builder)	生成命令组
编辑框生成器(Edit Box Builder)	生成编辑框
表单生成器(Form Builder)	生成表单
表格生成器(Grid Builder)	生成表格
列表框生成器(List Box Builder)	生成列表框
选项组生成器(Option Group Builder)	生成选项组
文本框生成器(Text Box Builder)	生成文本框
自动格式生成器(Auto Format Builder)	格式化控件组
参照完整性生成器(Referential Integrity Builder)	数据库表间创建参照完整性

若要使用"表单生成器",可从"表单"菜单中选择"快速表单"。图 4-10 显示了"表单生成器"的对话框。从外观上看,它其实是一个选项卡对话框。通常每个生成器都包括一叠选项卡,可供用户设置所选定对象的属性。

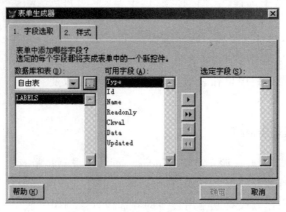

图 4-10　"表单生成器"对话框

以上 3 类可视化辅助设计工具均使用图形交互界面。用户可以通过直观、简单的人-机交互操作,就能轻松地完成应用程序的界面设计任务,还能自动生成 VFP 的代码,使用户可以摆脱面向过程程序设计繁琐的编码任务,方便快捷地建立起自己的 VFP 应用程序。

上述工具的操作方法与示例,将在以后各章中陆续介绍。

§4.5　项目管理器

"项目管理器"是组织数据和对象的可视化管理工具。在使用 VFP 时会创建很多文件,这些文件有着不同的格式,而且种类繁多,因此就需要专门的管理工具来管理这些文件以提高工作效率。"项目管理器"将文件以图示和树形结构方式,根据其类型放置在不同的标签上,并针对不同类型的文件提供不同的操作。"项目管理器"通过项目文件对项目中的数据和对象进行集中管理,"项目"可以是文件、数据、文档或对象的集合,该项目所组织的文件的扩展名是 . PJX。通过"项目管理器"用户可以可视化地创建、修改、调试和运行项目中各类文件,还可以把一个应用项目集合成在 VFP 环境下运行的应用程序,或者编译成脱离 VFP 环境运行的可执行文件。因此,有人把项目管理器称为 VFP 的"控制中心"。

4.5.1　"项目管理器"的功能

"项目管理器"可以对项目中的数据、对象进行集中管理,使项目的创建与维护非常方便。其主要功能如下。

1. 采用目录树结构组织应用程序组件

项目管理器包含"全部"、"数据"、"文档"等 6 个标签,一个项目实际上是数据、文档、类库、代码与一些其他对象的集合。"项目管理器"中采用了与 Windows 资源管理器相似的树形目录结构,其目录内容可展开,也可折叠,在项目管理器中组织的数据能使用户一目了然,如图 4-11 所示。

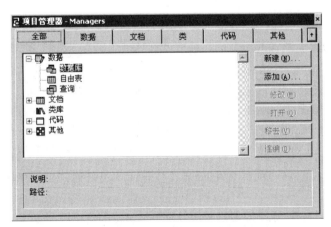

图 4-11　"项目管理器"窗口

2. 设置多种功能按钮,用户操作直观方便

在"项目管理器"窗口右侧设有 6 个功能按钮,用户随时可调整项目的内容。它们的作用分别是:

（1）创建:用于创建该项目中的数据文档等对象。

（2）添加：可将一个已建好的数据文档等对象添加到项目中。

（3）修改、移去或浏览：在窗口内的目录树中选定某个数据文档，然后选择上述 3 种按钮之一，可分别完成数据文档的修改、删除或浏览。

（4）连编：用于连编某个选定的对象。

3. 支持项目建立数据词（字）典，使数据库表在功能上大大强于自由表

VFP 将表区分为数据库表与自由表两大类。对于数据库表，在建表的同时还要定义它与库内其他表之间的关系。"项目管理器"根据用户对数据库的定义与设置，自动为项目中的每个数据库建立一个数据字典，用以储存各表之间的永久和临时关系以及对字段设置有效性检查规则。

4.5.2 创建项目

根据需要可以采用菜单方式或命令方式创建项目。

1. 菜单方式

用菜单创建项目的操作步骤如下：

（1）从"文件"菜单中选择"新建"命令或者单击"常用"工具栏上的"新建"按钮，系统打开"新建"对话框，如图 4-12 所示。

（2）在新建对话框的"文件类型"选项组中单击"项目"，然后单击"新建文件"按钮，系统打开"创建"对话框，如图 4-13 所示。

图 4-12 "新建"对话框   图 4-13 "创建"对话框

（3）在"创建"对话框的"项目文件"文本框中输入项目名称，在"保存在"列表框中选择保存该项目的文件夹。

（4）单击"保存"按钮，系统即创建文件名为 Managers 的新项目。如图 4-14 所示。

2. 命令方式

如果以命令方式创建新的项目，在命令窗口中输入 CREATE PROJECT 命令即可。

命令格式：

CREATE PROJECT［FileName|?］

命令功能：

该命令创建一个指定名称的新项目。命令执行后出现如图 4-14 所示的项目管理器窗口。

命令说明：

（1）FileName 参数用于指定要创建的项目文件名称。

（2）如果在命令中使用？参数，那么当执行该命令时，系统将打开"创建"对话框，要求用户输入项目文件名称以及选择保存该项目的文件夹。

（3）符号"|"表示在两项中可任选其中一项。

【例4-5】　用命令方式建立一个项目文件 Managers。在命令窗口中输入以下命令：

CREATE PROJECT Managers

执行上面命令后即显示如图4-14 所示的"项目管理器"窗口。

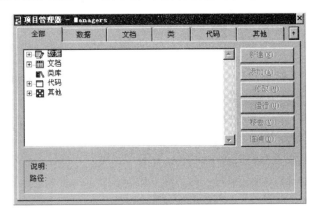

图4-14　"项目管理器"窗口

4.5.3　"项目管理器"的组成

1. "项目管理器"的内容

从图4-14 中可以看出，"项目管理器"包含有"全部"、"数据"、"文档"、"类"、"代码"和"其他"6 个标签。各标签的功能如下：

（1）全部（All）：将 5 个标签"数据"、"文档"、"类"、"代码"、"其他"全部集中于此。利用展开或折叠按钮进行分层显示。

（2）数据（Data）：包含了一个项目中的所有数据（数据库、自由表、查询），以后的设计都是利用这些数据进行的。

● 数据库（Database）：数据库由一些相关表和视图组成，并通过设定公共字段彼此关联，文件扩展名为 . DBC。

● 表（Tables）：数据记录真正放置的地方，是数据库中最基本的文件。

● 视图（View）：视图是一种特殊的查询，是一个定制的虚拟表，它包括本地视图、远程视图。视图是从多个数据库表文件中过滤出符合条件的记录，并当作表文件来使用。

● 自由表（Free Table）：自由表是不包含在数据库中的表，是一个独立的数据表文件，文件扩展名为 . DBF。

● 查询（Queries）：查询是一种特殊的结构化检索方法，主要用于检索存储在表中的特定信息。它通过设定一些查询条件，从数据表文件中过滤出符合条件的记录数据，具有 . QPR 文件扩展名。

（3）文档（Docs）：文档包含了用户处理数据时所使用的全部文档，如表单、报表及标签等。

（4）类（Class）：类定义了对象特征以及对象外观和行为的模板。它允许将一些控制对象，如输入编辑框、命令按钮等进行修改或组合，而成为一新的类别，便于重复使用于界面文件中。

具有 . VCX 文件扩展名。

（5）代码（Code）：代码包括程序代码、函数库和应用程序，为用户提供了方便地建立和添加应用程序的快捷工具。具有 . PRG、. APP、. EXE 文件扩展名。

（6）其他（Other）：其他是存放一些文本文件和图形数据等，如位图文件 . BMP、图标文件 . ICO、文本文件 . TXT 等。

2. "项目管理器"的功能按钮

"项目管理器"包含 6 个功能按钮，它们会根据所选定的项目不同而改变，例如，选择一个指定数据表时，"浏览"按钮才会出现。无法使用的按钮会呈现浅灰色。

（1）新建（New）：新建文件与所选择的项目类型密切相关。它与"文件"菜单中"新建"命令是等效的。使用"项目管理器"新建的文件将自动包含在当前项目文件中，使用菜单新建的文件不会自动加入到项目文件中。

（2）添加（Add）：向项目文件中加入一个已存在的文件。一旦使用，屏幕会呈现"打开文件对话框"窗口，要求输入要加入的文件名。

（3）修改（Modify）：修改一个选中的文件，可利用各种工具来进行修改。

（4）运行（Run）：运行文件。如表单文件、查询文件、程序文件等。

（5）预览（Preview）：当选中报表或标签时，在打印预览方式下显示选定的报表或标签。

（6）打开或关闭（Open/Close）：打开或关闭数据库文件。如果选中的数据库已经关闭，那么这个按钮变成打开，反之亦然。

注意

"关闭"、"打开"、"运行"和"预览"按钮是一个共用按钮，根据所选择的对象不同，按钮上所显示的文字也不同。

（7）移去（Remove）：移走或删除文件。系统将会询问是从项目中移去文件还是在移去文件的同时从磁盘上删除该文件。

（8）连编（Build）：创建自定义应用程序并更新已存在的项目。连编后系统将生成一个可独立执行的 . EXE 文件。

4.5.4　打开和关闭项目

在 VFP 中可以根据需要打开一个已有的项目，也可以关闭一个打开的项目。

1. 打开项目

打开一个已有的项目有两种方式：菜单方式和命令方式。

● 菜单方式

从"文件"菜单中选择"打开"命令，可以打开一个已有的项目，其操作方法和 Windows 中打开一个文档类似。

● 命令方式

命令格式：

MODIFY PROJECT［FileName|?］

命令功能：

该命令用于打开一个指定的项目文件。项目文件打开后出现如图 4-14 所示的项目管理器窗口。

命令说明：

1）FileName 参数用于指定要打开的项目文件名称。

2）如果在命令中使用？参数，则执行该命令时，系统将弹出"打开"对话框，要求用户选择保存该项目的文件夹以及项目文件。

【例 4-6】　用命令方式打开一个名为 Managers 的项目文件。

MODIFY PROJECT Managers

2. 关闭项目

单击"项目管理器"右上角的"关闭"按钮即可关闭项目文件。

一个未包含任何文件的项目称为空项目。当关闭一个空项目文件时,VFP 将给出一个如图 4-15 所示的提示框。若单击"删除"按钮,系统将从磁盘上删除该空项目文件;若单击"保存"按钮,系统将保存该空项目文件。

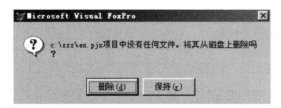

图 4-15　关闭空项目文件对话框

4.5.5　"项目管理器"的界面操作

"项目管理器"提供了快捷、可视化的操作界面,用户可以通过直观的操作在项目中创建、添加、修改、移去和运行指定的文件。

1. 创建文件

若要在"项目管理器"中创建一新文件,首先确定文件的类型。确定了文件类型以后,单击"新建"按钮即可打开相应的创建新文件的设计器。图 4-16 显示了创建一个新的数据库文件的对话框。例如,要新建一个数据库文件,首先选择"数据"下的"数据库",确定文件类型,单击"新建"按钮,系统将打开数据库设计器。

　　　在"项目管理器"中新建的文件将自动包含于该项目文件中,而利用"文件"菜单中的"新建"命令创建的文件不属于任何项目文件。

图 4-16　创建一个新的数据库文件

2. 添加文件

利用"项目管理器"可以把一个已存在的文件添加到项目文件中,以添加一个数据库到项目

文件中为例,说明其操作方法:

(1) 确定要添加的文件类型。这里,应在"项目管理器"的数据标签中选择"数据库"选项。

(2) 单击"添加"按钮,系统弹出"打开"对话框。

(3) 在"打开"对话框中选择要添加的数据库文件。

(4) 单击"确定"按钮,系统将选择的文件添加到项目中。

 注 意

在 VFP 中,新建或添加一个文件到项目中后,该文件仍以独立的形式存在,并不是指该文件已成为项目的一部分。我们说一个项目包含某个文件只是表示该文件与项目建立了某种关联关系。

3. 修改文件

使用"项目管理器"可以修改包含在项目中的文件,这里以修改表文件为例,介绍其操作步骤:

 注 意

如果被修改的文件同时包含在多个项目文件中,那么修改的结果对于其他项目文件也有效。

(1) 选择要修改的文件。例如,在图 4-17 中选择"表"中的 sb 表。

(2) 单击"修改"按钮,系统将打开表设计器。

(3) 在表设计器中修改表文件。

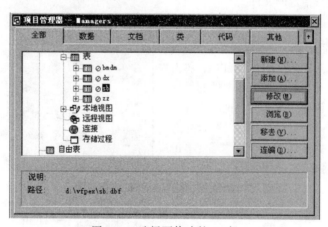

图 4-17　选择要修改的 sb 表

4. 移去文件

如果一个文件在某一项目中已经失去作用,那么,该文件就不必被包含在项目中。应该从项目中及时移去该文件,使得项目更加精简、有效。

若要从项目中移去一个文件,应按下列步骤操作:

(1) 首先选择要移去的文件。

(2) 单击"移去"按钮,系统将显示移去文件提示框。

(3) 移去文件提示框将会询问是仅从项目中移去文件还是在移去文件的同时从磁盘上删除该文件。若单击提示框中的"移去"按钮,系统仅仅从项目中移去选择的文件,被移去的文件仍存在于原目录中;若单击提示框中的"删除"按钮,系统不仅从项目中移去选择的文件,还将从磁盘中删除该文件。

5. 设置主文件

每一项目必须有且仅有一个主文件。主文件是应用程序的执行起始点。菜单、表单、查询或源程序等文件均可设置为应用程序的主文件。在构造项目时，VFP 会默认一个主文件。如果默认的主文件不符合要求，那么用户可以手工设置主文件。首先选择要设置为主文件的文件，然后单击右键，在快捷菜单中选择"设置主文件"命令。设置的主文件在项目管理器中将以黑体显示，以便和其他文件相区别。

6. 运行程序

表单、查询、命令程序、菜单程序等文件都可在项目管理器中独立运行。通过项目管理器来对程序进行调试是非常方便的。

若要在项目管理器中运行一个程序，首先选择要运行的程序文件，单击"运行"按钮，系统即运行选择的文件。

7. 连编应用程序

在一个应用程序的所有对象设计调试完成以后，可以通过项目管理器的"连编"按钮，把应用程序编译成应用程序文件(. APP)或执行文件(. EXE)，同时还可检查项目的完整性。

连编一个项目的操作步骤如下：

(1) 在项目管理器中单击"连编"按钮，系统弹出图4-18所示的"连编选项"对话框。

(2) 在"连编选项"对话框中选择适当的选项。

(3) 单击"确定"按钮。

在"连编选项"对话框中，"操作"区域以4个单选组提供了4个操作，它们的含义如下：

● 重新连编项目：创建和连编项目文件，检查项目中的文件是否完整。如果项目中缺少文件则进行查找，找到后将其添加到项目中。

● 连编应用程序：将项目编译成一个只能在 VFP 环境中运行的应用程序文件(. APP)。

● 连编可执行文件：将项目编译成一个独立于 VFP 环境运行的可执行文件(. EXE)。

● 连编 COM DLL：将项目中的类信息编译成一个动态链接库(. DDL)。

在"连编选项"对话框中，"选项"区域以四个复选框提供了四个选项，它们的含义如下：

　　若在"连编选项"对话框中选择以上四个选项之一，则系统打开"另存为"对话框，要求用户输入应用程序名称、可执行文件名称或动态链接库名称。

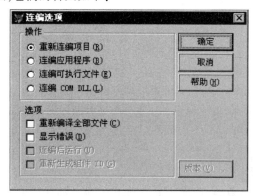

图4-18　"连编选项"对话框

● 重新编译全部文件：若选中该复选框，VFP 将重新编译项目中的所有文件，并为每一个源文件创建目标文件。

● 显示错误：若选中该复选框，VFP 在连编结束后，打开一个编辑窗口以显示编译错误。

● 连编后运行：若选中该复选框，编译成功后立即运行所编译的应用程序。

● 重新生成组件 ID：若选中该复选框，系统将安装和注册含于项目中的 OLE 服务程序。

4.5.6　定制"项目管理器"

通过定制"项目管理器"可以改变"项目管理器"窗口的外观。例如，可以调整"项目管理器"窗口的大小，也可以移动"项目管理器"窗口的显示位置，还可以折叠、拆分"项目管理器"窗口。

1. 改变"项目管理器"窗口的大小和位置

改变"项目管理器"窗口的大小以及移动窗口的显示位置，其操作方法和 Windows 的窗口操作完全相同，改变窗口大小只需将鼠标放置在窗口的边框上并拖曳鼠标即可，要移动窗口的显示位置，只需将鼠标放置在窗口的标题栏上并拖曳鼠标即可。

2. 折叠"项目管理器"窗口

若要折叠"项目管理器"窗口，应单击项目管理器窗口中的"折叠"按钮 🔼。如图 4-19 所示。

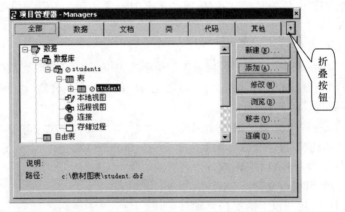

图 4-19　项目管理器窗口中的"折叠"按钮

在折叠情况下，"项目管理器"窗口只显示其中的选项卡，并且"折叠"按钮变更为"还原"按钮，如图 4-20 所示。

若要还原"项目管理器"窗口，应单击项目管理器窗口中的"还原"按钮。

3. 拆分"项目管理器"

若要拆分"项目管理器"窗口，首先折叠"项目管理器"窗口，选择要拆分的选项卡并拖曳鼠标，用户选择的选项卡被拆分出来，当到达目的地后释放鼠标即完成了拆分。若要还原拆分的选项卡，可以单击选项卡上的"关闭"按钮，也可以利用鼠标将拆分的选项卡拖曳回"项目管理器"窗口中。

4. 设置选项卡的顶层显示

对于"项目管理器"窗口中拆分了的选项卡，可以将其设置为始终浮在其他窗口的上方，这样就不会被其他窗口遮挡。

若要设置选项卡的顶层显示，只需单击如图 4-21 所示的选项卡上的图钉图标，若要取消选项卡的顶层显示，可以再次单击选项卡上的图钉图标即可。

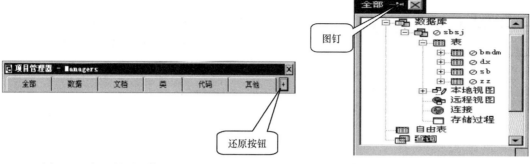

图4-20　折叠的项目管理器及"还原"按钮　　　　图4-21　选项卡图钉图标

§4.6　简单实例

在本节中,通过一个简单实例来说明 VFP 的可视化程序设计方法,有些概念和内容要在后面各章中才能介绍,可能有一些地方读者现在还不能完全理解,先囫囵吞枣,待到后面内容介绍以后会完全明白。通过此例主要想让初学者对面向对象的程序设计思想有一个初步的认识。

【例 4-7】　游动字幕和数值时钟设计。在表单上部设计一个向左游动的字幕,文本为 Visual FoxPro 6.0;并在表单右下角设计一个数字时钟。

操作步骤如下:

(1) 首先通过菜单的"新建"命令建立一个表单,表单是放置控件和显示结果的地方。在表单上创建标签和计时器控件各 2 个,命令按钮 1 个,计时器可放在任意位置。这些标签、计时器和命令按钮控件就是建立应用程序的"对象",对象是建立程序的基本元素。如图 4-22 所示。

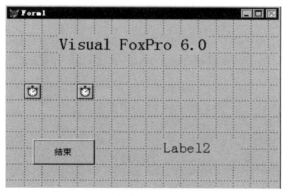

图4-22　字幕和时钟表单窗口

(2) 各控件的属性设置见表 4-7。

表 4-7　"游动字幕和数值时钟"属性设置表

对象名	属性	属性值	说明
Label1	Caption	VisualFoxPro6.0	指定标签标题
	AutoSize	.T.	
Label2	Caption		
Timer1	Interval	200	为 Label1 标题游动指定时间间隔
Timer2	Interval	500	为 Label2 指定时间间隔
Command1	Caption	结束	命令按钮,结束程序

（3）Timer1 的 Timer 事件代码编写如下：

IF THISFORM. Label1. Left+THISFORM. Label1. Width<0 &&若标题右端从屏幕

THISFORM. Label1. Left＝THISFORM. Width &&上消失，将标题左

ELSE &&端点设置在表单右端

THISFORM. Label1. Left＝THISFORM. Label1. Left -10 &&让标题左端减少10个

单位，让

ENDIF &&标题向左边移动10个

单位

（4）Timer2 的 Timer 事件代码编写如下：

IF THISFORM. Label2. Caption！＝Time（ ） &&该事件1秒钟执行2

次，免除不必要的

THISFORM. Label2. Caption＝Time（ ） &&刷新，将当前时间赋给

标签的标题

ENDIF

（5）Command1 的事件代码如下：

THISFORM. release &&删除表单

（6）执行表单。选择菜单"表单"下的"执行表单"命令。执行结果如图4-23所示。

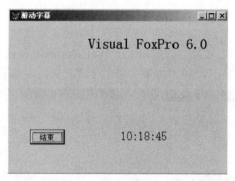

图4-23 游动字幕实例显示结果

说明：面向对象的程序设计，是以事件驱动程序方式运行程序代码的。当表单加载后，时钟对象的 Timer 事件驱动其对象下的程序代码，字幕"Visual FoxPro 6.0"开始在表单上游动，同时显示当前系统时间，直到按"结束"按钮停止程序执行。

小 结

1. Visual FoxPro 在启动时通常使用默认值设置系统工作环境。根据用户的需要，还可以重新设置系统工作环境。VFP 通常使用命令行开关、"选项"命令、SET 命令来设置系统工作环境。

2. 在 Visual FoxPro 中文件可以分为三大类：数据库文件、文档文件和程序文件。它们以不同扩展名来标识和区别，分别表示其特定的内容和用途。其中表文件、程序文件和表单文件是应用最多的文件。表是关系数据库中用来存储数据的主体，表文件的扩展名为 . DBF 和 . FPT；程序文件是由命令所构成的语句序列，是针对一个具体应用所开发的程序，其扩展名为 . PRG；表单是用户用于数据输入与输出的图形界面，表单文件的扩展名为 . SCX 和 . SCT。

3. Visual FoxPro 提供了四种工作方式，交互方式（菜单方式、命令方式）、界面操作方式和程

序执行方式,这给初学者使用带来了很大的方便。

4. Visual FoxPro 的最大特点是为用户提供了许多可视化的管理工具(向导、设计器和生成器)和面向对象程序设计,使用在具体的操作过程中,可以很方便地利用这些可视化的管理工具完成相应的操作,同时在开发各种应用程序时,利用这些管理工具,既方便又灵活,因此得到了广泛的应用。

5. 项目管理器是组织数据和对象的可视化管理工具,项目管理器通过项目文件对项目中的数据和对象进行集中管理,用户可以可视化地创建、修改、调试和运行项目中各类文件,因此项目管理器称为 Visual FoxPro 的"控制中心"。

习　题　四

一、选择题

1. 一个软件在安装之前,要了解它的(　　　)。
   A. 硬件环境　　　　　B. 软件环境　　　　　C. 升迁环境　　　　　D. 用户
2. 以下方法中(　　)可以启动 Visual FoxPro 6.0。
   A. 从程序菜单　　　　B. 从资源管理器　　　C. 从桌面　　　　　　D. 从运行菜单
3. Visual FoxPro 6.0 是(　　)数据库系统。
   A. 网络　　　　　　　B. 层次　　　　　　　C. 关系　　　　　　　D. 链状
4. 项目文件的扩展名是(　　)。
   A. PJX　　　　　　　B. DBF　　　　　　　C. QPR　　　　　　　D. DBF
5. 项目管理器中的"数据"选项卡,可以管理(　　)。
   A. 数据库　　　　　　B. 查询　　　　　　　C. 数据表　　　　　　D. DBC
6. 项目管理器对资源文件进行管理时,可以实现(　　)等操作。
   A. 修改　　　　　　　B. 新建　　　　　　　C. 移去　　　　　　　D. 删除
7. 项目管理器可以管理(　　)等资源文件。
   A. 数据库　　　　　　B. 表单　　　　　　　C. 程序　　　　　　　D. 菜单
8. 打开项目管理器可以使用的命令是(　　　)。
   A. MODIFY PROJECT　　　　　　　　　B. CREATE PROJECT
   C. OPEN PROJECT　　　　　　　　　　D. USE PROJECT
9. 在项目管理器中可以作为主文件的是(　　　)。
   A. 数据库文件　　　　B. 报表文件　　　　　C. 表单文件　　　　　D. 表文件

二、填空题

1. Visual FoxPro6.0 的用户界面由_____部分组成,它们分别是_____、_____、__
_____、_____、_____、_____。
2. 从系统软件开发的角度看,要组织管理应用系统的数据及其他资源,最好使用_____。
3. 在项目管理器中,有_____、_____、_____、_____、
_____、_____6 个选项卡。
4. "+"的标志是表示某一项目的下面_____子项目。
5. 每一个项目只能设置一个_____文件。
6. "项目管理器"的"连编"按钮主要有两个功能:一是把项目编译成_____,二是检查项目的_____。
7. 在"项目管理器中",连编项目后不能再被修改的文件是_____文件。

三、简答题

1. 简述 Visual FoxPro 6.0 有哪些特性?

2. 内存变量、数组变量、字段变量有何区别?

3. Visual FoxPro 6.0 的工作环境主要由哪几个部分组成? 提供了几种设置工作环境的方法?

4. 命令窗口具有哪些特点?

5. Visual FoxPro 6.0 提供了哪几种工作方式? 各种方式的特点是什么?

6. 什么是向导? 如何使用?

7. 什么是生成器? 如何使用?

8. 设计器的功能是什么? 有哪些常用的设计器?

9. 项目管理器有哪些主要功能?

10. 项目管理器能够管理哪些资源文件?

第5章 VFP 的基本数据元素

在 VFP 中的数据主要有常量、变量、函数和表达式，它们是构成程序设计语言的基本要素和语法基础。本章主要介绍数据类型、常量、变量、表达式和函数的基础知识。

§5.1 VFP 的数据和数据类型

5.1.1 数据的分类

数据是计算机程序处理的对象，是信息的表现形式，也是运算产生的结果。因此首先应该认识 VFP 能处理哪些数据，掌握各种形式数据的表示方法。表 5-1 是一个关于 VFP 数据的实例。

表 5-1 学生情况表

学号	姓名	性别	出生日期	团员否	入学成绩	简历	相片
20051101	汪小艳	女	1987.04.09	.T.	556		
20051102	刘 平	男	1988.12.10	.T.	575		
20051103	王小林	女	1988.07.20	.F.	562		

上表中的"学号、姓名、性别、出生日期、团员否、入学成绩、简历、相片"称为字段，其中，"20051101、汪小艳、女、1987.04.9、.T.、556"是一条记录，在 VFP 中统称这些为数据。

在 VFP 中所有数据都有自身的类型，称为数据类型。可以从各种不同的角度对数据进行分类。

从数据的类型来划分，数据可分为：数值型、字符型、逻辑型、日期型、双精度型、浮点型、通用型、备注型等。

从数据的处理层次上分，数据可分为：常量、变量、函数和表达式。

5.1.2 数据类型

数据是客观事物属性的记录，客观事物的特性不同，表现形式也不同，在计算机中的存储形式也不同，导致数据处理方式也不同。因此必须对数据进行分类，这就是数据类型。数据类型是数据的基本属性。在 VFP 中提供了丰富的数据类型，供用户设计数据库时使用。利用这些丰富的数据类型，可以优化数据库结构，从而方便地开发、管理和维护数据库。用户可以在编辑中使用这些数据类型来设计程序。对数据进行操作的时候，一般情况下只有同类型的数据才能进行操作。若对不同类型的数据进行操作，必须要使用函数进行相互转换，否则将被系统判为语法出错。

VFP 提供的主要数据类型如下：

(1) 字符型(Character)：由字母(汉字)、数字、空格等任意 ASCII 码字符组成。字符数据的长度为 0～254，每个字符占 1 个字节。

(2) 货币型(Currency)：在使用货币值时，可以使用货币型来代替数值型。小数位数超过 4 位时，系统将进行四舍五入的处理。每个货币型数据占 8 个字节。

(3) 日期型(Date)：用以保存不带时间的日期值。日期型数据的存储格式为"yyyy. mm. dd"

其中 yyyy 为年,占 4 位,mm 为月,占 2 位,dd 为日,占 2 位。

日期型数据的表示有多种格式,最常用的格式为 mm/dd/yyyy。

日期型数据取值的范围是:公元 0001 年 1 月 1 日 ~ 公元 9999 年 12 月 31 日。

(4) 日期时间型(Datetime):用以保存日期和时间值。日期时间型数据的存储格式为"yyyy. mm. dd hh:mm:ss",其中 hh 为时间中的小时,占 2 位,mm 为时间中的分钟,占 2 位,ss 为时间中的秒,占 2 位。

日期时间型数据中可以只包含一个日期或者只包含一个时间值,缺省日期值时,系统自动加上 1999 年 12 月 31 日,省略时间值时,则自动加上午夜零点。

(5) 逻辑型(Logical):用于存储只有两个值的数据。存入的值只有真(. T.)和假(. F.)两种状态,在内存中占 1 个字节。

(6) 数值型(Numeric):用来表示数量,它由数字 0 ~ 9、一个符号(+或-)和一个小数点(.)组成。数值型数据的长度为 1 ~ 20,每个数据占 8 个字节。

以下数据类型只能被用于数据表中的字段:

(7) 双精度型(Double):用于取代数值型,以便能提供更高的数值精度。双精度型只能用于数据表中字段的定义,它采用固定存储长度的浮点数形式。与数值型不同,双精度型数据的小数点的位置是由输入的数据值来决定的。每个双精度型数据占 8 个字节。

(8) 浮点型(Float):浮点型在功能上与数值型等价。

(9) 通用型(General):用于存储 OLE 对象。该字段包含了对 OLE 对象的引用,而 OLE 对象的具体内容可以是一个电子表格、一个字处理器的文本、图片等,它是由其他应用软件建立的。

(10) 整型(Integer):用于存储无小数部分的数值。在数据表中,整型字段占用 4 个字节。整型以二进制形式存储,不像数值型那样需要转换成 ASCII 字符存储。

(11) 备注型(Memo):备注型用于字符型数据块的存储。在数据表中,备注型字段占用 4 个字节,并用这 4 个字节来引用备注的实际内容。实际备注内容的多少只受内存可用空间的限制。

注意

在 VFP 中要知道数据的类型,可以用后面介绍的测试函数 TYPE( )来测试。

备注型字段的实际内容变化很大,不能直接将备注内容存在数据表(. DBF)文件中。系统将备注内容存放在一个相对独立的文件中,该文件的扩展名为 . FPT。

在 VFP 系统环境下,对各种数据进行处理时,必须将数据存放到指定数据存储容器中,不同类型的数据必须选择不同的存储容器。在 VFP 中,常用的数据容器有常量、变量等。

§5.2 常 量

在程序的运行过程中,把需要处理的数据存放在内存储器中,称始终保持不变的数据为"常量"。常量是除备注型和通用型以外的所有数据类型。常量在整个操作过程中其值保持不变。如 π 值或 3. 1415926535 是数值型常量。在 VFP 中定义了 6 种类型的常量:数值型常量、货币型常量、字符型常量、逻辑型常量、日期型常量和日期时间型常量。

1. 数值型常量

数值型常量由数字、小数点、正负号组成,数据最大长度为 20 位,其中小数点和符号各占 1 位,对正数可省略符号。数值型常量有两种表示方法:一种是习惯用的记数法,如:20,16,100,1. 256,-255. 671;另一种是科学记数法,如-3. 45E5,表示$-3.45×10^5$。

2. 货币型常量

货币型常量用于表示货币值。使用时应加上货币符号。例如,$456.67,¥850.78。

3. 字符型常量

字符型常量是用定界符括起来的一串字符。常用的定界符有单引号' '、双引号""和方括号[ ]等。注意定界符不是常量的一部分,它只作为字符的起止标志。字符型常量最大长度为254 位。例如,'computer'、"Visual FoxPro"、[256.48]、'计算机文化基础'。

4. 逻辑型常量

逻辑型常量只有真假两个值。用. T. 或. t. 、. Y. 或. y. 表示逻辑值为真,用. F. 或. f. 、. N. 或. n. 表示逻辑值为假。字母两边的英文句点不能省略。

5. 日期型常量

日期型常量是用{ }括起来的一个表示日期的数据,其有效性取决于格式的设置。在 VFP 中还可以用函数 CTOD( )转换后表示日期型常量。如:{^2005-12-10},CTOD("12/10/05")都表示正确的日期型常量。

6. 日期时间型常量

日期时间型常量是用{ }括起来的一个表示日期和时间的数据。空的日期时间值可用{/:}表示。如:{^2005-12-12 10:00am}是合法的日期时间型常量。

    系统默认的日期格式是美国格式(MM/DD/YY),即(月/日/年)。可以根据实际需要改变这种格式。方法是在"工具"菜单下选择"选项"命令,在"区域"选项卡中设置需要的日期格式。如图5-1所示。

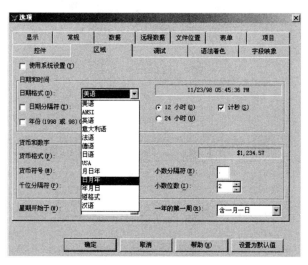

图 5-1　设置日期格式

§5.3 变　量

变量是指在程序运行过程中其值或内容要发生改变的量。在 VFP 中有四种形式的变量:字段变量、系统变量、内存变量和数组变量。字段变量是存放在数据表中的字段。系统变量是 VFP

建立并维护的内存变量,这些变量的名称由系统定义,并且以下划线"_"开头。内存变量是存放单个数据的内存单元。数组变量是存放多个数据的内存单元组。

变量的类型与常量类型相同。每一个变量的具体类型取决于其被赋予的值,因此在不同时刻,一个变量可以存放不同类型的数据。

每个变量都有一个名称,叫做变量名,VFP 通过相应的变量名来使用变量。变量名的命名规则是:

(1) 以字母、数字及下划线组成,中文 VFP 可以使用汉字作变量名。

(2) 以字母或下划线开始,中文 VFP 可以汉字开始。

(3) 长度为 1～128 个字符,每个汉字占 2 个字符。

(4) 不能使用 VFP 的保留字作变量名。

例如,Name1,a1,姓名,age 都是正确的变量名。

符号说明	
eExpression	表达式
nExpression	数值表达式
cExpression	字符表达式
dExpression	日期表达式
lExpression	逻辑表达式
VarNameList	内存变量名列表
ArrayNameList	数组名列表
MemVarList	内存变量列表
Skeleton	变量名框架模式
MemVarFileName	内存变量文件名
ArrayName	数组名
(nRows,nColumns)	(行,列)
nWorkArea	工作区号

5.3.1　字段变量

字段变量是用户在定义表结构时所定义的字段名,是表中各个字段所代表的变量,其值是随着表中记录号不同而变化,其类型决定于该字段的数据类型,在定义表结构时需要首先定义字段的类型,字段变量的类型有字符型、数值型、逻辑型、日期型、日期时间型、备注型、通用型等。为了理解字段是变量,我们以表 5-1 来说明,在表 5-1 中,"姓名"就是一个字段变量,姓名字段的取值是和记录号联系在一起的,1 号记录的姓名字段值是"汪小艳",2 号记录的姓名字段值是"刘平",而 3 号记录的姓名字段值是"王小林",姓名字段的取值随着记录指针的移动而改变,所以它是变量。

5.3.2　系统变量

为了控制 VFP 的输出和显示格式,VFP 建立了系统变量,用于存储控制外部设备(如打印机、鼠标器等),屏幕输出格式,或处理有关计算器、日历、剪贴板等系统信息。它是 VFP 自动生成和维护的变量,变量名以下划线"_"开头。例如,系统变量_DIARYDATE 用于存储当前日期,系统变量_PEJECT 用于设置打印输出时的走纸方式。

5.3.3　内存变量

内存变量是一种独立于数据库结构之外在内存中临时存放数据的存储单元,可以根据实际需要而临时建立,不需要可随时清除。通常用于存放程序运行过程中所需的各种数据。系统通过内存变量名来访问内存变量,即按名存取。它参与程序中的各种运算,还可以控制程序的运行。内存变量的类型由所保存的值的数据类型来决定。下面介绍内存变量的赋值和内存变量的操作。

1. 内存变量的赋值

内存变量的赋值有两种方式:使用命令 STORE 和直接赋值。下面首先介绍使用 STORE 命令赋值的方式。

命令格式:

STORE <eExpression> TO <VarNameList | ArrayNameList>

命令功能:

该命令用于将表达式的值赋值给一组内存变量或数组变量。

命令说明:

(1) <eExpression>参数是一个表达式。该表达式可以由常量、变量、函数和运算符组成。该命令将表达式的值赋予内存变量或数组变量。

(2) <VarNameList>参数是内存变量列表。内存变量列表中的内存变量应用逗号分隔,该命令可以同时为多个内存变量赋值。

(3) <ArrayNameList>参数是数组变量列表。数组变量列表中的数组变量应用逗号分隔。

(4) 该命令可以同时为多个内存变量或数组变量赋值。

【例5-1】　将表达式 5 * 8 赋值给变量 b1、b2 和 b3。

store 5 * 8 to b1,b2,b3

先计算 5 乘 8 的值,然后将值分别赋予 b1、b2、b3 三个变量,结果 b1、b2、b3 的值都为 40。

下面介绍第二种给内存变量赋值的方法,即使用“ = ”直接为内存变量赋值。

命令格式:

<VarName> = <eExpression>

命令功能:

将右边表达式的值赋给左边的内存变量。

【例5-2】　用“ = ”直接给内存变量 c1 和 c2 赋值。

c1 = 3　　　　　　　　&& 将 c1 赋值 3

c2 = c1 + 2　　　　　　&& 将 c1 加 2 后的值赋给 c2,此时 c2 等于 5

c2 = c2 + 3　　　　　　&& 将 c2 加 3 后的值再赋给 c2,此时 c2 等于 8

2. 内存变量的显示

可以使用 DISPLAY MEMORY 命令或 LIST MEMORY 命令来查看已定义的内存变量信息。

说明

一个变量的值可以不断变化,最终结果是它最后一次的赋值。

命令格式1:

DISPLAY | LIST MEMORY

命令功能:

该命令用于显示内存变量工作区中的信息,包括变量的名称、类型、变量值等。DISPLAY

MEMORY 用于分屏显示,LIST MEMORY 用于连续显示。

　　例如,LIST MEMO　　　　　　　　　　&& 显示内存变量 b1,b2,b3,c1,c2

命令格式2:

? | ?? <VarName>|<eExpression>

命令功能:

显示内存变量(VarName)或表达式(eExpression)的值。其中,? 表示在下一行的开始处显示,?? 表示不提行在当前光标处显示。

【例 5-3】　提行显示变量 b1、b2、b3 和 b1 * b2 的值,在本行显示 c1 和 c2 的值。

? b1,b2,b3,b1 * b2

?? c1,c2

显示结果为:

40　　　40　　　40　　　160　　　3　　　8

3. 内存变量的释放

内存变量使用完毕以后应及时清除,以释放占用的内存空间。清除内存变量可以使用以下命令之一:

命令格式:

● RELEASE ALL

● RELEASE <MemVarList>

● RELEASE ALL [LIKE <Skeleton>|EXCEPT <Skeleton>]

● CLEAR MEMORY

命令功能:

(1) RELEASE ALL 命令用于释放全部内存变量。

(2) RELEASE <MemVarList>命令用于释放指定的内存变量。MemVarList 参数是内存变量列表。

(3) RELEASE ALL [LIKE <Skeleton>|EXCEPT <Skeleton>] 命令用于释放与指定模式相匹配的内存变量。LIKE <Skeleton>子句用于释放与指定的模式相匹配的所有内存变量。Skeleton 参数是含有通配符的模式。通配符" * "可以匹配一个任意字符串;通配符"?"可以匹配一个任意字符。EXCEPT <Skeleton>子句用于释放除与指定的模式相匹配之外的所有内存变量。

(4) CLEAR MEMORY 命令用于释放内存变量工作区中的全部内存变量。

【例 5-4】　内存变量的释放。

RELEASE b1,b2　　　　　　　　&& 释放变量 b1,b2

RELEASE ALL LIKE c *　　　　　&& 释放以字母 c 开头的所有内存变量

Store 255 to a1,a2,a3,a4　　　　&& 给变量 a1,a2,a3,a4 赋值为 255

D = " VFP6.0"　　　　　　　　&& 给变量 D 赋值字符" VFP6.0"

Release all except a *　　　　　&& 释放除 a 开头以外的所有内存变量

4. 内存变量的保存

命令格式:

SAVE TO <MemVarFileName> [ALL LIKE|EXCEPT <MemVarName>]

命令功能:

将内存变量工作区中指定的内存变量保存到内存变量文件中。

命令说明:

(1) 内存变量文件的扩展名为. MEM。

(2) 变量名中可以使用通配符。

【例 5-5】　将内存变量工作区中的所有内存变量保存在内存变量文件 MM 中,将以 b 开头的所有内存变量保存在内存变量文件 MM1 中。

SAVE TO MM

SAVE TO MM1 ALL LIKE b *

5. 内存变量的恢复

命令格式:

RESTORE FROM <MemVarFileName> [ADDITIVE]

命令功能:

将内存变量文件中的内存变量恢复到内存变量工作区。

命令说明:

(1) 若选择 ADDITIVE 选项,则将内存变量文件中的内存变量增加到内存变量工作区,不清除原有内存变量。

(2) 若无 ADDITIVE 选项,则清除当前内存中的所有内存变量,然后再将内存变量文件中的内存变量恢复到内存中。

【例 5-6】　内存变量的恢复。

RESTORE FROM MM　　　　&& 先清除内存中原有内存变量,然后再将 MM 中的变量

　　　　　　　　　　　　　　　恢复到内存中

RESTORE FROM MM1 ADDI　&& 不清除内存中原有内存变量,将 MM1 中的变量附加

　　　　　　　　　　　　　　　到内存中

　　　　内存变量和字段变量的名称都是以字母或汉字开头,由字母、汉字、数字和下划线组成的字符串形式,在使用时很容易混淆。内存变量和字段变量虽然在形式上相同,但是他们有着本质的区别。内存变量是在内存中临时存放数据的工作单元,它和数据库中表的内容无关,其值的变化情况是不可预知的,没有规律可循,它的内容完全由程序设计的计算而定。而字段变量的值与表的当前记录有关,知道了当前记录,就一定可以知道字段变量的值。希望读者在以后的学习中认真体会。

注　意

　　　在给内存变量取名时要避免和字段变量同名,也要避免与命令动词保留字名字同名。如果内存变量与字段变量同名时,系统在处理上顺序上,以字段变量优先。若要使用内存变量,需要在引用的内存变量名称前添加“M.”,以便和字段变量相区别。

5.3.4　数组变量

　　　　数组变量是一种特殊的内存变量。数组是按一定顺序排列的具有下标的一组连续存储的内存变量的集合,数组中的每一个变量称为数组元素,每一个数组元素在内存中独占一个内存单元,为了区分不同的数组元素,每一个数组元素都是通过数组名和下标来访问。数组可以存储任何类型的数据,在同一数组中,不同的数组元素可以存储不同类型的数据。数组分为一维数组和二维数组。例如,A(1),A(2),…,A(10)是一维数组,数组名是 A,有一个下标。二维数组有

两个下标,例如,B(1,1),B(1,2),B(2,1)…,可用 B 数组表示。数组通常用于存放一组有关联的数据集合。数组必须先定义,然后再对其赋值,才能使用。定义数组的命令如下:

命令格式:

DIMENSION ArrayName1(nRows1〔,nColumns1〕

〔,ArrayName2(nRows2〔,nColumns2〕)〕…

命令功能:

该命令用于定义一维或二维数组。

命令说明:

(1) DIMENSION 命令可以一次定义多个数组。

(2) 只设置 nRows 参数时,定义一维数组;同时设置 nRows 和 nColumns 参数时,定义二维数组。其中,nRows 和 nColumns 分别定义数组的行列数。

(3) 系统规定 nRows 和 nColumns 参数的下界为 1,而且有按整数取值。

(4) 数组元素第一次定义时被赋初值为 .F.。每一数组元素可以赋值不同类型的数据。

(5) 在二维数组中,系统规定所有数组元素按先行列列的顺序存储。

【例 5-7】 DIMENSION X(5),Y(2,3)

上述命令分别定义了数组名为 X 的一维数组和数组名为 Y 的二维数组,数组 X 的最大下标为 5,所以定义有 X(1)、X(2)、X(3)、X(4)、X(5) 五个数组元素。对于二维数组,将第一个下标称为行标,第二个下标称为列标,故二维数组 Y 具有两行三列共 6 个元素,分别表示为 Y(1,1)、Y(1,2)、Y(1,3)、Y(2,1)、Y(2,2) 和 Y(2,3)。

> **注意**
>
> 数组是一种特殊的内存变量,数组元素的赋值方法和内存变量的赋值方法相同。

【例 5-8】 给数组 X 和数组 Y 赋值。

STORE 128 to Y

X(1)= 20

X(2)= "TCP/IP"

X(3)= .T.

X(4)= CTOD("12/20/05")

执行上面命令后,数组 Y 中的所有数组元素的值均为 128;数组 X 中各数组元素的值分别是 20、"TCP/IP"、.T.、12/20/05、.F.。

§5.4 表达式与运算符

表达式在程序设计中应用十分广泛,是 VFP 的重要组成部分,具有计算、判断和数据类型转换等作用。表达式是指用运算符将常量、变量和函数连接起来的式子。表达式是一种运算,它的类型由表达式计算结果的数据类型来决定。表达式的类型主要有:数值型、字符型、日期型、关系型、逻辑型。运算符包括:算术运算符、字符运算符、关系运算符、逻辑运算符。

1. 数值表达式

数值表达式是由算术运算符将数值型常量、变量、字段或函数连接起来的式子,其运算结果仍为数值型数据。数值表达式及运算符如表 5-2 所示。

表 5-2　算术运算符及数值表达式一览表

运算符	功能	举例	结果
+	加（正号）	? 10+25	35
−	减（负号）	? 10−25	−15
*	乘	? 10 * 25	250
/	除	? 36/6	6
^ 或 * *	乘方	? 2^8	256
%	取模（余）	? 14%3	2

2. 字符表达式

字符表达式是用字符运算符将字符常量、变量、字段或函数连接起来的式子，其运算结果为字符型数据。字符运算符用于连接字符串。字符运算符及字符表达式如表 5-3 所示。

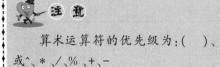

注意

算术运算符的优先级为：( )、* *或^、*、/、%、+、−

表 5-3　字符运算符及字符表达式一览表

运算符	功能	举例	结果
+	连接两个字符串	? "Visual"+"FoxPro"	Visual FoxPro
−	去掉前串尾部空格再连接	? "中文　"−"VFP"	中文 VFP
$	判断前串是否包含在后串中，若在给出 . T.，否则给出 . F.	? "Fox"$"中文 FoxPro"	. T.

3. 日期表达式

日期表达式是用+、−运算符将日期型数据与数值表达式连接起来或用−将两个日期型数据连接起来的表达式，其运算结果为日期型数据或数值。两个日期相减得到两个日期相差的天数，一个日期可以加减一个表示天数的整数，结果仍为日期型数据。格式如下：

<dExpression>±n　　　　　　　　　结果为日期

<dExpression1>−<dExpression2>　　结果为整数

【例 5-9】　日期表达式的计算

? {^2005/09/03}+20　　　　　　&& 结果为（09/23/05）

? {^2005/04/03}−20　　　　　　&& 结果为（03/14/05）

? {^2005/04/03}−{^2005/03/14}　&& 结果为 20（两日期相距的天数）

需要注意的是：两个日期值相加无意义。

4. 关系表达式

关系表达式是由关系运算符将数值表达式、字符表达式、日期表达式连接起来的式子，其运算结果为逻辑值。关系成立时为 . T.，关系不成立时为 . F.。其格式为：

<表达式 1> <关系运算符> <表达式 2>

关系运算符有：>、<、>=、<=、<>（! =、#）、=、= =、$

关系运算符及关系表达式如表 5-4 所示。

表 5-4 关系运算符及关系表达式一览表

运算符	功能	举例	结果
>	大于	?｛^2005-11-28｝>｛^2005-11-20｝	.T.
>=	大于等于	? 25*2>=65	.F.
<	小于	?"Fox"<"Pro"	.T.
<=	小于等于	? "计算机文化"<="电脑"	.F.
=	等于	? "Fox"="Fox"	.T.
==	精确等于	? "FoxPro"=="Fox"	.F.
<>或#	不等于	? "王"<>"汪"	.T.
$	包含于	? "Fox"$"Visual FoxPro"	.T.

说明：

（1） = 与 == 意义不完全相同。前者称为左匹配相等，后者称为精确相等。当环境设定为 SET EXACT ON 时，二者并无区别；当环境设定为 SET EXACT OFF 时，结果是不同的。比较时，使用右字符串去比较左字符串。当右字符串比较完，则比较结束。如果此时的比较结果相同，则" = "比较的值为 .T. ；相反，" == "则要求左右必须完全一致，结果才为 .T. 。

【例 5-10】 " = "和" == "的比较。

? "Foxbase"="Fox"

当设置了 SET EXACT OFF 时，上述关系表达式结果为 .T.

当设置了 SET EXACT ON 时，上述关系表达式结果为 .F.

（2） 比较大小时，日期早的小于日期晚的日期型数据；字符型数据从左到右依次按其 ASCII 码值比较；汉字按其机内码比较大小，一级汉字按汉语拼音顺序进行大小比较。

（3） 字符串包含运算符"$"用于比较左串是否包含在右串中。如果包含，则为 .T. ，反之为 .F. 。

【例 5-11】 $运算符的使用。

? "数据"$"数据库"　　　　&& 结果为 .T.

5. 逻辑表达式

逻辑表达式是用逻辑运算符将关系表达式连接起来的式子，运算结果为逻辑值。逻辑运算符有：.NOT. （非）、.AND. （与）、.OR. （或）。优先级别依此是非、与、或。其格式为：

<关系表达式1> <逻辑运算符> <关系表达式2>

运算规则为：

使用 .NOT. 运算的关系表达式为假时，则逻辑表达式的值为真。

使用 .AND. 连接的两个关系表达式的值只有同时为真时，逻辑表达式的值为真。

使用 .OR. 连接的两个关系表达式的值，只要有一个为真，则逻辑表达式的值为真。

逻辑运算的规则如表 5-5 所示。

【例 5-12】 已知某 28 岁女医生基本工资为 800 元

? .NOT. (性别="女")　　　　　　　　　　　　结果为 .F.

? 性别="女".AND. 年龄>=28 .AND. 基本工资>=850　　结果为 .F.

? 性别="女".OR. 年龄<28　　　　　　　　　　结果为 .T.

表 5-5　逻辑运算规则表

X	Y	.NOT. X	X .AND. Y	X .OR. Y
.T.	.T.	.F.	.T.	.T.
.T.	.F.	.F.	.F.	.T.
.F.	.T.	.T.	.F.	.T.
.F.	.F.	.T.	.F.	.F.

§5.5　常用函数及其应用

VFP 提供了 200 余种函数,每一个函数提供了特定的功能。灵活运用这些函数不仅可以简化许多运算,而且可以加强 VFP 的许多功能。函数有函数名、参数和函数返回值三个基本要素,在使用时注意以下几点:

● 每一个函数都有函数名,函数名起标识作用,用来规定函数的功能。

● 大部分函数都有参数,不同的函数对参数的类型要求不同,在使用中一定要注意参数的匹配,否则将会产生类型不匹配错误。

● 每一个函数运算后都有一个返回值,称为函数值。函数值有确定的类型,使用时要注意类型匹配。

所谓函数的类型就是函数值的类型,按函数值的类型可将函数分为数值型函数、字符处理函数、转换函数、日期和时间函数、测试函数等。下面分别予以简单介绍。

5.5.1　数值型函数

数值型函数的返回值为数值。常用的数值型函数如下:

1. 绝对值函数

格式:ABS(<nExpression>)

功能:求数值表达式<nExpression>的绝对值。

【例 5-13】　绝对值函数的使用。

? ABS(-2.786)　　　　　　&& 结果为 2.786

2. 最大值函数

格式:MAX(<eExpression1>,<eExpression2>,…)

功能:计算多个表达式中的较大者。表达式可以是数值型、日期型等。

【例 5-14】　比较值的大小。

? MAX(3 * 4,60/2)　　　　　　&& 结果为 30

3. 最小值函数

格式:MIN(<eExpression1>,<eExpression2>,…)

功能:计算多个表达式中的较小者。表达式可以是数值型、日期型等。

4. 平方根函数

格式:SQRT(<nExpression>)

功能:计算数值表达式<nExpression>的算术平方根。表达式必须是非负数。

【例 5-15】　计算表达式的算术平方根。

? SQRT(45 * 20)　　　　　　　&& 结果为 30

5. 指数函数

格式:EXP(<nExpression>)

功能:计算以 e 为底的指数幂。

【例 5-16】　计算指数函数的值。

? EXP(2 * 2)　　　　　　　&& 结果为 54.60

6. 对数函数

格式:LOG(<nExpression>)

功能:计算数值表达式的自然对数。表达式必须是正数。

【例 5-17】　计算对数函数的值。

? LOG(54.60)　　　　　　　&& 结果为 4.00

7. 取整函数

格式:INT(<nExpression>)

功能:计算数值表达式<nExpression>的值,取整数部分。

【例 5-18】　对表达式的值取整。

? INT(4.68)　　　　　　　&& 结果为 4

利用取整函数判断一个整数 M 是否被另外一个整数 N 所整除:

INT(M/N) = M/N

利用取整函数对指定的实数 X 保留小数后 n 位:

INT(X * 10^n+0.5)/10^n

8. 四舍五入函数

格式:ROUND(<nExpression>,n)

功能:计算数值表达式<nExpression>的值,根据保留位数 n 进行四舍五入。如果保留小数位为正数 n,则对小数点后 n+1 位四舍五入,如果保留小数位数为负数 n,则整数部分前 n 位四舍五入。

【例 5-19】　对以下指定的数进行四舍五入。

? ROUND(123.34567,3)　　　　　&& 结果为 123.346

? ROUND(123.34567,-2)　　　　　&& 结果为 100

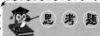

思考题

怎样利用求模函数判定一个整数是否被另一整数整除?

【例 5-20】　求下列各数的模数。

? MOD(8,7)　　　　　　　&& 结果为 1

? MOD(20,-3)　　　　　　　&& 结果为 -1

10. 随机函数

格式:RAND()

功能:返回(0,1)中的随机数。

9. 求模函数

格式:MOD(<nExpression1>,<nExpression2>)

功能:返回 nExpression1 除以 nExpression2 的余数。

思考题

怎样利用随机函数产生 10 到 100 之间的随机整数?

【例 5-21】　产生随机数。

? RAND( )　　　　　　　　　&& 结果为 0.82

5.5.2　字符型函数

字符型函数主要对字符型数据进行运算。它的返回值是字符或数值。

1. 宏替换函数(类型不定)

格式:&<字符型内存变量>

功能:返回字符型内存变量的值。

【例 5-22】　宏替换函数的使用。

A = 12

B = "A"

? &B　　　　　　　　　&& 显示结果为 12,相当于执行 ? A

X = "a"

Y = "b"

WAB = "HELLO"

? W&X. &Y　　　　　　　&& 显示结果为 HELLO

2. 查找子串函数

格式:AT(<cExpression1>,<cExpression2>,[n])

功能:查找字符表达式 1 在字符表达式 2 中的起始位置。如果有数值表达式 n,则确定字符型表达式 1 在字符型表达式 2 中的第 n 次出现的起始位置;如果未指明数值表达式 n,则确定第一次出现的起始位置;如果字符表达式 1 不在字符表达式 2 中,则返回值为 0。函数的返回值是数值。

【例 5-23】　在字符串中查找子串的位置。

? AT("A","COMPUTER")　　　　　&& 结果为:0

? AT("PUT","COMPUTER")　　　　&& 结果为:4

? AT("Fox","FoxBASEFoxPro",2)　　&& 结果为:8

3. 截取子串函数

格式:SUBSTR(<cExpression>,n1,[n2])

功能:从指定的起始位置 n1 开始,在字符表达式<cExpression>中截取长度为 n2 的字符串。函数的返回值为字符型。

说明:若省略 n2,则从 n1 开始截取以后的所有字符串;若 n2 大于从 n1 开始的字符串长度,则从 n1 开始截取以后的所有字符串;若 n1 大于字符表达式的长度,则截取的字符串为空字符串。

【例 5-24】　在下字符串中取出子串。

? SUBSTR("FoxPro6.0",4,3)　　　　　　&& 结果为:Pro

? SUBSTR("FoxPro6.0",4)　　　　　　　&& 结果为:Pro6.0

? SUBSTR("FoxPro6.0",4,9)　　　　　　&& 结果为:Pro6.0

? SUBSTR("FoxPro6.0",10,5)　　　　　　&& 结果为:""

4. 左截取子串函数

格式:LEFT(<cExpression>,n)

功能:从字符表达式<cExpression>左边开始,截取长度为 n 的字符串。即截取前 n 个字符串作为函数的返回值。函数的返回值为字符型。

【例 5-25】 从字符串左端取子串。

? LEFT("FoxPro6.0",3)   && 结果为:Fox

5. 右截取子串函数

格式:RIGHT(<cExpression>,n)

功能:从字符表达式<cExpression>右边开始向左截取长度为 n 的字符串。即截取最后 n 个字符串。函数的返回值为字符型。

【例 5-26】 从字符串右端取子串。

? RIGH("FoxPro6.0",3)   && 结果为:6.0

6. 生成空格字符串函数

格式:SPACE(<nExpression>)

功能:生成指定空格数的空格字符串。其中,<nExpression>的值为生成的空格数。函数的返回值为字符型。

【例 5-27】 产生空格数为 3 的空格函数。

? SPACE(3)   && 结果为"   ",其中含 3 个空格

7. 重复字符串函数

格式:REPLICATE(<cExpression>,n)

功能:将字符表达式<cExpression>重复显示 n 次。函数的返回值为字符型。

【例 5-28】 将字符"$$"重复显示 3 次。

? REPLICATE("$$",3)   && 结果为:$$$$$$

8. 字符串长度函数

格式:LEN(<cExpression>)

功能:求字符串<cExpression>的长度,即包括的字符个数。函数的返回值为数值型。

【例 5-29】 求以下字符串的长度。

? LEN("Visual FoxPro")   && 结果为:13

9. 字符串替换函数

格式:STUFF(<cExpression1>,n1,[n2,]<cExpression2>)

功能:从指定的起始位置 n1 开始,用<cExpression2>替换<cExpression1>中指定个数的字符串。若指定 n2 则首先从 n1 位置开始删除 n2 个字符然后再替换。函数的返回值为字符型。

说明:若<cExpression2>的长度大于起始位置以后的字符串个数,则替换起始位置以后的所有字符串。替换与被替换字符的长度无关。

【例 5-30】 用"全国"去替换"四川省计算机等级考试"中的"四川省"三个字。

? STUFF("四川省计算机等级考试",1,6,"全国")

显示结果为:全国计算机等级考试

10. 删除字符尾部空格函数

格式:TRIM(<cExpression>)

功能:删除指定字符串尾部空格,返回字符型。

11. 删除字符首尾空格函数

格式:ALLTRIM(<cExpression>)

功能:删除指定字符串表达式首尾空格符,返回字符型。

5.5.3　日期时间函数

日期函数主要对日期型数据进行操作。

1. 系统时间函数

格式：TIME( )

功能：输出系统的当前时间。时间格式为 HH：MM：SS，其类型为字符型。

【例 5-31】　显示系统时间（假设当前时间为 20：30：50）

? TIME( )　　　　　　　　　　　　　&& 显示系统时间 20：30：50

2. 系统日期时间

格式：DATE( )

功能：输出系统当前日期，它是由操作系统控制的。系统默认格式为 MDY（月日年），可以使用 SET DATE，SET CENTURY 和 SET MARK TO 命令自行设定日期输出格式，其类型为日期型。

【例 5-32】　设置日期格式为年月日并显示日期，假设当前系统日期为 2005/09/10。

SET DATE TO YMD

? DATE( )　　　　　　　　　　　　　&& 显示结果为 05/09/10

3. 取年份函数

格式：YEAR(<dExpression>)

功能：从日期型表达式中取出年份，返回值为数值。

【例 5-33】　取当前日期的年份，假设当前日期为 2005/09/10。

? YEAR(DATE( ))　　　　　　　　　&& 结果为数值 2005

4. 取月份函数

格式：MONTH(<dExpression>)，CMONTH(<dExpression>)

功能：从日期型表达式中取出月份，函数 MONTH( ) 给出月份值，返回值为数值。函数 CMONTH( ) 给出月份名，返回值是字符。

【例 5-34】　从当前日期中取出月份值和月份名。假设当前日期为 2005/09/10

? MONTH(DATE( ))　　　　　　　　&& 显示结果为 9

? CMONTH(DATE( ))　　　　　　　&& 显示结果为 September

5. 取号数函数

格式：DAY(<dExpression>)

功能：从日期型表达式中取出日期值，返回值为数值。

【例 5-35】　从当前日期中取出日期值，假设当前日期为 2005/09/10。

? DAY(DATE( ))　　　　　　　　　&& 显示结果为 10

6. 星期几函数

格式：DOW(<dExpression>)

　　　CDOW(<dExpression>)

功能：DOW( ) 返回用数字 1~7 表示的星期值；1 表示星期天，2 表示星期一，…7 表示星期六，返回值为数值。CDOW( ) 返回星期的英文名称，返回值为字符。

【例 5-36】　从当前日期中取出星期值和星期名。假设当前日期为 2005/11/28。

? DOW(DATE( ))　　　　　　　　　&& 显示结果为 2

? CDOW(DATE( )) && 显示结果为 Monday

5.5.4 转换函数

在表达式中,要求参加运算的数据其类型应保持一致,若要对不同类型的数据进行运算,必须通过转换函数将其转换为相同的数据类型。

1. 数值型换为字符函数

格式:STR(<nExpression>[,n1][,n2])

功能:将数值表达式<nExpression>按设定的长度 n1 和小数位数 n2 转换成字符型数据。函数的返回值是字符。

说明:n1 为转换后的字符串位数,若 n1 的设定值大于实际数值的位数,则转换后的字符串前补空格,若 n1 的设定值小于实际数值的整数位数,则用 * 代替;若 n2 的设定值大于实际数值的小数位数,则转换后的字符串后补 0,若 n2 的设定值小于实际数值的小数位数,则对小数四舍五入。小数点和负号均占有 1 位宽度。

【例 5-37】 将以下数值转换为字符。

? STR(328.4567,6,2) && 结果为 328.46
? STR(328.4567,9,2) && 结果为 328.46
? STR(328.4567,6,3) && 结果为 328.46
? STR(328.4567,1,2) && 结果为 *

2. 字符换为数值函数

格式:VAL(<cExpression>)

功能:将数字表示的字符串 cExpression 转换为数值。函数的返回值是数值。

说明:转换时遇到非数字字符时停止;若第一个字符是非数字字符,则其值为 0.00。

【例 5-38】 将以下字符转换为数值。

? VAL("256.78Fox528") && 结果为:256.78
? VAL("FoxPro6.0") && 结果为:0.00
? VAL("3.1415926") && 结果为:3.14

3. 字符转换为 ASCII 函数

格式:ASC(<cExpression>)

功能:返回字符表达式 cExpression 中的第一个字符的 ASCII 码值。函数的返回值是数值。

【例 5-39】 给出字符串"Apple"中字母 A 的 ASCII 码。

? ASC("Apple") && 结果为:65

4. ASCII 码转换为字符函数

格式:CHR(<nExpression>)

功能:给出以 nExpression 为 ASCII 码值的相应的字符。表达式值的范围是:0~255。函数的返回值是字符。

【例 5-40】 给出以 97 为 ASCII 值对应的字符。

? CHR(97) && 结果为 a

5. 日期转换为字符函数

格式:DTOC(<dExpression>[,1])

功能:将日期型表达式转换为字符串。若使用选项[,1],则转换为 yyyymmdd 的形式。函数的返回值是字符。

【例5-41】　假设当前日期为2005/11/28,将当前日期转换为字符表达式。

? DTOC(DATE( ))　　　　　　&& 结果为 11/28/05

? DTOC(DATE( ),1)　　　　　&& 结果为 20051128

6. 字符转换为日期函数

格式:CTOD(<cExpression>)

功能:将具有日期格式的字符型表达式 cExpression 转换为日期型,返回值为日期型。

【例5-42】　将字符"02/17/99"转换为日期。

? CTOD("02/17/99")　　　　&& 结果为日期:02/17/99

7. 大写字母转换为小写字母函数

格式:LOWER(<cExpression>)

功能:将字符型表达式中的大写字母转换为小写字母。函数的返回值是字符。

【例5-43】　将指定的字符转换为小写字母。

? LOWER("FOXPro")　　　　&& 结果为:foxpro

8. 小写字母转换为大写字母函数

格式:UPPER(<cExpression>)

功能:将字符型表达式中的小写字母转换为大写字母。函数的返回值是字符。

【例5-44】　将以下的字符串转换为大写字母。

? UPPER("Visual FoxPro")　　&& 结果为:VISUAL FOXPRO

5.5.5　测试函数

1. 文件开始测试函数

格式:BOF([<nWorkArea>])

功能:测试当前或指定工作区表文件的记录指针是否指向开始标志(第一条记录之前)。若指向了开始标志则返回.T.,否则返回.F.。

2. 文件结束测试函数

格式:EOF([<nWorkArea>])

功能:测试当前或指定工作区表文件中记录指针是否指向结束标志(最后一条记录之后)。若指向了结束标志则返回.T.,否则返回.F.。

3. 检索测试函数

格式:FOUND([<nWorkArea>])

功能:在指定工作区的表文件中测试是否找到符合要求的记录。若找到返回.T.,否则返回.F.。

4. 记录号测试函数

格式:RECNO([<nWorkArea>])

功能:测试在指定工作区的表文件中的当前记录号。函数的返回值是数值。

5. 记录删除测试函数

格式:DELETED([<nWorkArea>])

功能:测试指定工作区表文件的当前记录是否有删除标记,若有则返回.T.,否则返回.F.。

6. 记录个数测试函数

格式：RECCOUNT（[<nWorkArea>]）

功能：测试指定工作区中表的记录个数。

说明：被逻辑删除的记录也包括在内。函数的返回值是数值。

7. 表名测试函数

格式：DBF（[<nWorkArea>]）

功能：测试指定工作区中打开表的文件名。

【例5-45】 在学生情况表STUDENT中有10个记录，其中5号记录有删除标记。在命令窗口中输入以下命令。

USE STUDENT	&& 在第一工作区打开表文件，记录指针指向1号记录
SKIP -1	&& 指针指向开始标志
? BOF(1)	&& 显示结果为 .T.
GO 5	&& 指针指向5号记录
? RECNO( )	&& 显示结果为5
? DELETED( )	&& 显示结果为 .T.
? RECCOUNT( )	&& 显示结果为10
? DBF( )	&& 显示结果为STUDENT
GO BOTTOM	&& 将记录指针指向文件底部10号记录
? EOF( )	&& 显示结果为 .F.
SKIP	&& 向下移动一个记录指针
? EOF( )	&& 显示结果为 .T.

注意

　　在命令编辑器中依次输入以上命令，存放在一个扩展名为 .PRG 的文件中，就建立了一个程序文件。

8. 表的别名测试函数

格式：ALIAS（[<nWorkArea>]）

功能：测试指定工作区表的别名。

9. 工作区测试函数

格式：SELECT（[<nWorkArea>]）

功能：测试指定工作区的区号。

10. 数据类型测试函数

格式：TYPE（"cExpression"）

功能：测试表达式的数据类型，用大写字母表示。表达式需用定界符定界。如果表达式不存在或有错误，则返回值为U。

【例5-46】 测试以下数据的类型。

? TYPE("[abc]")	&& 结果为C
? TYPE("126.48")	&& 结果为N
? TYPE("Let")	&& 结果为U

此时将Let作为变量处理，由于未定义变量Let，所以作为错误或不存在处理。

格式：VARTYPE（Expression）

功能：测试括号内表达式的数据类型，用大写字母表示。如果表达式不存在或有错误，则返回值为U。例如：a=256，b="VFP"，c=.t.。

? VARTYPE("a")　　　&& 结果为C

? VARTYPE(a)	&& 结果为 N
? VARTYPE(c)	&& 结果为 L
? VARTYPE(b)	&& 结果为 C
? TYPE(b)	&& 结果为 U

11. 文件测试函数

格式：FILE("cExpression")

功能：测试由字符表达式 cExpression 指定的文件是否存在,若存在返回 . T. ,否则返回 . F. 。

说明：需测试的文件应包含扩展名,字符串两端如不用引号括起,系统测试以字符串的值作为变量名的变量值作为检测的文件名。

【例 5-47】　设 D 盘 VFP 文件夹下有文件 STUDENT. DBF,测试该文件是否存在。

　? FILE("D:\VFP\STUDENT. DBF")　　　　　　&& 结果显示为 . T.

5.5.6　其他函数

1. 判断光标行位置函数

格式：ROW(　)

功能：返回光标当前行的位置,函数返回值为数值型。

2. 判断光标列位置函数

格式：COL(　)

功能：返回光标当前列的位置,函数返回值为数值型。

3. 检测用户击键对应的 ASCII 码函数

格式：INKEY([nExpression])

功能：数值表达式 nExpression 以秒为单位给出 INKEY(　) 函数等待击键时间,若缺省该选项,INKEY(　)函数立即返回击键的 ASCII 码值,而不需等待。若该项为 0,INKEY(　)无限期等待用户击键。在规定的时间内击键将给出该键对应的 ASCII 码值,超过规定的时间未击键,则返回 0 值。

【例 5-48】　按小写字母 a 键,给出字母 a 的 ASCII 码值。等待时间为 20 秒。

　? INKEY(20)　　　　　&& 在 20 秒内按 a 键显示 97,若超过 20 未按键显示 0

4. 条件函数

格式：IIF(lExpression,eExpression1,eExpression2)

功能：若逻辑表达式 lExpression 为真,则将表达式 eExpression1 作为函数返回值,否则将表达式 eExpression2 作为函数返回值。

【例 5-49】　条件函数的使用。设变量 Sex = " 女" 。

　? IIF(Sex = " 男" ," 先生" ," 女士")+" 你好!"

显示结果如下：

女士你好!

在 VFP 中定义的函数十分丰富,上面只简单地介绍了部分常用函数。函数是程序设计的基础,同学们在学习过程中一定要认真掌握函数的功能和使用方法,灵活运行函数,不仅可以简化许多运算,还可以大大提高编程效率和质量。

5. 显示信息对话框函数

格式：MessageBox(<cExpression1>[,<nExpression>][,<cExpression2>])

功能：显示一个信息对话框，并且根据对话框上提供的选择进行操作，函数的返回值是数值型。

说明：<cExpression1>用于指定对话框中要显示的信息。<cExpression2>用于指定对话框中的标题文字。若省略该项，则对话框标题将显示为"Microsoft Visual FoxPro"。<nExpression>用于指定对话框的类型参数，对话框类型参数可控制显示在对话框上的按钮和图标的种类及数目，以及默认选项的按钮。表5-6给出了对话框类型参数及含义。

表5-6 对话框类型参数及含义

对话框类型值	对话框按钮	对话框类型值	图标	对话框类型值	默认按钮
0	"确定"按钮	0	无图标	0	第1个按钮
1	"确定"和"取消"按钮	16	"终止"	256	第2个按钮
2	"终止"、"重试"和"忽略"按钮	32	"问号"	512	第3个按钮
3	"是"、"否"和"取消"按钮	48	"惊叹"		
4	"是"和"否"按钮	64	"信息"		
5	"重试"和"取消"按钮				

在该函数的对话框中给出不同的对话框类型值，在显示的对话框中将显示不同的按钮、图标和默认按钮。而且，不同类的对话框类型值可以组合使用，如3+32+0，3表示"是"、"否"和"取消"按钮，32表示图标是"问号"，0表示默认按钮是第1个按钮。如图5-2所示。

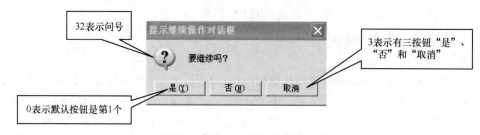

图5-2 信息对话框函数参数说明

【例5-50】 信息对话框函数举例。设计一个提示删除对话框，使用惊叹号图标，提示用户注意。

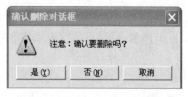

图5-3 信息对话框函数举例

? MessageBox("注意:确认要删除吗?",3+48+256,"确认删除对话框")

该命令执行结果如图5-3所示。

从对话框中选择一个按钮，函数将返回一个数值。在图5-3中，选择"否"按钮，则返回数字7。返回值和按钮的关系见表5-7。

表5-7 MESSAGEBOX 函数返回值的含义

返回值	含义	返回值	含义
1	选择"确定"按钮	5	选择"忽略"按钮
2	选择"取消"按钮	6	选择"是"按钮
3	选择"终止"按钮	7	选择"否"按钮
4	选择"重试"按钮		

在 VFP 中定义的函数十分丰富,上面只简单地介绍了部分常用函数。函数是程序设计的基础,同学们在学习过程中一定要认真掌握函数的功能和使用方法,灵活运行函数,不仅可以简化许多运算,还可以大大提高编程效率和质量。

小　　结

在对数据库的操作和程序设计过程中,经常会遇到很多基本的数据元素,例如常量、变量、表达式和函数。

1. 在程序运行过程中始终保持不变的数据称为常量,常量有数值型、字符型、日期和时间型、逻辑型与货币型 5 种形式;在程序运行过程中其值会发生改变的量称为变量,变量分为字段名变量、内存变量、数组变量和系统变量四种形式。

2. 内存变量是一种临时存放数据的工作单元,它独立于数据库而存在,使用时可以随时建立,通常用于存放程序运行过程中所需的原始数据、中间结果以及最终结果。对内存变量的操作有内存变量的赋值、内存变量的显示、内存变量的保存、内存变量的恢复和内存变量的释放。

3. 用运算符把常量、变量、函数或字段连接起来的有意义的式子称为表达式,表达式分为数值型表达式、字符型表达式、关系型表达式、日期型表达式和逻辑型表达式五种,表达式在具体数据库操作过程中经常要涉及,因此必须要认真掌握。

4. 函数是一种运算,每一函数都有一个函数名,用来规定函数的功能。每一函数运算后都有一返回值,称为函数值。函数包括数值型函数、字符型函数、日期时间函数、数据类型转换函数和测试函数五大类。

习　题　五

一、选择题

1. 以下数据中(　　)不是字符型数据。
   A. 01/01/98 　　　　　　 B. "01/01/97" 　　　　 C. "12345" 　　　　 D. "ASDF"

2. 字符型数据的最大长度是(　　)。
   A. 20 　　　　　　 B. 254 　　　　　　 C. 10 　　　　　　 D. 64K

3. 在逻辑运算中,依照哪一个运算原则(　　)。
   A. NOT、OR、AND 　　　　　　　　　　 B. NOT、AND、OR
   C. AND、OR、NOT 　　　　　　　　　　 D. OR、AND、NOT

4. STR(109.87,7,3)的值是(　　)。
   A. 109.87 　　　　　 B. "109.87" 　　　　 C. 109.870 　　　　 D. "109.870"

5. 下列函数中,函数值为数值型的是(　　)。
   A. AT('人民','中华人民共和国') 　　　　 B. CTOD('01/01/96')
   C. BOF( ) 　　　　　　　　　　　　　　 D. SUBSTR(DTOC(DATE( )),7)

6. 执行下列命令,最后输出结果是(　　)。
   X=STR(999.9,4)
   Y=999
   Z="Y"
   ? &X+&Z
   A. Y999 　　　　　　 B. 1999 　　　　　　 C. 999.999 　　　　 D. 1998

7. 如果 x 是一个正实数,对 x 的第 3 位小数四舍五入的表达式是(　　)。

  A. 0.01 * INT(x+0.005)　　　　　　　B. 0.01 * INT(100 * (x +0.005))

  C. 0.01 * INT(100 * x+0.005)　　　　　D. 0.01 * INT(x+0.05)

二、填空题

1. Visual FoxPro 6.0 有_____数据类型。

2. 内存变量的类型取决于_____。

3. Visual FoxPro 6.0 有_____种类型的函数。

4. Visual FoxPro 6.0 有_____种类型的表达式。

三、计算下列各表达式的值

1. " ABCD">"ABYZ"

2. "12"$"123456"

3. ｛^1999/10/09｝+5

4. 设:年龄=20,性别="男",学历="大学",入学成绩=640,求下列逻辑表达式的值:

(1) 年龄>10. AND. 性别="女"

(2) 性别="男". OR. 学历="大学". AND. 入学成绩<700

(3) 性别="男". AND. (. NOT. 学历="大学"). AND. 入学成绩>600

(4) 年龄<20. OR. 性别="男". AND. 学历="大学". OR. 入学成绩<600

(5) 年龄>20. AND. (. NOT. 性别="女". AND. 入学成绩=700)

5. NOT. (5>3. AND. 7<89). AND. (15>26. OR. 4 * 5<10)

6. INT(-5.878)

7. MOD(10,4)

8. AT("3" ,"7654321")

9. SUBSTR("20000125" ,5,2)

10. LEFT("Visual FoxPro" ,3)

11. CTOD("01/01/2003")

12. ABS(-10)

13. LEN("Visual FoxPro")

四、简答题

1. 内存变量、数组变量、字段变量和系统变量有何区别?

2. 什么是函数? 函数的用途是什么?

第6章 创建数据库和表

设计一个数据库应用系统,首要的工作是建立数据库。在 VFP 中,数据库是指与特定的主题或任务相关的数据的集合,包含有表、视图、连接和存储过程等数据库对象,是包含有多种对象的容器,它将多个表以及表的相关信息组织成一个扩展名为 .DBC 的文件,称为数据库文件。

表是数据库中的重要对象,是一类具有共同特征的数据的集合,表由字段和记录组成。在 VFP 中有两种类型的表:数据库表和自由表。将依附于一个指定的数据库的表称为数据库表,数据库表支持长表名、长字段名,可以在数据库表中设置规则、触发器等;将不依附于任何数据库的表称为自由表。自由表不具备数据库表的上述特点。虽然数据库表和自由表有很大的区别,但是它们均是一个独立的 .DBF 文件。

本章主要介绍 VFP 数据库的设计以及表与数据库的创建和显示。

§6.1 数据库、自由表和数据库表

在使用 VFP 进行数据管理时,经常要用到数据库、自由表和数据库表这三个基本概念,正确理解它们的含义是使用 VFP 进行数据管理和操作的关键。本节通过一个对学生信息管理的实例来说明这三个基本概念。

6.1.1 数据库和数据库表

如果要用 VFP 对学生信息进行管理,需要涉及下面两个表:表 6-1 学生情况登记表和表 6-2 学生成绩登记表。表 6-1 学生基本情况登记表主要包含学号、姓名、性别、出生日期、团员否、入学成绩等信息,反映了学生的基本信息。

表 6-1 学生情况登记表

学号	姓名	性别	出生日期	团员否	入学成绩	简历	相片
20051101	汪小艳	女	1987.04.09	是	556		
20051102	刘 平	男	1988.12.10	是	575		
20051109	刘 军	男	1986.09.10	是	585		
20051103	王小林	女	1988.07.20	否	562		
20051104	肖 岚	女	1987.05.12	是	572		
20051105	周 磊	男	1987.04.07	是	560		
20051106	何艾波	男	1988.01.05	否	556		
20051107	贾 文	女	1988.06.23	是	578		
20051110	罗小平	女	1988.10.01	是	568		
20051108	曾 佳	女	1986.11.23	是	558		

表 6-2 学生成绩登记表反映了学生三门课成绩,表中有学号、大学计算机、英语、高等数学三门课成绩以及总分,为了减少数据冗余,只设了三门课成绩及总分,由于通过学号可以唯一确定一名学生,于是省去了姓名。这两个表可以通过学号建立联系。

表 6-2 学生成绩登记表

学号	大学计算机	英语	高等数学	总分
20051101	90	85	70	245
20051102	85	75	82	242
20051103	67	70	80	217
20051104	85	75	65	225
20051105	72	70	78	220
20051106	80	85	56	221
20051107	65	62	70	192
20051108	50	62	65	177
20051109	82	75	83	240
20051110	80	78	55	213

在 VFP 中,为了完成对学生信息的管理,还应建立一个数据库,该数据库包含上面两个表的信息,即在这个数据库中同时包含有学生的基本情况和学生的成绩信息。因此,一个数据库可以由多个表组成。

从以上实例可以想到,VFP 中的数据库是包含多个表的一个文件,其扩展名是 .DBC。引入数据库文件的目的是为了对表进行分类管理和数据安全保护等。在上面例子中,可以创建一个学生管理数据库文件 STUDENTS.DBC,在数据库文件中不存放表中的具体数据,只存放表与表间的关系以及表的相关信息,要保存表 6-1 和表 6-2 的具体数据,就要在学生管理数据库 STU-DENTS.DBC 下建立两个表,一个是学生情况登记表 STUDENT.DBF,另一个是学生成绩登记表 SCORE.DBF,这两个表从属于学生管理数据库 STUDENTS.DBC,称这两个表为数据库表,其扩展名为 .DBF。

6.1.2 自由表

在上例中的 STUDENT.DBF 和 SCORE.DBF 两个表同是学生管理数据库 STUDENTS.DBC 下的两个数据库表,在实际应用问题中,用户还可以创建另一种表,它不属于任何数据库,这种表称为自由表,它是独立存在的,其扩展名和数据库表相同,都是 .DBF。

在 VFP 中有数据库表,也有自由表,那么在什么情况下用户应创建数据库表? 什么情况下用户应建立自由表呢? 一般说来,如果一个表与任何数据库无关系,可以创建一个自由表。当然,根据需要可以把一个自由表添加到一个数据库中成为数据库表,反过来,也可以把一个数据库表从数据库中移出,使其成为一个自由表。但要提醒用户注意一个表要么是自由表,要么是数据库表,二者必俱其一,既是自由表同时又是数据库表的表格在 VFP 中是不存在的。还要提醒用户注意,数据库表比起自由表来说有诸多的优点,在以后的章节中用户会体会到这些优点。因此,建议用户在实际应用中尽可能使用数据库表。

§6.2 设计数据库

在上节我们讲述了数据库的概念,已经知道要管理学生信息,就应该创建一个有关学生信息的数据库,例如 STUDENTS.DBC,该数据库包含了表 6-1 学生情况登记表和表 6-2 学生成绩登记表。本节首先讲述如何设计数据库,后面再讲述创建数据库的方法。

以数据库为基础的信息系统常称为数据库应用系统。这种系统与其他计算机应用系统相比有其自己的特点。它有着数据庞大、数据保存周期长、数据关联性复杂、用户对数据的需求多样化等特点。在一个数据库中,数据库设计质量的好坏,直接影响到数据库应用系统的运行质量。

数据库设计指如何设计出一个能真实反映客观实体及其相互关系的复杂的数据库。其重点在于对现实世界中各实体数据的抽象,然后予以分析并合理地组织成有关联的二维表。

数据库的设计步骤:

1. 需求分析

需求分析是整个数据库设计过程中最重要的步骤之一,是后继各阶段的基础。需求分析的根本任务就是开发者和用户共同明确要开发一个什么样的系统,该系统的任务和目标是什么,即系统要实现哪些功能。在需求分析阶段,应从多方面对整个组织进行认真审查,收集和分析各项应用对信息和处理两方面的需求,这有助于确定需要数据库保存哪些信息。

2. 确定所需的表

在明确了数据的需求后,就可以着手把所需求的各种信息分成各个独立的实体,例如Student(学生)、Score(成绩)、Subject(课程)、Elective(选课)、Teacher(教师)等。每个实体都可以是数据库中的一个表。

3. 确定所需字段

确定在每个表中要保存哪些信息。在表中,实体的属性信息称作字段,浏览表时在表中显示为一列。以下列出了 student(学生表)、score(成绩表)、subject(课程表)、elective(选课表)、teacher(教师表)5 个表(表 6-3 ~ 表 6-7)的结构以及表中的字段定义。

表 6-3 student 表结构

字段名	类型	宽度	小数位	说明
学号	字符型	8		关键字
姓名	字符型	8		
性别	字符型	2		
出生日期	日期型	8		
团员否	逻辑型	1		
入学成绩	数值型	3	0	
简历	备注型	4		
相片	通用型	4		

表 6-4 score 表结构

字段名	类型	宽度	小数位	说明
学号	字符型	8		关键字
大学计算机	数值型	3	0	
英语	数值型	3	0	
高等数学	数值型	3	0	
总分	数值型	5		

表 6-5　subject 表结构

字段名	类型	宽度	小数位	说明
课程号	字符型	3		关键字
课程名称	字符型	18		
课程性质	字符型	4		
学时数	数值型	3	0	

表 6-6　elective 表结构

字段名	类型	宽度	小数位	说明
学号	字符型	8		
课程号	字符型	3		
成绩	数值型	3	0	

表 6-7　teacher 表结构

字段名	类型	宽度	小数位	说明
教师号	字符型	3		关键字
姓名	字符型	8		
性别	字符型	2		
职称	字符型	8		
课程号	字符型	3		

每个实体都有不同的属性值,通过这些不同的属性值来区分不同的实体。合理规定实体的属性值,对于数据处理有着举足轻重的作用。

4. 确定表间关系

仔细分析各实体表,确定一个表中的数据和其他表中的数据有何关联。如学生表和课程表之间,一个学生可以选多门不同的课,一门课可以被多个学生所选。所以它们之间是多对多的关系。又如学生表和成绩表之间,通过学号建立两个表的一一对应关系。正确地建立表间的关联,能形象地、直观地反映我们现实世界中各实体间的真正关系。

5. 设计求精

对设计进一步分析,查找其中的错误。创建表时,在表中加入几个示例数据记录,看能否从表中得到想要的结果,必要时可调整设计。在最初的设计中,不要担心发生错误或遗漏东西。这只是一个初步方案,可在以后对设计方案进一步完善。在完成初步设计后,可利用示例数据对表单、报表的原型进行测试。用 VFP 很容易在创建数据库时对原设计方案进行修改。可是在数据库中输入了数据或连编表单之后,再要修改这些表就困难得多了。正因如此,在连编应用程序之前,应确保设计方案已经考虑得比较全面。

§6.3　建立自由表

表是存储数据的基本对象,是处理数据和建立关系数据库的基本单元。它是由行和列组成的二维表格,表中的每一列称为字段,每一行称为记录。在 VFP 中,表分为数据库表和自由表。数据库表依附于一个指定的数据库,而自由表独立于任何数据库而存在。但它们均以独立的.DBF 文件形式存在。要建立一个自由表,首先要定义表的结构,表的结构由若干字段构成,一个字段主要由字段名、字段类型和字段宽度来描述。字段名的命名规则同变量类似,但最多只能用 10 个字符;字段宽度是指该字段上输入数据的最大长度;字段类型主要有:字符型、数值型、日期型、逻辑型、备注型、通用型等。在自由表中,每列的数据具有相同的数据类型,不同的列可以有不同的数据类型。例如,在表 6-3 学生表的结构中,学号、姓名、性别为字符型,出生日期为日期型,团员否为逻辑型,入学成绩为数值型。

在 VFP 中,有三种途径创建自由表:①使用"项目管理器";②使用菜单命令;③使用 CREATE 命令。

6.3.1 使用"项目管理器"创建自由表

要建立自由表,首先要设计表的结构。现建立表名为 Student 的学生表,其结构如表 6-3 所示。

使用"项目管理器"创建自由表的操作步骤如下:

(1) 打开"项目管理器",在"数据"选项卡中选择"自由表"选项。

(2) 单击"新建"按钮,在"新建表"对话框中单击"新建表"按钮。

(3) 在"创建"对话框中输入要创建的表名称以及存储路径,然后单击"保存"按钮,系统打开"表设计器"窗口,如图 6-1 所示。

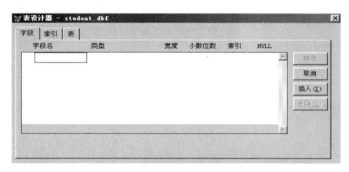

图 6-1 "表设计器"对话框

(4) 在"表设计器"窗口中定义自由表的结构。按 Student 表的结构进行字段定义。

(5) 单击"字段名"下面的虚线文本框,等光标出现后,可输入字段名。接着选择字段类型,再输入字段宽度。

表设计器对话框中有三个选项卡:字段、索引和表。其中默认打开的是字段选项卡,此选项卡中分别有"字段名"、"类型"、"宽度"、"小数位数"、"索引"和"NULL"六列,它们的具体含义是:

字段名:设置表中字段的名称。字段的命名规则如下:

● 自由表字段名最长为 10 个字符或 5 个汉字。

● 数据库表字段名最长为 128 个字符。

● 字段名必须以字母或汉字开头后跟字母、汉字、数字和下划线组成。

● 字段名中不能包含空格。

类型:选择该字段的数据类型。字段类型主要有:字符型、数值型、日期型、逻辑型、备注型、通用型等。用户根据情况在这些类型中选择。

宽度:规定该字段的输入数据的最大宽度。

小数位数:如果该字段变量是数值型,则要规定它的小数位数。小数点要占字段宽度的一位。

索引:设置表的复合索引,以加快表中数据的查询速度。

NULL:指定该字段是否接受 NULL 值(空值)。NULL 表示无明确的值。

(6) 如果要为某一字段设置索引,可以在"索引"列表框中选择一种排序方式。

(7) 如果想让字段接受 NULL 值,可单击"NULL"按钮。

(8) 重复(5)～(7)的操作,依次设置下一字段。

表结构设置完成以后,单击"表设计器"右边的"确定"按钮,就会显示提示信息框,询问"现在输入数据吗?",如果此时单击"是"按钮会弹出表编辑窗口以输入记录。如果单击"否"按钮,系统则仅保存表的结构,以后再输入记录。

图 6-2 显示了在"表设计器"窗口中建立自由表 student 的表结构。

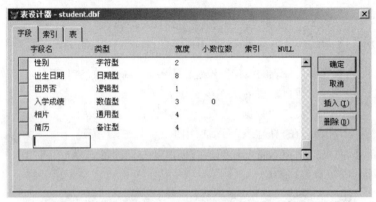

图 6-2　"表设计器"窗口

表结构设置完成以后,想立即输入数据,则在提示信息框中单击"是"按钮会弹出表编辑窗口,就可以开始输入记录。

 注 意

在输入数据时,应注意以下几点:

(1) 当输入的内容填满字段宽度时,光标会自动跳到下一字段,内容不够一字段宽度但已完成该数据的输入时,可用 Tab 键或回车键将光标移到下一字段,也可以用鼠标单击其中的任一字段。

(2) 当要编辑备注型(memo)字段时,双击"memo"或把光条移到"memo"处按[Ctrl]+[Home]键就可进入 memo 字段的输入窗口进行输入、修改。

(3) 数据输入完毕,按窗口的关闭按钮或按[Ctrl]+[W]保存数据并退出数据输入窗口。

(4) 创建表操作完成后,在磁盘上将会生成一个扩展名为.DBF 的文件,如果表中有备注型或通用型字段还会产生一个相同文件名的.FTP 备注文件。

输入 10 个记录后,其结果显示如图 6-3 所示。

学号	姓名	性别	出生日期	团员否	入学成绩	相片	简历
20051101	汪小艳	女	04/09/87	T	556	gen	memo
20051102	刘平	男	12/10/88	T	575	gen	memo
20051109	刘军	男	09/10/86	T	585	gen	memo
20051103	王小林	女	07/20/88	F	562	gen	memo
20051104	肖岚	女	05/12/87	T	572	gen	memo
20051105	周磊	男	04/07/87	T	560	gen	memo
20051106	何艾波	男	01/05/88	F	556	gen	memo
20051107	贾文	女	06/23/88	T	578	gen	memo
20051110	罗小平	女	10/01/88	T	568	gen	memo
20051108	曾佳	女	11/23/86	T	558	gen	memo

图 6-3　表 student 的记录浏览窗口

6.3.2　使用菜单方式创建自由表

使用菜单"新建"命令创建一个自由表,其操作步骤如下:

(1) 首先从"文件"菜单中选择"新建"命令,在"文件类型"区域中选择"表"选项。

(2) 单击"新建文件"按钮,在"创建"对话框中输入要创建的自由表名称(例如成绩 score)以及存储路径。

(3) 单击"保存"按钮,在"表设计器"窗口中定义表的结构。按照表 6-4 依次输入字段"学号"、"大学计算机"、"英语"、"高等数学"和"总分",并定义其类型、宽度、小数位。

(4) 最后单击"确定"按钮,在提示对话框中单击"是"按钮,系统将进入记录输入窗口输入数据;可按表 6-2 输入记录数据;如果单击"否"按钮,系统则仅保存表的结构。

6.3.3　使用命令方式创建自由表

命令格式:

CREATE〔TableName|?〕

命令功能:

该命令用于在命令窗口或程序中创建一个指定的表,并且打开表设计器,要求用户定义表的结构。定义方法与上面相同。

【例 6-1】　在命令窗口中输入命令创建名为 Subject 的自由表。

CREATE Subject

执行上面命令后,屏幕出现"表设计器"窗口,在该窗口中按表 6-5 定义表结构,依次输入字段"课程号"、"课程名称"、"课程性质"和"学时数",并分别定义字段的类型、宽度等。

§6.4　创建数据库

在前面讲述了数据库的概念,从中我们知道要管理学生基本信息,就应该建立一个学生信息数据库 STUDENTS. DBC,该数据库包含多个表,例如,学生表 Student. dbf、成绩表 Score. dbf、课程表 Subject. dbf 等。利用数据库可以将多个有关联的表组织起来完成更复杂的操作和功能,可以建立表与表间的永久关系,并能为表中的字段设置有效性规则和默认值。还可以充分利用参照完整性,保持相关联的表中记录的一致性。通常一个数据库提供有如下的功能:

- 存储表
- 在表间建立关联关系
- 设置表中字段的属性和记录的有效性规则

在 VFP 中,可以采用三种方式创建一个数据库:①使用"项目管理器";②使用"文件"菜单中的"新建"命令;③使用 CREATE DATABASE 命令。

6.4.1　使用"项目管理器"创建数据库

若要使用"项目管理器"创建数据库,首先打开"项目管理器",选择"数据"选项卡,再选择"数据库"选项,然后单击"新建"按钮,如图 6-4 所示,在"新建数据库"对话框中单击"新建数据库"按钮,在"创建"对话框中输入要创建的数据库名称以及存储路径,最后单击"保存"按钮,系统立即创建数据库并打开该数据库的"数据库设计器",如图 6-5 所示。

图 6-5 表明用户已经建立了一个空数据库"Students",并打开了该数据库的"数据库设计器"窗口。上面窗口也称为数据库视图。

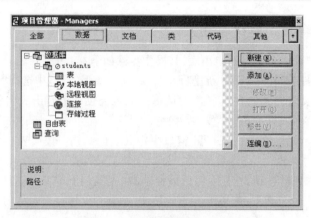

图 6-4 "项目管理器"对话框

图 6-5 空"数据库"设计器

在"数据库设计器"中,按右键出现快捷菜单,在快捷菜单中选择相应命令可以完成:为数据库添加已建好的自由表;建立数据库表;将数据库表移出但不删除;删除数据库表;建立本地视图或远程视图;建立连接;建立数据库的存储过程;编辑参照完整性。

现在我们将前面已建立的自由表添加到数据库中,使之成为数据库表。方法是:在数据库视图中,按右键出现快捷菜单,在快捷菜单中选择"添加表",分别将学生表 Student. dbf、成绩表 Score. dbf 和课程表 Subject. dbf 添加到数据库 STUDENTS. DBC 中,于是这三个表就变成了数据库表,如图 6-6 所示。

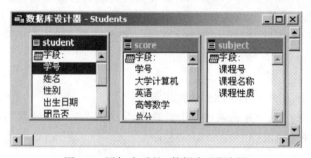

图 6-6 添加表后的"数据库"设计器

6.4.2 使用"新建"命令创建数据库

使用"新建"命令创建数据库,首先从"文件"菜单中选择"新建"命令,在"文件类型"区域中选择"数据库"单选项,如图 6-7 所示,然后单击"新建文件"按钮,系统弹出"创建"对话框,输入要创建的数据库名称以及存储路径,最后单击"保存"按钮,如图 6-8 所示,系统立即创建数据库并打开"数据库设计器"。

图 6-7　新建对话框

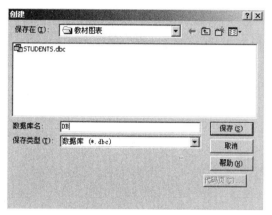

图 6-8　创建文件对话框

6.4.3　使用 CREATE DATABASE 命令创建数据库

VFP 提供了 CREATE DATABASE 命令，可以在命令窗口或程序中直接创建数据库。

命令格式：

CREATE DATABASE［DatabaseName|?］

命令功能：

该命令用于在命令窗口或程序中创建一个由用户命名的数据库，并打开数据库设计器窗口。

命令说明：

（1）DatabaseName 参数用于指定要创建的数据库名称。

（2）? 参数用于在执行该命令时打开"创建"对话框以输入要创建的数据库名称。

【例 6-2】　在命令窗口中输入命令创建一个名为 STUDENTS 的数据库。

CREATE DATABASE STUDENTS

在创建数据库后，实际上在磁盘上建立了三个文件，其扩展名分别是 . DBC、. DCT 和 . DCX，例如建立学生管理数据库 STUDENTS 后，在磁盘上保留了三个文件：STUDENTS. DBC，STU-DENTS. DCT，STUDENTS. DCX，这三个文件分别叫数据库文件（. DBC）、数据库备注文件（. DCT）和数据库索引文件（. DCX），一般不能删除其中的某一个文件，否则，数据库在打开时会出现错误。

§6.5　打开、修改与关闭数据库

对于一个已创建好的数据库，必须在打开后才能访问它内部的表，才能对数据库中的视图进行操作。如果要打开数据库，可以从"文件"菜单中选择"打开"命令，然后选择数据库名打开此数据库；也可以用命令打开数据库。如果要修改数据库，可以在"项目管理器"中选择要使用的数据库名，并单击"修改"按钮；也可以使用命令修改数据库。打开的数据库使用完毕以后，应即时将其关闭。如果不关闭，则可能会使其中的数据等信息受到破坏或丢失。

6.5.1 打开数据库

1. 使用菜单命令打开数据库

从"文件"菜单中选择"打开"命令,系统弹出"打开"对话框,如图 6-9 所示。

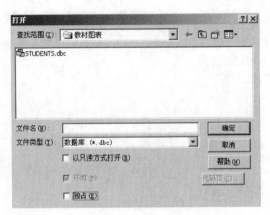

图 6-9 "打开"对话框

在对话框中有三个复选框,其含义分别为:

● **以只读方式打开**:不能对数据库中的数据表进行删除、移出或新建等操作,通过这种方式可以对打开的数据库进行保护。

● **独占**:其他用户不能对数据库进行访问。

在默认情况下,以上两个选项均未被选择。在指定位置选择要打开的数据库名后,在"文件类型"下拉列表中选择"数据库",单击"确定"按钮。系统立即打开数据库并打开"数据库设计器",如图 6-10 所示。在"数据库设计器"中可以看到"学生管理"数据库中的三个数据表。

图 6-10 打开数据库后进入数据库设计器窗口

2. 以命令方式打开数据库

命令格式:

OPEN DATABASE [FileName | ?]

命令功能:

该命令用于在命令窗口或程序中直接打开指定的数据库,这时还要执行修改命令 MODIFY DATABASE 命令后才能打开数据库设计器。

命令说明:

(1) FileName 参数用于指定要打开的数据库名称。

（2）如果输入命令中不带数据库名而带参数?,用于在执行该命令时弹出"打开"对话框,如图6-9所示,要求用户指定要打开的数据库名称。

【例6-3】 以命令方式打开名为STUDENTS的数据库,在命令窗口中输入如下命令：

OPEN DATABASE STUDENTS

对于数据库的操作需要提醒用户注意以下几个问题：

（1）以命令方式打开数据库后,系统并未同时打开"数据库设计器"窗口,因此命令方式一般用在程序设计中。如果要打开"数据库设计器",可以使用修改命令MODIFY DATA-BASE。

（2）用户对数据库的许多操作都是在"数据库设计器"中进行的,例如新建、删除、移去、添加数据表。

（3）打开一个数据库后,数据库中的数据表并未被自动打开,如果要使用数据库中的数据表,还要使用打开命令USE或其他方式打开数据表。

6.5.2 修改数据库

修改数据库的操作要在"数据库设计器"中进行。用户以菜单方式打开数据库后,系统同时打开"数据库设计器",可以在"数据库设计器"中进行数据库的修改。如果用户以命令方式打开数据库,则需要使用以下命令打开"数据库设计器"。

命令格式：

MODIFY DATABASE［FileName］

命令功能：

该命令用于在命令窗口或程序中打开指定数据库名对应的"数据库设计器"窗口,这时可以对数据库进行各种修改。例如在数据库中新建、添加、移动、删除数据表。

"数据库设计器"窗口打开后,可以使用主菜单的"数据库"中的各种命令完成数据库的操作,例如,数据表的新建、添加、移去和删除,或对已选定的数据表进行修改、浏览、添加记录等操作。用户也可以使用快捷菜单进行数据库的操作,在"数据库设计器"中按鼠标右键出现数据库操作的快捷菜单,如图6-11所示。用户也可以使用"数据库设计器"工具完成数据库的各种操作。"数据库设计器"工具如图6-12所示。

6.5.3 关闭数据库

数据库使用完毕应即时关闭,以保证数据不会被破坏或丢失。关闭数据库一般使用以下命令来完成：

命令格式：

CLOSE DATABASES［ALL］

命令功能：

该命令用于在命令窗口或程序中直接关闭打开的数据库。

命令说明：

命令中不带ALL参数时,只关闭当前数据库;如果带ALL参数用于关闭所有打开的数据库及其数据库表、自由表和索引等。

图 6-11　数据库操作快捷菜单

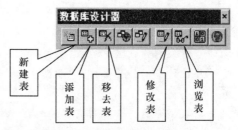

图 6-12　"数据库设计器"工具

除用命令关闭数据库外,还可以用项目管理器的关闭按钮来关闭数据库。

6.5.4　删除数据库

可以使用 Windows 中删除文件的方法删除数据库文件。在 VFP 中,可以在项目管理器或数据库设计器中使用"移去"命令删除数据库文件。注意数据库的删除只是 . DBC 文件的删除,数据库中的表并没有删除,只是由数据库表变成了自由表。

§6.6　建立数据库表

数据库表是指依附于某一数据库的表。为了保证数据库表中数据的正确性,在 VFP 中,系统为数据库提供了一系列的管理数据库表的机制,特别是数据库数据字典中所记录的有效性规则和触发器等。下面对几个重要概念作简要说明,以后会常用到这些概念。

● 触发器　触发器是对数据库表进行插入、更新、删除操作之后运行的记录事件及代码。不同的事件激发不同的动作,触发器在有效性规则之后运行。它们常用来检验已建立永久关系的数据库表之间的数据完整性。

● 有效性规则　有效性规则用来检查输入数据是否满足给定条件的过程。如在学生档案中要求学生的学号不能为空,可以在数据库的表设计器有效性规则里键入"NOT EMPTY(学号)",在有效性规则信息栏里键入"学生学号不能为空",这样,一旦在输入记录值时忘记输入学号,当转到下一记录时,有效性规则被执行,系统提示"学生学号不能为空",以便重新输入。

● 记录级规则　记录级规则是一种与记录有关的有效性规则,当插入或修改记录时被激活,常用来检验数据输入的正确性。记录被删除时不使用有效性规则,记录级规则在字段级规则之后和触发器之前被激活,在缓冲更新时工作。

● 字段级规则　字段级规则是一种与字段有关的有效性规则,当插入或修改字段值时被激活,多用于数据输入正确性的检验。字段级规则在记录级规则和触发器之前被激活,在缓冲更新时工作。

● 数据字典　数据字典包含数据库所有表信息的一个表。确切地说它记录的是数据的数据,比如长文件名、长字段名、有效性规则、触发器以及数据库对象的有关定义。如果不用数据字典,这些功能必须由用户自己编程来实现。

6.6.1 创建数据库表

在 VFP 中,创建数据库表的方法与创建自由表的方法非常相似。但需要注意:创建数据库表,首先要打开指定的数据库。否则,创建的仍只是一个自由表。创建数据库表的方法有:①用项目管理器建立数据库表;②用"数据库设计器"工具创建数据库表;③用"新建"命令创建数据库表;④用 CREATE 命令创建数据库表。

1. 用"项目管理器"建立数据库表

【例 6-4】 用项目管理器建立数据库表 Subject(课程表)。表结构见表 6-5。其操作步骤如下:

(1) 打开"项目管理器",在"数据"选项卡中选择数据库 Students 下的"表"选项,如图 6-13 所示。

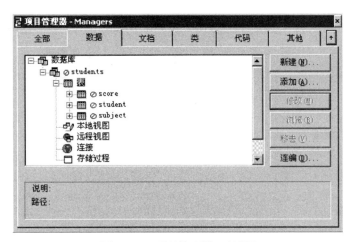

图 6-13 "项目管理器"对话框

(2) 单击"新建"按钮,在"新建表"对话框中单击"新建表"按钮,如图 6-14 所示。出现"创建"对话框,如图 6-15 所示。

图 6-14 "新建表"对话框

图 6-15 "创建"对话框

(3) 在"创建"对话框中输入要创建的表名称 Subject 以及存储路径,然后单击"保存"按钮,系统打开"表设计器"窗口,如图 6-16 所示。

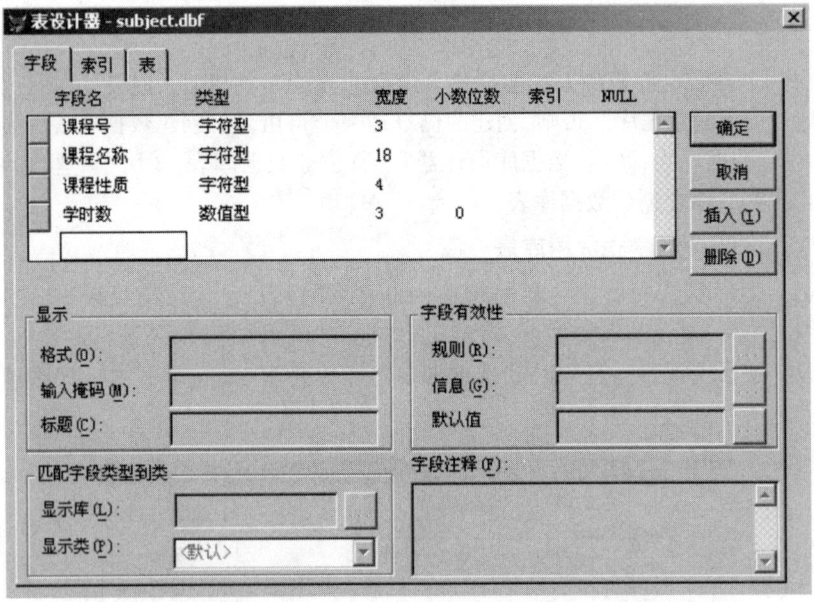

图 6-16 数据库表的"表设计器"窗口

图 6-16 显示了数据库 Subject 的"表设计器"窗口。此时的"表设计器"窗口和建立自由表时的"表设计器"窗口是有区别的。数据库表的"表设计器"窗口除了拥有自由表的"表设计器"窗口的全部结构以外，在窗口的下半部分还增加了许多字段属性设置内容。在图 6-16 的"表设计器"中按建立自由表的方法依次输入字段：课程号、课程名称、课程性质、学时数。最后按"确定"按钮，完成数据库表 Subject 的创建。

2. 用"数据库设计器"工具创建数据库表

【例 6-5】 用"数据库设计器"工具创建数据库表 Teacher(教师表)。

在"数据库设计器"工具栏中单击"新建表"按钮，如图 6-17 所示，出现"新建表"对话框，单击"新建表"出现"创建"对话框，在该对话框输入表的名称 Teacher 和保存位置，单击"保存"按钮，出现"表设计器"对话框，然后依次输入字段：教师号、姓名、性别、职称和课程号，单击"确定"按钮完成教师表的创建。

图 6-17 "数据库设计器"工具栏

3. 用"新建"命令创建数据库表

【例 6-6】 用"新建"命令创建数据库表 Elective(选课表)。

首先在命令窗口中用 OPEN 命令打开数据库文件 STUDENTS，然后选择"文件"菜单下的"新建"命令，出现"新建"对话框，在"新建"对话框中选择单选项"表"后单击"新建文件"按钮，出现"创建"对话框，如图 6-15 所示，输入表的名称 Elective 和存储位置，单击"保存"按钮，出现"表设计器"对话框，依次输入字段：学号、课程号和成绩，单击"确定"按钮，出现记录输入确认对话框，如图 6-18 所示，回答"是"可以立即输入记录内容，回答"否"仅保存表的结构，记录可以后输入，到此完成选课表的创建。

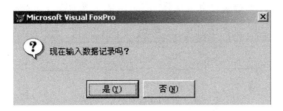

图 6-18 记录输入确认对话框

4. 用 CREATE 命令创建数据库表

命令格式：

CREATE<TableFileName>

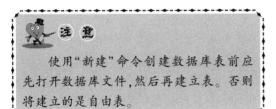

注 意

使用"新建"命令创建数据库表前应
先打开数据库文件,然后再建立表。否则
将建立的是自由表。

命令功能：

在命令窗口或程序中建立文件名为 Table-
FileName 的数据库表,但使用该命令前应首先
打开数据库文件。否则只能建立自由表。

【例6-7】 用 CREATE 命令创建数据库表
Score(成绩表)。

OPEN DATABASE STUDENTS

CREATE Score

执行上面命令后,屏幕出现"表设计器"窗口,按照表6-4依次输入字段"学号"、"大学计算
机"、"英语"、"高等数学"和"总分",并定义其类型、宽度、小数位。表结构建立完成后,按照表
6-2输入记录数据。

6.6.2 设置数据库表的字段属性

在前面我们已经说过数据库表比自由表有更多的优点。现在就开始介绍数据库表具有哪
些优点。在数据库表的"表设计器"窗口下半部分,比自由表的"表设计器"增加四个对字段属性
设置的小对话框,它们是"显示","字段有效性"、"匹配字段类型到类"以及"字段注释"四组字
段特性,每组字段特性中又拥有若干个字段属性。用户可以在对话框中对表中的字段进行各种
属性设置,以保证数据库表中每个字段的正确性、有效性、合理性和可靠性。

1. 字段显示属性

在"显示"选框内,包含有三个字段属性,它们的含义如下:

格式设置:指定字段在浏览窗口、表单和报表中显示数据的格式,它实际上是字段的输出掩
码,可以在这个文本框中输入所需的格式码。常用格式控制码如下:

(1) A 只允许文字字符。

(2) D 使用当前系统设置的日期格式。

(3) L 在数值前显示填充的前导零,而不是空格字符。

(4) T 禁止输入字段的前导空格和结尾空格字符。

(5) ! 把输入的小写字母转换成大写字母。

(6) $将当前系统设定的货币符号显示在输出数值前面。

(7) 9 只允许数字字符。

例如,在某一字段的格式文本框中输入"!!!!",则该字段凡输入的 4 位小写字母都将变为
大写显示。

　　输入掩码设置：控制字段输入数据的格式。使用输入掩码可以屏蔽非法输入，减少人为数据输入的错误，保证输入的字段数据格式统一，提高输入的效率。可以在这个文本框中输入如下所示的掩码：

（1）X 可输入任何字符。

（2）G 可输入数字、正负符号。

（3）#可输入数字、空格、正负符号。

（4）$ 显示当前货币符号。

（5）＊在值的左侧显示星号。

（6）. 用点分隔符指定数值的小数点位置。

（7），用逗号分隔小数点左边的整数部分。

（8）9 可以输入任何数字符。

（9）A 只允许输入字母。

　　例如，电话号码的格式为："（9999）99999999"，其中 9 表示数字，括号内是区号，后面是八位电话号码。"###. ##"表示输入整数 3 位小数 2 位。

　　标题设置：在浏览窗口、表单和报表中，利用"标题"字段属性值为标题设置另外一个名称，用来代替字段名的显示。在使用英文字母或拼音字母为字段命名时，设置字段的汉字标题非常必要。

　　例如，打开学生管理数据库 STUDENTS 中的教师表 Teacher，在"显示"框对字段"教师号"进行设置，如图 6-19 所示。

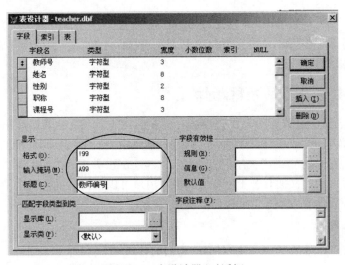

图 6-19　"表设计器"对话框

　　在"格式"中的"！99"表示教师号输出 3 位，第一位是字母按大写输出，后两位是数字符。在"输入掩码"中的"A99"表示输入的教师号有三位，第一位只能是字母，后两位只能输入 0 到 9 组成的数字符。"标题"中输入的"教师编号"在浏览、报表和表单中将用该名称代替原来的"教师号"。

　　2. 字段有效性

　　"字段有效性"设置可以用来检查输入字段的数据是否符合要求。首先将要设置的字段选中，然后进行字段有效性设置。在"字段有效性"选框内，包含有三个字段属性，它们的含义说明如下：

　　规则：是对字段进行有效检查的表达式或过程，用来指定字段级有效性检查的规则，以避免字段的输入错误。当字段输入完成以后，系统将调用这个表达式或过程进行检查，如果违反规则，将不允许输入值存储到字段中，系统显示错误信息对话框。

例如,在学生表中的"入学成绩"字段,由于"入学成绩"不能为负,同时不能大于100,就可以设置一个规则:入学成绩>=0 AND 入学成绩<=100。如果输入"入学成绩"时不满足这一规则,系统将不予接受。

信息:指定不能通过字段有效性规则验证时,显示的错误信息。如果该框中未输入内容,系统将给出默认的错误提示对话框。要注意该框的内容要用引号括起来。例如按上述规则,可以在"信息"框中输入"入学成绩不能为负同时不能大于100"。一旦输入"入学成绩"违反上述规则,将提示"入学成绩不能为负同时不能大于100"信息。

默认值:在输入新记录时,如果对应的字段没有输入数据,则使用该框为字段设置初始值。例如,可以设置性别字段的默认值为"男"。

我们再以"性别"字段的有效性检查为例,来说明字段有效性设置方法,如图6-20所示。

在"规则"框中输入:性别="男" OR 性别="女"

在"信息"框中输入:"性别输入错误!"

在"默认值"框中输入:"男"

图6-20 "表设计器"对话框

在给表输入记录时,性别字段只能输入"男"或"女",如果输入了"男"或者"女"之外的字符,系统将会给出"性别输入错误!"的提示对话框,提示用户重新输入性别。

3. 匹配字段类型到类

VFP 是一个面向对象的数据库系统,数据库、表、表单、报表都是对象,按钮、编辑框、标签、列表框等也是对象,类是对象的模板。每个字段根据其类型,系统会自动指出它所属的类,即每一个字段是某一个类的对象,如果用户不使用系统为字段指定的类,用户可以自己设置一个类。匹配字段类型就是为字段指定默认的控件类。一旦指定了字段对应的控件类,就可以在界面设计时自动设置相应的库和类。

显示库:指定类库的路径和文件名,它是一个扩展名为".VCX"的文件。如果不指定,系统使用默认的类库。

显示类:指定字段的默认控件类。如果不指定,使用默认的控件。

4. 字段注释

字段注释:为了给设计人员以后使用和查阅数据表提供方便,对字段加上详细的说明信息,以加强对字段的认识。

6.6.3 设置索引

为了方便用户快速查找记录,往往需要将表中的记录顺序按照某一字段进行逻辑排序,这种逻辑排序称为索引。在 VFP 中,可用表设计器设置 4 种索引:主索引、候选索引、唯一索引和普通索引。索引的概念和使用方法将在下一章详细介绍。

6.6.4 设置记录级有效性规则及触发器

在表设计器的"字段"选项卡中,可以设置字段级的规则,从而使字段不会接受非法数字,以保证字段输入的正确性。在表设计器的"表"选项卡中,可以设置记录有效性规则,记录有效性规则对数据表中的所有记录均有效,所以也是对数据表有效性规则的设置,这些设置是为了保证记录输入的合理性和正确性。设置记录级有效规则主要包含以下内容:

1. 表名设置

在默认情况下,表名就是数据库表文件名,可以根据需要在该框中为数据表设置一个长表名,其最大长度可由 128 个字符组成。设置长表名后,以后再打开数据表时,系统将用长表名代替原来的表名。例如,将默认的 Student 表改为"2005 级临床医学专业学生情况表",如图 6-21 所示。

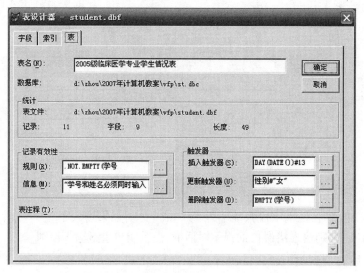

图 6-21 "表设计器"的"表"选项卡对话框

2. 记录有效性规则设置

记录有效性规则设置,可以保证用户输入记录的合理性和正确性。字段有效性规则设置只对单个字段的有效性进行判别,而记录有效性规则往往要同时使用多个字段进行判别。要设置记录有效性验证规则,只需简单地在记录有效性"规则"文本框中输入验证的逻辑表达式即可。当表达式的结果为"真"时,输入的记录通过规则检查,否则未通过规则检查,系统显示错误信息,表示不能接受该记录。

例如,在 Student. dbf 表中,规定"学号"必须与学生的"姓名"同时输入。即姓名和学号二者不能为空。否则该条记录没有实际意义。为此可以设置记录有效性"规则"如下:

. NOT. EMPTY(学号). AND. . NOT. EMPTY(姓名)

在"信息"文本框中输入验证错误的消息：

"学号和姓名必须同时输入！"

记录有效性规则设置如图 6-21 所示。

当在 Student. dbf 表中增加一条记录时，如未输入学号，或未输入姓名，系统将会给出提示信息，要求用户重新输入，表明记录有效性规则生效。

3. 触发器设置

触发器是一个记录级的事件代码，在对记录进行插入、更新或删除操作时激活，调用要执行的表达式或过程。在 VFP 中有三种类型的触发器，分别是插入触发器、更新触发器和删除触发器，可以为这些触发器设置相应的规则。当对记录进行插入、更新和删除操作时，如果设置了相应的触发器，只有当触发器的值为"真"时，才可以进行相应的操作，为"假"时，则不能进行相应的操作。通过它们可以控制对记录操作的合法性和有效性检查。

● 插入触发器：指定一个规则，当向表中插入或追加记录时，触发该规则。例如，对学生表 Student 要求不能在每月 13 号插入记录，则可以在"插入触发器"文本框中输入如下表达式：

DAY(DATE( )) <>13

当每月 13 号插入记录时系统将弹出信息提示框，提示用户当前的插入操作不能进行。

● 更新触发器：指定一个规则，当更新或修改表中记录时，触发该规则。例如，如果要求不能对"性别"是"女"的记录进行修改，则可以在"更新触发器"文本中输入如下表达式：

性别<>"女"

如果在编辑时修改性别为女的记录，将给出信息提示框，提示当前操作不能进行。

● 删除触发器：指定一个规则，当从表中删除记录时，触发该规则。例如，如果要求不能删除学号不为空的记录，则可以在"删除触发器"文本框中输入如下表达式：

EMPTY(学号)

EMPTY( )函数可以判别学号字段是否为空，如果一个记录没有输入学号，则可以删除，对已输入学号的记录，则不能删除。在删除时，系统会给出信息提示框。

触发器的设置方法如图 6-21 所示。

从以上介绍可以看出，对于数据库表的字段和记录的属性进行设置，能充分体现数据库表的优点，减少程序设计的工作量，通过对字段或记录的有效性设置，用户不必在程序中编写大量的代码进行数据正确性、合理性和可靠性等的检查工作。但是这部分内容对初学者来说，有一定的困难。因此，要求大家在数据库表的操作和使用中不断地摸索和总结经验。

§6.7　数据库表的添加、移去、删除、修改和浏览

在 VFP 中，表分为两类：依附于一个指定数据库的数据库表，不依附于任何一个数据库而独立存在的自由表。根据需要这两种表可以进行相互转换。用户可以将自由表添加到指定的数据库中去，使其成为数据库表；也可以将数据库表从数据库中移去，使其成为脱离数据库的自由表。

6.7.1　将自由表添加到数据库中

使用项目管理器，可以方便地将自由表添加到指定的数据库中去，使之成为数据库表。其操作方法为：

（1）首先在"项目管理器"窗口的"数据"选项卡中选择"表"。

（2）单击"添加"按钮，在"打开"对话框中选择需要添加的自由表。

（3）最后单击"确定"按钮，自由表添加成功。

6.7.2　从数据库中移去或删除表

使用项目管理器,可以将数据库表从指定的数据库中移去,使其成为自由表。其操作方法为:

(1) 首先在"项目管理器"窗口中选择要移去的数据库表。

(2) 单击"移去"按钮,系统弹出移去表提示框。

(3) 如果仅将表从数据库中移去使其成为自由表,只需单击"移去"按钮,如果要将表从磁盘中删除,只需单击"删除"按钮即可。

(1)"移去"和"删除"是两个不同的概念。"移去"只将表与数据库脱离关系,使之成为自由表,该表并没有被物理删除,还可以重新添加到原数据库或其他数据库中去。"删除"则不同,它是将表从磁盘中物理删除。

(2) 移去表时系统会给出提示信息以进行确认,而删除表时没有进一步的提示确认。因此,操作时应特别小心,避免造成无法挽回的损失。

(3) 一个数据库表只能属于一个数据库,不能同时属于两个不同的数据库。如果要将一个数据库表加入到另外的数据库中,必须首先将它从数据库中移去,使其变为自由表,然后再将它添加到另一个数据库中。

6.7.3　修改表结构

在数据库设计器中选中要修改的数据库表,单击右键,在弹出的快捷菜单中选择"修改"命令或单击修改工具按钮,系统将打开表设计器,这时用户可对表的结构进行修改。

6.7.4　浏览数据库表

在数据库设计器中选中要浏览的数据库表,单击右键,在弹出的快捷菜单中选择"浏览"命令或单击浏览工具按钮,系统将在屏幕上以浏览方式显示表中的所有记录,同时系统主菜单增加"表"菜单项。这时用户可选择"表"菜单中的相应命令,对表中的记录进行编辑。

小　　结

1. 在 Visual FoxPro 中可以建立两种关系表,即自由表和数据库表。自由表就是不属于任何数据库的表,而数据库表就是属于某个数据库的表。

2. 一个自由表在需要时可以移入一个数据库中;相反一个数据库表也可以从其所在的数据库中移出而成为自由表,但移出后失去数据库表原有的优点。

3. 一个自由表或一个数据库表均由若干个字段组成,每个字段由字段名、字段数据类型和字段宽度来描述。常用的字段类型有字符型、数值型、日期型、逻辑型、备注型和通用型。

4. 数据库表和自由表相比有很多优点,例如数据库表可以使用长表名、长字段名、字段标题、字段注释、字段默认值设置、字段级规则和记录级规则的有效性与正确性校验等。

5. 创建数据库、数据库表和自由表均可以使用菜单或命令方式,对于菜单方式学会使用方法即可,重点熟练掌握这些命令的格式和功能。

6. 对数据库的操作有打开、修改和关闭,要熟练掌握其相应命令的格式和功能以及操作方法。

习 题 六

一、选择题

1. 可以链接或嵌入 OLE 对象的字段类型是( )。
   A. 备注型字段　　　　　　　　　　B. 通用型和备注型字段
   C. 通用型字段　　　　　　　　　　D. 任何类型的字段

2. 在 Visual FoxPro 中,打开数据库的命令是( )。
   A. OPEN DATABASE <数据库名>　　B. USE <数据库名>
   C. USE DATABASE <数据库名>　　　D. OPEN <数据库名>

3. Visual FoxPro 中,通用型字段 G 和备注型字段 M 在表中的宽度都是( )。
   A. 2 字节　　　　B. 4 字节　　　　C. 8 字节　　　　D. 10 字节

4. 在 Visual FoxPro 中,定义数据结构时,字段变量中不允许包含( )字符。
   A. 字母　　　　　B. 空格　　　　　C. 数字　　　　　D. 汉字

二、填空题

1. 建立表有_____种方法。

2. 定义表结构时,要定义表中多个字段,同时还要定义每一个字段的_____、_____和_____。

3. 向表中输入数据,可以采用_____、_____两种格式。

4. 数据表是由_____和_____两部分组成。

5. 数据库除了包含有存储数据的表以外,还包含有_____、_____、_____等数据库对象。

6. 在数据库表设计器的"字段"选项卡中,可以设置_____有效性规则;在"表"选项卡中,可以设置_____有效性规则。

三、操作题

1. 建立学生情况数据表"XSQK. DBF"的结构,它由以下 4 个字段组成:
   (1) 字段名:编号;字段类型:C;字段长度:8
   (2) 字段名:姓名;字段类型:C;字段长度:6
   (3) 字段名:性别;字段类型:C;字段长度:2
   (4) 字段名:出生日期;字段类型:D;字段长度:8

2. 建立一个同学通讯录数据表"TTXL. DBF"的结构,它由以下 5 个字段组成:
   (1) 字段名:序号;字段类型:N;字段长度:3;小数位数:0
   (2) 字段名:姓名;字段类型:C;字段长度:6
   (3) 字段名:通讯地址;字段类型:C;字段长度:30
   (4) 字段名:电话;字段类型:C;字段长度:10
   (5) 字段名:照片;字段类型:G;字段长度:4

第7章 表的基本操作

表是关系型数据库管理系统的基本结构,是创建数据库应用系统的基本单元。对表的操作是建立应用程序的基础工作。数据库和表建立好以后,接下来的工作就是对表的基本操作。表是由结构和记录组成的数据集合,因此表的操作分为对表结构的操作和对表记录的操作。表的基本操作包括:打开与关闭表;为指定的表添加记录;表结构的显示、修改和复制;表记录的显示与定位;表记录的编辑与浏览;表记录的复制;表记录的索引与排序;表记录的统计;多表操作等。

§7.1 表的打开与关闭

7.1.1 表与工作区

对文件进行任何操作,都必须首先打开该文件。打开文件,就是在内存建立一个缓冲区,将文件的信息调入缓冲区。用以打开表文件的内存缓冲区称为工作区(Work Area)。在 VFP 中,系统在内存中为每一个打开的表分配一个工作区。每一工作区给一数字编号,称为工作区号,工作区号从 1 到 32767,也可以用对应的字母 A,B,C,D,……,J 来表示前 10 个工作区。

虽然可以利用多工作区同时打开多个表,但处于活动状态的工作区始终只有一个。使用 SELECT 命令可以选择活动工作区,使活动工作区中的表成为当前表。例如:

SELECT 2   && 选择工作区2

SELECT D   && 选择工作区4

7.1.2 表的打开

在 VFP 中,要对表进行任何操作,首先必须打开这个表。打开表就是把指定的表文件以及相关信息从磁盘装入内存。系统提供了三种方法打开表:①菜单方式;②命令方式;③数据工作期。

1. 用菜单方式打开表

执行"文件"菜单中的"打开"命令,在"打开"对话框中选择文件类型为"表(＊·DBF)",找到要打开表文件的位置,并指定要打开的表文件,单击"确定"按钮即可打开选择的表,如图 7-1 所示。

在图 7-1 中,有两个复选框用来指定打开表的方式,其中"以只读方式打开"表文件,将不能对表进行各种修改,只能显示;"独占"方式打开的表文件,其他用户不能拥有对表的访问权。系统默认情况下以"独占"方式打开表文件。

也可以单击工具栏上的"打开"按钮打开选中的表文件。

2. 使用 USE 命令打开表

命令格式:

USE [[DatabaseName!]<TableName>|?]

[IN <nWorkArea>]

[ALIAS cTableAlias]

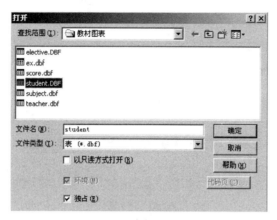

图 7-1　"打开"对话框窗口

命令功能：

该命令用于在指定的工作区中打开用户指定的表文件。该文件必须是扩展名为 . DBF 的表文件，可以是数据库表，也可以是自由表。如果表文件中含有备注或通用型字段时，相应的 . FPT 文件也同时打开。

命令说明：

1）［DatabaseName!］参数指明打开表所在的数据库。如果该数据库是当前数据库，那么可以省略此项。

2）TableName 参数用于指定要打开的表文件名。

3）nWorkArea 参数为正整数，用于指定打开表所在的工作区。VFP 提供了 32767 个工作区，每一个工作区可以打开一个表。

4）在任一时刻，用户只能选择一个工作区，该工作区被称为当前工作区。当前工作区中的表被称为当前表。启动 VFP 后，系统默认第 1 区为当前工作区。如果在当前工作区打开表，则 IN 子句可以省略。

5）cTableAlias 参数是可选项，用于为表指定别名，以便在需要或支持别名的命令和函数中用别名来引用表。如果该项缺省，那么将用表文件名作为表的别名。别名可以由字母或下划线开头后跟字母、数字或下划线组成，但别名最长不超过 254 个字符。

6）在一个工作区只能打开一个表，不能同时打开多个表。如果要打开另外一个表，原来打开的表将会自动关闭。

7）打开表以后，在工作区不显示任何信息，只是为表的操作提供准备。

【例 7-1】　在第 2 区和第 4 区分别打开 Student 和 Score 数据库表。

USE Student IN 2

USE Score IN 4

也可以执行以下命令，实现相同的功能。

SELECT B

USE Student

SELECT 4

USE Score

【例 7-2】　在第 3 区先后打开学生表 Student 和成绩表 Score。

Select C

USE Student

USE Score

执行上述命令后,最后在第3区打开的是成绩表 Score。

3. 使用"数据工作期"打开表

使用"数据工作期"也可以打开表,操作方法如下:

(1)从"窗口"菜单中选择"数据工作期"命令,系统弹出"数据工作期"对话框,如图7-2 所示。

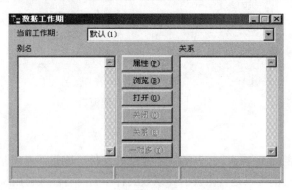

图7-2 "数据工作期"对话框

(2)单击"打开"按钮,在"打开"对话框中选择要打开的表。例如 Student 表。

(3)最后单击"确定"按钮。

注 意

数据工作期是一个非常实用的程序,可以利用数据工作期对表进行打开、关闭、浏览、结构修改等操作,还可以建立多表之间的关系。

7.1.3 表的关闭

表一旦使用完毕,必须将其及时关闭。关闭不使用的表,是为了保证数据的安全性,避免表中数据丢失。在 VFP 中,提供了三种关闭表的方法:①使用 USE 命令;②使用 CLOSE 命令;③使用"数据工作期"。

1. 使用 USE 命令

命令格式:

USE

命令功能:

在命令窗口或程序中使用该命令关闭当前工作区中已打开的表文件及相应的备注文件、索引文件。这是关闭表的最简单方法。

2. 使用 CLOSE 命令

命令格式:

CLOSE [ALL|TABLE [ALL]]

命令功能:

该命令将已打开的表文件进行关闭。CLOSE ALL 关闭所有的文件,包含所有的数据库文件、表和索引文件,COLSE TABLE ALL 关闭所有的表文件。

3. 使用"数据工作期"

使用"数据工作期"关闭指定的表,首先从"窗口"菜单中选择"数据工作期"命令,在"数据工作期"对话框中选择需关闭的表文件,单击"关闭"按钮,系统即关闭选择的表,如图 7-3 所示。

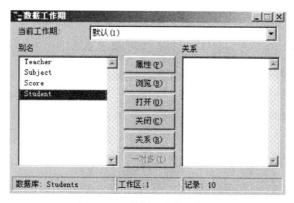

图 7-3 "数据工作期"窗口

只有打开的文件才能进行各种操作。打开文件后,文件使用内存的一个数据缓冲区(又称工作区)存放数据。对文件的操作,实际上是在数据缓冲区上进行操作。在文件未关闭前,文件的信息仍然存储在内存中。只有将文件进行关闭,这些数据才能保存到磁盘上永久保存。因此,对操作结束的文件,关闭文件是十分必要的。

§7.2 表结构的显示、修改和复制

表是由结构和记录组成的,对表的操作分为对结构的操作和对记录的操作。在本节主要介绍对表结构的操作方法。在设计和创建表的过程中,难免会出现考虑不周、结构不合理等情况,因此,对表结构进行显示和修改是必要的。在 VFP 中,可以用命令显示表结构,根据需要用命令和项目管理器对表结构进行修改,还可以复制表结构。

7.2.1 显示表结构

命令格式:

LIST | DISPLAY STRUCTURE [TO PRINT]

命令功能:

显示当前打开表的结构信息,包括字段描述、表文件及所在路径、表记录个数等。

命令说明:

(1) 若选择 TO PRINT 子句则打印输出表的结构信息。

(2) LIST 与 DISPLAY 的区别在显示内容超过一屏时,前者连续显示,而后者分屏显示。

【例 7-3】 在屏幕上显示表 Student 的结构信息。在命令窗口中输入如下命令:

USE Student

LIST STRUCTURE

执行上述命令后,屏幕上显示如下信息:

表结构: C:\VFP\STUDENT. DBF

数据记录数: 10

最近更新时间: 12/04/05

备注文件块大小：		64					
页代码：		936					
字段	字段名	类型	宽度	小数位	索引	排序	Nulls
1	学号	C	8				否
2	姓名	C	8				否
3	性别	C	2				否
4	出生日期	D	8				否
5	团员否	L	1				否
6	入学成绩	N	3				否
7	相片	G	4				否
8	简历	M	4				否
＊＊总计＊＊			39				

注意

（1）最后显示的记录长度等于所有字段长度之和加 1，多出的 1 个字节用于存放记录删除标记"＊"。记录的删除标记在后面将介绍。

（2）备注文件块大小 64KB，即在每个记录的备注型字段可存储 64KB 的数据。

（3）代码页，由于 Windows 要处理英文、德文、北欧文等多种文字，同一个代码在不同的文字中所代表的字符不同。通过使用不同的代码页，应用程序可以恰当地显示这些来自不同字母表中的字符。

7.2.2 修改表结构

由于实际情况发生变化，需要修改已建好的表结构，如增加字段、设置字段的数据类型及宽度、删除字段、查看表内容以及设置索引来排序表的内容等。表结构通常使用"项目管理器"、菜单或使用 MODIFY STRUCTURE 命令来修改。

1. 使用"项目管理器"修改表结构

使用"项目管理器"修改表结构的操作步骤如下：

（1）首先打开"项目管理器"窗口，选择要修改结构的表。

（2）单击"修改"按钮，在"表设计器"窗口中修改表结构。

（3）修改结束单击"确定"按钮。

在"表设计器"窗口中，若要删除某一字段，应选择该字段，单击"删除"按钮；若要在某一字段的前面插入一字段，首先选择该字段，然后单击"插入"按钮；若要调整某一个字段的位置，可使用字段最左边的"字段选择器"，用鼠标拖曳即可，如图 7-4 所示。

2. 使用菜单命令修改表结构

在表文件打开后，选择"显示"菜单下的"表设计器"命令，打开表设计器窗口，可在窗口中对表结构进行修改，修改结束单击"确定"按钮。

3. 使用 MODIFY STRUCTURE 命令修改表结构

命令格式：

MODIFY STRUCTURE

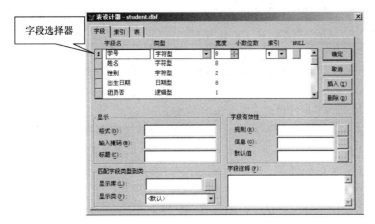

图 7-4　"表设计器"窗口

命令功能：

在命令窗口执行该命令后打开"表设计器"，然后在"表设计器"窗口中对当前表的结构进行修改。

命令说明：

该命令用于修改当前表的表结构。根据当前表的类型（数据库表或自由表）来打开不同的"表设计器"窗口。修改方法同项目管理器方式。

【例 7-4】　使用 MODIFY STRUCTURE 命令修改 Student 数据库表的表结构。要求在表中"性别"字段后面增加字段"系别"。

```
USE Student                && 打开 Student 数据库表使之成为当前表
MODIFY STRUCTURE           && 打开数据库表的"表设计器"窗口以修改表结构
```

执行上述命令后，屏幕上显示"表设计器"窗口，如图 7-4 所示。鼠标单击"出生日期"字段，然后单击窗口右边的"插入"按钮，在出现的空白字段处输入"系别"，选择类型为字符型，输入宽度为 10。

7.2.3　复制表结构

在 VFP 中，如果需要创建多个结构相同的表，可以使用 COPY STRUCTURE 命令将已存在表的结构复制到另一个新表。表结构的复制只能用命令完成。

命令格式：

COPY STRUCTURE TO <cNewTableName>

［FIELDS <FieldList>］

［DATABASE <cDatabaseName>［NAME <cTableName>］］

命令功能：

该命令用于把当前表的结构按字段名表的要求复制到另一个表作为新表的结构。新表只有结构而没有记录。

命令说明：

1）cNewTableName 参数用于指定复制生成的新表表名。

2）FIELDS FieldList 参数用于规定生成的新表所拥有的字段。FieldList 是字段列表，各字段间要用逗号分隔。若缺省则将现用表中的所有字段复制到新表上。

注 意

若复制的是一个数据库表,那么表中的字段属性、索引以及记录的有效性规则无法复制。

3）DATABASE cDatabaseName 参数指明生成的新表是一数据库表。cDatabaseName 指定数据库名。

4）NAME cTableName 参数用于为生成的数据库表命名一个长表名,长表名为 cTableN-ame。

【例 7-5】 将 Student 数据库表的结构复制生成一个新数据库表,表名为 St。该数据库表依附于 STUDENTS 数据库。将表 Student 中的学号、姓名、性别、入学成绩复制到新表 Xs 上。命令如下：

```
USE Student
COPY STRUCTURE TO St DATABASE students
COPY STRUCTURE TO Xs FIELDS 学号,姓名,性别,入学成绩
USE Xs
LIST STRUCTURE
```

执行上述命令后,屏幕上将显示如下信息：

表结构： C:\VFP\XS. DBF

数据记录数： 0

最近更新时间： 12/04/05

页代码： 936

字段	字段名	类型	宽度	小数位	索引	排序	Nulls
1	学号	C	8				否
2	姓名	C	8				否
3	性别	C	2				否
6	入学成绩	N	3				否
＊＊总计＊＊			22				

§7.3 向数据表中添加记录

在表结构建立完成之后,系统弹出记录输入确认对话框,询问是否输入记录,当按"是"后立即弹出一个编辑窗口,用户可根据需要在窗口中输入记录,直到关闭窗口为止,输入的记录自动保存在扩展名为.DBF 的表文件中。如果表建立好后,未立即输入记录或只输入了部分记录,还需添加新的数据,这时可以根据需要向表添加记录。添加记录通常采用三种方式：①菜单方式；②命令方式；③文件方式。这三种方式增加的记录一律置于文件的尾部。

7.3.1 利用菜单添加记录

（1）首先打开指定的表文件。例如,打开 Student 表文件。

（2）然后选择"显示"菜单下的"浏览"命令,此时表的浏览窗口被打开,在"显示"菜单下选中"编辑"项,此时浏览方式变为编辑方式,如图 7-5 所示。

（3）选择"显示"菜单下的"追加方式"命令,则光标定位到要追加记录的首字段位置,输入一个记录的内容后,用鼠标单击下一记录,可以实现多个记录的追

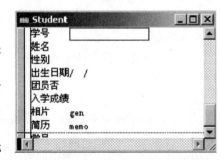

图 7-5 追加记录的全屏幕编辑状态

加。记录输入结束后关闭输入窗口或按[Ctrl]+[W]即可。

在输入记录过程中,要注意 NULL 值、备注型和通用型字段的输入,现就这些数据的输入方法作如下说明:

(1)NULL 值的使用:在 VFP 中可以设置 NULL 值。NULL 等价于不具有任何值,即空值。它不是 0,也不是空格或空字符串,在排序时 NULL 值位于最前面,NULL 值可以作为函数的参数,从而影响命令、表达式和函数的执行结果。用户在录入表数据时输入 .null. 就为字段置上了 NULL 值。也可以在赋值语句中把空值 .NULL. 赋给内存变量。

(2)备注型数据的录入:当光标定位到备注字段上时,用鼠标双击或按[Ctrl]+[PageDown]进入备注字段编辑窗口,此时可编辑或输入备注型字段内容,输入结束后单击"文件"菜单下的"关闭"命令或按[Ctrl]+[W]进行保存。若要放弃备注型字段的输入或编辑内容,只需按[Ctrl]+[Q]或[ESC]。备注型字段的内容存入到与表文件同名,但扩展名为 .FPT 的备注型文件中。

(3)通用型字段的输入或编辑:通用型字段用来存储其他 Windows 应用程序的 OLE 数据,例如图像、声音、文档、音像、表格等。通用型字段的输入有嵌入和链接两种方式。嵌入指与原对象不再有联系,可进行移植,但消耗磁盘空间,系统默认为嵌入方式。链接指对象不在表中,存放在其他地点,对象数据改变,表中数据也变。输入通用型字段时,将光标定位到通用型字段上双击,则打开其编辑窗口。然后在以下两种方式中任选一种进行输入。

● 插入对象 首先选择"编辑"菜单下的"插入对象"命令,打开"插入对象"对话框,单击"新建"选项,然后选择对象类型(例如,选择"图像"),自动运行生成对象的程序(如"画图"),最后单击画面就退出了"画图",关闭对象窗口,则表内通用型字段已变成"Gen"(无内容时为"gen")。如果选择"由文件创建"选项,则需要选择某一文件,将文件作对象插入到文档中。

● 链接对象 如果单选"新建",选择对象类型后启动对象处理程序,调出对象,单击"编辑"菜单的"复制"命令,在 VFP 的通用对话框中,单击"编辑"菜单下的"选择性粘贴"命令。如果单选"由文件创建",则需要选择某一文件,选中"链接"框,这时将文件作为对象链接到文档中。

> **注意**
> (1)在"追加方式"中,文件底部显示了一组空字段,以这种方式追加的记录存放在表的尾部,并且可以一直追加下去,直到关闭窗口为止。
> (2)若只希望追加一条记录,可在"表"菜单中选择"追加新记录",或按[Ctrl]+[Y]可在表的尾部增加一条空记录,然后在记录的字段中输入要增加的数据。

7.3.2 利用 APPEND 命令通过键盘添加记录

在命令窗口或程序中利用 APPEND 命令,通过键盘可以在表的尾部添加记录。
命令格式:
APPEND [BLANK][IN <nWorkArea>]
命令功能:
在当前表文件的尾部添加记录。添加记录的个数不受限制。
命令说明:
1)如果省略 BLANK 参数,系统进入全屏幕编辑状态,如图 7-5 所示,此时利用键盘可以添加多条记录。如果使用 BLANK 参数,系统直接在表的尾部添加一条空白记录。
2)nWorkArea 参数用于指定添加记录的表所在的工作区。如果向当前工作区的表添加记录,则 IN 子句可以省略。

【例7-6】 为数据库表 Student 追加记录。执行命令如下：

USE Student

APPEND

执行上述命令后，系统进入图 7-5 所示的全屏幕编辑状态，即可开始通过键盘在表的尾部追加记录。

【例7-7】 若要在 Student 表的尾部添加一条空白记录，那么应执行如下命令：

APPEND BLANK

7.3.3 从其他表文件添加记录

在 VFP 中，可以从已有的表文件向指定的表添加记录。这种添加记录的方式主要有两种：菜单方式和命令方式。

1. 菜单方式

首先打开要追加记录的表，然后单击"显示"菜单下的"浏览"命令，再选择"表"菜单下的"追加记录"命令，在图 7-6 所示的追加来源对话框中选择所要的源文件，并按"选项"按钮输入条件，单击"确定"按钮即可完成记录的追加。

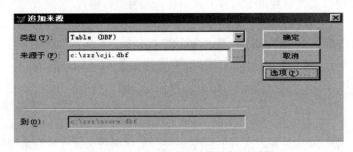

图 7-6　追加记录时源文件选择对话框

2. 命令方式

命令格式：

APPEND FROM <FileName> [FIELDS <FieldList>] [FOR <lExpression>]

命令功能：

该命令将源文件中符合条件的记录按指定的字段追加到当前数据表文件的尾部。

命令说明：

1）<FileName> 参数用于指定源表文件名称。它可以是表文件或文本文件。

2）<FieldList> 参数用于指定源表中的字段。如果省略 FIELDS 子句，系统将源表中所有字段数据添加到当前表对应的字段中去。

3）<lExpression> 参数用于设置记录的追加条件。如果省略则将源表中所有记录添加到当前表中。如果指定了条件子句，则将源表中所有满足条件的记录追加到当前表的尾部。

4）只对两个表中字段名和字段类型相同的字段进行操作，若源表文件中字段宽度大于当前表相同字段的宽度，对 N 型字段则输入一串"＊"号表示溢出，对字符型字段则截去右边多出的字符。

5）源文件可以是文本文件，但文本顺序应与记录中字段顺序一致，且用分隔符分隔，该分隔符应在命令中说明，文本中分隔记录的是换行符。

【例7-8】 表文件 St18 用于保存 Student 文件中年龄超过 18 岁的学生记录，若要将 student

文件中所有年龄超过 18 岁的学生记录添加到表文件 St18 中去,那么应执行如下命令,假设当前日期为 2005 年 12 月 4 日。

USE Student

COPY STRU TO St18

USE St18

APPEND FROM Student FOR INT((DATE()-出生日期)/365)>=18

BROW　　　　　　　　　&& 浏览记录命令,在后面将介绍

执行上述命令后,结果显示如图 7-7 所示。

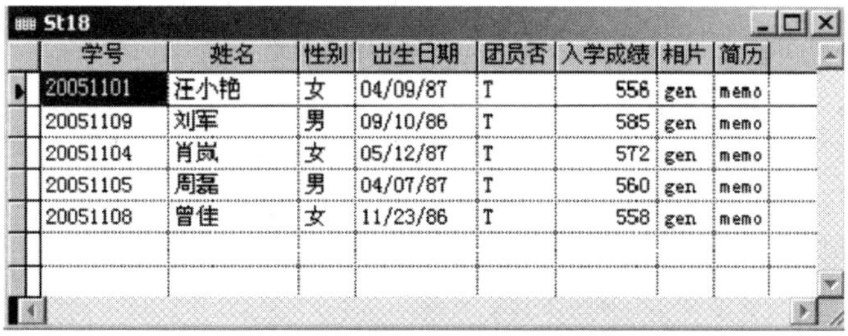

St18

学号	姓名	性别	出生日期	团员否	入学成绩	相片	简历
20051101	汪小艳	女	04/09/87	T	556	gen	memo
20051109	刘军	男	09/10/86	T	585	gen	memo
20051104	肖岚	女	05/12/87	T	572	gen	memo
20051105	周磊	男	04/07/87	T	560	gen	memo
20051108	曾佳	女	11/23/86	T	558	gen	memo

图 7-7　表 St18 的浏览窗口

§7.4　显示记录

在 VFP 中,系统提供了两个在主窗口中显示记录命令:LIST 命令和 DISPLAY 命令。这两个命令均在结果显示区显示表的记录数据。

7.4.1　用 LIST 命令显示记录

命令格式:

LIST

[Scope]

[FIELDS <FieldList>]

[FOR <lExpression1>][WHILE <lExpression2>]

[OFF]

[NOCONSOLE]

[TO PRINTER[PROMPT] | TO FILE <FileName>]

命令功能:

该命令用于在主窗口显示指定范围内符合条件的记录。

命令说明:

1) Scope 子句指明执行命令时的作用范围,可以选择下面四种范围之一:

- ALL 表示对数据库中的所有记录进行操作。
- RECORD n 表示仅对第 n 号记录进行操作。
- NEXT n 表示对从当前记录开始的 n 个记录进行操作。
- REST 表示对从当前记录开始直到最后一个记录进行操作。

在此命令中范围的缺省值是 ALL,即显示全部记录。

2) FIELDS <FieldList>子句要求系统仅对指定的字段进行操作,显示顺序按字段名表中各字段的先后顺序。若字段名表 FieldList 中有多个字段,则字段名之间必须用逗号分隔。如果省略

该子句,那么将显示表中除备注型和通用型以外的所有字段。

3）FOR <lExpression1>和 WHILE <lExpression2>子句用于设置记录的显示条件。FOR 表示对满足条件的所有记录进行操作。WHILE 表示从当前记录开始,在指定范围内按顺序比较条件,对符合条件的记录进行操作,一旦遇到不满足条件的记录则终止命令。

4）OFF 子句用于显示内容时不显示记录号。默认情况下带有记录号。

5）TO PRINTER［PROMT]子句用于将要显示的记录送打印机输出。PROMPT 参数用于打开"打印"对话框以进一步设置打印机。

6）TO FILE <FileName>子句用于将要显示的记录保存到指定的文件中。

7）NOCONSOLE 子句用于在将记录送打印机或保存到文件时,禁止在屏幕上显示。

【例7-9】 按下面要求显示数据库表 Student 中的记录。

（1）显示所有字段的全部记录。

（2）显示学号为"20051105"的学生记录,且只显示学号、姓名、性别、入学成绩四个字段的内容。

（3）显示 5 号记录。

（4）显示 1 号到 5 号记录,不显示记录号。

（5）显示所有团员的学生记录,仅显示学号、姓名、团员否、入学成绩字段内容,并将显示结果存放在文件 member 中。

操作如下:

USE Student

1）LIST

2）LIST FIEL 学号,姓名,性别,入学成绩 FOR 学号＝"20051105"

3）LIST RECORD 5

4）GO 1

LIST NEXT 5 OFF

5）LIST 学号,姓名,团员否,入学成绩 FOR 团员否 TO FILE member. txt

上面第 5 条命令的执行结果如下:

记录号	学号	姓名	团员否	入学成绩
1	20051101	汪小艳	. T.	556
2	20051102	刘平	. T.	575
3	20051109	刘军	. T.	585
5	20051104	肖岚	. T.	572
6	20051105	周磊	. T.	560
8	20051107	贾文	. T.	578
9	20051110	罗小平	. T.	568
10	20051108	曾佳	. T.	558

7.4.2 用 DISPLAY 命令显示记录

命令格式:

DISPLAY

［Scope]

［FIELDS <FieldList>]

［FOR <lExpression1>]［WHILE <lExpression2>]

〔OFF〕

〔NOCONSOLE〕

〔TO PRINTER〕〔PROMPT〕| TO FILE <FileName>〕

命令功能：

该命令用于在主窗口显示指定范围内符合条件的记录。

命令说明：

该命令的格式和功能与 LIST 基本相同，这里不再赘述。但需要注意它们的区别：①没有任何子句的 DISPLAY 命令将显示表中的当前记录，而没有任何子句的 LIST 命令将显示表中的全部记录。②在显示的记录超过一屏时，LIST 用于连续显示，而 DISPLAY 命令用于分屏显示。

【例 7-10】 显示表 Student 中的全部记录，显示表中的 5 号记录。操作如下：

USE Student

DISPLAY ALL

5

DISPLAY

§7.5　移动记录指针

在 VFP 中，为了方便对表中记录的操作，系统为每一个打开的表设置了一个记录指针。指针是一个存储单元，在其中存储着当前记录的记录号。例如，存储单元中存放的是 5 号记录，我们就说记录指针指向 5 号记录。如果要对某一条记录进行操作，那么应首先将记录指针指向该记录，称为记录的定位。记录指针指向的记录称为当前记录。记录指针存放的是记录号，其作用是标识当前记录。在打开一个表时，记录指针总是指向表的首记录。

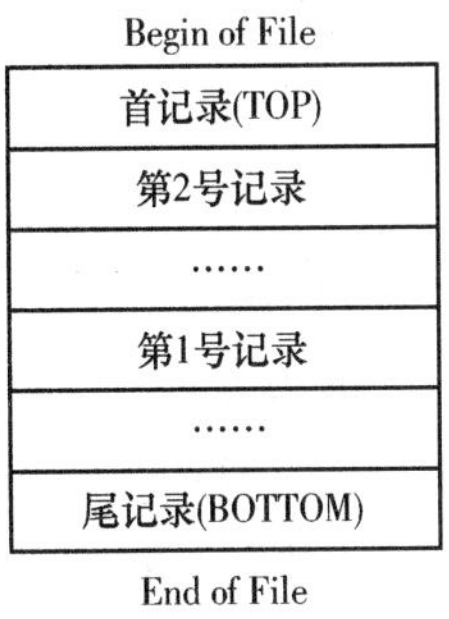

图 7-8　表文件逻辑结构

表文件的逻辑结构如图 7-8 所示。最上面的记录是首记录，记为 TOP；最下面的记录是尾记录，记为 BOTTOM。在首记录之前有一文件开始标识，称为 Begin of File（BOF）。在尾记录后面有一结束标识，称为 End of File（EOF）。可以使用命令来移动记录指针以改变当前记录。

移动记录指针命令分为相对移动和绝对移动。移动指针的方法分菜单和命令两种方式。

7.5.1　菜单方式

选择"显示"菜单下的"浏览"命令，再选择"表"菜单下的"转到记录"命令，出现图 7-9 所示的子菜单，选择所要的项即可将指针定位到指定的记录。

7.5.2　命令方式

1. 绝对移动 GO 命令

命令格式：

GO n|TOP|BOTTOM 〔IN <nWorkArea>|IN <cTbleAlias>〕

命令功能：

将记录指针定位到指定的记录上，使该记录成为当前记录。

命令说明：

1）n 为正整数，用于指定要定位的记录号。

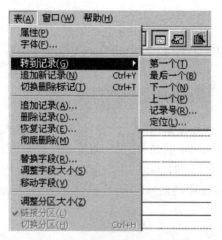

图 7-9　记录指针的定位选择

2) GO TOP 命令将记录指针定位到逻辑上的首条记录上。如果表的索引文件未打开,即索引未生效时,首记录就是第 1 号记录。

3) GO BOTTOM 命令将记录指针定位到逻辑上的尾记录上。如果索引未生效时,尾记录就是物理上的最后一条记录。

4) IN <nWorkArea>|IN <cTbleAlias>子句指定要定位的表所在的工作区。

【例 7-11】　在 Student 表中移动记录指针,设当前表有 10 条记录,并未建索引。

```
USE Student
GO 6              && 指针指向 6 号记录
GO TOP            && 指针指向 1 号记录
DISPLAY           && 显示 1 号记录
GO BOTTOM         && 指针指向 10 号记录
```

2. 相对移动 SKIP 命令

命令格式:

SKIP n［IN <nWorkArea>|IN <cTableAlias>］

命令功能:

将记录指针相对于当前记录向前或向后移动 n 条记录。

命令说明:

1) n 参数指定记录指针将要相对于当前记录向前或向后移动的记录数。如果 n 是正整数,那么记录指针将向后移动 n 条记录;如果 n 是负整数,那么记录指针向前移动|n|条记录。

2) 对没有索引生效的表使用 SKIP 命令,系统将按照记录的物理顺序向前或向后移动 n 条记录。否则,系统将按表的逻辑顺序向前或向后移动 n 条记录。

3) IN <nWorkArea>|IN <cTableAlias>子句指定进行记录定位的表所在的工作区。

4) 如果记录指针已经移过表的最后一个记录,则 RECNO( )函数的值等于表中的最大记录数加 1,EOF( )函数的返回值为 . T. 。如果记录指针已经移过表的顶部记录,则 RECNO( )函数的值等于 1,BOF( )函数的返回值为 . T. 。

5) 如果命令中缺省数字表达式,则取默认值 1,即 SKIP 等同于 SKIP 1。

【例 7-12】　在表 Student 中移动记录指针,表中有 10 个记录,且未建索引。

USE Student　　　　&& 指针指向 1 号记录

SKIP 2	&& 指针指向 3 号记录
DISP	&& 显示 3 号记录
SKIP －1	&& 指针指向 2 号记录
? RECNO( )	&& 显示结果为 2
GO BOTT	&& 指针指向 10 号记录
SKIP	&& 指向结束标志
? EOF( )	&& 结果显示 . T.

§7.6 记录的浏览和编辑

在建表的过程中，输入记录时出现数据错误在所难免。在表的操作过程中，也会因为使用不当导致数据被破坏，因此，对表进行及时的修改和维护，保证信息的正确性就显得十分重要。在 VFP 中，对表中记录进行编辑和修改的方式主要有：①记录的浏览编辑；②逐条记录编辑；③记录的更新；④插入记录；⑤删除记录；⑥复制记录。下面就这几种命令的操作方法分别予以介绍。

7.6.1 浏览记录

在 VFP 中，如果要浏览记录，通常采用三种方式：①使用"项目管理器"；②菜单方式；③使用 BROWSE 命令。

1. 使用"项目管理器"浏览记录

（1）首先打开"项目管理器"，然后选择要浏览的表。例如，选择 Student 表。

（2）单击"浏览"按钮，系统显示该表的浏览窗口，如图 7-10 所示。

在浏览窗口中，一行显示一条记录，一列显示一个字段。字段名作为浏览窗口的列标题显示在浏览窗口的上方。记录的显示格式有两种模式：一种是浏览模式，另一种是编辑模式，这两种模式可以通过"显示"菜单下的"浏览"和"编辑"命令进行切换。

学号	姓名	性别	出生日期	团员否	入学成绩	相片	简历
20051101	汪小艳	女	04/09/87	T	556	gen	memo
20051102	刘平	男	12/10/88	T	575	gen	memo
20051109	刘军	男	09/10/86	T	585	gen	memo
20051103	王小林	女	07/20/88	F	562	gen	memo
20051104	肖岚	女	05/12/87	T	572	gen	memo
20051105	周磊	男	04/07/87	T	560	gen	memo
20051106	何艾波	男	01/05/88	F	556	gen	memo
20051107	贾文	女	06/23/88	T	578	gen	memo
20051110	罗小平	女	10/01/88	T	568	gen	memo
20051108	曾佳	女	11/23/86	T	558	gen	memo

图 7-10 表 Student 的浏览窗口

 注意

1）浏览窗口中的字段显示顺序由表中的字段顺序所决定。

2）在浏览窗口中可以对记录进行编辑、追加、删除和定位等操作。

3）和 Windows 的窗口操作一样，可以调整窗口的列宽、调整字段的显示顺序、设置显示字体等。

2. 浏览窗口的使用

（1）添加记录：使用浏览窗口可以添加记录。添加记录指添加一条新的记录，或将其他表的记录追加到当前表中。若要添加一条新的记录，可从"表"菜单中选择"追加新记录"命令，系统将在表尾追加一条空白记录，然后输入记录的内容。若要从其他的表中追加记录，从"表"菜单中选择"追加记录"命令，系统显示"追加来源"对话框，在该对话框中选择要追加的文件类型，输入或选择源文件，然后通过"选项"按钮设置追加条件，最后按"确定"按钮完成记录的追加。

（2）编辑记录：在浏览窗口编辑记录，首先选择要修改的字段，然后输入新的数据即可。备注型或通用型字段的修改方法与前面的方法相同，这里不再重复。

（3）删除记录：在 VFP 中，删除记录分为逻辑删除和物理删除。逻辑删除是将指定的记录加上删除标记，该记录在表中仍然存在；物理删除是将做了逻辑删除的记录从表中清除掉。

● 逻辑删除：首先选择要删除的记录，然后使用鼠标单击该记录左侧的删除标记框，如图 7-11 所示。若删除标记框以黑色显示，表明该记录已被逻辑删除，若在黑色删除标记框上再用鼠标单击，则取消已作的删除标记。

若要逻辑删除满足给定条件的记录，应从"表"菜单中选择"删除记录"命令，在"删除"对话框中输入删除条件以及记录的范围，最后按"删除"按钮即可。

● 物理删除：若要从表中彻底清除有删除标记的记录，可以在命令窗口中使用 PACK 命令，或从"表"菜单中选择"彻底删除"命令，即可物理删除带有删除标记的记录。

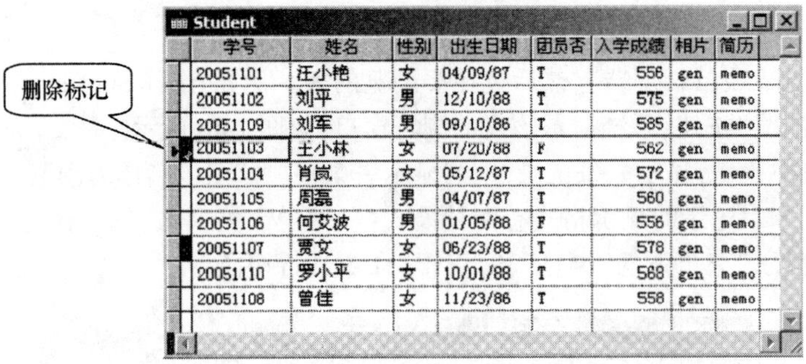

图 7-11　逻辑删除记录

（4）定位记录：若要进行记录定位，可以从"表"菜单的"转到记录"子菜单中选择相应的命令。该子菜单提供了六条命令："第一个"、"最后一个"、"下一个"、"上一个"、"记录号"和"定位"命令。

若选择"定位"命令，系统将弹出"定位记录"对话框，如图 7-12 所示。

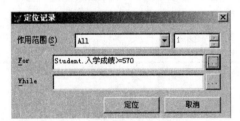

图 7-12　定位记录对话框

在"定位记录"对话框中，在定位条件框中输入：Student. 入学成绩>=570，设置记录的定位范围以及定位条件后，按"定位"按钮即可将指针定位在"入学成绩>=570"的记录上。

3. 用菜单方式浏览记录

在表打开以后,选择"显示"菜单下的"浏览"命令,即可浏览表中的数据。在浏览窗口中对记录进行编辑、追加、删除和定位等操作的方法与前面相同,这里不再重复叙述。

4. 使用 BROWSE 命令浏览记录

对数据表记录的修改和编辑是一项经常性的工作。在 VFP 中,可以使用 BROWSE 命令来浏览和编辑表中的记录。BROWSE 命令功能十分强大,它包含了 30 多个子句,几乎可以完成对记录的所有操作。

命令格式:

BROWSE

[FIELDS <FieldList>]

[FONT <cFontName>[,<nFontSize>]]

[STYLE <cFontStyle>]

[FOR <lExpression1>[REST]]

[FREEZE <FieldName>]

[KEY <eExpression1>[,<eExpression2>]]

[LAST|NOINIT]

[LOCK nNumber Of Fields]

[LPARTITION]

[NOAPPEND]

[NODELETE]

[NOEDIT|NOMODIFY]

[NOLGRID][NORGRID]

[NOLINK]

[NOMENU]

[NOWAIT]

[PARTITION <nColumnNumber>[LEDIT][REDIT]]

[SAVE]

[TIMEOUT <nSeconds>]

[TITLE <cTitleText>]

命令功能:

该命令用于打开浏览窗口并按规定的格式和要求浏览表中的记录。

命令说明:

1)[FIELDS <FieldList>]子句用于指定在浏览窗口中所要显示的字段。

【例 7-13】　用 BROWSE 命令浏览表 Student 中的记录,要求只显示学号、姓名、性别、团员否和入学成绩 5 个字段。

USE Student

BROWSE FIELDS 学号,姓名,性别,团员否,入学成绩

2)[FONT cFontName[nFontSize]]子句定义在浏览窗口中的显示字体和字号。其中 cFontName 参数用于指定字体,nFontSize 参数用于指定字号。

【例 7-14】　在浏览窗口中,采用宋体、12 号字显示 Student 表中的记录。

USE Student

BROWSE FONT "宋体",12

3）［STYLE <cFontStyle>］子句用于指定浏览窗口的字体样式。样式由 cFontStyle 参数指定。该参数可以组合在一起使用。若省略了 STYLE 子句，浏览窗口将缺省使用"规则"字体样式。

表7-1 列出了字体样式控制符以及所代表的字体样式。

【例 7-15】 在浏览窗口中，采用宋体、12 号字显示 Student 表中的记录，字体样式采用粗体以及下划线。

USE Student

BROWSE FONT "宋体",12 STYLE "BU"

4）［FOR <lEexpression1>［REST］］子句用于指定一个逻辑表达式 lEexpression1，只有满足该逻辑表达式的记录才能显示在浏览窗口中。

注 意

REST 参数用于在打开浏览窗口时禁止将记录指针定位在满足给定条件的首条记录上。

【例 7-16】 在浏览窗口中仅显示 Student 表中入学成绩大于 570 分的记录。

USE Student

BROWSE FOR 入学成绩>570

表 7-1 字体样式

字体样式控制符	字体样式
B	Bold
I	Italic
N	Normal
O	Outline
Q	Opaque
S	Shadow
-	Strikeout
T	Transparent
U	Underline

5）［FREEZE <FieldName>］子句用于指定可编辑字段。允许修改的字段由 FieldName 参数指定。

【例 7-17】 在浏览窗口中，显示 Student 表中的学号、姓名、性别和入学成绩字段。如果目前只允许修改入学成绩字段，那么应执行如下命令：

USE Student

BROWSE FIELDS 学号,姓名,性别,入学成绩 FREEZE 入学成绩

6）［KEY <eExpression1>［,<eExpression2>］］子句根据索引的关键字值限定在浏览窗口中显示的记录。只有关键字值介于 eExpression1 与 eExpression2 之间的记录才能显示在浏览窗口中。但是索引必须事先建立好并作为当前索引生效。

【例 7-18】 首先根据入学成绩字段建立索引，然后在打开的浏览窗口中显示入学成绩在 560 至 580 之间的记录。

USE Student

INDEX ON 入学成绩 to FE. IDX

BROWSE KEY 560,580

7)［LAST|NOINIT］这两个子句用于指定使用上一次 BROWSE 命令所使用的参数打开浏览窗口。

8)［LOCK <nNumberOfFields>］浏览窗口可以拆分为两个窗格分区。使用 LOCK 子句可以指定在左窗格分区所显示的字段个数。字段个数由 nNumberOfFields 决定。系统将根据字段的个数自动调整左窗格分区的宽度,使窗格分区能够显示指定的所有字段。

【例 7-19】　在左窗格分区中显示 Student 表前两个字段的数据。

USE Student

BROWSE LOCK 2

9)［LPARTITION］该子句用于将光标放置在左窗格分区的第一个字段上。

10)［NOAPPEND］该子句用于禁止在浏览窗口中添加新记录。

11)［NODELETE］该子句用于禁止在浏览窗口中删除记录。

12)［NOEDIT|NOMODIFY］该子句用于禁止在浏览窗口中对记录进行编辑修改。

13)［NOLGRID］和［NORGRID］这两个子句用于取消左窗格或右窗格中的网格线。

14)［NOLINK］该子句用于取消两个窗格分区的记录链接。

15)［NOMENU］该子句用于禁止在打开浏览窗口以后在系统菜单上增加“表”菜单。

16)［NOWAIT］该子句用于在打开一个浏览窗口以后继续执行程序中的其他命令。

17)［PARTITON <nColumNumber>［LEDIT］［REDIT］］该子句用于将浏览窗口拆分成两个窗格分区。其中,nColunmNmber 参数用于设置左窗格分区的宽度。

18)［SAVE］该子句用于在关闭浏览窗口以后仍能在屏幕上显示已打开的备注字段编辑窗口并使其仍处于活动状态。用户可以使用键盘或鼠标控制并返回浏览窗口。SAVE 子句只在程序中有效。

19)［TIMEOUT <nSeconds>］子句用于指定浏览窗口等待多少时间让用户输入数据。时间的秒数由 nSeconds 参数指定。若在经过 nSeconds 秒后仍未输入数据,浏览窗口将自动关闭。TIMEOUT 子句只在程序中有效。

20)［TITLE <cTitleText>］子句用于设置浏览窗口的标题。标题名由 cTitleText 参数指定。

【例 7-20】　在浏览窗口标题栏中显示“学生情况表”(图 7-13)。执行下述命令:

USE Student

BROWSE TITLE "学生情况表"

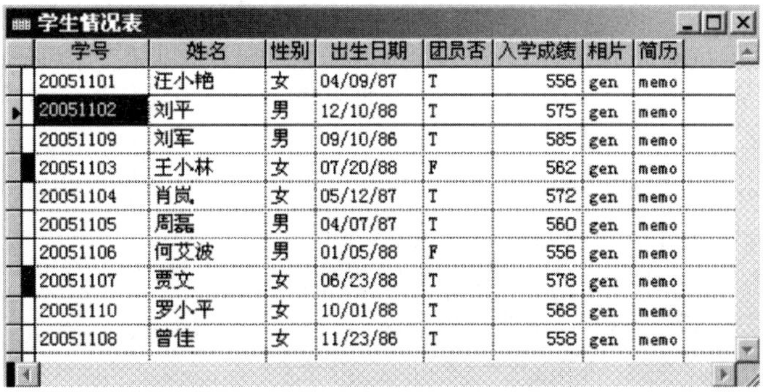

学号	姓名	性别	出生日期	团员否	入学成绩	相片	简历
20051101	汪小艳	女	04/09/87	T	556	gen	memo
20051102	刘平	男	12/10/88	T	575	gen	memo
20051109	刘军	男	09/10/86	T	585	gen	memo
20051103	王小林	女	07/20/88	F	562	gen	memo
20051104	肖岚	女	05/12/87	T	572	gen	memo
20051105	周磊	男	04/07/87	T	560	gen	memo
20051106	何艾波	男	01/05/88	F	556	gen	memo
20051107	贾文	女	06/23/88	T	578	gen	memo
20051110	罗小平	女	10/01/88	T	568	gen	memo
20051108	曾佳	女	11/23/86	T	558	gen	memo

图 7-13　设置了标题的浏览窗口

7.6.2 逐条记录编辑

在 VFP 中,如果要逐条编辑表中的记录,通常采用两种方式:①使用菜单;②使用 EDIT 命令。

1. 使用菜单编辑记录

使用菜单编辑表中的记录,首先打开要编辑的表。例如,选择 STUDENT 表。然后选择"显示"菜单下的"浏览"命令,打开该表的浏览窗口。从"显示"菜单中选择"编辑"命令,系统即将浏览窗口变换为编辑窗口,如图 7-14 所示。在编辑窗口中即可编辑修改表中的记录。

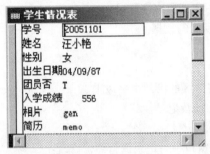

图 7-14 表的编辑窗口

2. 使用 EDIT 命令编辑记录

在 VFP 中,也可以使用 EDIT 命令编辑表中的记录。由于 EDIT 命令与 BROWSE 命令所具有的功能基本上是相同的,它们所提供的子句也基本上一样。这里就不再重复叙述。

7.6.3 更新记录

在 VFP 中,表的每个字段都是一个字段变量,字段变量不能直接用表达式赋值。除在浏览窗口中可由用户直接输入字段变量的值外,还可以利用 REPLACE 命令直接以表达式值去替换字段原来的值,这样可以对表中存储的记录进行有规律的批量更新操作。

命令格式:

REPLACE <FieldName1> WITH <eExpression1>

[,<FieldName2> WITH <eExpression2> ……

[Scope][FOR <lExpression1>][WHILE <lExpression2>]

命令功能:

该命令用于对指定的表进行数据更新操作,用表达式的值替换对应字段的值。具体记录由范围和条件决定,若范围和条件缺省,则只对当前记录更新。

命令说明:

1)FieldName1、FieldName2……为需要更新的字段。

2)eExpression1、eExpression2……为更新表达式。更新字段和更新表达式的数据类型必须相同。在更新时,用表达式 eExpression1 的值替换字段 FieldName1 的值,用表达式 eExpression2 的值替换字段 FieldName2 的值,依次类推。

3)Scope 子句用于确定记录的更新范围。如果省略该子句,那么只对当前记录进行更新操作。

4)FOR <lExpression1>和 WHILE <lExpression2>子句给出记录的更新条件。在使用 FOR 子句时,如果省略 Scope 子句,那么记录的更新范围是 ALL。

5)字段变量不能直接赋值,如姓名 = "林涛"是错误的。

【例 7-21】 若要计算 Score 成绩表中的总分,可以使用如下命令:

USE Score

REPLACE ALL 总分 WITH 大学计算机+英语+高等数学

【例 7-22】 在 Student 表中,将所有团员的入学成绩增加 10 分,可以使用如下命令:

USE Student

REPLACE 入学成绩 WITH 入学成绩+10 FOR 团员否

7.6.4　插入记录

在 VFP 中,可以在表的指定位置插入一个新记录。

命令格式:

INSERT［BLANK］［BEFORE］

命令功能:

在当前记录的指定位置插入一个新记录。

命令说明:

1) 使用 BEFORE 子句能在当前记录之前插入新记录,缺省该子句则在当前记录之后插入新记录。执行该命令后系统即进入全屏幕编辑状态,用户通过键盘输入各字段的值。

2) 使用 BLANK 子句将在指定位置插入一条空白记录。

【例 7-23】　在 Student 表中的 5 号记录前面插入一个新记录,在 8 号记录的后面插入一个空白记录。在命令窗口中执行如下命令:

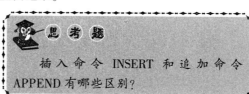

USE Student

5

INSERT BEFORE

8

INSERT BLANK

7.6.5　删除记录

在实际工作中,如果表中的某些记录已不再需要,应及时将它们删除,以释放存储空间。VFP 提供了三种删除记录的命令:DELETE(逻辑删除);PACK(物理删除);ZAP(全部物理删除)。如果在进行物理删除之前,发现删除有误,还可以利用 RECALL 命令对已做了逻辑删除的记录进行恢复。

1. DELETE 逻辑删除命令

命令格式:

DELETE

［Scope］［FOR <lExpression1>］［WHILE <lExpression2>］

命令功能:

该命令逻辑删除指定范围内符合条件的记录,即给指定的记录加上删除标记" * "。

命令说明:

1) Scope 子句用来确定要逻辑删除的记录范围,如果缺省则为当前记录。

2) FOR <lExpression1>和 WHILE <lExpression2>子句确定逻辑删除记录的条件,只有满足条件的记录才能删除。

3) 系统提供了删除生效的逻辑开关命令:SET DELETED ON|OFF。当开关设置为 SET DE-LETED ON 时,逻辑删除的记录将被隐蔽起来;当开关设置成 SET DELETED OFF 时,逻辑删除的记录全部显示,系统默认为 OFF 状态。

【例 7-24】　逻辑删除 Student 表中的第 3 条记录。

USE Student

GO 3

DELETE

? DELETED(　)

【例7-25】　逻辑删除表 Student 中非团员的记录。

USE Student

DELETE FOR . NOT. 团员否

LIST

SET DELETED ON

LIST

2. 记录恢复命令 RECALL

RECALL 命令用于对已做了逻辑删除的记录进行恢复操作,去掉记录上的删除标记"＊"。

命令格式:

RECALL

[Scope]

[FOR <lExpression1>][WHILE <lExpression2>]

命令功能:

对指定范围内符合条件的已做了逻辑删除的记录进行恢复。

命令说明:

1) Scope 子句确定对指定范围内的记录进行恢复操作,默认值为当前记录。

2) FOR <lExpression1>和 WHILE <lExpression2>子句用于确定恢复逻辑删除记录的条件。即在满足条件的记录中恢复逻辑删除的记录。

【例7-26】　在 Student 表中,恢复已做了逻辑删除并且性别为女的记录。

USE Student

RECALL FOR 性别 = "女"

3. PACK 物理删除命令

命令格式:

PACK [MEMO][DBF]

命令功能:

物理删除已被逻辑删除的全部记录,即将已逻辑删除的记录从表中清除。

命令说明:

1) MEMO 子句仅用于释放备注型字段未用的磁盘空间。

2) DBF 子句用于对逻辑删除的记录进行物理删除操作。

【例7-27】　释放 Student 表中备注型字段未用的磁盘空间,但不对逻辑删除的记录进行物理删除。

USE Student

PACK MEMO

【例7-28】　在 Student 表中物理删除所有非团员的记录。

USE Student

DELE FOR . NOT. 团员否

PACK

4. ZAP 命令

命令格式:

ZAP

命令功能：

物理删除表中的全部记录，但保留表的结构。

命令说明：

1）如果环境参数 Safety 状态为 ON，则系统弹出一个对话框让用户进一步确认删除操作，以防误删除。Safety 状态可由命令 SET Safety 改变，默认状态为 SET Safety ON。

2）ZAP 命令将删除表中的全部记录，因此使用时应格外小心。

【例 7-29】 删除 Student 表中的全部记录。

USE Student

ZAP

执行上述命令后，屏幕上显示删除确认对话框，提示："Zap c：\vfp\student．dbf ？"回答"是"将删除表中全部记录，回答"否"将取消删除操作。

现对上述三个删除命令进行比较，以提醒用户在使用中注意它们之间的区别：

（1）DELETE 与 PACK 是两个不同性质的删除。前者仅在有关记录上做删除标记，而后者将做了删除标记的记录真正从表文件中清除。

（2）PACK 命令执行后，将调整磁盘空间及记录号，但这部分磁盘空间只有在关闭表文件后才能使用。

（3）ZAP 命令将删除全部记录，相当于 DELETE ALL 与 PACK 这两条命令的执行效果。

7.6.6 复制记录

在实际工作中，有时需要利用一个已建好的表文件来创建另外一个表文件，以提高工作效率。在 VFP 中可以用复制命令将一个表文件的内容复制到一个新表文件中，而且可以根据用户的需要选择表中的字段以及按条件选择表中的记录。

命令格式：

COPY TO <cNewFileName>

[Scope]

[FIELDS <FieldList>]

[FOR <lExpression1>] [WHILE <lExpression2>]

[TYPE SDF|DELIMITED]

命令功能：

将当前表的结构和记录按照指定的要求复制到新表文件中。

命令说明：

1）首先打开要复制的表文件，使其成为当前表。

2）FIELDS <FieldList>子句决定新表文件的结构，缺省时默认为当前表的全部字段。

3）新表中数据记录由范围和条件子句选择，缺省范围时默认为 ALL。

4）若选择子句 TYPE SDF|DELIMITED 可将表文件复制成一个文本文件。其中 SDF 为系统标准数据格式，DELIMITED 为定界符格式。

【例 7-30】 将表 Student 中性别为男的记录组成一个新表 XSM．DBF，其中字段只选取学号、姓名、性别、入学成绩。

USE Student

COPY TO XSM FIEL 学号，姓名，性别，入学成绩 FOR 性别＝"男"

USE XSM

BROWSE &&显示表文件 XSM 中的记录

【例7-31】 将表 Student 复制成一个文本文件 XSWB. TXT。

USE Student

COPY TO XSWB. TXT TYPE DELIMITED FOR 性别＝"女"

TYPE XSWB. TXT &&显示文本文件 XSWB. TXT 中的内容

执行上面命令后,显示结果如下:

"20051101","汪小艳","女",04/09/1987,T,556,

"20051103","王小林","女",07/20/1988,F,562,

"20051104","肖岚","女",05/12/1987,T,572,

"20051107","贾文","女",06/23/1988,T,578,

"20051110","罗小平","女",10/01/1988,T,568,

"20051108","曾佳","女",11/23/1986,T,558,

§7.7 记录的排序与索引

表中的记录通常是按录入顺序存储的,为了方便记录查找,往往需要按照一定的规则来重新组织记录的物理顺序或逻辑顺序。例如,在表 Student 中按照学号、入学成绩来排列记录的顺序是有实际意义的。人们将记录的存储顺序称为记录的物理顺序,而将处理记录时按其某些字段的值进行排列的顺序称为逻辑顺序。在 VFP 中要改变记录的顺序,提供了从物理上和逻辑上两种重新组织记录顺序的方法,即排序和索引。

排序是将记录按照指定的顺序重新排列,并产生一个新的表文件,实现从物理上对数据表的重新组织。索引是为表建立索引文件,利用索引打开数据表可以改变记录的逻辑顺序。使用索引的数据表,记录的原来位置并没有改变,只是处理顺序变化了。一个表可以利用多种索引,从而为记录的操作带来极大的方便。建立排序和索引的最终目的就是为了提高记录的检索速度。在本节中首先介绍排序的概念及其建立和使用方法,然后介绍索引的概念及其建立和使用索引的方法。

7.7.1 排序

在 VFP 中,排序是从物理上对表中的记录进行重新组织,根据表中某些字段值的大小,将记录按升序或降序排列后存储到另一个表文件中,组成一个有序新表,但原文件中的记录顺序保持不变。排序操作只能在命令方式下完成。

命令格式:

SORT TO <TableName> ON <FieldName1> [/A][/D][/C]

[,<FielbName2> [/A][/D][/C]…]

[ASCENDING|DESCENDING]

[Scope][FOR <lEexpression1>] [WHILE <lExpression2>]

[FIELDS <FieldNameList>]

命令功能:

对当前表中指定范围内、满足条件的记录按照指定的字段(FieldName1、FieldName2,…)进行排序后,将排序结果置于名为 TableName 的新表中。

命令说明:

1) TableName 参数用于指定新生成的有序表名。

2) FieldName1,FieldName2,…为指定的排序字段,指定两个以上字段的排序称为多重排序。在多重排序中,首先按第一个字段排序,第一个字段值相同的记录再按第二个字段排序,依此类推。

3）[/A]指定按升序排序,[/D]指定按降序排序,[/C]参数指定排序时不区分大小写字母。

4）[ASCENDING|DESCENDING]参数指明当进行多重排序时,如果这多个字段的排序方向一致,可以在SORT命令中使用一次该参数即可。

5）[Scope]参数限定排序的记录范围。

6）[FOR <lEexpression>]和[WHILE <lEexpresion>]参数指定对满足条件的记录进行排序。

7）[FIELDS <FieldNameList>]参数指定在生成的有序表中的字段。省略时,默认新表包含源表的所有字段。

【例7-32】 对Student表根据入学成绩字段进行排序,并将排序结果保存在表Student1中。并要求Student1中记录的入学成绩均应大于等于570分。

```
USE Student
SORT TO Student1 ON 入学成绩/D FOR 入学成绩>=570 FIELDS 学号,姓名,入学成绩
USE Student1
BROWSE
```

执行上面命令显示结果如图7-15所示。

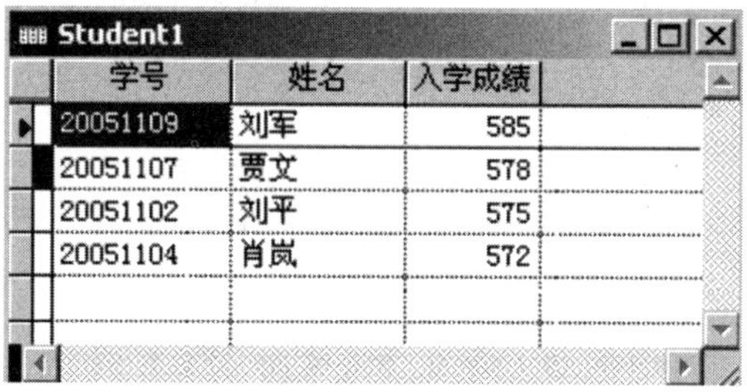

学号	姓名	入学成绩
20051109	刘军	585
20051107	贾文	578
20051102	刘平	575
20051104	肖岚	572

图7-15　表Student1的浏览窗口

为了提高对表查询操作的效率,对表中的记录按某些字段值的大小进行排列十分必要,虽然排序命令可以实现这一功能,但排序操作有三个十分明显的缺点。其一是每种排序都要生成一个新表文件,多种排序就要生成多个新表文件,极大地增加了数据的冗余,造成数据重复,会使数据产生不一致性;其二是排序需要较大的磁盘空间,造成存储资源浪费;其三是记录较多时,排序需要较长的时间,降低了使用效率。因此,对表进行索引的技术就应运而生。

7.7.2　索引的概念

1. 索引的概念

当表中记录较多时,为了提高对记录查询的速度,引入了索引的概念。索引实际上也是一种排序,它是将表中记录按某一关键字值的顺序进行逻辑排列,这一过程称为索引。但是索引并不改变表中记录的物理顺序,也不另外存储表的记录,而是根据关键字值的升序或降序,建立一个关键字值和记录号的对应列表,将这个列表保存在一个文件中,该文件称为索引文件。在这个列表中,其记录号是按照索引关键字的值有序排列的。例如,一本书的索引通常以章节的顺序列出该书所包含的所有主题,并显示每一个主题在该书中的起始页号。利用书本的索引可以快速查阅所需的内容。

索引文件是一个二维列表,它仅包含两列数据:关键字值和记录的物理位置(记录号)。关键字值是包含有字段的排序规则表达式,记录的物理位置指向关键字值在表中所在的物理位置。索引是一种排序机制,创建索引的实质就是创建一个由指向表文件记录的指针构成的文件。为表创建一个索引后,就产生了一个相应的索引文件,一旦表和索引文件被打开,对表进行操作

时,则记录的顺序按索引关键字值的逻辑顺序显示和操作。索引文件和表文件.DBF分别存储,并且不改变表中记录的物理顺序。下面首先介绍索引中两个重要概念。

● 索引关键字:索引关键字是用来建立索引的标准。例如在学生表Student中,可以用"入学成绩"字段作为索引关键字,则在浏览表中记录时,记录会按"入学成绩"的大小顺序排列。索引关键字通常是一个字段或字段表达式,当使用字段表达式作为索引关键字时,各字段的类型必须一致。例如,在学生表Student中,可以用"性别+DTOC(出生日期)"组合形成索引关键字。

● 索引标识:索引标识就是给索引关键字所起的名字。索引标识以下划线、字母或汉字开头,且不超过10个字节,例如,用"性别+DTOC(出生日期)"作为索引关键字,可以令索引标识为XBRQ或"性别日期"。

例如,在表7-2所示的Student表中,若要根据入学成绩的高低重新排列表中的记录,可以根据入学成绩字段来建立索引文件。建立好的索引文件如表7-3所示。

表7-2　学生表 Student

记录号	学号	姓名	性别	出生日期	团员否	入学成绩
1	20051101	汪小艳	女	1987.04.09	是	556
2	20051102	刘　平	男	1988.12.10	是	575
3	20051109	刘　军	男	1986.09.10	是	585
4	20051103	王小林	女	1988.07.20	否	562
5	20051104	肖　岚	女	1987.05.12	是	572
6	20051105	周　磊	男	1987.04.07	是	560
7	20051106	何艾波	男	1988.01.05	否	556
8	20051107	贾　文	女	1988.06.23	是	578
9	20051110	罗小平	女	1988.10.01	是	568
10	20051108	曾　佳	女	1986.11.23	是	558

 注　意

索引并未改变表中记录的物理位置。例如,对Student表根据"入学成绩"字段建立索引文件以后,Student表中记录的顺序并未发生变化。由于这样的原因,通常将索引称为对表的逻辑排序。一旦打开建好的索引文件后,记录的显示顺序将会按照索引文件排列的记录顺序进行。使用索引大大提高了记录的检索速度。

表7-3　根据"入学成绩"字段建立的索引文件

关键字(入学成绩)值	记录的物理位置
585	3
578	8
575	2
572	5
568	9
562	4
560	6
558	10
556	1
556	7

2. 索引的类型

根据记录中是否允许字段有重复值,将索引分为四种类型:

● 主索引(Primary Index):是一种设定为主关键字的索引,指定字段其值具有唯一性。一个表只能有一个主索引,只有数据库表才能建立主索引,自由表不能建立主索引。

● 候选索引(Candidate Index):和主索引类似,指定字段其值具有唯一性。但一个表可以有多个候选索引。数据库表和自由表都可以建立候选索引。

● 唯一索引(Unique Index):不允许两个记录具有相同的索引值的索引,它虽然允许字段有重复值,但它只记录重复值的第一次出现,没有内容相同的两个以上记录。一个表中可以有多个唯一索引。数据库表和自由表都可以建立唯一索引。

● 普通索引(Regular Index):索引关键字的内容不具有唯一性,可以重复。数据库表和自由表都可以建立普通索引。

3. 索引的方式

在 VFP 中,索引文件可以分为两大类:复合索引文件(.CDX)和单一索引文件(.IDX)。复合索引文件又进一步分为结构复合索引文件和非结构复合索引文件。

单一索引文件:单一索引文件仅由一个关键字值和对应记录的物理位置构成。单一索引文件只反映表中记录的一种顺序。其扩展名为.IDX。主要是兼容早期版本而保留的。

结构复合索引文件的内部结构如图 7-16 所示。从图中可以看到复合索引文件由多个关键字值和其对应的多个记录的物理位置构成。每一个关键字值和其对应的记录的物理位置构成了一个索引标识(TagName)。结构复合索引文件有多个索引标识,一个索引标识反映一种记录顺序。复合索引文件的扩展名为.CDX。

TagName 1		TagName 2		……	TagName n	
关键字值1	物理位置1	关键字值2	物理位置2	……	关键字值n	物理位置n
585	3	20051101	1		1986.09.10	3
578	8	20051102	2		1986.11.23	10
……	……	……			……	……
入学成绩		学号			出生日期	
556	7	20051110	9		1988.12.10	2

图 7-16 复合索引文件结构

复合索引文件可进一步细分为结构复合索引文件和非结构复合索引文件。这两类文件其结构相同,但在形式上和使用上存在着一些差别。结构复合索引文件的文件名称与对应的表同名,随着表的打开而自动打开。一个表只能建立一个结构复合索引文件。非结构复合索引文件的文件名称与对应的表不同名,索引文件要由用户打开,不能随对应表的打开而自动打开。一个表可以建立多个非结构复合索引文件。

7.7.3 建立索引

在 VFP 中,为表建立索引有两种方法:一是使用表设计器建立索引,二是用 INDEX 命令来建立索引。

1. 使用表设计器建立索引

使用表设计器建立索引,其操作步骤如下:

(1) 首先打开表,例如打开 Student 表。

(2) 选择"显示"菜单下的"表设计器"命令,系统弹出"表设计器"对话框。

(3) 单击"索引"选项卡,在"索引名"框中键入索引名,"索引名"用于设置索引的名称,可以根据需要命名。这里设为 XH(含义为学号),如图 7-17。

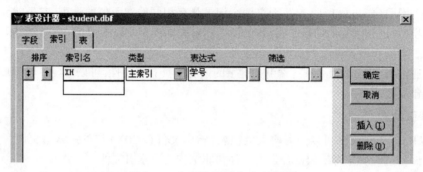

图 7-17 在表设计器中建立索引

(4) 在"类型"列表中,选定索引类型。在 VFP 中有四种类型,即主索引、候选索引、唯一索引和普通索引。此例选择主索引。

(5) 在"表达式"框中,键入作为记录排序依据的字段名,或者单击表达式框后的按钮,在"表达式生成器"对话框中建立表达式。此例选择"学号"。

(6) 如果希望有选择的输出记录,可在"筛选"框中输入筛选表达式,或者单击筛选表达式框后的按钮,在"表达式生成器"对话框中,建立筛选条件。

(7) 选中"确定"按钮,完成索引的建立。

这里建立的是结构复合索引,产生一个与表同名的 .CDX 索引文件。在浏览状态下,选择"表"菜单下的"属性"命令,如图 7-18,在打开的工作区属性对话框中选择"索引顺序",例如,student:Xh,按"确定"即可。这时学生表中的记录顺序按"学号"进行显示,如图 7-19 所示。

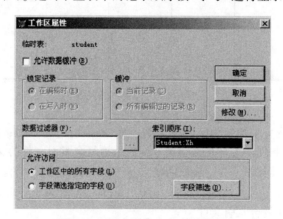

图 7-18 用表属性确定索引顺序

2. 用 INDEX 命令建立索引

命令格式:

INDEX ON <eExpression>

图 7-19　建立索引后学生表的浏览窗口

TO FileName. IDX|TAG <TagName> [OF FileName. CDX]

[FOR <lExpression>]

[COMPACT]

[ASCENDING|DESCENDING]

[UNIQUE|CANDIDATE]

命令功能：

按索引关键字表达式建立一个符合条件的索引文件。该索引文件可以是单一索引文件,也可以是结构复合索引文件或非结构复合索引文件。

命令说明：

1) eExpression 参数是索引关键字表达式。通常根据该表达式来建立索引。多数情况下索引关键字表达式是一个字段。但索引关键字不能为备注型和通用型字段。

2) TO FileName. IDX 如果建立单一索引文件选择此参数。FileName. IDX 是单一索引文件名。

3) TAG TagName [OF FileName. CDX]参数用于建立复合索引文件。TagName 是复合索引标识,FileName. CDX 是复合索引文件名。若建立的是结构复合索引文件,可省略[OF FileName. CDX]。

4) FOR lExpression 当要建立有条件索引时选择此参数。

5) COMPACT 仅在建立单一索引文件时使用。该参数为单一索引文件获得压缩处理。

6) ASCENDING|DESCENDING 参数指定复合索引文件的某一索引标识的排序方式,ASCENDING 指定升序,DESCENDING 指定降序。

7) UNIQUE 参数用于建立唯一索引。即对于拥有相同关键字值的若干条记录,只有第一条记录才会出现在索引文件中。CANDIDATE 参数用于建立候选索引。

(1) 建立单一索引:在 INDEX 命令中使用 TO FileName. IDX 参数即可建立单一索引文件。

【例 7-33】　在 Student 表中根据入学成绩字段建立单一索引文件,单一索引文件名为 CJ. IDX。

USE Student

INDEX ON 入学成绩 TO CJ

BROWSE

执行上面命令后,索引文件 CJ. IDX 自动打开,显示结果如图 7-20 所示。

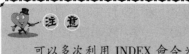

学号	姓名	性别	出生日期	团员否	入学成绩	相片	简历
20051101	汪小艳	女	04/09/87	T	556	gen	memo
20051106	何艾波	男	01/05/86	F	556	gen	memo
20051108	曾佳	女	11/23/86	T	558	gen	memo
20051105	周磊	男	04/07/87	T	560	gen	memo
20051103	王小林	女	07/20/88	F	562	gen	memo
20051110	罗小平	男	10/01/88	T	568	gen	memo
20051104	肖岚	女	05/12/87	T	572	gen	memo
20051102	刘平	男	12/10/88	T	575	gen	memo
20051107	贾文	女	06/23/88	T	578	gen	memo
20051109	刘军	男	09/10/86	T	585	gen	memo

图 7-20　按入学成绩建立索引后的浏览窗口

注意

建立单一索引文件后,该索引文件自动打开并作为当前索引生效。对于单一索引仅能建立升序,无法建立降序。在实际问题中通常使用索引关键字表达式来建立一个逻辑上的降序单一索引文件。

【例 7-34】　为 Student 表根据入学成绩字段建立逻辑上降序的单一索引文件,单一索引文件名为 CJ1. IDX。

USE Student

INDEX ON -1 * 入学成绩 TO CJ1

BROWSE

再分别按学号、姓名建立单一索引文件 XH. IDX 和 XM. IDX。

INDEX ON 学号 TO XH

INDEX ON 姓名 TO XM

执行上面命令后,两个索引文件均打开,并在姓名上建立的索引生效。

(2) 建立结构复合索引:在 INDEX 命令中使用 TAG TagName 参数可建立结构复合索引。

注意

可以多次利用 INDEX 命令为同一结构复合索引文件创建其他索引标识。

【例 7-35】　为 Student 表根据姓名字段建立结构复合索引文件,索引标识为 Name。

USE Student

INDEX ON 姓名 TAG Name

BROWSE

执行上面命令后,在屏幕的浏览窗口中按姓名的顺序显示所示记录。

【例 7-36】　在 Student 表中根据性别字段建立结构复合索引文件,索引标识为 Sex。

USE Student

INDEX ON 性别 TAG Sex

这样,我们两次利用 INDEX 命令创建了结构复合索引文件 STUDENT. CDX,并在其中建立了两个索引标识(Name 和 Sex)。

(3) 建立非结构复合索引:在 INDEX 命令中使用 TAG TagName [OF FileName. CDX]参数,

可建立非结构复合索引。

【例 7-37】 为 Student 表根据出生日期字段建立非结构复合索引文件,非结构复合索引文件名为 FJG. CDX,索引标识为 Birth。

USE Student

INDEX ON 出生日期 TAG Birth OF FJG. CDX

BROWSE

(4) 设置复合索引排序方式:在建立复合索引文件时,可以使用 [ASCENDING | DE-SCENDING] 参数指定索引标识的排序方式。

可以多次利用 INDEX 命令为非结构复合索引文件创建多个索引标识。非结构复合索引文件 FJG 与表文件不同名。

在建立单一索引文件时,不能使用 [ASCENDING|DESCENDING] 参数,索引文件只能按照升序方式排序。

【例 7-38】 为 Student 表根据入学成绩字段建立结构复合索引,索引标识为 SC,并按降序方式排序。

USE Student

INDEX ON 入学成绩 TAG SC DESCENDING

BROWSE

在实际工作中,选择一个字段或字段表达式建立索引时,常常会遇到排序冲突问题。什么是排序冲突问题呢? 例如,在学生表 Student 中,根据入学成绩字段建立索引,可能会遇到有多条记录的入学成绩相同,那么入学成绩相同的记录又怎样排序呢? 这就是所谓的排序冲突问题。请读者思考怎样通过索引的方法来解决排序冲突问题。

7.7.4 打开和关闭索引文件

1. 打开索引文件

在 VFP 中,对于单一索引文件和非结构复合索引文件,必须打开后才能使用。打开已建立好的索引文件,主要有以下两种方式:

命令格式 1:

SET INDEX TO [<IndexFilelist>]

[ORDER <nIndexNumber>|<IndexFileName. IDX>|[TAG] <TagName> [OF FileName. CDX]]

[ASCENDING|DESCENDING]

命令格式 2:

USE <TableName> INDEX [<IndexFilelist>]

[ORDER <nIndexNumber>|<IndexFileName. IDX>|[TAG] <TagName> [OF FileName. CDX]]

[ASCENDING|DESCENDING]

命令功能：

格式 1 是在打开表以后，单独打开指定的一个或多个索引文件。格式 2 是在打开表的同时打开指定的索引文件。

命令说明：

1）IndexFileList 参数指定要打开的一个或多个索引文件。要打开的多个索引文件之间要用逗号分隔。

2）在索引文件列表中可以打开单一索引文件或非结构复合索引文件。索引文件列表中指定的第一个索引文件自动作为当前索引生效。

3）ORDER <nIndexName> 参数指定在索引文件列表中的第几个索引文件作为当前索引生效。

4）ORDER <IndexFileName. IDX>参数指定在索引文件列表中哪一个单一索引文件作为当前索引生效。

5）ORDER［TAG］<TagName>［OF FileName. CDX］参数指定在索引文件列表中的哪一个复合索引标识作为当前索引生效。

【例 7-39】　利用 SET INDEX TO 命令打开 XH. IDX、XM. idx、CJ. IDX 和 CJ1. IDX 索引文件并将其中的第二个单一索引文件 XM. IDX 作为当前索引生效。这些索引文件在前面已建好。

USE Student

SET INDEX TO XH. IDX,XM. IDX,CJ. IDX,CJ1 ORDER 2

上面命令和下面命令等价：

SET INDEX TO XH. IDX,XM. IDX,CJ. IDX,CJ1 ORDER XM. IDX

【例 7-40】　将 FJG. CDX 非结构复合索引中的索引标识 Birth 作为当前索引生效。

USE Student INDEX TO XM. IDX,CJ. IDX,FJG. CDX ORDER TAG Birth OF FJG. CDX

上面命令等价于下面命令：

USE Student

SET INDEX TO XM. IDX,CJ. IDX,FJG. CDX ORDER TAG Birth

2. 关闭索引文件

如果打开的索引文件不再使用，可以使用以下三种方式关闭索引文件。

命令格式：

1）USE

2）SET INDEX TO

3）CLOSE INDEX

命令功能：

1）关闭表的同时关闭索引文件。

2）关闭当前工作区中已打开的索引文件。

3）关闭所有工作区中打开的索引文件。

7.7.5　设置主控索引

在 VFP 中，如果只打开了一个索引文件，则这个索引就是主控索引。如果同时打开了某一个表的多个索引文件，那么在任何时刻只能有一个索引文件作为当前索引生效，把当前生效的索引称为主控索引。在前一节中介绍了打开索引文件时使用 ORDER 参数设置主控索引的方法。我们也可以单独使用 SET ORDER TO 命令来设置主控索引。

命令格式：

SET ORDER TO

[<nIndexNumber>|<IDXIndexFileName>|[TAG] <TagName> [OF CDXFileName]]

命令功能：

在打开的索引文件中指定主控索引,或在打开的复合索引文件中设置主控索引。

命令说明：

上面各项参数与 SET INDEX TO 命令中的相应 ORDER 参数作用相同,不再赘述。

【例7-41】　将索引文件 XH. IDX,XM. IDX,CJ. IDX 和 CJ1. IDX 中的第二个索引文件设置为主控索引作为当前索引生效。

USE Student

SET INDEX TO XH. IDX, XM. IDX, CJ. IDX, CJ1. IDX

SET ORDER TO 2

LIST

上面命令中 SET ORDER TO 2 和 SET ORDER TO XM. IDX 作用相同。

【例7-42】　复合索引文件主控索引的使用。在学生表 Student 中已建立了复合索引文件,索引标识分别为:XH、XM、CJ、Sex,现将 CJ(含义为入学成绩)设置为主控索引作为当前索引生效。只需执行下面命令:

SET ORDER TO CJ

除了使用命令方式设置主控索引外,还可以使用菜单方式设置结构复合索引文件的主控索引。操作方法如下:

1) 打开学生表 Student. dbf,已建立了结构复合索引文件 Student. CDX。

2) 选择"显示"菜单下的"浏览"命令,打开表的浏览窗口。

3) 在"表"菜单中选择"属性"选项。

4) 在"工作区属性"对话框的"索引顺序"下拉列表框中选择一个索引关键字标识,例如,选择 Student:Cj,最后选"确定",这时将入学成绩设置为主控索引,如图 7-21 所示。

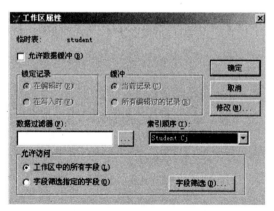

图 7-21　工作区属性对话框

以下是选择按"入学成绩"的索引标识后的显示结果,如图 7-22 所示。

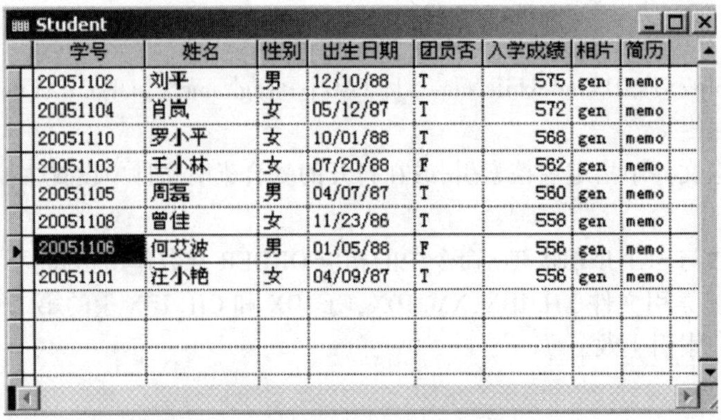

Student

学号	姓名	性别	出生日期	团员否	入学成绩	相片	简历
20051102	刘平	男	12/10/88	T	575	gen	memo
20051104	肖岚	女	05/12/87	T	572	gen	memo
20051110	罗小平	女	10/01/88	T	568	gen	memo
20051103	王小林	女	07/20/88	F	562	gen	memo
20051105	周磊	男	04/07/87	T	560	gen	memo
20051108	曾佳	女	11/23/86	T	558	gen	memo
20051106	何艾波	男	01/05/88	F	556	gen	memo
20051101	汪小艳	女	04/09/87	T	556	gen	memo

图 7-22　按入学成绩索引后的结果显示

7.7.6　索引文件的修改与删除

1. 自动修改索引文件

如果索引文件和表文件同时打开,则在表记录增减或索引字段值发生变化时,会自动更新索引文件。

2. 用命令修改索引文件

如果索引文件没有随表文件打开,则索引文件不会随表的修改而修改。这时需要用命令修改。

命令格式:

REINDEX <IndexFileName>

命令功能:

对指定的索引文件进行更新。

3. 删除索引文件

可通过删除 . CDX 文件中的标识来删除不再使用的索引标识。删除无用的索引标识可以提高 VFP 系统的性能,系统不必再去更新无用索引标识。

从结构索引文件(. CDX)中删除索引标识有两个途径:使用“表设计器”和使用命令。

1) 通过“表设计器”从 . CDX 结构复合索引文件(. CDX)中删除索引标识。

打开表设计器。单击“索引”选项卡,在选项卡所列的索引列表中选择要删除的索引名。单击“删除”按钮后即可删除索引,如图 7-23 所示。

2) 使用 DELETE TAG 命令从结构索引文件中删除索引标识。

命令格式:

DELETE TAG <TagName>|ALL

命令功能:

DELETE TAG <TagName>将删除结构复合索引文件中的一个索引,而 DELETE TAG ALL 则删除所有的索引。

【例 7-43】 用命令删除学生表中的索引标识 XM(姓名的索引标识)。

DELETE TAG XM

为了提高数据的检索、查询、显示的打印速度,需要对表文件中的记录顺序按一定规则重新组织,而索引技术是实现这些目的的最有效办法。索引和排序相比,有更多的优点,它能减少数

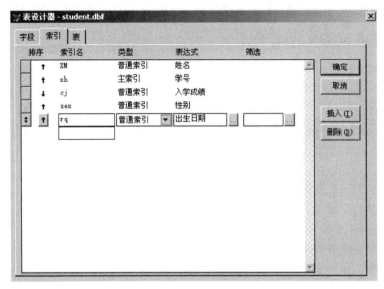

图 7-23 "表设计器"中的索引选项卡界面

据的冗余,保障了数据的一致性,节省磁盘空间,提高数据的使用效率和运行速度,因此,在实际问题中索引文件的应用远比排序文件应用要广泛得多。

索引是进行快速显示、快速查询数据的重要手段,建立一个索引就是建立一种快速查询的方法,通过索引对数据进行显示、查询和排序是数据表操作的重要内容之一。索引技术除可以重新排列数据顺序外,还可以建立同一数据库内表间的关联(在本章§7.10 介绍),而且 SQL 查询语言(在第八章§8.4 介绍)必须靠索引技术来支持。

 注 意

(1) 索引实际上是一种逻辑排序,并不改变记录在表中的物理存储顺序。它只是改变处理记录的顺序。

(2) 索引是按索引表达式的值使表中的记录有序排列的一种技术,在系统中是借助于索引文件实现的,索引文件仅保存关键字的值和记录号。因此索引文件不能单独使用,必须和建立索引文件的数据表一起使用。

(3) 可以为一个表建立多个索引,每一个索引确定了一种表记录的逻辑顺序。

(4) 一个索引表达式可以包含多个字段,但每个字段的类型必须相同。如果类型不同须进行类型转换。

---

§7.8 数据查询

在实际应用中往往需要在表中定位查找符合条件的记录,这就是数据查询,它是数据表最常见的应用。数据查询可以使用 VFP 提供的查询(第8章介绍)来进行,也可以用传统的命令方式来实现,数据查询的命令方式分顺序查询和索引查询。索引查询依赖二分算法来实现,在 2^{10} 个记录中查找一条满足条件的记录,最多用 10 次比较即可完成;而顺序查询要比较 1024 次才能完成。可见顺序查询的速度太慢,特别是记录数较多时,查询的效率明显降低。索引查询的速度很快,但其算法是建立在表记录有序的基础之上。因此,必须对表按查询关键字排序或索引。

7.8.1 顺序查询 LOCATE 命令

命令格式:

LOCATE ［Scope］［FOR <lExpresion1>|WHILE <lExpresion2>］

命令功能:

在指定的记录范围内按顺序将记录指针定位到满足给定条件的首条记录上。只要找到符合条件的第一个记录,立即停止查找工作。

命令说明:

1）条件子句用于设置记录定位条件。LOCATE 命令将按记录顺序查找满足条件的首条记录,将指针定位到该记录上。如果缺省条件子句,将在整个指定范围内查找记录。

2）Scope 子句用于设置记录的查找范围。

3）此命令在建立索引文件的表或未建索引文件的表均可使用。

4）若在指定范围内找不到符合条件的记录,则记录指针指向结束标志,使函数 EOF( )为真。

【例 7-44】 在 Student 表中查找姓"周"的记录。

USE Student

LOCATE FOR 姓名 = "周"

DISPLAY   && 显示找到的第 1 个记录

7.8.2 继续查找命令 CONTINUE

LOCATE 命令在找到一个符合条件的记录后停止继续查找,如果在表中还存在有符合条件的记录,则可以利用 CONTINUE 命令继续查找下去。

命令格式:

CONTINUE

命令功能:

继续执行 LOCATE 命令,以查找满足给定条件的下一个记录。该命令只能在 LOCATE 命令的后面使用,不能单独使用。

【例 7-45】 在 Student 表中查找在 1986 年 12 月 31 日以前出生的学生记录。

USE Student

LOCATE FOR 出生日期<CTOD("12/31/86")

DISPLAY   && 显示找到的第 1 个记录

CONTINUE

DISPLAY   && 显示找到的第 2 个记录

CONTINUE   && 记录指针指向结束标志(尾记录的后面)

? EOF( )   && 结果显示为 . T.

7.8.3 索引查询

建立和使用索引的主要目的,一是对表中存储的记录根据需要进行逻辑排序;二是提高记录的查询检索速度。在 VFP 中,提供了两个索引快速查询命令:FIND 命令和 SEEK 命令。FIND 和 SEEK 是两条对索引表进行查询的命令,SEEK 命令比 FIND 命令用法更方便更灵活,因此,SEEK 命令应用更加广泛得多。

1. FIND 命令

命令格式：

FIND <eExpression>

命令功能：

该命令用于在已打开索引的表中快速查找索引关键字值与给定的字符型、数值型常量相匹配的第一条记录。如果找到相匹配的记录，VFP 将记录指针指向该记录，并且测试函数 FOUND( )返回逻辑真值，EOF( )函数返回逻辑假值；否则记录指针将指向记录结束标志，并且测试函数 FOUND( )返回逻辑假值，EOF( )函数返回逻辑真值。

命令说明：

1）eExpression 可以是字符型常量、数值型常量或字符型变量，如果是字符型变量，则在变量前要添加宏替换函数"&"。

2）如果是字符型常量可以省略定界符。若字符型常量包含前置空格，则必须使用定界符。

3）该命令只能用在建有索引文件的表中，且表达式的值应是索引关键字的值。

【例 7-46】　在 Student 表中利用 FIND 命令快速查找名叫"周磊"的记录。

USE Student

INDEX ON 姓名 TO IXM

FIND 周磊

? 姓名　　&& 显示结果为:周磊

如果要将查找的姓名保存在一个内存变量中，则应在变量前加宏替换函数"&"，执行命令如下：

XM = "刘平"

FIND &XM

? 姓名　　&& 显示结果为:刘平

2. SEEK 命令

命令格式：

SEEK <eExpression>

命令功能：

该命令用于在已打开索引的表中快速查找索引关键字值与给定的表达式值相匹配的第一条记录。如果找到相匹配的记录，将记录指针指向该记录，并且测试函数 FOUND( )返回逻辑真值，EOF( )函数返回逻辑假值；否则记录指针将指向记录结束标志，并且测试函数 FOUND( )返回逻辑假值，EOF( )函数返回逻辑真值。

命令说明：

1）eExpression 参数是一个任意表达式，可以是字符型、数值型或日期型表达式。如果是字符型，则该字符型表达式必须使用定界符。

2）如果 eExpression 参数是一个变量，那么该变量前无需使用宏替换函数 &。

3）该命令只能用在建有索引文件的表中，且表达式的值应是索引关键字的值。

【例 7-47】　在 Student 表中利用 SEEK 命令快速查找入学成绩为 560 分的学生。并且查找出生日期为 1987 年 4 月 7 日的学生。

USE Student

INDEX ON 入学成绩 TO ICJ

SEEK 560

INDEX ON 出生日期 TO IRQ

SEEK CTOD("04/07/87")

 注 意

　　FIND 命令和 SEEK 命令都是根据索引文件快速查找与给定表达式相匹配的记录。FIND 命令通常用于查找字符型或数值型数据,SEEK 命令可用于查找字符型、数值型或日期型数据。在使用中要注意它们的区别。

§7.9　表 的 统 计

　　统计和汇总是数据库应用的重要内容,VFP 提供 5 个统计命令。①计数命令 COUNT;②求和命令 SUM;③求平均值命令 AVERAGE;④计算命令 CALCULATE;⑤汇总命令 TOTAL。通过这些统计汇总命令,可以方便地为用户统计汇总出需要的数据信息。

7.9.1　计数命令

命令格式:

COUNT ［Scope］［FOR <lExpression1>］［WHILE <lExpression2>］

［TO <MemVarName>］

命令功能:

计算指定范围内满足条件的记录个数。

命令说明:

　　1)通常记录个数显示在主窗口中,使用［TO <MemVarName>］子句能将记录数保存到内存变量中,便于以后引用。MemVarName 为内存变量名。

　　2)［Scope］指定记录的范围,若缺省范围,指表的所有记录。

　　3)［FOR <lExpression1>］和［WHILE <lExpression2>］子句用于指定记录应满足的条件。若缺省条件是对表的所有记录进行统计。

　　【例 7-48】　统计表 Student 中性别为男的记录数和团员人数。

USE Student

COUNT FOR 性别="男" TO Men

COUNT FOR 团员否 TO Member

? "男学生人数是",Men

? "团员人数是",Member

7.9.2　求和命令

命令格式:

SUM ［Scope］［<nExpressionList>］［FOR <lExpression1>］

［WHILE <lExpression2>］［TO <MemVarNameList>|ARRAY <ArrayName>］

命令功能:

在打开的表中,对数值表达式列表中指定的各个表达式按纵向方向分别求和。

命令说明:

　　1)［<nExpressionList>］表示数值表达式表或若干数值型字段,将数值表达式列表中各表达式按纵向的和数依次存入内存变量表或数组中。若缺省该表达式表,则对当前表所有的数值型字段分别按纵向求和。

2）缺省[Scope],指表中所有记录。

3）[FOR <lExpression1>]和[WHILE <lExpression2>]子句用于指定记录应满足的条件。若缺省条件指表中的所有记录。

【例7-49】 根据成绩表 Score 求三门课程的总和。

USE Score

SUM 大学计算机,英语,高等数学,英语+高等数学 TO jsj,yy,gs,yygs

? "大学计算机","英语","高等数学","英语+高等数学"

? jsj,yy,gs,yygs

 注 意

注意:此命令是在当前表文件中指定范围内符合条件的记录,对指定的数值型字段分别求和。

7.9.3 求平均值命令

命令格式:

AVERAGE [Scope][<nExpressionList>][FOR <lExpression1>]

[WHILE <lExpression2>][TO <MemVarNameList>|ARRAY <ArrayName>]

命令功能:

在打开的表中,对数值表达式表(nExpressionList)中的各个表达式按纵向分别求平均值。

命令说明:

该命令用法与 SUM 相同,不再叙述。

【例7-50】 试根据表 Student 求女学生的平均入学成绩。

USE Student

AVERAGE 入学成绩 FOR 性别="女" TO women

? "女学生平均入学成绩:",women

 注 意

注意:此命令用于对当前表文件中指定范围内符合条件的记录,求指定的数值型字段的平均值。

7.9.4 计算命令

CALCULATE 命令用于对表中的字段进行财经统计,其计算工作主要由函数来完成。

命令格式:

CALCULATE <ExpressionList>[Scope][FOR <lExpression1>]

[WHILE <lExpression2>][TO <MemVarNameList>|ARRAY <ArrayName>]

命令功能:

在打开的表中,按纵向方向分别计算表达式表中的表达式值。

表达式中常用到五个函数:AVG( ),CNT( ),MAX( ),MIN( ),SUM( ),这五个函数的功能分别是求数值列的平均值、统计列值的个数、求列中的最大值、求列中的最小值、求数值列的总和。

【例 7-51】 求 Student 表中的平均年龄、平均入学成绩、入学成绩总和、入学成绩最大值和最小值,试写出命令序列。

USE Student

CALCULATE AVG(Year(DATE( ))-Year(出生日期)) TO NL

CALC AVG(入学成绩),SUM(入学成绩),MAX(入学成绩),MIN(入学成绩) TO a,b,c,d

? NL,a,b,c,d

7.9.5 汇总命令

汇总命令可对数据进行分类汇总,例如工资计算系统中可能要按部门汇总工资,库存管理系统中可能要按车间汇总零件金额等。对数据表分类汇总是将数据表中具有相同关键字的记录的数值数据汇总合并为一个记录,合并后记录中的数值字段的值等于所合并的记录相应字段的和,并将合并后的记录存入另一个新的数据表中。在执行汇总命令之前,应将合并后的记录按照某一关键字排序或建立索引,然后才能根据该关键字表达式进行汇总。

命令格式:

TOTAL TO <FileName> ON <FieldName> [FIELDS <nFieldNameList>]

[Scope][FOR <lExpression1>][WHILE <lExpression2>]

命令功能:

在当前表中,分别对关键字相同的记录的数值型字段值求和,并将结果存入一个新表。一组关键字值相同的记录在新表中产生一个记录;对于非数值型字段,只将关键字值相同的第一个记录的字段值放入该记录中。

命令说明:

1)FileName 为存放排序结果的表文件。

2)FieldName 指排序或索引字段,即当前表必须是有序的,否则不能汇总。

3)[FIELDS <nFieldNameList>]子句的数值型字段表指出要汇总的字段。若缺省,则对表中所有数值型字段汇总。

4)[Scope]缺省,指表中所有记录。

【例 7-52】 在 Student 表中按性别汇总入学成绩字段,试写出命令序列。

USE Student

INDEX ON 性别 TAG XB

TOTAL TO Enscore ON 性别 FIELDS 入学成绩

USE Enscore

BROWSE   && 汇总显示结果如图 7-24 所示

BROWSE FIELDS 性别,入学成绩 TITLE "成绩汇总表"   && 显示结果如图 7-25 所示

性别	入学成绩	
男	2276	
女	3394	

图 7-24　汇总结果表浏览窗口　　　　图 7-25　汇总结果表选择字段显示

> **注意**
>
> 通常在汇总结果中选出关键字字段与汇总字段来显示,因为显示其他字段值没有实用价值,如图 7-25 所示。

§7.10　多表操作

在数据库的应用中,一个数据库一般含有多个表,且这些表的结构之间往往有一定的联系。用户常常需要同时访问两个或两个以上的表,实现对多个表的综合查询。为了解决这一问题,VFP 引入了工作区及多表操作的概念。

7.10.1　工作区的概念及选择工作区

工作区是 VFP 在内存开辟的一个用于存放打开表及相关信息的一个缓冲区。VFP 为每一个打开的表分配一个工作区。若要同时打开多个表,必须使用多个不同的工作区。但是在任一时刻,用户只能对其中的一个工作区进行操作。这个工作区称为当前工作区,又称为活动工作区。当前工作区打开的表文件称为当前表。

VFP 为用户提供了 32767 个工作区,工作区之间是相互独立的,在未建表间关系的情况下,对当前工作区中的表的任何操作,均不会影响其他工作区中打开的表。工作区的表示方法有三种:

1)用数字 1-32767 表示。

2)用字母 A-J 表示前十个工作区。

3)用别名表示,别名是在表打开时用命令 USE <文件名> ALIAS <别名>定义的。

在启动 VFP 时,系统通常将第 1 工作区作为当前工作区。如果要在其他工作区打开表,应首先选择该工作区。VFP 提供 SELECT 命令用以选择工作区。

命令格式:

SELECT <nWorkArea>|<cTableAlias>

命令功能:

选择用工作区号或别名表示的工作区为当前工作区。执行该命令后,对任何工作区中的表及记录指针均不发生影响,仅实现各工作区间的切换。

【例 7-53】　在第 2 工作区打开 Student 表。

SELECT 2

USE Student

【例 7-54】　执行如下命令,在不同的工作区打开 Student,Score,Subject 表:

SELECT 1

```
USE Student
SELECT 2
USE Score
SELECT 3
USE Subject ALIAS Sub
```

现在当前工作区为 3 区,若要选择第 1 工作区,可以执行如下命令:

SELECT Student　　&& 使用表名作为默认的表别名

现在若要选择第 3 工作区,可以执行如下命令:

SELECT Sub　　　&& 使用自定义的表别名

【例 7-55】 在执行了如下命令以后,当前工作区应为哪一区?

SELECT a

 注意

　　如果 nWorkArea 参数为 0,则表示选择当前空闲未用的最小工作区。

```
USE Student
SELECT C
USE Score
SELECT 10
USE Subject
SELECT 0
```

7.10.2　工作区互访

在多表操作中,除了对当前工作区中的表进行操作之外,往往需要访问其他非当前工作区表中的数据,称这种操作为工作区互访。

在多表操作中,对当前工作区的数据可以进行各种操作,包括删除和修改。但对非当前工作区中的数据只能访问,不能修改,并且还应遵循工作区互访格式。工作区互访格式为:

<cTableAlias>. <FieldName>

其中 cTableAlias 为要访问的非当前工作区表的别名或表名,FieldName 为要访问的字段名。别名和字段名之间应使用英文句点连接起来。

【例 7-56】 Student 表存储了学生的基本情况,包括学号、姓名、性别等字段,但是该表没有包括学生的各门课程成绩。Score 表存储了学生的各科成绩信息。现在若要显示学生"刘平"的各科成绩信息,则应该进行工作区互访。

```
SELECT A
USE Student
LOCATE FOR 姓名="刘平"
SELECT B
USE Score ALIAS sc
LOCATE FOR 学号=A.学号
SELECT A
DISPLAY 学号,姓名,sc.大学计算机,sc.英语,B.高等数学
```

7.10.3　表间关系

关系数据库系统不仅可以对多个数据库表进行操作,还可以建立多表间的关联,利用表间关联来管理数据库,可以减少数据的冗余。例如,学生表(Student. DBF)只反映了学生的基本信

息,成绩表(Score.DBF)只反映学生各门课成绩,课程表(Subject.DBF)只反映了开设的所有课程,选课表(Elective.DBF)反映了学生的选课情况。对于单个表来说,信息非常局限,只能反映某一方面的信息。但是如果建立了这四个表的关系,就可以在一个表中去访问另外一个相关表中的数据,实现信息共享,从而反映比较复杂的情况。例如从学生表关联成绩表,从而知道学生的各科成绩,从学生表关联选课表,选课表关联课程表,可以知道学生所选课程名称、课程性质以及课程成绩等信息。

一般而言,表间的关联性主要体现在以下三种关系:

● 一对一(1:1):表示主表中的每一条记录可以唯一对应到另一表的一条记录。即每一主关键字的值在另一个表中只能出现一次,则称之为一对一关系。例如,学生表 Student 和成绩表 Score,在学生表中的每一个学号,与成绩表中的学号唯一对应。根据共同字段"学号"建立一个主索引,利用此主索引来完成两个表的关联。注意:一对一关系在实际应用中较少,因为他们可以简单地合并为一个表。

● 一对多(1:M):这是最常见的关系。如果主表中的一条记录与另一表中多条记录相关联,即每一主关键字的值在另一表中可以出现多次,则称为一对多关系。例如,学生表 Student 和选课表 Elective,通过"学号"建立关联,可以看出,Student 中的某一学号对应的学生,与选课表中的多门课程对应,由于一个学生可以选择多门课程。这种关系就是一对多关系。它们共同字段是"学号","一"方根据共同字段可建立主索引,"多"方根据共同字段只能建立普通索引,然后利用"一"方的主索引与"多"方的普通索引来完成关系连接。

● 多对多(M:M):一个表中的多条记录与另一表中的多条记录相关联,称为多对多关系。出现这种关联时,说明表的结构设计有问题,需要进行修改,通过修改后,转化成只有一对一关系或一对多关系的表。

在 VFP 中,表间关系分为临时表间关系和永久表间关系两种。临时表间关系是指在使用时建立的、使表间记录指针关联移动的关系。当系统退出时,临时表间关系也随之消失。永久表间关系是为了维护数据库表之间的数据完整性而引入的。永久表间关系保存在数据库中,只要打开数据库,永久表间关系将立即生效。

7.10.4 建立表间临时关系

所谓临时关系是指各数据表在数据工作期间所建立的关系,这种关系不在数据库中,而是通过自由表之间建立的关系,它可以通过程序执行方式将它们连接起来。也就是说原来数据表之间并无关联性,必须通过在程序执行中设定才能成为关系数据表。而一旦程序执行完毕,这种关联性将消失,并无永久关联性。例如我们在使用多个表时,经常希望在移动一个表的记录指针的同时其他相关表中的记录指针能自动调整到相应的位置上,这种本身记录指针移动导致与相关表中记录指针移动的表称为父表或主表,与此相关联的表则称为子表。VFP 在提供父表与子表间建立关联时,采用了两种方式。一是在"数据工作期"窗口中选择要建立关联的表名后,再用"关系"按钮创建关联;二是使用 SET RELATION 命令,将当前父表和另一子表通过它们共同的字段建立关联。无论采用何种方式,都需存在共同字段,并对子表进行索引。VFP 实用的关联关系有一对一、一对多两种。为了实现这两种关联关系,在父表中一般采用主索引类型,而子表中则选择主索引或普通索引。

1. 利用"数据工作期"建立表间临时关系

操作步骤:

(1) 启动数据工作期:选择"窗口"菜单中"数据工作期"命令,打开"数据工作期"窗口,如图7-26 所示。

（2）单击"打开"按钮，在指定目录中选择数据表 Student. dbf。

（3）再打开第二个数据表 Score. dbf。

（4）建立临时关系：首先点击表 Student. dbf，按"关系"按钮，然后点击表 Score. dbf，按"关系"按钮。在右窗口中形成层次结构关系，如图 7-26 所示。

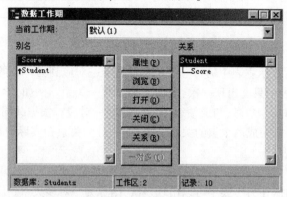

图 7-26　在"数据工作期"建立表间临时关系

完成上面操作后，通过两个表的"学号"字段建立了临时表间关系，在建立关系之前应首先在两个表中根据学号建立索引。一旦退出 VFP 后这种关系就随之消失。

2. 用命令建立表间关联

命令格式：

SET RELATION TO

<eExpression1> INTO <nWorkAreal>|<cTableAlias1>

[,<eExpression2> INTO <nWorkArea2>|<cTableAlias2>···]

[IN <nWorkArea>|<cTableAlias>]

[ADDITIVE]]

命令功能：

在当前表文件和别名代表的表文件间按关联表达式建立关联，从而当父表的记录指针移动时，子表的记录指针根据表间关系也会发生匹配的移动。

命令说明：

1）eExpression1 参数指定在父表和子表（被关联表）之间建立关联的表达式。在子表上应按表达式建立索引。子表的索引可以是普通索引，也可以是复合索引。

2）INTO nWorkArea1|cTableAliasl 子句用于指定子表的工作区号或子表的别名。

3）eExpression2 INTO nWorkArea2|cTableAlias2···子句指定其他表达式和子表，以建立父表与其他子表的关联。使用该命令可以一次创建父表与多个子表之间的关联。

4）IN nWorkArea|cTableAlias 子句指定父表的工作区号或别名。

5）ADDITIVE 子句在建立新的表间关联时保留当前工作区中所有已存在的关联。如果省略该子句，则在建立新的表间关联时，系统将首先清除所有已存在的关联。

6）对于建立了关联的表，可以使用 SET RELATION TO 命令取消关联。

【例 7-57】　Student 表存储了学生的基本情况，选课表存储了学生的选课信息。现在根据学号字段建立关联，执行命令如下：

SELECT 1

USE Elective

```
INDEX ON 学号 TO IXH
SELECT 2
USE Student
SET RELATION TO 学号 INTO A
BROWSE
SELECT 1
BROWSE
```

在执行了上述命令以后，VFP 在 Student 表和 Elective 表之间建立了关联。Student 表是父表，Elective 是子表，当父表的记录指针移动时，子表的记录指针将作匹配移动。这样，当在 Student 表的浏览窗口中将记录指针定位在姓名为“周磊”的记录上的时候，Elective 表的浏览窗口将仅显示“周磊”选修的课程号及成绩，如图 7-27 所示。

Student

学号	姓名	性别	出生日期	团员否	入学成绩	相片	简历
20051101	汪小艳	女	04/09/87	T	556	gen	memo
20051102	刘平	男	12/10/88	T	575	gen	memo
20051109	刘军	男	09/10/86	T	585	gen	memo
20051103	王小林	女	07/20/88	F	562	gen	memo
20051104	肖岚	女	05/12/87	T	572	gen	memo
20051105	周磊	男	04/07/87	T	560	gen	memo
20051106	何艾波	男	01/05/88	F	556	gen	memo
20051107	贾文	女	06/23/88	T	578	gen	memo
20051110	罗小平	女	10/01/88	T	568	gen	memo
20051108	曾佳	女	11/23/86	T	558	gen	memo

Elective

学号	课程号	成绩
20051105	s01	65
20051105	s03	56

图 7-27　建立关联的浏览窗口

【例 7-58】 Student 表存储了学生的基本情况，成绩表 Score 存储了学生的各科成绩。现在根据学号字段建立这两个表的关联，执行命令如下：

```
SELECT a
USE Score
INDEX ON 学号 TO IXH1
SELECT B
USE Student
SET RELATION TO 学号 INTO A
BROWSE FIELDS 学号,姓名,A.大学计算机,A.英语,A.高等数学,A.总分
```

执行上面命令后，显示结果如图 7-28 所示。

Student

学号	姓名	大学计算机	英语	高等数学	总分
20051101	汪小艳	90	85	70	245
20051102	刘平	85	75	82	242
20051109	刘军	82	75	83	240
20051103	王小林	67	70	80	217
20051104	肖岚	85	75	65	225
20051105	周磊	72	70	78	220
20051106	何艾波	80	85	56	221
20051107	贾文	65	62	70	192
20051110	罗小平	80	78	55	213
20051108	曾佳	50	62	65	177

图 7-28　建立关联的浏览窗口

如果在上面命令序列后面执行 SET RELATION TO,将取消二表的关联关系,然后再执行如下浏览命令,观察结果有什么变化?

```
SET RELATION TO
BROWSE FIELDS 学号,姓名,A.大学计算机,A.英语,A.高等数学,A.总分
```

执行上面命令后,取消了学生表和成绩表的关联关系,当 B 区表的记录指针移动时,A 区表的记录指针始终停留在 1 号记录上,即汪小艳的记录,不发生移动,于是在 A 区表三科成绩全部显示的是 1 号记录汪小艳的成绩。显示结果如图 7-29 所示。

Student

学号	姓名	大学计算机	英语	高等数学	总分
20051101	汪小艳	90	85	70	245
20051102	刘平	90	85	70	245
20051109	刘军	90	85	70	245
20051103	王小林	90	85	70	245
20051104	肖岚	90	85	70	245
20051105	周磊	90	85	70	245
20051106	何艾波	90	85	70	245
20051107	贾文	90	85	70	245
20051110	罗小平	90	85	70	245
20051108	曾佳	90	85	70	245

图 7-29 取消关联后的浏览窗口

【例 7-59】 将教师表 Teacher 和课程表 Subject 按记录号建立关联。

教师表和课程表的浏览窗口如图 7-30 所示。

Teacher

教师号	姓名	性别	职称	课程号
t01	周义文	男	教授	s01
t02	曾玲	女	副教授	s02
t03	刘书毅	男	讲师	s03
t04	文静	女	讲师	s04
t05	肖大志	男	副教授	s05
t06	王江涛	男	助教	s06
t07	罗诚	男	助教	s07

Subject

课程号	课程名称	课程性质	学时数
s01	大学计算机基础	必修	108
s02	医用高等数学	必修	54
s03	微机原理与接口技术	选修	62
s04	工程数学	选修	120
s05	应用统计学	选修	72
s06	模糊数学应用基础	选修	54
s07	电子文秘教程	选修	60

图 7-30 教师表和课程表的浏览窗口

执行命令如下:

```
SELECT 2
USE Subject
SELECT 3
USE Teacher
SET RELATION TO RECNO( ) INTO 2                    && 按记录号建立一对一关联
GO 5
DISPLAY 姓名,职称,B.课程名称,B.学时数
记录号    姓名    职称    B->课程名称    B->学时数
```

　　5　　肖大志　　副教授　　应用统计学　　72

SKIP

? RECNO( ) , RECNO(2)

　　6　　　　　6

从上面可以看出,两个表间的记录号是保持一致的,按记录号建立表间关联内容是匹配的。

在建立表间临时关系时,应注意以下两点:

1)在具有临时关系的表之间,其记录指针是同步的。

2)表之间的临时关系在表文件关闭后就消失了,如果下一次打开表文件后还要使用,则必须重新建立。

7.10.5　建立表间永久关系

　　所谓永久关系是指利用数据库设计器连接不同的表,从而建立各个数据表之间的关联,这种关联不仅在运行时存在,而且一直保留在数据库中。与临时关系不同,永久关系在每次使用表时不需要重新创建,只要打开数据库,表间关系将即刻生效。每当用户在查询设计器或视图设计器中使用表,或者在创建表单时所用的数据环境设计器中使用表时,这些永久关系将作为表间的默认连接。建立关系的两表分别被称为父表(又叫主表)和子表,用于建立关系的父表中的索引必须为主索引或候选索引,而用于建立关系的子表中的索引则可以任意类型,若为主索引或候选索引,则将在两表间建立一对一关系,否则将建立一对多关系。即在建立两表之间的关系时,要求"一"这边的表(父表)在关键字段上有主索引,"多"那边的表(子表)在关键字段上有任何一种索引。如果"多"那边的表在关键字段上的索引为候选索引或主索引,则将建立起"一对一"的关系。

　　表间的永久关系具有以下性能:

　　(1)在查询设计器和视图设计器中,自动作为默认连接条件。

　　(2)在数据库设计器中,显示为关系表索引的线。

　　(3)作为表单和报表的默认关系,在数据环境设计器中显示。

　　(4)用来存储参照完整性信息。

1. 建立表间永久关系

建立表间永久关系的操作步骤如下:

　　(1)首先为要建立表间永久关系的表根据关联字段建立索引。

　　(2)打开"项目管理器"窗口。在窗口中选择要建立关系的数据库。例如,STUDENTS。单击"修改"按钮,系统立即打开"数据库设计器"窗口,如图7-31所示。

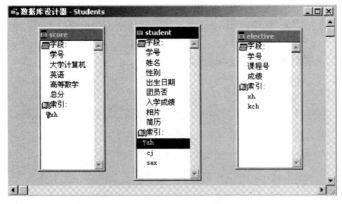

图 7-31　"数据库设计器"窗口

也可以通过"文件"菜单中的"打开"命令,打开数据库设计器。

(3) 在窗口中,利用鼠标将一个表的索引拖拽到需要建立关系的另一个表的相应索引上,即建立了表间永久关系。建立了关系的表之间显示有连线,其中不带分岔的一端表示关系中的"一"方,带有三个分岔的一端表示关系中的"多"方,如图 7-32 所示。

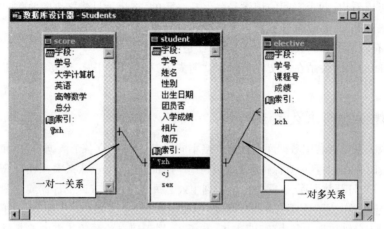

图 7-32 建立了表间永久关系的数据库

在图 7-32 中,学生表 Student 和成绩表 Score 在学号上建立的关联是一对一关系,因学生表中的一个学生唯一对应成绩表中的一个学生。由于学生表和成绩表是一对一关系,这时谁是主表谁是子表都没有关系,在学生表上根据学号建立主索引,在成绩表上根据学号建立主索引或候选索引均可。学生表 Student 和选课表 Elective 在学号上建立的关联是一对多关系,因为一个学生可以选多门课程修读。这时,在学生表上建立主索引,在选课表上学号不唯一,从而只能建立普通索引。

2. 删除表间关系

在"数据库设计器"窗口中,如果要删除表间关系,可以首先使用鼠标单击表间的关系连线,这时关系连线变粗,然后按 Delete 键即可删除表间关系。

3. 编辑表间关系

在"数据库设计器"窗口中,如果要编辑表间关系,可以首先使用鼠标双击表间的关系连线,系统弹出"编辑关系"对话框,如图 7-33 所示。在"编辑关系"对话框中即可编辑建立的表间关系。

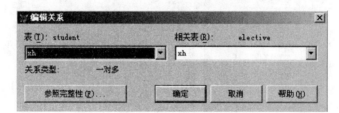

图 7-33 "编辑关系"对话框

7.10.6 设置参照完整性

所谓参照完整性,简单地说就是控制记录的一致性。建立表间关系后,要设置管理数据库关联记录的规则,特别是设置不同表间关系的规则,即参照完整性。"参照完整性生成器"对话框可以帮助用户建立规则,控制记录如何在相关表中被插入、更新或删除,使得插入、删除、更新记录时,能保持已定义的表间关系。这些规则将被写到相应的表触发器中。参照完整性规则有三种:更新规则、插入规则和删除规则。要建立这些规则,应先建立数据库表之间的永久关系和清理数据库。

1. 更新规则

更新规则为当改变父表中的记录时,子表中的记录将如何处理的规则。更新规则的处理方式有级联、限制、忽略。

级联:用新的关键字值更新子表中的所有相关记录。

限制:若子表中有相关的记录存在,则禁止更新父表中连接字段的值。

忽略:不管子表中是否存在相关记录,都允许更新父表中连接字段的值。

2. 插入规则

当在子表中插入一个新记录或更新一个已存在的记录时,父表对子表的动作产生何种回应。回应方式有两种,分别为限制、忽略。

限制:若父表中不存在匹配的关键字值,则禁止在子表中插入。

忽略:允许插入,不加干涉。

3. 删除规则

删除规则为当父表中的记录被删除时,如何处理子表的规则。删除规则分为:级联、限制、忽略。

级联:当父表中删除记录时,子表中所有相关记录都被删除。

限制:当父表中删除记录时,若子表中存在相关记录,则禁止删除。

忽略:删除父表记录时,不管子表是否存在相关记录,都允许删除主表中的记录。

若要设置参照完整性,应按下列步骤操作:

(1) 在表间关系连线上单击鼠标右键,从弹出的快捷菜单中选择"编辑参照完整性"命令,系统弹出"参照完整性生成器"对话框,如图7-34所示。

(2) 可以利用"更新规则"、"删除规则"、"插入规则"选项卡来编辑参照完整性规则。选项卡中列出了三种规则:级联、限制、忽略。其中"插入规则"选项卡只有限制、忽略两种规则。

(3) 单击"确定"按钮,系统弹出"参照完整性生成器"提示框。

(4) 单击"是"按钮,系统将进一步提示把参照完整性代码和非参照完整性存储过程合并后加入到数据库中,生成新的参照完整性代码,并提示存储过程的副本保存在RISP. OLD文件中。

(5) 再次单击"是"按钮,系统将返回到数据库设计器,完成参照完整性设置工作。

7.10.7 多表连接与数据更新

1. 表间连接JOIN命令

数据表的连接分为物理连接和逻辑连接。经过连接能够产生第三个表文件,称为物理连接;经过连接不能产生第三个表文件,而只是根据当前工作区表文件的记录指针位置来移动另一个表文件记录指针的位置,使两个表当前记录的关键字的值相匹配,这种接连称为逻辑连接。逻辑连接采用的命令就是上述SET RELATION命令。物理连接是通过JOIN命令来实现。JOIN命令用于将两个打开的数据表文件在一定的条件下连接成一个新的数据表文件。

命令格式:

JOIN WITH <nWorkArea>|<cTableAlias> TO <TableName>

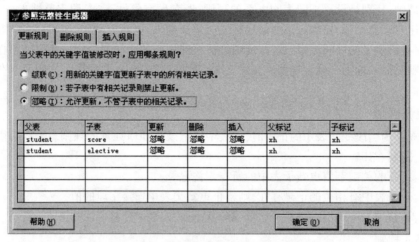

图 7-34 "参照完整性生成器"对话框

FOR <lExpression> [FIELDS <FieldsNameList>]

命令功能：

将当前表和另一工作区中打开的别名表按指定的条件进行物理连接，成为一个新的表文件。

命令说明：

1）为了进行 JOIN 操作，必须同时打开两个表文件，这两个表文件分别被存放在任意两个工作区。

2）<nWorkArea> | <cTableAlias>指定被连接表的区号或别名，<TableName>指定连接后形成的新表名称。

3）FIELDS <FieldsNameList>决定新表文件的字段和字段顺序。若缺省 FIELDS 短语，则包括两个表的所有字段，当前表的字段排在前面，别名表字段排在后面。当两个表有同名字段时，在连接成的新表中只生成一个字段（当前表中的字段），如需要选择别名表中的字段，必须用前缀"别名"加以标识。

4）FOR <lExpression>子句指定连接条件。

5）连接过程：首先将记录指针指向当前表的首记录上，按给出的条件表达式与另一区表的记录逐个地比较。如果条件满足，则将两表的数据项按 FIELDS 列出的字段表连接起来组成若干记录追加到新表文件中，然后将当前指针下移一个记录。重复以上过程，直至当前记录指针到达末尾。

6）主表和子表都不需建立索引文件。

【例 7-60】 将学生表 Student 和成绩表 Score 连接成一个新表 XS。

SELE A

USE Score

REPL ALL 总分 WITH 大学计算机+英语+高等数学

SELE B

USE Student

JOIN WITH A TO XS FOR 学号=A.学号 FIEL 学号,姓名,A.大学计算机,A.英语,

A.高等数学 A.总分

SELE 3

USE XS

BROW

以上命令执行后,显示结果如图 7-35 所示。

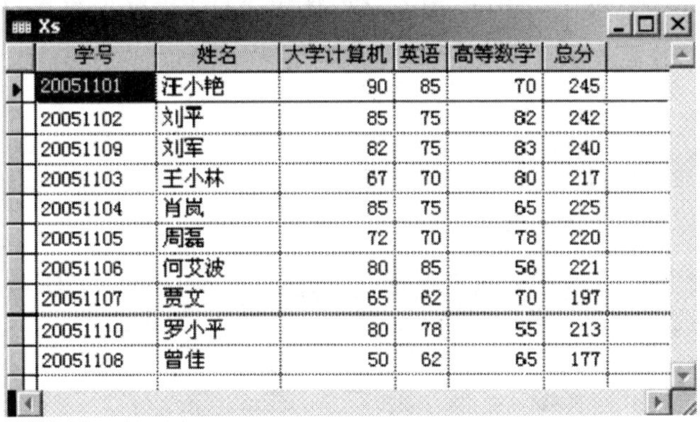

学号	姓名	大学计算机	英语	高等数学	总分
20051101	汪小艳	90	85	70	245
20051102	刘平	85	75	82	242
20051109	刘军	82	75	83	240
20051103	王小林	67	70	80	217
20051104	肖岚	85	75	65	225
20051105	周磊	72	70	78	220
20051106	何艾波	80	85	56	221
20051107	贾文	65	62	70	197
20051110	罗小平	80	78	55	213
20051108	曾佳	50	62	65	177

图 7-35　连接表 XS 浏览窗口

2. 多表数据更新 UPDATE 命令

命令格式:

UPDATE ON <FieldsName> FROM <nWorkArea>|<cTableAlias>

REPLACE <FieldsName1> WITH <eExpression1>,

<FieldsName2> WITH <eExpression2>,……[RANDOM]

命令功能:

根据两个表文件共有的关键字段,使用当前表与别名表的数据进行运算,用运算结果去更新当前表中的所有关键字段。

命令说明:

1) 若 RANDOM 缺省,则主表和子表必须在关键字段建立索引。若选用 RANDOM,子表没有索引要求,但主表仍然要建立索引。

2) <FieldsName>指定关键字段。关键字段必须为两个表所共有。

3) <nWorkArea>|<cTableAlias>指定用来进行数据更新的表。

4) 命令的执行过程如下:对当前区表中的每一个记录,均根据关键字在别名表中寻找相应的记录,找到后分别用表达式 1 的值替换字段 1 的值,表达式 2 的值来替换字段 2 的值……,如果找不到相应的记录,则不执行更新操作。若当前区表中有多个关键字段值相同的记录,则只对第一个记录进行更新;若别名表中有多个关键字值相同的记录,则对当前表中相应的记录进行多次更新(显然,只有最后一次更新有作用)。

【例 7-61】 根据课程表 Subject 中的学时数,计算教师表 Teacher 中的课时津贴,计算公式为:Teacher. 课时津贴=Subject. 学时数 * 30,因为课时津贴和学时数分别在不同的表中,需要用多表更新来完成。选择父表为 Teacher,子表为 Subject,在共同的字段“课程号”上建立关联。利用程序编辑器将以下命令保存在命令文件 TEST2. PRG 中。

在命令窗口中输入:MODIFY COMMAND TEST2,然后在程序编辑窗口中输入以下命令。

```
SET TALK OFF
SELE A
USE Subject
INDEX ON 课程号 TO IKC1
SELE B
```

```
USE Teacher
INDEX ON 课程号 TO IKC2
UPDATE ON 课程号 FROM A REPLACE 课时津贴 WITH A.学时数*30
BROW
CLOSE ALL
RETURN
```

保存文件后,在命令窗口中输入:DO TEST2

程序执行后,结果显示如图 7-36。

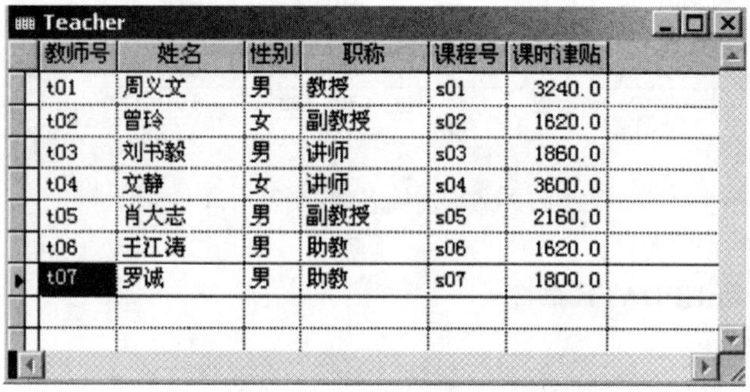

Teacher

教师号	姓名	性别	职称	课程号	课时津贴
t01	周义文	男	教授	s01	3240.0
t02	曾玲	女	副教授	s02	1620.0
t03	刘书毅	男	讲师	s03	1860.0
t04	文静	女	讲师	s04	3600.0
t05	肖大志	男	副教授	s05	2160.0
t06	王江涛	男	助教	s06	1620.0
t07	罗诚	男	助教	s07	1800.0

图 7-36 更新后 Teacher 表的浏览窗口

小 结

1. 对表的任何操作都必须先要打开此表文件,为表的进一步操作做准备。当对表文件操作完成后应将其关闭,可用 USE 命令来打开和关闭表。

2. 表是由结构和记录组成的,对表的操作分为对结构的操作和对记录的操作。对结构的操作有表结构的显示 LIST STRUCTURE,对结构的修改 MODIFY STRUCTURE,对结构的复制 COPY STRUCTURE。

3. 表中的数据由记录构成,用 LIST 和 DISPLAY 命令可在结果显示窗口中显示记录。用 BROWSE 命令可在浏览窗口中浏览表的记录,也可在浏览窗口中修改和追加记录。

4. 由记录指针对表中记录进行定位,以确定当前记录。记录指针定位的命令方式主要有 GOTO 或 GO 命令的绝对定位和 SKIP 命令的相对定位。

5. 记录可根据需要用 APPEND 命令增加,当进入追加方式后会在记录编辑窗口出现空记录,光标位于空记录的首字段处,此时将新记录内容填进即可。输完一条记录后,另条空记录继续出现供用户追加记录。

6. 当对表中记录的修改有规律时,可根据条件对表中的记录数据进行批量修改,当用 REPLACE 命令进行修改时,若没有指定范围和条件,REPLACE 只对当前记录进行修改。

7. 从表中彻底删除一条记录一般要首先进行逻辑删除,然后进行物理删除。逻辑删除只给记录作删除标记,带有删除标记的记录并未真正从表中删除。逻辑删除使用的命令是 DELETE,可用 RECALL 命令进行恢复。当用 PACK 命令进行物理删除后记录不能再恢复。也可用 ZAP 命令对表中全部记录进行物理删除。

8. 索引是为了快速地检索数据而建立的一种由索引表达式值和记录指针构成的文件,是按某种规则对记录进行的逻辑排序。建立索引后,索引文件和表的 .DBF 文件分别存储,并且不改变表中记录的物理顺序。

9. Visual FoxPro 支持三种不同种类的索引文件:非结构单索引文件、结构复合索引文件、非结构复合索引文件。结构复合索引文件是在 Visual FoxPro 数据库中最普通也是最重要的一种索引文件。其主要特点是:①在打开表时自动打开。②在同一索引文件中能包含多个排序方案或索引关键字。③在添加、更改或删除记录时自动维护。其他两种索引文件都必须单独打开才能使用。

10. 在建立索引时要考虑四种索引类型:主索引、候选索引、普通索引和唯一索引。这些索引类型控制着在表字段和记录中是否允许或禁止重复值。其中主索引和候选索引都不允许在索引关键字中出现重复值。

11. 在使用索引时,必须同时打开相应的表和索引文件。结构复合索引文件的打开随数据库表的打开而打开,单一索引或非结构索引文件的打开可用"USE 文件名 INDEX 索引文件表"或"SET INDEX TO 索引文件表"命令。

12. 一个表可以建立和打开多个索引文件,同一个复合索引文件中也可能包含多个索引标识(即索引关键字),在任何时候只能有一个索引标识起作用,在复合索引文件中也只能有一个索引标识起作用。当前起作用的索引文件称为主控索引文件,当前起作用的索引标识称为主控标识。可以用"SET ORDER TO〔索引序号|单一索引文件名|TAG 索引标识名〕"的命令来指定表的主控索引文件或主控标识。

13. 记录统计主要由命令的形式来完成,包括 COUNT 记数命令,SUM 求和命令,AVERAGE 求平均值命令,以及分类汇总 TOTAL 命令。

14. 多表的操作的概念,工作区的选择,建立表间关系,表的连接与表间数据的更新,以及参照完整性等。利用多表操作可以同时打开多个表,并且在表与表之间建立关系,实现多个表间的数据共享,减少数据的重复录入,提高数据的处理效率。利用多表操作可以实现表与表之间的数据交换、表与表之间的连接以及表间的数据更新,为操作数据库带来了极大的方便。

(1) 工作区的选择和使用:Visual FoxPro 采用工作区号和工作区别名来区分各个工作区,这 32767 个工作区的区号分别为 1,2,3,…,32767,前十个工作区的区号还可选择系统规定的别名 A,B,C,…,J。系统启动后,自动选择 1 号工作区为当前工作区。

选择当前工作区作用 SELECT 命令。Visual FoxPro 系统对当前工作区上的表可以进行任何操作,也可以对其他工作区中的表中数据进行访问。表的关联有"一对一关系","一对多关系","多对多关系"。

建立表间关联,可在数据库设计器中建立表间永久关系,也可选择"窗口"菜单中的"数据工作期"命令建立表间临时关系。

(2) 参照完整性:只有正确的数据才是有用的,因此要保证数据是正确的,这就要设置数据完整性的约束机制。在定义表或定义数据库的同时利用参照完整性定义出对数据的各种约束条件,以确保数据库中数据的正确性。通过参照完整性可以实现数据完整性的约束机制。

(3) 表的连接:在实际应用中,经常需要把不同数据结构的表按一定的条件连接成一个新的表,这就是表的连接,也称为表的物理连接。表的连接用 JOIN 命令完成。

(4) 表间数据更新:在实际应用中,随着时间和条件的改变,表中某些字段值需要更新。Visual FoxPro 系统提供了用一个表文件的数据去更新另一个表中数据的方法。数据更新使用命令 UPDATE 实现。

(5) 建立表间临时关联:所谓临时关联是建立的关系不保存在数据库中,而是通过自由表之间建立的关系,关闭表后关系将随之取消,所以称为临时关系。表的临时关联是把当前工作区中打开的表与另一个工作区中打开的表进行逻辑连接,而不生成新的表。当前工作区和另一个工作区建立关联后,当前工作区记录指针移动时,被关联工作区的记录指针也将自动地作匹配移动,以实现对多个表的同时操作。

习 题 七

一、选择题

1. 数据表中的数据暂时不想使用,为提高数据表的使用效率,对这些"数据"要进行( )。
   A. 逻辑删除 　　　　 B. 物理删除 　　　　 C. 不加处理 　　　　 D. 数据过滤器

2. 数据表中有30个数据,如果当前记录为第1条记录,把记录指针移到最后一个,测试当前记录号函数 RECNO( )的值是( )。
   A. 31 　　　　 B. 30 　　　　 C. 29 　　　　 D. 28

3. 数据表中有30个数据,如果当前记录为第3条记录,把记录指针向下移动2个记录,测试当前记录号函数 RECNO( )的值是( )。
   A. 3 　　　　 B. 2 　　　　 C. 5 　　　　 D. 4

4. 数据表中有30个记录,如果当前记录为第30条记录,把记录指针移到第一个记录,测试当前记录号函数 RECNO( )的值是( )。
   A. 29 　　　　 B. 30 　　　　 C. 1 　　　　 D. 0

5. 对数据表结构进行操作,是在( )环境下完成的。
   A. 表设计器 　　　　 B. 表向导 　　　　 C. 表浏览器 　　　　 D. 表编辑器

6. 修改数据表中的记录是在( )环境下完成的。
   A. 表设计器 　　　　 B. 表向导 　　　　 C. 表浏览器 　　　　 D. 表编辑器

7. 在同一个数据表中可以依照( )建立索引。
   A. 一个字段 　　　　 B. 多个字段 　　　　 C. 表达式 　　　　 D. 唯一一个字段

8. 索引字段值不唯一,应该选择什么样的索引类型( )。
   A. 主索引 　　　　 B. 普通索引 　　　　 C. 候选索引 　　　　 D. 唯一索引

9. 在建立唯一索引出现重复字段值时,只存储重复出现的( )记录。
   A. 第一个 　　　　 B. 最后一个 　　　　 C. 全部 　　　　 D. 几个

10. 在数据库中的数据表间( )建立关联关系。
    A. 可以 　　　　 B. 不可以 　　　　 C. 必须 　　　　 D. 可根据需要

11. 已知某一数据库中有两个数据表,它们的索引关键字是一一对应的关系,这两个表若想建立关联,应该建立( )关系。
    A. 一对一 　　　　 B. 一对多 　　　　 C. 多对一 　　　　 D. 多对多

12. 一个数据表可添加到( )数据库中。
    A. 两个 　　　　 B. 一个 　　　　 C. 多个 　　　　 D. 随意个

13. 当主数据表的索引字段的类型是主索引,子数据表的索引的类型是候选索引时,两个数据表间的关联关系是( )。
    A. 多对多 　　　　 B. 一对多 　　　　 C. 多对一 　　　　 D. 一对一

14. 数据表间建立参照完整性后,可设置数据表间的哪些规则( )?
    A. 更新 　　　　 B. 删除 　　　　 C. 插入 　　　　 D. 建立

15. 当主数据表的索引字段的类型是主索引,子数据表的索引字段的类型是普通索引时,两个数据表间的关联关系是( )。

　　A. 多对一　　　　　　B. 一对多　　　　　　C. 一对一　　　　　　D. 多对多

二、填空题

　　1. 对数据表的结构、数据进行操作,要在_____环境下进行的。

　　2. 物理删除表中数据时,要先完成_____的操作。

　　3. 建立索引的依据是_____。

　　4. VisualFoxPro 6.0 有_____种索引。

　　5. 在数据表中可以有_____个索引关键字。

　　6. 在对数据表进行增加记录操作时,索引文件_____修改。

　　7. 索引一旦建立,就决定了数据表中记录的_____顺序。

　　8. 主索引的关键字段值是_____的。

　　9. 唯一索引的关键字段值是_____的。

　　10. 候选索引的关键字段值是_____的。

　　11. 普通索引的关键字段值是_____的。

　　12. 在同一个数据表中可以有_____个候选索引。

　　13. 在同一个数据表中可以有_____个主索引。

　　14. 在同一个数据表中可以有_____个普通索引。

　　15. 在同一个数据表中可以有_____个唯一索引。

第8章 查询、视图与结构化查询语言 SQL

为了满足用户检索数据的各种需求,数据库系统提供了相应的查询操作。查询是从指定的表中筛选出满足给定条件的记录,可以对筛选出来的记录进行排序和分组,可以利用查询的结果来创建表、报表和图形,还可以利用系统提供的查询设计器将查询结果输出到不同的目的地,方便用户使用。利用查询设计器还可以根据直观操作自动生成 SELECT-SQL 语句,将其嵌入到相应的程序模块中去,也可以直接在命令窗口中执行。

视图是一个虚拟的表,视图的功能与查询类似,但查询不能修改数据源表中的内容,而视图可以修改数据源表中的内容,这是视图与查询的重要区别。视图可以是本地的,远程的或带参数的,可以引用一个表或多个表,或者引用其他视图。

SQL 是英文 Structure Query Language 的缩写,意思是结构化查询语言。SQL 作为关系数据库管理系统通用的标准结构化查询语言,几乎所有的关系型数据库系统都支持它。由于 SQL 具有功能强大、使用方式灵活、语言简洁易学等突出特点,深受广大用户欢迎。

§8.1 创 建 查 询

在 VFP 中,当用户按要求创建了表或数据库后,利用系统提供的"查询设计器"可以方便地创建查询,从查询结果中获取一些有用的特殊信息。例如,在学生信息表 Student 中,将成绩优秀的学生组成一个集合,为报表组织信息等。要完成这些工作都需要创建查询,而且查询过程的步骤是相同的。

确定了要查找的信息以及存储这些信息的表和视图后,可通过以下步骤来建立查询:

(1)启动查询向导或查询设计器开始创建查询。

(2)选择要对其进行查询操作的表与视图。

(3)选择出现在查询结果中的字段。

(4)设置筛选条件来选择所需的记录。

(5)设置排序或分组选项来组织查询结果。

(6)指定查询结果的输出去向:表、报表、浏览窗口等等。

(7)运行查询。

查询可以保存为带 .QPR 扩展名的文件,以后在需要的时候可以再执行这个查询,VFP 的查询可以属于一个项目,也可以单独创建。

VFP 提供了两种创建查询的方法:使用查询设计器创建查询和使用向导创建查询。

8.1.1 使用向导创建查询

通过查询向导,用户在系统的帮助下可以快速创建查询。进入查询向导的方法:选择"文件"菜单中的"新建"命令,在出现的"新建"对话框中选中"查询"并单击"向导"按钮,然后在出现的"向导选取"对话框中选中"查询向导"进入查询向导。也可在项目管理器中选中"数据"选项卡中的"查询",再单击"新建"按钮,进入查询向导。

用查询向导来建立查询,可以按照以下操作步骤来进行:

(1)运行查询向导后,进入如图 8-1 所示的对话框,要求用户进行字段选取,用户可以从几个表或视图中选取字段。

（2）筛选记录。可以通过字段框、操作符框和值框来创建表达式，从而将不满足表达式的所有记录从查询中去掉，如图 8-2 所示。

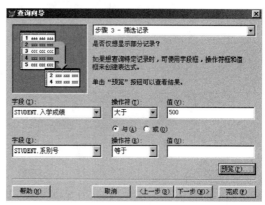

图 8-1　"查询向导"字段选取对话框　　　　图 8-2　"查询向导"筛选记录对话框

（3）记录排序。可以通过设置字段的升序或降序来进行查询结果的定向输出。

（4）限制记录。设定了排序字段后，可以在这一步中选择需要查询部分的范围设定，如不希望查询整个表中的记录，可以设置查询占所有记录的百分比或记录数来限定查询记录。如图 8-3 所示。如果未设置排序字段，则将不出现"限制记录"的操作。这时可以通过单击"预览"按钮来查看查询设置的效果。

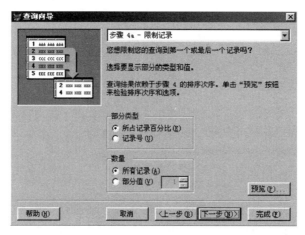

图 8-3　"查询向导"限制记录对话框

（5）完成查询的建立，保存并可以在查询设计器中修改设置。

8.1.2　使用"查询设计器"创建查询

使用"查询设计器"创建查询的操作步骤如下：

（1）选择"文件"菜单下的"新建"命令。

（2）单击"新建"按钮，系统弹出"新建查询"对话框，如图 8-4 所示。

（3）在"新建查询"对话框中单击"新建查询"按钮，系统弹出"添加表或视图"对话框，如图 8-5 所示。

图 8-4 "新建查询"对话框   图 8-5 "添加表或视图"对话框

(4) 在"添加表或视图"对话框中选择要从中筛选记录的表或视图。这时选择 Student 表。

(5) 最后单击"关闭"按钮,将显示"查询设计器"窗口。如图 8-6 所示。

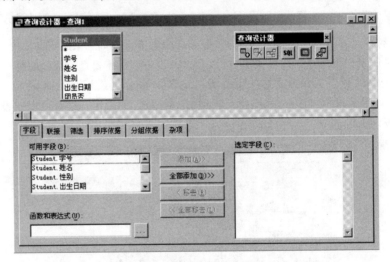

图 8-6 "查询设计器"窗口

在"查询设计器"中必须包含一个或多个表或视图文件。图 8-6 显示的是一个包含 Student 表文件的查询设计器。

"查询设计器"窗口可分为上下两部分:上部窗口显示查询所使用的表或视图以及"查询设计器"工具栏,下部窗口设置查询的条件、查询所涉及的字段、排序准则以及分类汇总准则。

在"查询设计器"工具栏中各按钮的功能:

添加表:向"查询设计器"添加表或视图。

移去表:从"查询设计器"中删除已选择的表或视图。

添加联接:为上部窗口中的相关表建立联接条件。

显示 SQL 窗口:察看查询自动生成的 Select-SQL 命令。

最大化上部窗口:将"查询设计器"窗口的上部窗口最大化。

查询去向:确定查询结果的输出方向。

例如,若要将图 8-6 中的 Student 表从"查询设计器"窗口中删除,应首先用鼠标单击 Student 表的窗口标题栏,然后单击"移去表"按钮即可。

查询设计器下部的窗口中有几个选项卡,其含义简介如下:

字段:用来选定包含在查询结果中的字段。

联接:查询的数据源有多个表或视图时,用来确定各表或视图之间的联接关系。

筛选:指定查询条件,符合条件的记录才会在查询中显示。

排序依据:用来决定查询结果输出中记录或行的排列顺序。

分组依据:所谓分组就是将一组类似的记录压缩成一个结果记录,这样就可完成基于一组的计算。

8.1.3　设置查询字段

在图 8-6 所示的"查询设计器"的下部窗口中,用"字段"选项卡来定义查询结果要使用的字段或字段表达式。该选项卡中各项的功能如下:

可用字段:该列表框显示了所选表或视图的全部可用字段。

选定字段:该列表框列出了查询所涉及的字段或字段表达式。

添加:该按钮将所选字段放入"选定字段"列表框中。

全部添加:该按钮将全部可用字段放入"选定字段"列表框中。

移去:该按钮将从"选定字段"列表框中撤销选定的字段。

全部移去:该按钮将从"选定字段"列表框中撤销全部选定的字段。

函数和表达式:该文本框为"选定字段"列表框设置字段表达式,生成一个虚拟字段。可以在文本框中直接键入字段表达式,也可以单击后面的按钮生成一个字段表达式。例如学生表中无"年龄"字段,可以利用"年龄 = YEAR(DATE( ))-YEAR(出生日期)"来生成一个虚拟字段。

在"可用字段"中分别选学号、姓名、性别、入学成绩和生成的表达式,依次单击"添加"按钮将所选字段放入右边"选定字段"列表框中。如图 8-7 所示。

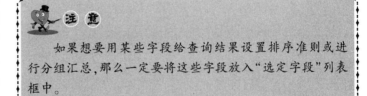

注意

　　如果想要用某些字段给查询结果设置排序准则或进行分组汇总,那么一定要将这些字段放入"选定字段"列表框中。

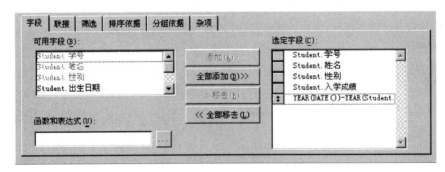

图 8-7　"字段"选项卡

8.1.4　筛选记录

在"查询设计器"中,用"筛选"选项卡来设置查询的筛选条件。所谓"筛选"就是将满足条件的记录显示出来,不满足条件的记录屏蔽掉。筛选条件可由一个或多个字段构成的关系表达式或逻辑表达式来组成。

图 8-8 所示的筛选条件可描述如下:

Student. 入学成绩>=560 AND Student. 性别="男"

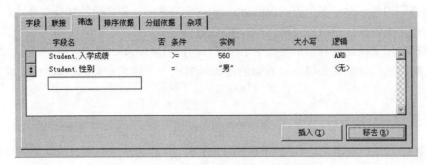

图 8-8 "筛选"选项卡设置查询的筛选条件

设置查询筛选条件的操作步骤如下：

（1）从"字段名"下拉列表中选择用于建立筛选条件的字段。

（2）从"条件"下拉列表中选择用于比较的关系运算符。

（3）在"实例"文本框中,输入比较值。

重复上述操作步骤,可以在"筛选"选项卡上建立起多行筛选条件。每一行描述了一个字段的关系表达式。

例如,若想了解除了"刘平"以外的所有学生的情况,应建立如下筛选条件：

Student. 姓名 NOT Like 刘平

即在"字段名"下拉列表中选择"Student. 姓名"字段;在"条件"下拉列表中选择（Like）关系运算符,并单击"否"按钮,最后在"实例"文本框中输入"刘平"。

在 VFP 中,还可以建立一个字段表达式来筛选记录。其操作步骤如下：

（1）从"字段名"下拉列表中选择"表达式…"选项,VFP 弹出"表达式生成器"对话框。

（2）在"表达式生成器"对话框中建立一个字段表达式。

（3）最后单击"确定"按钮,即可在"字段名"建立一个字段表达式。

例如,在 Student 表中,要求选出在年龄大于等 18 岁的所有记录,根据上述操作步骤为"字段名"建立如下字段表达式：

Year(Date( ))-Year(出生日期)>=18

在上式中 Date( )函数返回当前的系统日期,Year( )取出日期的年份值。

在"条件"列表中,除了常用的关系运算符外,还有"Like" , "Is Null" , "Between"和"In"运算符,它们的具体含义如下：

● Like：指在字段名框列出的字段值与实例框中给出字段值或样本值执行不完全匹配,它主要是针对字符类型的。如查询条件为"Student. 姓名 Like 王%" ,那么诸如姓名为王林、王光明等都满足该条件。

● Is Null：指定字段必须包含 NULL 值。

● Between（在中间）：意为输出字段的值应大于或等于实例框中的最小值,而小于或等于实例框中的最大值。在实例框中最小值在前,最大值在后,中间以逗号分隔。

● IN（在…之中）：意为输出字段的值必须是实例框中给出值中的一个,实例框给出的各值之间以逗号分隔。

8.1.5 查询结果排序

排序决定了查询输出结果中记录或行的先后顺序,用户可利用"排序依据"选项卡设置查询的排序次序如图 8-9 所示。其方法是首先从"选定字段"列表框中选定要使用的字段,选中"添加"按钮将它们添加到"排序条件"列表框中,然后,利用"排序选项"选择排序方式(升序或降序)。

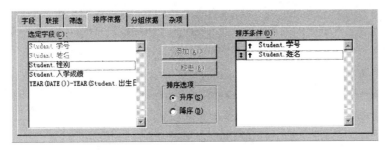

图 8-9　指定排序字段

排序准则可以根据一个字段也可以根据多个字段来完成。例如在"排序条件"列表框中选择了"学号"和"姓名"两个字段,那么排序准则首先根据第一个字段排序;第一个字段值相同的记录,再根据第二个字段对这些相同的记录进行排序,依此类推。因此,"排序依据"选项卡可以根据多个字段来解决排序冲突的问题。

> **注意**
>
> "排序条件"列表框中的字段顺序决定了排序准则。VFP 允许直接在"排序条件"列表框中拖动字段左边所对应的字段选择器来调整字段之间的相对位置,从而可改变排序准则。

8.1.6　查询结果分组汇总

根据指定字段或字段表达式的值进行分组汇总,将一组指定字段或字段表达式的值汇总起来构成一个结果记录。这样就可以完成基于一组记录的计算。在分组汇总中,常常要使用诸如 SUM、COUNT、AVG 的函数。例如,在 Student 表中,保存了学生的基本情况以及入学成绩。可以根据"性别"字段建立分组汇总查询。

若要完成上述任务,应建立分组汇总查询,具体操作步骤如下:

(1)首先选择"字段"选项卡。

(2)在"字段"选项卡中将"性别"字段放入"选定字段"列表框中。

(3)利用"函数和表达式"文本框分别建立 SUM(Student.入学成绩)字段表达式,并将其放入"选定字段"列表框中。

(4)在"排序依据"选项卡中将"SUM(Student.入学成绩)"字段表达式放入"排序条件"列表框中。即根据"SUM(Student.入学成绩)"字段表达式排列查询结果。

(5)在"分组依据"选项卡的"可用字段"列表框中选择"Student.性别"字段。

(6)然后单击"添加"按钮,VFP 将"Student.性别"字段放入"分组字段"列表框中。

至此已完成建立分组汇总查询任务。这样,当运行分组汇总查询时,查询汇总结果将显示出来,如图 8-10 所示。

图 8-10　查询汇总结果

8.1.7 限制查询结果

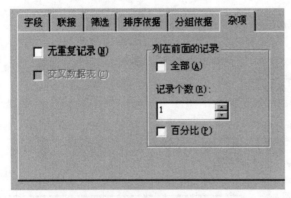

图 8-11 "杂项"选项卡

查询设计器还有一个"杂项"选项卡,如图 8-11 所示。通过该选项卡可控制是否对重复记录进行检索以及是否对记录进行限制。该选项卡各项的意义如下:

无重复记录:在查询结果中清除重复记录。重复记录是指查询结果的选定字段或表达式的值都相同的记录。

交叉数据表:将查询结果以交叉表格传给 Microsoft Graph、报表或表。只有当"选定字段"刚好为三项时,才可使用交叉数据表选项。此三项代表 X 轴、Y 轴和图形的单元值。此项自动为查询选择"分组依据"和"排序依据"字段。选择后,用户将不能再修改此查询,除非清除此选项。

列在前面的记录:并不一定要将满足查询条件的所有记录都包含在输出结果中,可指定只输出一定数目的记录或一定百分比满足条件的记录。"列在前面的记录"区域有以下三个选项:

● 全部:指定满足查询条件的所有记录都包含在查询结果中。

● 记录个数:在该项可设置一个整数,以决定将多少个选中记录包括在查询结果中。但当选中下面的"百分比"复选框时,该框中便变成一个百分比框。其中的数表示将满足查询条件的百分之几包括在查询结果中。

● 百分比:改变"记录个数"文本框中数值的意义,此值必须多于 1% 的记录。

8.1.8 查询的输出方向

在运行查询之前,可以设置查询输出目的地,即查询去向。如果未设置查询去向,默认的输出方向是"浏览"窗口。

设置查询结果的输出方向,其操作步骤如下:

(1) 从"查询"菜单中选择"查询去向"命令,或在"查询设计器"工具栏中单击"查询去向"按钮,系统弹出"查询去向"对话框,如图 8-12 所示。

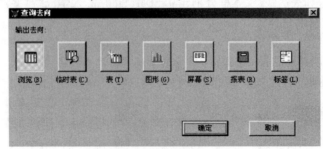

图 8-12 "查询去向"对话框

(2) 在"查询去向"对话框中选择输出方向。并填写所需的其他参数。

(3) 最后单击"确定"按钮。

查询输出去向有七个不同的选项,允许将查询结果传送给七个不同的输出设备。各种查询输出去向的意义如下:

1. 浏览（Browse）

按下该按钮后,查询结果将被送往浏览窗口。

2. 临时表（Cursor）

按下该按钮后,系统将要求用户命名一个临时表,查询的结果就在这个指定的内存表中,多次查询的结果可放在不同的内存表内。该表是只读的,可用于浏览数据、制作报表等,直到用户关闭它们。这个按钮的功能类似于浏览按钮,不同的是使用浏览功能只能保存最后一次的查询结果。

3. 表（Table）

按下该按钮后,系统将要求用户命名一个 .DBF 表,查询的结果就存在这个表中,并且这个表存放在磁盘上。多次查询的结果可放在不同的表内。在为表命名时,可直接输入名字,也可单击文本框右侧的三点按钮,然后从对话框中选择一个文件或输入名字。

4. 图形（Graph）

按下该按钮后,将把查询结果送到 Microsoft Graph 中制作图表。单击该按钮后选中"确定",此时运行查询将启动图形向导（Graph Wizard）。

图形向导使用 Microsoft Graph 和 Visual FoxPro 6.0 表中的数据来作各种图表。图形向导通过一系列步骤提示用户输入作图的表、使用的字段等信息,最后它为用户画出一个图表。

5. 屏幕（Screen）

按下该按钮后,系统将显示如图 8-13 所示画面。

图 8-13　选择"屏幕"为查询去向

此时将把查询结果输出到当前活动的输出窗口中,其中增加的新选项有:

（1）次级输出（Secondary Output）

● 无:指定仅将结果输出到屏幕,不送到打印机或存到文本文件。

● 到打印机:指定在将结果输出到屏幕的同时,还将结果送到打印机打印。

● 到文本文件:指定在将结果输出到屏幕的同时,还将结果送到磁盘以文本文件存储起来。在文本框中输入保存结果的文件名,或是单击文本框右侧的三点按钮,然后从对话框中选择一个已有的文件。

（2）选项（Options）

● 不输出列标头:选中这一项可在输出查询结果时不显示列标题。

● 屏幕之间暂停:如果输出的查询结果很多,超过一屏时,可使用这一选项使系统在输出满一屏时,提示用户按键继续看下一页。如果不想继续显示,可按[Esc]键终止查询操作。

6. 报表(Report)

按下该按钮后,系统将显示类似如图 8-13 所示的"查询去向"对话框。此时将结果输出到一报表布局窗口中,不过用户必须事先要建立一个报表文件(.FRX)以容纳查询输出的各个字段信息。

7. 标签(Label)

按下该按钮后,系统将显示类似如图 8-13 所示"查询去向"对话框。此时将查询结果输出到一标签布局的窗口中去。不过用户必须首先建立标签文件(.LBX)以容纳查询输出的各个字段信息。

8.1.9 保存查询

查询建好后,在"文件"菜单中选择"另存为"命令,出现对话框,指定文件的保存位置和文件名(系统默认为查询1)后,即可存储,文件的扩展名是 .QPR。

8.1.10 运行查询

在完成了查询设计并指定了输出目的地后,必须运行查询才能得到我们想要的结果。可以从"查询"菜单中选择"运行查询"命令来直接运行"查询设计器"中的查询;也可以在"项目管理器"的"数据"选项卡中选择要运行的查询名称,然后单击"运行"按钮来运行指定的查询;可以在"查询设计器"中按右键,在弹出的快捷菜单中选择"运行查询"命令;还可以将"查询设计器"生成的 SELECT-SQL 语句嵌入到程序中或利用剪贴板将其粘贴到命令窗口中去执行。图 8-14 是查询去向为"浏览"的运行结果。Exp_4 是按表达式"Year(date())-Year(出生日期)"计算出来的每个学生的年龄。

学号	姓名	性别	Exp_4
20051102	刘平	男	17
20051103	王小林	女	17
20051106	何艾波	男	17
20051107	贾文	女	17
20051110	罗小平	女	17
20051101	汪小艳	女	18
20051104	肖岚	女	18
20051105	周磊	男	18
20051109	刘军	男	19
20051108	曾佳	女	19

图 8-14 查询结果显示

§8.2 多表查询

VFP 提供了多表查询功能,可通过"查询设计器"建立多个表直接查询的关系。当需要获取存储在多个表中的信息时,只要把所有有关的表添加到查询中并用公共字段联接他们就可以了。此后搜索所有这些表中的记录便可以查找到需要的信息,在查询中可以使用数据库表、自由表和视图。

1. 向查询中添加表

向查询中添加表时,VFP 将根据匹配字段建议设定一个可能的表间联接。"查询设计器"在这两个表或视图之间显示一条连线,双击这根连线可查看或修改这个联接的一些参数,例如在"查询设计器"已有了学生表 Student. dbf,再添加成绩表 Score. dbf,"查询设计器"将根据两个表匹配的字段"学号"建立表间的联接,如图 8-15。

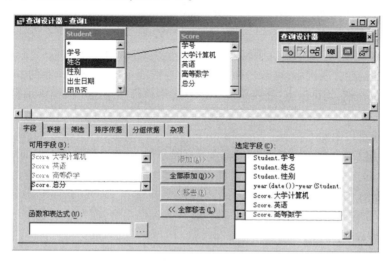

图 8-15　多表操作

向查询中添加表或视图,可以按照以下步骤进行:

(1)在"查询设计器"工具栏中,选中"添加表"按钮,或者从"查询"菜单中选择"添加表"命令,也可以激活查询设计器的快捷菜单,从中选择"添加表"菜单项。

(2)在出现"添加表或视图"对话框中选定数据库,并选定需要添加的表。如果需要添加的表不在选定的数据库中,则单击"其他"按钮,在"打开"对话框中选定想加入的表,选中"确定"按钮。

(3)在出现的"联接条件"对话框中如图 8-16。对系统建议的联接进行检查。如果 VFP 不能找到表之间相互匹配的字段,则需要在"联接条件"对话框中自行选择匹配字段。

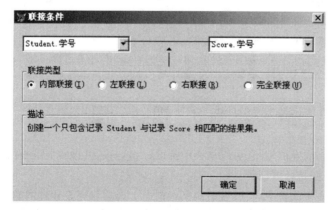

图 8-16　联接条件对话框

(4)单击"确定"按钮,完成表的添加。

若想从查询中移去一个表,可先选中该表,然后在弹出的快捷菜单中选择"移去表"命令。

2. 设置表间联接条件

添加表时会自动显示联接。但是,如果相关的字段名不匹配,则必须自己创建表间的联接。创建联接最简便的方法是使用"联接条件"对话框,可按以下步骤进行操作:

(1) 向查询中添加两个或多个表。

(2) 在查询设计器"工具栏"中选中"添加联接"按钮。

(3) 在打开的"联接条件"对话框选择表之间的字段名。

(4) 设置联接条件的"联接类型",并单击"确定"按钮。此外,还可以在查询设计器中,将一个表中的字段拖到另一个表的对应字段上来创建两个表之间的联接。

在两个表之间建立联接后,可双击两表之间的连线或单击查询设计器的"联接"选项卡中"类型"框左侧的按钮,均可调出"联接条件"对话框,用户可在这个对话框中编辑表之间的联接条件。

联接条件类型说明如下:

● 内部联接:只有来自两个表的字段都满足联接条件,才将此记录选入查询结果。

● 左联接:联接条件左边的表中记录都包含在查询结果中,而右边的表中记录只有满足联接条件时,才选入查询结果中。

● 右联接:联接条件右边的表中记录都包含在查询结果中,而左边的表中记录只有满足联接条件时,才选入查询结果中。

● 完全联接:两个表中的记录不论是否满足条件,都选入查询结果中。

3. 删除联接条件

可以在"联接"选项卡中选择联接条件,然后选中"移去"按钮。也可以用鼠标单击表之间的连线,此时可见表之间的连线加粗,按 Del 键或者从"查询"菜单中选择"移去联接条件"命令。

（1）除通过筛选条件和联接类型可控制查询结果外,还可以通过改变联接条件来控制查询结果。联接条件并不一定要求联接的双方完全相等,双方满足"Like"、">"或"<"等关系也可以作为联接条件。

（2）联接条件和筛选条件类似,二者都先比较值,然后选出满足条件的记录。不同之处在于筛选是将字段值和筛选值进行比较,而联接条件是将一个表中的字段值和另一个表中的字段值进行比较。

§8.3 视 图

视图是一种定制的虚拟表,它可以从表中提取一组记录,并改变记录的值,然后将更新记录返回源表中,所以视图是可更新的。

视图可以引用一个或多个表,或者引用其他视图。视图兼有表和查询的特点,与查询类似的地方是:视图可以用于从一个或多个相关联的表中查找有用信息;与表类似的地方是:视图可以用于更新其中的信息,并将更新结果保存在磁盘上。但视图必须依附于某个数据库,是查询和表的组合,不能独立存在。只有数据库打开时,才能够使用包含在其中的视图。

VFP 的视图分为本地视图和远程视图两种。本地视图只能更新源表为数据库表的本地表,远程视图能更新源表来自于远程服务器上的远程表或远程数据源。

创建视图的方法与创建查询的方法很相似,"视图设计器"的结构与"查询设计器"的结构也基本相同。VFP 提供了两种创建视图的方法:使用向导和使用视图设计器。

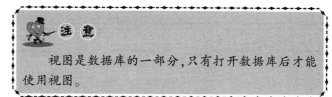

注意

视图是数据库的一部分,只有打开数据库后才能使用视图。

8.3.1 使用向导创建视图

使用向导创建视图,其操作步骤如下:

(1)在"项目管理器"中选定一个数据库。

(2)选定"本地视图"或"远程视图",然后选中"新建"按钮。

(3)选中"视图向导"按钮。

(4)按照屏幕上的提示进行操作。

8.3.2 使用"视图设计器"创建本地视图

若要使用视图设计器创建本地视图,应按下列步骤操作:

(1)打开"项目管理器",在"数据"选项卡中单击"数据库"选项旁边的加号(+)。

(2)在"数据库"选项卡下,选择"本地视图"选项。

(3)单击"新建"按钮,系统弹出"新建本地视图"对话框。

(4)在"新建本地视图"对话框中单击"新建视图"按钮,系统弹出"添加表或视图"对话框。

(5)在"添加表或视图"对话框中选择要使用的表或视图。如果要使用的表是一个自由表,应单击"其他"按钮,在弹出的"打开"对话框中选择要使用的自由表。

(6)单击"关闭"按钮,将会显示"视图设计器"窗口,如图8-17所示。

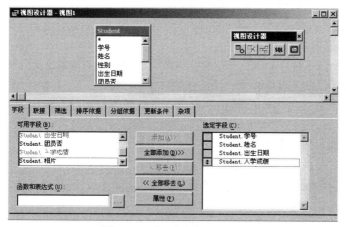

图8-17 "视图设计器"窗口

(7)最后通过设置"视图设计器"中各选项卡来完成视图的新建。

"视图设计器"的"字段"选项卡比"查询设计器"多了一个"属性"按钮,利用它可以设置选定字段的属性。单击"属性"按钮,出现如图8-18所示的字段属性设置对话框。

字段:设置视图中该字段的属性。如果要设置其他字段的属性,可以从下拉列表中进行选择。

"字段有效性"选项:这些选项可以控制字段的内容。

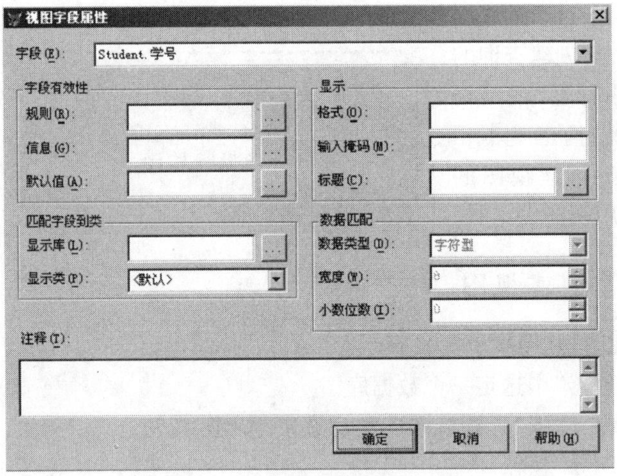

图 8-18　设置选定字段的属性

规则:指定字段级规则的表达式,它可以控制字段中允许哪些值。

信息:指定当字段级规则被破坏时,所显示的提示信息。

默认值:当添加一个新记录时,指定字段的默认内容。默认值将保留在字段中,直到输入一个新值。

"显示"选项:这些选项可以控制如何在字段中输入和显示数值,设置方法参见第 6 章内容。

标题:指定在"浏览"窗口、表单或报表中代表字段的标题。在表单和报表中的属性设置忽略这些表达式。

格式:指定一个表达式,用来确定在"浏览"窗口、表单或报表中,字段显示时所用的格式。在表单和报表中的属性设置忽略这些表达式。

输入掩码:指定向字段中输入数据时的格式。

"匹配字段到类"选项:如果要在表单中使用视图字段,这些选项使您可以指定默认的控制件类型,在将字段拖到表单时它会出现。

显示库:指定类库文件(.VCX),该文件包含要与字段相关的控制件类。

显示类:在将字段拖到表单时,指定所创建的控件类型。

"数据匹配"选项:默认情况下,视图字段与其所关联的表字段有相同的属性设置。这些选项只对远程视图有效。

数据类型(仅用于远程视图):指定此字段可包含的数据类型。

宽度(仅用于远程视图):指定此字段可包含的字符个数。

小数位数(仅用于远程视图):对于数值型数据类型,指定此字段可包括的小数点右侧的小数位数。

注释(仅用于远程视图):可以键入字段注释。

注 意

(1)"视图设计器"的使用与"查询设计器"的使用基本一样,其结构也基本相同,但"视图设计器"多了一个选项卡"更新条件",它可以控制对源表数据的更新。

(2)"视图设计器"工具栏的按钮与"查询设计器"工具栏中的按钮基本相同,但是少了"查询去向"按钮。视图的查询去向仅有视图浏览窗口。在该视图浏览窗口中可以编辑修改记录,并自动将修改结果在源表中进行更新。

8.3.3　创建远程视图

远程视图也是一种视图,它使用当前数据库之外的数据源。通过远程视图,用户无需将所需要的远程记录下载到本地机即可提取远程 ODBC 服务器上的数据子集,并在本地操作选定的记录,然后将更改或添加的值回送到远程数据源中。

远程视图可以从放在服务器上的表以及从其他关系数据库管理系统中筛选出满足给定条件的记录。

若要使用远程视图查询远程数据源,必须首先创建一个连接,从而将 VFP 与远程数据源相连。

若要创建新的连接,应按下列步骤操作:

(1) 打开"项目管理器",在"数据"选项卡中选择要创建连接的数据库。

(2) 选择"连接"选项。

(3) 单击"新建"按钮,系统弹出"连接设计器"对话框,如图 8-19 所示。

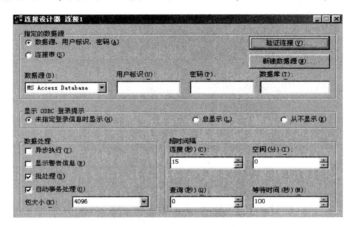

图 8-19　"连接设计器"对话框

(4) 在"连接设计器"对话框中,根据远程数据源的需要设置选项。这里我们将远程"数据源"设置为"MS Access 97 Database"。

(5) 从"文件"菜单中选择"保存"命令,在"保存"对话框的"连接名称"文本框中输入连接的名称。

(6) 最后单击"确定"按钮。

设置好 VFP 与远程数据源的连接以后,即可创建新的远程视图。具体操作步骤如下:

(1) 打开"项目管理器",在"数据"选项卡中选择"远程视图"选项。

(2) 单击"新建"按钮,弹出"选择连接或数据源"对话框,如图 8-20 所示。

(3) 在"选择连接或数据源"对话框中,选择一个已定义的连接。

(4) 单击"确定"按钮,在"选择数据库"对话框中选择要使用的远程数据库。

(5) 单击"确定"按钮,在"打开"对话框中选择视图要使用的远程表,然后单击"添加"按钮。

(6) 单击"关闭"按钮,即显示新创建的远程视图。

8.3.4　运行视图

创建一个视图后,可以运行视图,查看视图的结果。

可以在"项目管理器"中选中要运行的视图后,再选中"浏览"按钮。也可以在视图设计器中

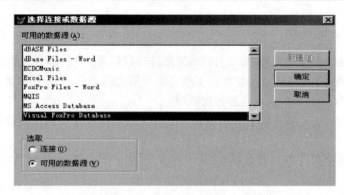

图 8-20 "选择连接或数据源"对话框

打开视图后,从"查询"菜单中选择"运行查询"命令。或者在视图设计器中,单击右键在弹出的快捷菜单中选择"运行查询"命令。

8.3.5 利用视图更新数据

无论是本地视图还是远程视图,在"视图设计器"中都拥有"更新条件"选项卡,"更新条件"选项卡用以控制如何更新源表数据。图 8-21 显示了该选项卡的所有选项。

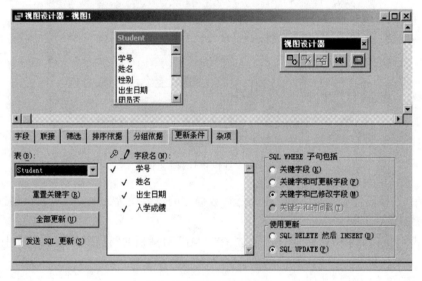

图 8-21 视图的更新条件

1. 设置关键字段

视图至少需要有一个关键字段才能更新它引用的数据源表。如果被选择的表中已有一个主关键字段,并已将这个字段选择到视图的输出字段中,则视图设计器自动使用该主关键字段作为视图的关键字段,否则,就需要用户自己设置选定输出字段中的某一个字段为关键字段。

当在视图设计器中首次打开一个表时,"更新条件"选项卡会显示表中被定义为关键字的字段。若要设置关键字段,可在"更新条件"选项卡中单击字段名旁边的"关键"列。如果已经改变了关键字段,而又想把它们恢复到源表的初始设置,可选中"重置关键字"按钮。

2. 设置更新字段

视图可以更新它所引用表的某些指定字段,也可以更新所有选定的输出字段,但不能更新表达式字段。

若要更新某一个源表中的字段,首先,该表必须有已定义的关键字段。还必须指明可更新字段,如果字段未标注为可更新的,用户可以单击字段名旁的"可更新"列,使该字段成为可更新的。

3. 更新所有字段

如果想使表中的所有字段可更新,可以将表中的所有字段设置成可更新的。只需在"更新条件"选项卡中,单击"全部更新"按钮即可。

4. 使用视图更新源表

如果希望对视图的修改送回到源表中,还需要设置"发送 SQL 更新"选项。只有在视图中已设置有可更新字段时,才可以设置这个选项。

5. 控制检查更新冲突

如果在一个多用户环境中工作,服务器上的数据也可以被别的用户访问,也许在此时别的用户也试图更新远程服务器上的记录,为了让 VFP 检查用视图操作的数据在更新之前是否已被别的用户修改过,可使用"更新条件"选项卡上的"SQL WHERE 子句包括"选项:

- 关键字段:当视图的关键字段在源表中的值发生变化时,本视图不能更新源表。
- 关键字和可更新字段:当视图的可更新字段在远程表中的内容发生了变化时,本视图不更新源表。
- 关键字和已修改字段:当用户在本视图中修改了值的字段在源表中发生了变化时,本视图不更新源表。
- 关键字和时间戳:当远程表上记录的时间戳在首次检索之后发生变化时,本视图不更新源表(仅当远程表有时间戳列时有效)。

6. 控制关键字段的更新方法

利用"使用更新"区中的两个选项,用户可指定字段如何在后端服务器上更新源表中的内容:

- SQL DELETE 然后 INSERT:先指定删除源表的记录,然后创建一个新的在视图中被修改的记录。

- SQL UPDATE:用视图字段中的变化来直接修改源表中的记录。

【例 8-1】　按前面的方法进入视图设计器,在其中添加学生表 Student 和成绩表 Score。在字段选项卡中选择"Student. 系别"字段,在"函数表达式"中用"表达式生成器"生成"AVG(Score. 大学计算机)"、"AVG(Score. 英语)"、"AVG(Score. 高等数学)"等虚拟字段,按"添加"按钮添加到选定字段中,如图 8-22 所示。

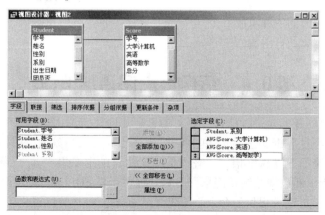

图 8-22　视图应用

在分组依据选项卡中选取"Student. 系别"为分组字段,于是就完成了分组。右击视图设计器,在弹出的快捷菜单中选择"运行查询"命令,出现下面的窗口,如图 8-23 所示。图中按系别给出了各科的平均成绩。

系别	Avg_大学计算机	Avg_英语	Avg_高等数学
检验系	79.00	76.67	66.33
医学系	80.67	76.67	77.33
影像系	69.25	69.25	68.25

图 8-23   运行视图结果

8.3.6   视图与查询、视图与表的比较

1. 视图与查询的比较

视图与查询的相同点:

(1) 视图与查询都可以从数据源中查找满足一定筛选条件的记录。

(2) 视图与查询本身都不保存数据,它们的查询结果随数据源内容的变化而变化。

视图与查询的不同点:

(1) 视图可以更新数据源表,但查询不能。

(2) 视图可以访问远程数据,但查询不能访问远程数据,它必须借助远程视图才能访问远程数据。

(3) 查询不是数据库的组成部分,而视图只能在数据库中存在。

2. 视图与表的比较

视图与表的相同点:

(1) 视图与表都可以作为查询与其他视图的数据源。

(2) 视图的结果与表的内容有相似的逻辑结构,都是由记录和字段组成。

视图与表的不同点:

(1) 视图并不保存数据,是虚拟表。它只是引用了数据库的表,取这些表的某些字段,按照表之间的一定关系,重新加以组合。在浏览视图时,视图从引用表中取数据,并将它们按表的格式显示出来,使之看起来像一个表。

(2) 即使不对视图做任何修改,视图的内容也可能发生变化。当源表中的数据发生变化时,视图中显示的内容也会发生相应的变化。而表的内容相对稳定,除非用户对它作了修改或更新。

(3) 视图还可以带参数,而表不能。浏览视图时,给定不同的参数,将得到不同的视图内容。

(4) 视图是数据库的一种组成单元,它只能是数据库的一部分,不能单独存在。而表可以是不属于任何一个数据库的自由表。

§8.4   结构化查询语言 SQL

SQL(Structure Query Language)语言,中文意思是结构化查询语言。SQL 语法简洁,功能强大,使用方式灵活,经过不断改进、完善和标准化,现在已成为关系数据库的标准语言,几乎所有的关系型数据库系统都支持 SQL 语言。查询是 SQL 语言的重要组成部分,除此之外,SQL 还包括数据定义、数据操纵和数据控制功能部分。VFP 提供了对 SQL 语言的支持,可以在命令窗口或程序中直接使用 SQL 语言提供的命令。前面介绍的通过 VFP 的可视化工具来设置查询或视

图时,实际是在使用 SELECT-SQL 语句。本节介绍使用 SELECT-SQL 语句的各种方法。

8.4.1　SQL 概述

SQL 语言由三部分组成:数据定义语言 DDL(Data Definition Language);数据操纵语言 DML(Data Manipulation Language);数据控制语言 DCL(Data Control Language)。

- DDL 提供生成、修改、删除数据库的基本功能。
- DML 提供数据库的操作、运算功能。
- DCL 提供数据库的安全防护措施。在 VFP 中没有提供此功能。

SQL 语言具有许多的优点,概括起来主要有以下几点:

(1) SQL 是一种一体化语言:在 SQL 中包括了数据定义、数据查询、数据操纵和数据控制等方面的功能,可完成数据库活动中的全部工作,是一个通用的、功能极强的关系数据库语言。

(2) SQL 是一种高度非过程化语言:SQL 的大多数语句都是独立执行的,可完成一个特定的操作,与上下文无关。在 SQL 中,没有必要一步步地告诉计算机"怎样去做",只需要描述清楚用户要"做什么",SQL 语言就可将要求交给系统,自动完成全部工作。

(3) SQL 语言简洁,易学易用:虽然 SQL 语言功能很强,但只有为数不多的几条命令,表 8-1 给出了分类的命令动词。SQL 的语法非常简单,很接近英语自然语言,因此容易学习与掌握。

表 8-1　SQL 分类动词表

SQL 功能	命令动词
数据查询	SELECT
数据定义	CREATE、DROP、ALTER
数据操纵	INSERT、UPDATE、DELETE
数据控制	GRANT、REVOKE

(4) SQL 使用灵活,统一的语法结构对待不同的工作方式:SQL 语言可直接以命令方式交互使用,也可嵌入到程序设计语言中以程序方式使用。现在数据库应用开发工具一般将 SQL 语言直接融入到自身的语言之中,使用起来更方便。无论是联机交互使用方式,还是嵌入到高级语言中使用,其语法结构是基本一致的。

注意

VFP 并不支持所有的 SQL 语句,它只支持其中的子集。但是,这些命令对于数据库查询和维护是十分重要的。

8.4.2　SQL 的数据定义功能

SQL 的数据定义语言的主要对象是基本表、视图和索引,表 8-2 列出了 SQL 的 DDL 对这三个对象的全部操作语句。

表 8-2　SQL 的 DDL 对表、视图和索引操作语句

对象	方式		
	创建	删除	修改
表	CREATE TABLE	DROP TABLE	ALTER TABLE
视图	CREATE VIEW	DROP VIEW	
索引	CREATE INDEX	DROP INDEX	

1. 建立新表

生成一个新表可以使用 CREATE TABLE 命令。

命令格式:

CREATE TABLE | DBF <TableName1>[NAME <LongTableName>][FREE]

(FieldName1 FieldType[(nFieldWidth[,nPrecision])])

[NULL | NOT NULL][FieldName2…])

命令功能:

按指定的表名和结构建立一个新表,包括组成该表的每一个字段名,数据类型等。

命令说明:

1) TableName1 参数用于指明新建表的表名。

2) NAME LongTableName 参数用于为数据库表指定一个长表名。

3) FREE 参数用于指明要创建一个自由表。

4) FieldName1 参数用于指明新建表的字段名。

5) FieldType 参数用于指明字段的数据类型。

6) nFieldWidth 参数用于指明字段宽度。

7) nPrecision 参数用于指明数值型、浮动型、双精度型字段的小数位数。

8) NULL | NOT NULL 参数用于指明字段中是否允许保存空值。

9) 命令中使用的 FieldTYype、nFieldWidth 和 nPrecision 参数与字段数据类型的对应关系如表 8-3 所示。表中的 n 和 d 均为自然数。

表 8-3 FiedType 参数

数据类型	FiedType 参数	nFieldWidth 参数	nPrecision 参数
字符型	C	n	无
货币型	Y	无	无
日期型	D	无	无
日期时间型	T	无	无
逻辑型	L	无	无
数值型	N	n	d
双精度型	B	无	d
浮动型	F	n	d
整型	I	无	无
通用型	G	无	无
备注型	M	无	无

【例 8-2】 要在 STUDENTS(学生管理)数据库中创建 Family(亲属)表,并有五个字段:学号(C,6),亲属姓名(C,8),关系(C,4),年龄(N,2),电话(C,11),工作单位(C,20)。执行命令如下:

OPEN DATABASE STUDENTS

CREATE TABLE Family(学号 C(6),亲属姓名 C(8),关系 C(4),年龄 N(2);电话 C(11),工作单位 C(20))

2. 为表添加新字段

向指定表中添加新的字段,可以使用 ALTER TABLE ADD 命令。

命令格式：

ALTER TABLE <TableName1>

ADD［COLUMN］<FieldName1>

FieldType［(nFieldWidth［,nPrecision］)］

［NULL | NOT NULL］

［PRIMARY KEY | UNIQUE］

命令功能：

按要求为指定的表添加新的字段，包括字段名称、类型、宽度和小数位，并为表中指定的字段设置主索引或候选索引。

命令说明：

1）TableName1 参数用于指明要添加新字段的表名。

2）FieldName1 参数用于指明要添加的新字段名称。

3）FieldType［(nFieldWidth［,nPrecision］)］参数用于指明要添加的新字段的数据类型、字段宽度以及小数位数。

4）PRIMARY KEY 为指定的字段创建主索引标识，索引标识与字段同名。

5）UNIQUE 创建与字段同名的候选索引标识。

【例 8-3】 若要在 STUDENTS 数据库的 Teacher 表中添加一个新字段：照片(通用型)，用于存储教师照片，将字段"教师号"、"课程号"分别设置为主索引和候选索引，然后将字段"照片"更名为"相片"，为表 Student 添加字段"系别"，字符型，宽度 10。那么应执行如下命令：

OPEN DATABASE STUDENTS

ALTER TABLE Teacher ADD 照片 G

ALTER TABLE Teacher ADD 教师号 PRIMARY KEY   && 索引标识为：教师号

ALTER TABLE Teacher ADD 课程号 UNIQUE TAG kch   && 索引标识为：kch

ALTER TABLE Teacher RENAME 照片 TO 相片

ALTER TABLE Student ADD 系别 C(10)

上面命令中 RENAME 参数用于改变表中字段的名称。

3. 编辑表中字段

编辑修改表中指定字段的数据类型、字段宽度和设置字段的属性等，可以使用 ALTER TABLE ALTER 命令。

命令格式：

ALTER TABLE <TableName1>

ALTER［COLUMN］<FieldName1>

FieldType［(nFieldWidth［,nPrecision］)］

［NULL | NOT NULL］

［SET DEFAULT eExpression1］

［SET CHECK lExpression1］［ERROR cMessageText］

［DROP DEFAULT］［DROP CHECK］

命令功能：

编辑修改表中指定字段的数据类型、字段宽度等，从而修改表的结构，同时还可以设置字段的属性，如默认值、字段有效规则。

命令说明：

1）TableName1 参数用于指定要编辑修改字段所在的表名。

2）FieldName1 参数用于指定要编辑修改的字段名称。

3）FieldType［（nFieldWidth［,nPrecision］）］参数用于指定要编辑修改的字段的新数据类型、字段宽度以及小数位数。

4）SET DEFAULT eExpression1 参数用于对指定的字段设置新的默认值,默认值为 eExpression1。

5）SET CHECK lExpression1 参数用于对指定字段设置新的有效性规则,lExpression1 为逻辑表达式。

6）ERROR cMessageText 参数用于指定有效性检查出现错误时显示的错误信息。

7）DROP DEFAULT 参数用于删除已有字段的默认值。

8）DROP CHECK 参数用于删除已有字段的有效性规则。

【例 8-4】 打开 STUDENTS 数据库。

1）编辑修改 Family 表中的亲属姓名字段,使其数据类型改为字符型、字段宽度为 10;

2）在 Family 表中添加性别字段,类型为字符型,宽度为 2,并设置默认值为“男”;

3）对 Family 表中的年龄字段设置有效性规则:年龄>=30 . AND. 年龄<=60

4）删除性别字段的默认值。

要完成以上操作,执行命令如下:

OPEN DATABASE STUDENTS

ALTER TABLE Family ALTER 亲属姓名 C(10)

ALTER TABLE Family ADD 性别 C(2)

ALTER TABLE Family ALTER 性别 SET DEFAULT "男"

ALTER TABLE Family ALTER 年龄 SET CHECK 年龄>=30 . AND. 年龄<=60

ALTER TABLE Family ALTER 性别 DROP DEFAULT

4. 删除表中指定字段

删除指定表中已不再需要的字段,可以使用 ALTER TABLE DROP 命令。

命令格式:

ALTER TABLE <TableName1>

DROP［COLUMN］<FieldNamel>

命令功能:

删除指定表中已不再需要的字段。

命令说明:

1）TableName1 参数用于指定需删除字段所在的表的名称。

2）FieldName1 参数用于指定要删除的字段名称。

【例 8-5】 若要删除 STUDENTS 数据库的 Family 表中的电话字段,那么应执行如下命令:

OPEN DATABASE STUDENTS

ALTER TABLE Family DROP 电话

5. 删除表

删除不再需要的表可以使用 DROP TABLE 命令。

命令格式:

DROP TABLE <TableName>｜? ［RECYCLE］

命令功能:

从当前数据库中删除指定表的结构和数据,包括在此表上建立的索引。被删除的表不能恢复,应谨慎使用。

命令说明：

1）TableName 参数用于指定要删除的表名。

2）? 参数用于在执行该命令时弹出"删除"对话框以指定要删除的表名。

3）RECYCLE 参数用于将删除的表放入回收站。

【例 8-6】 若要删除 STUDENTS 数据库的 Family 表,并将其放入回收站。

OPEN DATABASE STUDENTS

DROP TABLE Family RECYCLE

8.4.3 SQL 的数据更新功能

SQL 的数据更新是指对已有的表进行添加记录、更新记录、删除记录的操作,分别使用 IN-SERT、UPDATE、DELETE 三个语句。

1. 插入记录

当一个表需要添加记录时,可以使用 INSERT 命令向表中插入记录。

命令格式：

INSERT INTO <TableName>[(<FieldName1>[,<FieldName2>,…])]

VALUES(<eExpression1>[,<eExpression2>,…])

命令功能：

按给出的字段值向指定的表的尾部插入一个新记录。

命令说明：

1）TableName 参数指定要插入记录所在的表。

2）FieldName1 [,FieldName2,…]参数指定插入记录操作所涉及的字段。

3）eExpression1[,eExpression2,…] 参数用于设置要向对应字段插入的数据项。即用表达式 eExpression1 为字段 FieldName1 赋值,用表达式 eExpression2 为字段 FieldName2 赋值,……等。

4）VALUES 子句指定待添加数据的具体值。当需要为表中所有字段插入数据时,这时 FieldNmle1[,FieldName2,…]参数可以省略。

5）字段名的排列顺序不一定要和表定义时的顺序一致,但当指定字段名时,VALUES 子句表达式的排列顺序必须和字段名的排列顺序一致,个数相等,数据类型一一对应。

【例 8-7】 若要向 Student 数据库表插入记录,那么应执行如下命令：

INSERT INTO Student(学号,姓名,性别,出生日期,团员否,系别,入学成绩)；

VALUES("20051111" ,"何艳" ,"女" ,{^1987-12-10},. T. ,"医学系" ,575)

2. 更新记录

可用 UPDATE 命令对存储在表中满足给定条件的记录进行数据修改。

命令格式：

UPDATE [DatabaseName1 !]<TableName1>

SET FieldName1 = <eExpression1>

[,FieldName2 = <eExpression2>…]

[WHERE <FilterCondition1>[AND | OR <FilterCondition2>…]

命令功能：

在指定的表中为满足给定条件的记录的字段值进行数据修改。

命令说明：

1）[DatabaseName1!]参数用于指定要进行更新操作的数据库名。如果该数据库是当前数据库，那么可以将其省略。

2）TableName1 参数用于指定要修改数据的表。

3）FieldName1、FieldName2…参数用于指定更新记录操作所涉及的字段。

4）eExpression1、eExpression2…参数指定要为对应字段进行修改后设置的值。

5）FilterCondition1[AND｜OR FilterCondition2…]参数用于设置更新记录的条件；如果省略 WHERE 子句，那么将更新表中所有记录。

【例8-8】　将 Teacher 表中教师号为"t04"的记录的职称改为"副教授"，那么应执行如下命令：

UPDATE Teacher SET 职称="副教授" WHERE 教师号="t04"

3. 删除记录

可用 DELETE 命令对存储在表中满足给定条件的记录进行逻辑删除。

命令格式：

DELETE FROM [DatabaseName!]<TableName>

WHERE <lExpression>

命令功能：

删除指定表中对满足给定条件的记录，可以是一个或多个记录。

命令说明：

1）[DatabaseName!]参数指定要进行删除操作的数据库名。如果该数据库是当前数据库，那么可以将其省略。

2）TableName 参数指定要删除记录的数据表。

3）WHERE <lExpression>参数用于指定待删除的记录应满足的条件。省略 WHERE 子句，将删除表中的所有记录。

【例8-9】　若要将 STUDENTS 数据库的 Student 表中学号为"20051111"的记录删除，那么应执行如下命令：

DELETE FROM Student WHERE 学号="20051111"

8.4.4　SQL 的数据查询功能

SELECT 语句是 SQL 语言唯一的查询语言，它是 SQL 语言的核心，担当了 SQL 查询的所有任务。掌握了 SELECT 查询语句就等于掌握了 SQL 语言的精髓。

VFP 作为关系数据库管理系统，同样支持 SELECT-SQL 语言来加强数据查询管理的性能。虽然 VFP 提供了查询向导工具来简化查询过程，并且可以同时生成相应的 SELECT-SQL 语句，但直接使用 SELECT-SQL 语句能够更灵活更方便地实现一些复杂的查询功能。

可以在 VFP 的命令窗口中直接键入 SQL 语句来进行交互操作，也可以在"查询设计器"中设计相关 SELECT-SQL 查询，还可以在程序中插入相关的查询语句。

数据库中最常见的操作是数据查询，SQL 语言提供了简单而又丰富的 SELECT 数据查询语句。在 VFP 中提供的 SELECT-SQL 标准语法如下：

命令格式：

SELECT [ALL｜DISTINCT][TOP nExpr[PERCENT]]

[Alias.] Select_Item [AS Column_Name]

[,[Alias.] Select_Item [AS Column_Name]…]

FROM［FORCE］［DatabaseName！］Table［Local_Alias］

［［INNER | LEFT［OUTER］| RIGHT［OUTER］| FULL［OUTER］JOIN

［DatabaseName！］Table［Local_Alias］

［ON JoinCondition…］

［［INTO Destination］

| ［TO FILE FileName［ADDITIVE］| TO PRINTER［PROMPT］

| ［TO SCREEN］］

［PREFERENCE PreferenceName］

［NOCONSOLE］

［PLAIN］

［NOWAIT］

［WHERE JoinCondition［AND JoinCondition…］

［AND | OR FilterCondition［AND | OR FilterCondition…］］

［GROUP BY GroupColunm［,GroupColunm…］］

［HAVING FilterCondition］

［UNION［ALL］SELECTCommand］

［ORDER BY Order_Item［ASC | DESC］［,Order_Item［ASC | DESC］…］］

命令功能：

从指定的表中筛选出满足给定条件的记录，实现数据查询。SELECT 语句的执行过程为：根据 WHERE 子句的连接和检索条件，从 FROM 子句指定的基本表或视图中选取满足条件的元组，再按照 SELECT 子句中指定的字段表达式，选出记录中的属性值形成结果表。如果有 GROUP 子句，则将查询结果按照指定字段相同的值进行分组；如果 GROUP 子句后有 HAVING 子句，则只输出满足 HAVING 条件的记录；如果有 ORDER 子句，查询结果还要按照指定字段的值进行排序。

命令说明：

1）［ALL | DISTINCT］参数中的 ALL 参数代表显示满足给定条件的全部记录；DISTINCT 代表选出满足给定条件的记录，但消除重复的记录。

2）［Alias.］Select_Item［AS Column_Name］中的 Select_Item 参数指定查询结果中的字段、字段表达式以及常量。若 Select_Item 是一个常量，那么查询结果中的每一行都出现该常量值。［AS Column_Name］参数可以为查询结果中显示的标题重新命名。若 Select_Item 是一个字段，则［Alias.］指明该字段所在表的别名。

3）FROM［FORCE］［DatabaseName！］Table［Local_Alias］子句指定查询使用的所有表。［Local_Alias］为表指定一个临时表名。若指定了本地别名，那么在 SELECT-SQL 语句中必须使用这个别名代替表名。FORCE 参数表示数据表将按 FROM 子句出现的顺序联接。DatabaseName！指定包含该表的非当前数据库。

4）［INNER|LEFT［OUTER］| RIGHT［OUTER］| FULL［OUTER］JOIN［DatabaseName！］Table［Local_Alias］ON JoinCondition…］指定联接的类型及联接字段表达式。INNER JOIN 指定查询结果中只包括那些多个表中都有的行；LEFT JOIN 指定查询结果中包括 JOIN 关键字左边表中所有的行，和 JOIN 关键字右边表中与这些行匹配的行；RIGHT JOIN 指定查询结果中包括 JOIN 关键字右边表中所有的行，和 JOIN 关键字左边表中与这些行匹配的行；FULL JOIN 指定查询结果中包括所有表中所有匹配与不匹配的行；ON JoinCondition 指定表的连接条件。

5）［INTO Destination］表示设置查询结果存放的地方。可以是下列形式之一：ARRAY ArrayName 数组;CURSOR CursorName [NOFILTER]临时表。

6)[TO FILE FileName [ADDITIVE] | TO PRINTER [PROMPT] | TO SCREEN]表示分别将查询结果送到一个文本文件、打印机、屏幕中去。

7)[PREFERENCE PreferenceName]表示当输出方向为"浏览"窗口时保存该窗口的属性,以便下一次调用。

8)[NOCONSOLE]表示在将查询结果输出到文本文件或打印机上去的同时禁止在屏幕上显示查询结果。

9)[PLAIN]表示禁止列标头出现在查询结果中。

10)[NOWAIT]表示在打开浏览窗口将查询结果输出到浏览窗口中去后,允许程序继续执行。

11)[WHERE]子句用以设置多表连接条件以及记录筛选条件。

12)[GROUP BY]子句用以设置分组汇总依据。

13)[HAVING]子句用以设置分组筛选条件。

14)[ORDER BY]子句用以设置查询结果的排序准则。ASC 为升序;DESC 为降序,默认为升序。若缺省此项,则查询结果不排序。

下面通过实例就 SELECT-SQL 的使用方法作简单介绍。

1. 单表查询

(1)无条件的单表查询

【例 8-10】 在 Student 表中查询学号、姓名、系别信息。

SELECT 学号,姓名,系别 FROM Student

(2)有条件的单表查询

【例 8-11】 在 Teacher 表中查询职称为教授的教师号、姓名、职称信息。

SELECT 教师号,姓名,职称 FROM Teacher WHERE 职称="教授"

【例 8-12】 在 Teacher 表中查询职称为副教授以上并且课时津贴超过 2000 的教师号、姓名、职称、课时津贴信息,在输出信息中按课时津贴的升序排列。

SELECT 教师号,姓名,职称,课时津贴 FROM Teacher;

WHERE "教授"$职称 AND 课时津贴>=2000;

ORDER BY 课时津贴 ASC

2. 多表查询

【例 8-13】 若要从 STUDENTS 数据库的 Student 表和成绩表 Score 中查询"医学系"学生的"学号"、"姓名",以及大学计算机、英语、高等数学三科成绩及平均成绩信息,并按平均成绩的降序排列,那么应执行如下命令:

SELECT Student. 学号,Student. 姓名,Score. 大学计算机,Score. 英语,Score. 高等数学,(Score. 大学计算机+ Score. 英语+ Score. 高等数学)/3 AS 平均成绩;

FROM STUDENTS! Student INNER JOIN STUDENTS! Score;

ON Student. 学号=Score. 学号;

WHERE Student. 系别="医学系";

ORDER BY 平均成绩 DESC

在命令窗口中执行上面查询后,输出结果如图 8-24 所示。

3. 嵌套查询方法

【例 8-14】 通过课程表 Subject 在学生表 Student 和选课表 Elective 中,查询选修课程为"微

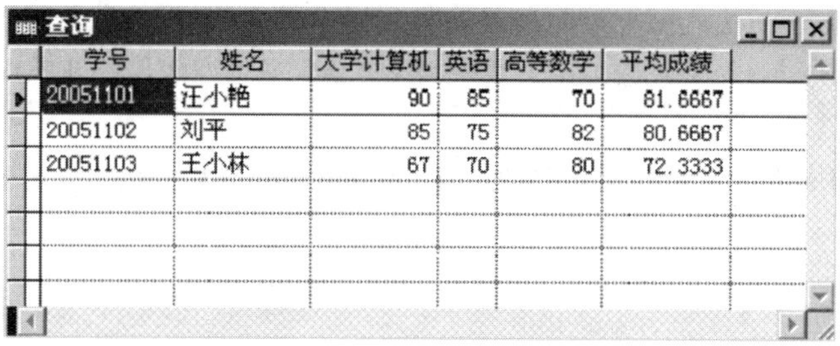

学号	姓名	大学计算机	英语	高等数学	平均成绩
20051101	汪小艳	90	85	70	81.6667
20051102	刘平	85	75	82	80.6667
20051103	王小林	67	70	80	72.3333

图 8-24　查询结果窗口

机原理和接口技术”的所有学生的学号、姓名和系别，使用嵌套方法进行查询。

Select Student. 学号，Student. 姓名，Student. 系别；

From Student，Elective；

Where Elective. 课程号 IN（Select 课程号 From Subject Where 课程名称 = "微机原理与接口技术"）And Elective. 学号 = Student. 学号

上面命令执行后输出结果如图 8-25 所示。在这里，外层 Where 子句中嵌套一个 Select 语句，称为嵌套查询。嵌套的子查询在外层查询处理之前执行。在此例中，先在课程表 Subject 中检索出课程名称为“微机原理与接口技术”的课程号，然后在选课表 Elective 中根据该课程号找出选修该课程的学生对应的学号，最后根据该学号在 Student 表中分别显示“学号”、“姓名”和“系别”信息。

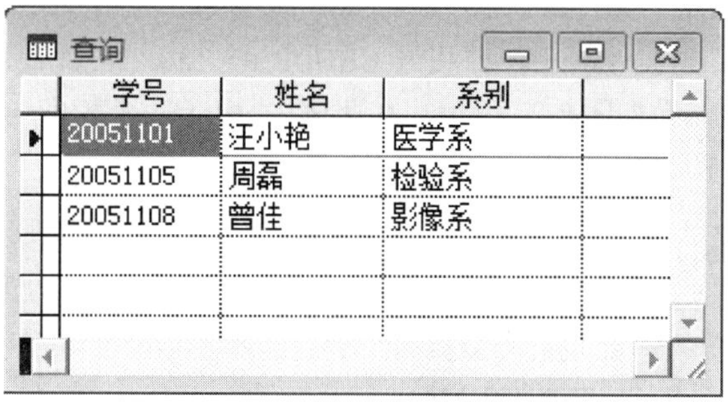

学号	姓名	系别
20051101	汪小艳	医学系
20051105	周磊	检验系
20051108	曾佳	影像系

图 8-25　嵌套查询结果窗口

4. 在查询中进行统计运算

在实际应用 SQL 时，常常要对表中相关列进行各种统计运算，并且对输出的记录作一些限制，这就需要用到 SQL 库函数以及 GROUP BY、HAVING BY 子句。表 8-4 列出了常用库函数及用法。

表 8-4　常用库函数及功能

库函数	功能
COUNT([ALL|DISTINCT] *)	统计表中记录的个数
COUNT([ALL|DISTINCT]列名)	统计某一列值的个数
SUM(列名)	求数值列全部数值的总和
AVG(列名)	求数值列的平均值
MAX(列名)	求列中的最大值
MIN(列名)	求列中的最小值

【例8-15】 在 Teacher 表中统计职称是副教授以上的人数、平均课时津贴。

SELECT COUNT(＊) AS 人数,AVG(课时津贴) AS 平均课时津贴 FROM Teacher；

WHERE "教授"$职称

执行上面命令后输出结果如图 8-26 所示。表明副教授以上的人数是 3,平均课时津贴为 2233.33。

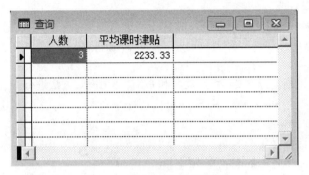

图 8-26 统计查询结果窗口

5. 分组查询

【例8-16】 统计每门课程的选修课人数。

SELECT Subject. 课程号,课程名称,COUNT(学号) AS 选课人数；

FROM Elective,Subject；

WHERE Subject. 课程号＝Elective. 课程号 GROUP BY Elective. 课程号

执行上面命令输出结果如图 8-27 所示。在此例中,由于两个表中均有"课程号"字段,所以一定要标明课程号所属的表名称,以便系统加以区分。

课程号	课程名称	选课人数
s01	大学计算机基础	6
s02	医用高等数学	1
s03	微机原理与接口技术	3
s04	工程数学	2
s05	应用统计学	1

图 8-27 分组查询显示结果窗口

【例8-17】 统计显示选课人数 3 人以上的授课教师姓名、课程名称和选修课人数。并按选课人数的降序排列。

SELECT 姓名,课程名称,COUNT(学号) AS 选课人数 FROM Teacher,Elective,Subject；

WHERE Subject. 课程号＝Elective. 课程号 .AND. Teacher. 课程号＝Subject. 课程号；

GROUP BY Elective. 课程号 HAVING 选课人数>=3 ORDER BY 选课人数 DESC

此例中,先在选课表 Elective 中根据"课程号"分组统计选课人数,如图 8-28 所示。筛选选课人数超过 3 人的记录,结果是课程 s01 有 6 人,课程 s03 有 3 人,按选课人数从高到低排序,如图 8-29。再根据课程号 s01 和 s03 在课程表 Subject 和教师表 Teacher 中求出对应的课程名称和教师姓名，课程名称分别是“大学计算机基础”和“微机原理和接口技术”，教师姓名分别是周义文和刘书毅。输出结果如图 8-30 所示。

S1

课程号	选课人数
s01	6
s02	1
s03	3
s04	2
s05	1

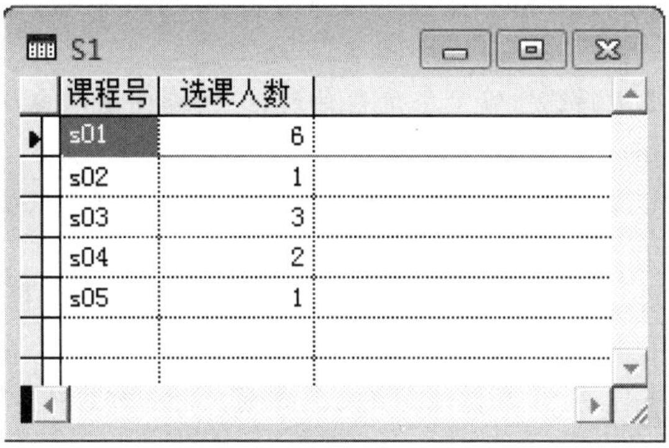

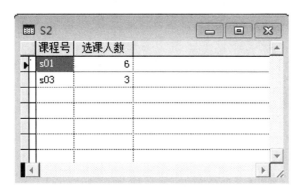

图 8-28　选课表按课程号统计结果窗口

S2

课程号	选课人数
s01	6
s03	3

图 8-29　选课人数超过 3 人统计结果窗口

查询

姓名	课程名称	选课人数
周义文	大学计算机基础	6
刘书毅	微机原理与接口技术	3

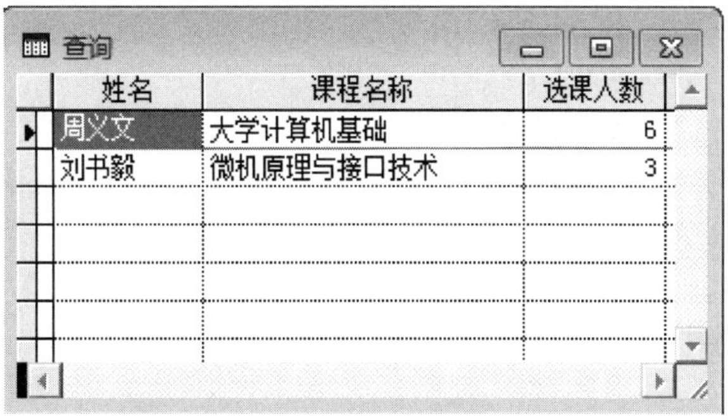

图 8-30　分组统计查询输出结果窗口

如果将上例中的命令执行过程进行分解，相当于执行下面三行命令，其效果是相同的。

(1) SELECT 课程号，COUNT(学号) AS 选课人数 FROM Elective;

GROUP BY 课程号 into Table s1

(2) SELECT 课程号，选课人数 FROM s1 HAVING 选课人数>=3;

ORDER BY 选课人数 DESC into Table s2

(3) SELECT 姓名，课程名称 FROM s2，Teacher，Subject;

WHERE s2. 课程号=Teacher. 课程号 AND s2. 课程号= Subject. 课程号

小 结

1. 查询和视图是 Visual FoxPro 的重要组成部分,是非常相似的一种查询数据库中数据的方法。

2. 查询是从指定的表中筛选出满足给定条件的记录,查询是以文件形式存放的程序,其扩展名为 . QPR,可以通过 DO 命令来执行。

3. 视图是一种定制的虚拟表,其功能与查询类似,但查询不能修改数据源表中的内容,而视图可以修改数据源表中的内容,这是视图与查询的重要区别。

4. 查询设计器与视图设计器的主要区别在视图设计器有"更新条件"选项卡,而查询设计器在菜单和工具栏中多了一个"查询去向"选项。

5. 建立查询分为单表查询、多表查询和交叉表查询三种。可以通过菜单、命令、项目管理器建立查询,通过菜单还可以使用查询向导,但查询向导的功能有限。

6. 视图分为本地视图和远程视图两种。建立本地视图的方法与建立查询的方法相似。可以通过视图更新源表中的数据,这是视图与查询的本质区别。

7. 查询和视图都可以通过 SQ-SELECT 语句实现,查询和视图的 SQL 语句可以通过显示 SQL 窗口按钮查看。

8. 在 Visual FoxPro 中提供了功能强大的 SQL-SELECT 语句,即结构化查询语言,主要有数据定义、数据修改、数据查询三大类功能。数据库中最常见的操作是数据查询,SQL 语言提供了简单而又丰富的 SELECT 数据查询语句。主要有单表查询、多表查询和嵌套查询。

习 题 八

一、选择题

1. 下述选项中(　　)是查询的输出形式。

    A. 数据表　　　　　B. 图形　　　　　C. 报表　　　　　D. 临时表

2. 视图不能单独存在,它必须依赖于(　　) 而存在。

    A. 视图　　　　　B. 数据库　　　　　C. 数据表　　　　　D. 查询

3. 实现多表查询的数据可以是(　　)。

    A. 远程视图　　　　B. 数据库表　　　　C. 数据表　　　　D. 本地视图

4. 视图设计器中的选项卡与查询设计器中选项卡几乎一样,只是视图设计器中的选项卡比查询设计器中选项卡多一个(　　)选项卡。

    A. 字段　　　　　B. 排序依据　　　　C. 联接　　　　　D. 更新条件

5. 在"添加表和视图"窗口,"其他"按钮的作用是让用户选择(　　)。

    A. 数据库表　　　　B. 视图　　　　　C. 查询　　　　　D. 不属于数据库的表

6. 查询设计器和视图设计器的主要不同表现在于(　　)。

    A. 查询设计器有"更新条件"选项卡,没有"查询去向"选项

    B. 查询设计器有"更新条件"选项卡,有"查询去向"选项

    C. 视图设计器有"更新条件"选项卡,有"查询去向"选项

    D. 视图设计器有"更新条件"选项卡,没有"查询去向"选项

7. 在 SQL 查询时,使用 WHERE 字句指出的是(　　)。

    A. 查询目标　　　　B. 查询结果　　　　C. 查询条件　　　　D. 查询视图

8. SQL 的核心是(　　)。

    A. 数据查询　　　　B. 数据修改　　　　C. 数据定义　　　　D. 数据控制

9. 用 SQL 语句建立表时为属性定义有效性规则,应使用短语(　　　)。

    A. DEFAULT　　　　　B. PRIMARY KEY　　　C. CHECK　　　　　D. UNIQUE

10. SQL 的数据修改(操作)语句不包括(　　　)。

    A. INSERT　　　　　B. UPDATE　　　　　C. REPLACE　　　　D. DELETE

11. SQL 的查询语句是(　　　)。

    A. SELECT　　　　　B. ALTER　　　　　C. UPDATE　　　　D. QUERY

12. SQL 的查询语句中,条件短语的关键字是(　　　)。

    A. WHILE　　　　　B. WHERE　　　　　C. FOR　　　　　D. CONDITION

二、填空题

1. 用视图_____修改数据表中数据。

2. 视图和查询可能对_____表进行操作。

3. 视图可分为_____、_____两种。

4. SQL 可以控制视图的_____方法。

5. 视图中的数据取自数据库中的_____或_____。

6. 查询_____更新数据表中的数据。

7. 由多个本地数据表创建的视图,该视图称为_____。

8. 查询设计器中的"联接"选项卡,可以控制_____选择。

9. 查询设计器中的"字段"选项卡,可以控制_____选择。

10. 创建视图时,相应的数据库必须是_____状态。

11. 假设图书管理数据库中有3个表,图书.dbf、读者.dbf和借阅.dbf。它们的结构分别如下:

图书(总编号 C(6),分类号 C(8),书名 C(16),作者 C(6),出版单位 C(20),单价 N(6,2))

读者(借书证号 C(4),单位 C(8),姓名 C(6),性别 C(2),职称 C(6),地址 C(20))

借阅(借书证号 C(4),总编号 C(6),借书日期 D(8))

在上述图书管理数据库中,图书的主索引是总编号,读者的主索引是借书证号,借阅的主索引应该是_____。

12. 如果要在藏书中查询"高等教育出版社"和"科学出版社"的图书,请对下面的 SQL 语句填空。

SELECT 书名,作者,出版单位;

FROM 图书管理! 图书;

WHERE 出版单位_____。

13. 如果要查询所藏图书中,各个出版社的图书最高单价、平均单价和册数,请对下面的 SQL 语句填空。

SELECT 出版单位,MAX(单价),_____,_____;

FROM 图书管理! 图书;

_____出版单位。

14. 如果要查询借阅了两本和两本以上图书的读者姓名和单位,请对下面的 SQL 语句填空。

SELECT 姓名,单位;

FROM 图书管理! 读者;

WHERE_____IN;

(SELECT_____;

FROM 图书管理! 借阅;

CROUP BY 借书证号;

_____COUNT(*)>=2)

第9章 报表设计

在前面已介绍了数据表的各种操作方法,现在可以轻松地建立和维护数据表来处理复杂的数据了。然而在实际应用中,数据一般还是利用打印机打印成报表。在 VFP 中打印报表,须先建立一报表文件,文件的数据来源为数据库表、自由表、查询文件或视图文件,文件的版面设计成所需要打印的报表格式,然后再打印此报表文件。

通过设计报表,可以用各种方式在打印页面上显示数据。设计报表有 4 个主要步骤:

(1) 决定要创建的报表类型。

(2) 创建报表布局文件。

(3) 修改和定制布局文件。

(4) 预览和打印报表。

在 VFP 中,要建立报表文件,可使用下列几种方法:

(1) 报表向导:从单一数据表或多重数据表来建立报表。使用此方法,能快速地建立美观的报表。

(2) 报表设计器:可从空白报表建立报表,也可修改已建立好的报表文件。

(3) 快速报表:从单一数据表创建简单规范的打印报表。此方法可快速建立报表。

(4) 用命令来创建、输出报表。

§9.1 创建报表

9.1.1 使用"报表向导"创建报表

使用报表向导创建报表,其操作步骤如下:

(1) 在"文件"菜单下选择"新建"命令,打开"新建"对话框,在"新建"对话框中选择"报表"单选项,然后单击"向导"按钮,弹出向导选取对话框,如图 9-1 所示。

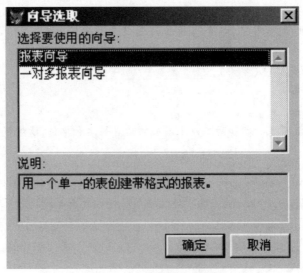

图 9-1 "向导选取"对话框

（2）在"向导选取"对话框中选择"报表向导"，按"确定"按钮。系统弹出"报表向导"——步骤 1 对话框，如图 9-2 所示。

图 9-2 "报表向导"——步骤 1 对话框

（3）在"报表向导"步骤 1 对话框中，选择报表数据源 STUDENT 表及报表所需要的字段：学号、姓名、性别、系别、出生日期和入学成绩。

（4）在完成字段选取后，单击"下一步"按钮，系统弹出"报表向导"——步骤 2 对话框，"报表向导"进入分组记录对话框，如图 9-3 所示。

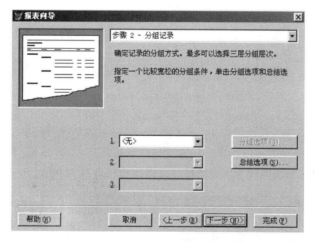

图 9-3 "报表向导"——步骤 2 对话框

（5）这时不进行分组讨论，以后专门讲解。

（6）单击"下一步"按钮，系统弹出"报表向导"——步骤 3 对话框。在该对话框中选择报表式样，如图 9-4 所示。

（7）单击"下一步"按钮，系统弹出"报表向导"——步骤 4 对话框，如图 9-5 所示。在该对话框中选择报表列数和布局。

 注意

"列数"是指输出的栏数，"字段布局"中的"列"与"行"分别指定同一条记录的字段是各占一列还是各占一行。如果步骤 2 中进行了分组，则这两项不可用。

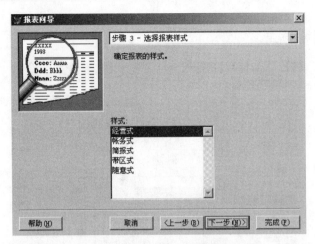

图 9-4 "报表向导"——步骤 3 对话框

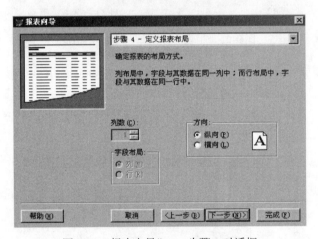

图 9-5 "报表向导"——步骤 4 对话框

(8) 单击"下一步"按钮，系统弹出"报表向导——步骤 5"对话框，如图 9-6 所示。在该对话框中选择报表中用于排序的字段和顺序。在这里选取排序字段为"系别"和"入学成绩"，即首先按系别排，系别相同的记录再按入学成绩排序。选择排序方式为升序。

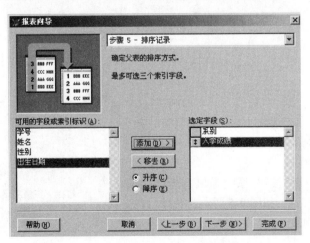

图 9-6 "报表向导"——步骤 5 对话框

(9) 单击"下一步"按钮,系统弹出"报表向导"——步骤6对话框,如图9-7所示。

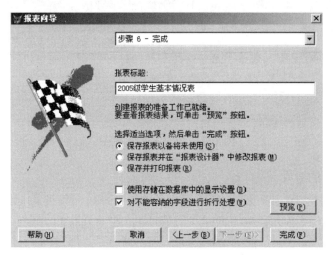

图9-7 "报表向导"——步骤6对话框

(10) 输入报表标题:2005级学生基本情况表,并选择报表保存方式。如果要在保存前预先查看报表的输出效果,可以单击"预览"按钮。

(11) 单击"完成"按钮,系统弹出"另存为"对话框。选择存放报表的位置和报表名称,输入报表名为:Student. frx,最后单击"保存"按钮,即完成报表的创建。通过预览显示的报表如图9-8所示。

学号	姓名	性别	系别	出生日期	入学成绩
20051106	何艾波	男	检验系	01/05/88	556
20051105	周磊	男	检验系	04/07/87	560
20051104	肖岚	女	检验系	05/12/87	572
20051101	汪小艳	女	医学系	04/09/87	556
20051103	王小林	女	医学系	07/20/88	562
20051102	刘平	男	医学系	12/10/88	575
20051108	曾佳	女	影像系	11/23/86	558
20051110	罗小平	女	影像系	10/01/88	568
20051107	贾文	女	影像系	06/23/88	578
20051109	刘军	男	影像系	09/10/86	585

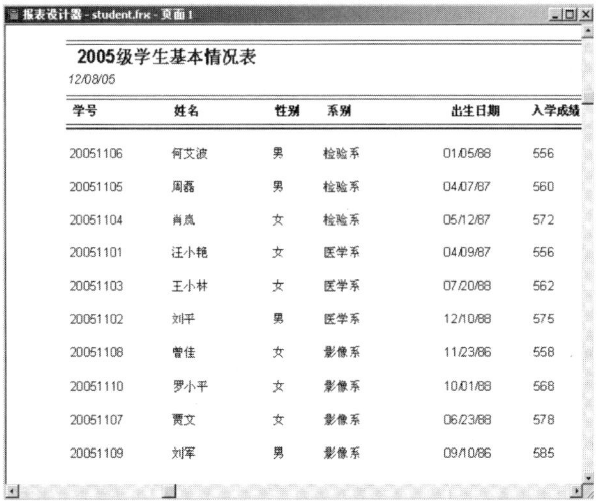

图9-8 报表预览的显示结果

9.1.2 使用"报表设计器"创建报表

VFP提供的报表设计器允许用户通过直观的操作设计报表,也可将已设计好的报表文件调出来进行修改。使用报表设计器,可以设计更灵活、更复杂的报表。

使用报表设计器创建报表,其操作步骤如下:

(1) 在"文件"菜单下选择"新建"命令,打开"新建"对话框,在"新建"对话框中选择"报表"单选项,然后单击"新建文件"按钮,系统显示"报表设计器"窗口,如图9-9所示。

(2) 在"报表设计器"窗口中通过直观的操作设计报表。

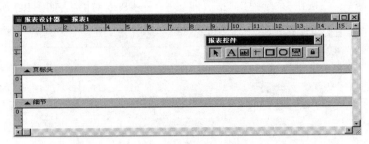

图 9-9 "报表设计器"窗口

1. 报表设计器的组成

在"报表设计器"窗口中有三个空白区域,每个区域有一个向上的箭头,并标有区域名称,分别为:

页标头区域:也称表头,该区域中的文字将被打印在每一页报表的上方。

细节区域:也称为表体,该区域显示的是报表的具体内容,即报表中的每一个记录数据。

页注脚区域:也称表尾,该区域显示的文字将被打印在每一页报表的下方。该区域一般显示的是报表的补充资料内容。

在"报表设计器"窗口中,除了图 9-9 显示的页标头、细节和页注脚带区以外,还提供了标题、总结、组标头和组注脚带区。

2. "报表设计器"工具栏

系统在"报表设计器"窗口中提供了"报表设计器"工具栏,如图 9-10 所示。

"报表设计器"工具栏中从左到右各按钮的功能如下:

数据分组:创建数据分组及指定其属性。

数据环境:显示报表的"数据环境设计器"窗口。

图 9-10 "报表设计器"工具栏

报表控件工具栏:显示或关闭"报表控件"工具栏。

调色板工具栏:显示或关闭"调色板"工具栏。

布局工具栏:显示或关闭"布局"工具栏。

在设计报表时使用"报表设计器"工具栏中各按钮提供的功能可以快速设计一个报表。

3. 报表控件工具栏

在"报表设计器"窗口中单击"报表控件工具栏"按钮,将打开"报表控件"工具栏,如图 9-11 所示。

"报表控件"工具栏中的按钮从左到右分别是:"选定对象"、"标签"、"域控件"、"线条"、"矩形"、"圆角矩形"、"图片ActiveX 绑定控件"和"按钮锁定"。这些按钮的功能分别是:

图 9-11 "报表控件"工具栏

选定对象:移动或更改控件的大小。在创建一个控件后,系统将自动选定该按钮,除非选中"按钮锁定"按钮。

标签:在报表上创建一个标签控件,用于显示与记录无关的数据。

域控件:在报表上创建一个字段控件,用于显示字段、内存变量或其他表达式的内容。

线条:绘制线条。

矩形:绘制矩形。

圆角:绘制圆角矩形。

图片/Active X 绑定控件:显示图片或通用型字段的内容。

按钮锁定:允许添加多个相同类型的控件而不需要多次选中该控件按钮。

9.1.3 打开报表设计器

在"文件"菜单中可以打开"报表设计器",在命令窗口中也可打开"报表设计器"。

命令格式：

MODIFY REPORT [<FileName>]

命令功能：

如果指定文件名,则打开指定报表的"报表设计器"窗口。如果没有指定文件名,则首先弹出"打开"对话框,指定报表文件后,打开"报表设计器"窗口。如果指定的是一个新文件,则打开一个空白"报表设计器"。

命令说明：

FileName 参数用于指定要打开或新建的报表名称。

9.1.4 使用"快速报表"创建报表

如果对"报表设计器"的使用还不熟悉的话,可以使用系统提供的"快速报表"来创建报表。通常首先使用"快速报表"来创建简单规范的报表,然后在此基础上用报表设计器进行修改,以便快速构造用户满意的报表。

使用"快速报表"创建简单规范的报表,其操作步骤如下：

(1) 首先打开一个新的"报表设计器"窗口。

(2) 在"报表设计器"窗口的"报表"菜单中选择"快速报表"命令。

(3) 在"打开"对话框中指定报表的数据源。数据源可以是数据库表或自由表。这里选取教师表 teacher。

(4) 单击"确定"按钮,系统弹出"快速报表"对话框,如图 9-12 所示。

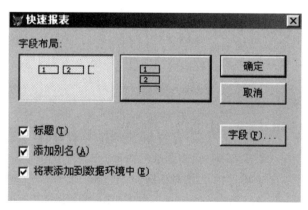

图 9-12 "快速报表"对话框

快速报表对话框的内容说明：

字段布局按钮：在"快速报表"对话框中,左侧的较大按钮决定字段在报表中以横排的顺序排列,而右侧的较大按钮决定字段在报表中以竖排的顺序排列。

标题复选框：若选中"标题"复选框,表示在报表中为每一个字段添加一个报表标题。

添加别名复选框：若选中"添加别名"复选框,表示在报表中为每一个字段在其前面添加表的别名。

将表添加到数据环境中复选框：若选中"将表添加到数据环境中"复选框,表示把打开的表文件添加到报表的数据环境中以作为报表的数据源。

字段：单击"字段"按钮可以为报表选择可用的字段，缺省情况下选择表文件中除通用型字段以外的所有字段。

（5）在"快速报表"对话框中，选择字段布局、标题和添加别名选项。

（6）若要为报表指定字段，可以单击"字段"按钮进行选择。

（7）最后单击"确定"按钮，系统将自动生成快速报表，如图9-13所示。

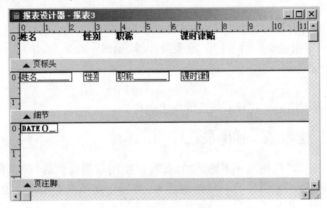

图9-13　生成的快速报表

§9.2　设置报表数据源

在报表的格式设计完成以后，接下来的工作就是为报表设置数据源。报表的数据源可以是数据库表、自由表或视图。在设计报表时，可以把数据源添加到报表的数据环境中，这样就设置了报表的数据源。

9.2.1　设置报表的数据源

要设置报表的数据源，只需将数据源添加到报表的数据环境中即可。其操作步骤如下：

（1）以任意方式打开"报表设计器"。

图9-14　"添加表或视图"对话框

（2）在"报表设计器"中单击鼠标右键，在快捷菜单中选择"数据环境"命令。

（3）在"数据环境设计器"窗口中单击鼠标右键，在快捷菜单中选择"添加"命令，系统将弹出"添加表或视图"对话框，如图9-14所示。

（4）选择要添加的数据库和数据库表。若要添加视图，应选"视图"单选项。若要添加自由表，应单击"其他"按钮。

（5）单击"添加"按钮。然后单击"关闭"按钮，系统将选中的表或视图添加到"数据环境设计器"窗口中。

图9-15显示了在"数据环境设计器"窗口中添加的teacher表和subject表。数据源可以是一个单独的表，也可以是多个建立了关系的表。

9.2.2　为数据环境中的表设置索引

如果在数据环境中的表已在某一字段上建立了索引，则可以在报表的数据环境中为表设置索引,这样就可以控制报表中记录的打印顺序。

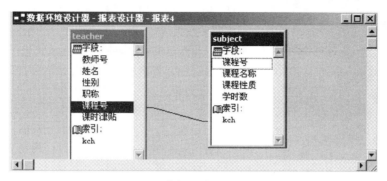

图 9-15 "数据环境设计器"窗口

为数据环境中的表设置索引,其操作步骤如下:

(1) 选择"数据环境设计器"窗口中的表,然后单击鼠标右键,系统弹出快捷菜单。

(2) 选择"属性"命令,系统弹出"属性"对话框。

(3) 从"对象"组合框中选择"Cursor1"选项。

(4) 选择"数据"选项卡。

(5) 选择"Order"属性。

(6) 为"Order"属性选择索引字段。

(7) 关闭"属性"窗口和"数据环境设计器"窗口。

§9.3 报表布局

在设计报表之前总是要对报表进行合理的布局,将数据放在报表的恰当位置上,使得报表输出更加美观。在 VFP 中,一个报表总是被划分为若干个带区,"页标头"、"细节"和"页注脚"这三个带区是报表默认的基本带区,如图9-7所示。带区的作用主要是控制数据在页面上的打印位置。在打印或预览报表时,系统会以不同的方式处理各个带区的数据。

1. 认识带区

表9-1列出了报表的一些常用带区以及使用情况。

2. 设置带区

报表默认的基本带区只有三个,即"页标头"、"细节"和"页注脚"。如果要使用其他带区,则必须自己设置。

表 9-1 报表带区及使用情况

带 区	使用情况
标 题	每一张报表使用一次
页标头	每个页面使用一次
列标头	每列使用一次
组标头	每组使用一次
细 节	每条记录使用一次
组注脚	每组使用一次
列注脚	每列使用一次
页注脚	每个页面使用一次
总 结	每报表使用一次

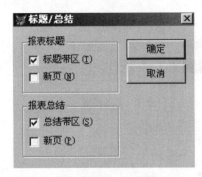

图 9-16　"标题/总结"对话框

设置"标题/总结"带区：从"报表"菜单中选择"标题/总结"命令，系统将显示"标题/总结"对话框，如图 9-16 所示。若要在报表中添加"标题"带区，则选择"标题带区"复选框，若要在报表中添加一个"总结"带区，则选择"总结带区"复选框。若希望把标题内容单独打印一页，应选择"新页"复选框。

设置"列标头"或"列注脚"带区：从"文件"菜单中选择"页面设置"命令，然后在弹出的"页面设置"对话框中把"列数"微调器的值调整为大于 1，报表将添加一个"列标头"带区和一个"列注脚"带区。

3. 向带区添加控件

设置好带区以后，就可以从"报表控件"工具栏中选择需要的控件添加在带区中。

4. 调整带区高度

如果带区的高度不能满足设计要求，可用鼠标选中某一带区后上下拖拽，直至得到满意的高度为止。

§9.4　数据分组

在设计报表时，有时需要将报表的数据成组输出，从而将相同信息的数据打印在一起。例如，若要将 student 表中同一个系的学生打印在一起，就必须考虑数据分组。

一个报表可以设置一级或多级数据分组。若报表已进行了数据分组，则报表会自动包含"组标头"和"组注脚"带区。一个数据分组对应于一组"组标头"和"组注脚"带区。数据分组将按照在"报表设计器"中创建的顺序在报表中编号，越小编号的数据分组离"细节"带区越近。

对报表进行数据分组，首先从"报表"菜单中选择"数据分组"命令，系统将显示如图 9-17 的"数据分组"对话框。

然后在"数据分组"对话框中设置分组表达式。分组表达式可以是一个字段，或由字段组成的表达式，这时称为一级数据分组。若创建或选择多个分组表达式进行分

图 9-17　"数据分组"对话框

组，这时称为多级数据分组。单击"插入"按钮可输入多个表达式，单击"删除"按钮可删除当前分组表达式。例如，在 student 表中可按"系别"字段进行分组，将同一个系的学生信息打印在一起。

最后在"组属性"选项组中设置组属性。这些组属性主要用于指定如何分页。在"组属性"区域中，若选择"每组从新的一列上开始"复选框，表示当组的内容改变时，从新的一列开始打印；若选择"每组从新的一页上开始"复选框，表示当组的内容改变时，从新的一页开始打印；若选择"每组的页号重新从 1 开始"复选框，表示当组的内容改变时，在新的一页上开始打印，并把页号重置为1；若选择"每页都打印组标头"复选框，表示当组的内容分布在多页时，每一页都打印组标头。

§9.5　报表输出

报表设计并创建完成之后，接下来可以对报表输出的结果进行预览，如果对输出结果不满

意,可以继续设计和修改报表布局,直到满意为止。在"报表设计器"中,任何时候都可以使用
"预览"功能查看打印效果。方法是:从"显示"菜单中选择"预览"命令,或在"报表设计器"中单
击鼠标右键并从快捷菜单中选择"预览"命令。

预览报表满意后,就可以开始打印报表。首先打开要打印的报表,然后从"文件"菜单中选
择"打印"命令,系统将弹出如图9-18所示的打印对话框。

图 9-18　"打印"对话框

在"打印"对话框中,"打印机名"组合框列出了当前系统已经安装的打印机。"属性"按钮
主要用于设置打印纸张的尺寸、打印精度等选项。"打印范围"区域中的单选项用于设置要打印
的数据范围。选择"All"将打印报表的全部内容;选择"页码"将打印设定的页数。"打印的份
数"微调器可以设置打印份数。

在 VFP 中,可以使用命令 REPORT FORM 输出报表。

命令格式:

REPORT FORM <FileName1>

[Scope]

[FOR <lExpression1>]

[WHILE <lExpression2>]

[PREVIEW]

[TO PRINTER [PROMPT]|TO FILE FileName2]

[SUMMARY]

命令功能:

该命令用于打印或预览指定的报表。

命令说明:

1) FileName1 参数用于指定要打印的报表文件名称。

2) Scope 子句用于指定报表所要打印的记录范围。

3) FOR 子句用于设置筛选条件以将满足给定条件的记录打印出来。

4) WHILE 子句用于设置筛选条件以将满足给定条件的首条记录及其后的连续记录打印
出来。

5) PREVIEW 子句用于指定预览报表。

6) TO PRINTER 子句用于将打开的报表输出到打印机上。该子句若同时包含有 PROMPT

子句,系统将在打印报表时首先显示"打印"对话框,允许对打印选项做进一步的设置。

7）TO FILE 子句用于将报表输出到指定的文件中。FileName2 参数用于指定输出的文件名。

8）SUMMARY 子句用于在打印汇总报表时只打印汇总值而不打印明细记录。

小　结

1. 在数据库管理系统中,往往需要将数据处理的结果按一定的格式打印出来,这就是报表。报表就是将数据的输出格式设计成布局文件,文件中的数据来源于报表数据源,将其内容设计成报表格式,输出到打印机进行打印。

2. 新建报表的方法有:①使用"文件"菜单中的"新建"命令;②在命令窗口输入 CREATE REPORT［文件名］。

3. 打开报表的方法:①使用"文件"菜单中的"打开"命令;②在命令窗口输入 MODIFY RE-PORT［文件名］。

4. 打开报表设计器后,选择"报表"菜单中的"快速报表"命令可以创建快速报表。

5. 在报表设计器中,利用"报表"菜单中的"标题/总结"命令来完成表头和表尾的设计,利用"报表"菜单中的"数据分组"命令可以设置分组报表;用"文件"菜单中的"页面设置"命令可以设置多栏报表。

习　题　九

一、选择题

1. 设计报表要定义报表的(　　)。

   A. 标题　　　　　B. 页标头　　　　　C. 列标头　　　　　D. 细节

2. 报表控件有(　　)。

   A. 标签　　　　　B. 线条　　　　　C. 矩形　　　　　D. 域控件

3. Visual FoxPro 的报表文件.FRX 中保存的是(　　)。

   A. 打印报表的预览格式　　　　　B. 打印报表本身

   C. 报表的格式和数据　　　　　D. 报表设计格式的定义

4. 创建快速报表时,基本带区包括(　　)。

   A. 标题、细节和总结　　　　　B. 页标头、细节和页注脚

   C. 组标头、细节和组注脚　　　　　D. 报表标题、细节和页注脚

5. 报表的数据源可以是(　　)。

   A. 视图和查询　　　　　B. 只能为数据库表

   C. 数据库表,查询,视图或临时表　　　D. 临时表

二、填空题

1. 创建报表有＿＿＿＿种方法。

2. 报表标题要通过＿＿＿＿控件定义。

3. 报表中＿＿＿＿加入图片。

4. 报表可以在打印机上输出,也可以通过＿＿＿＿浏览。

三、简答题

1. 用报表设计器设计报表有什么优点?

2. 用报表向导设计报表有什么优点?

3. 用报表向导设计的报表可以在报表设计器上修改吗?

第10章 结构化程序设计

在 VFP 中,除了可以通过菜单方式或命令方式完成指定的任务外,还允许用户通过编写程序以完成较复杂的任务。程序设计是将一系列命令有机地结合在一起,以文件的形式存放在磁盘中,这个文件被称为程序文件或命令文件,其扩展名为 .PRG。程序可以解决较复杂的实际问题,实现仅靠命令方式难以完成的任务。例如,处理某些重复操作时,使用命令方式执行起来效率很低,而运行程序则可以大大提高工作效率。另外,程序可以很方便地进行修改与重新运行,而命令方式则较难实现这一功能。

VFP 是以面向对象为主要特点的程序设计语言,但在 VFP 中同时也支持结构化程序设计语言。本章主要介绍程序设计的基本概念及程序的建立、编辑和运行;常用命令的基本格式、功能和用法;并在此基础上介绍程序的三种基本结构:顺序结构、选择结构和循环结构以及过程的概念,结构化程序设计的方法和思路。

§10.1 程序设计基本知识

10.1.1 算法

1. 算法的概念

程序执行方式需要编制程序,那么怎样用 VFP 的命令组成一个程序呢?如果要用 VFP 编制一个程序解决实际问题,首先考虑的不是 VFP 的每一条具体命令,而是解题的具体方法和步骤。我们把解题的具体方法和步骤称为算法。算法,就是解题方法的精确描述。

程序设计的首要任务,就是要确定一个算法。沃思提出了一个著名的公式:

程序＝算法＋数据结构

数据结构指数据的组织构造特点和方式。在数据库系统中,数据主要是储存在数据库文件中,数据结构可以认为就是数据库文件的结构。因此,要编制出良好的程序,除了根据数据的不同特点设计数据库文件外,还必须有一个好的算法。确定了算法,就不难用一种计算机语言(如 VFP)编制出程序代码,并在计算机上实现它。程序,就是算法在计算机上的实现,就是计算机能够执行的算法。

2. 算法的特点

一个算法应有如下几个特点:

(1) 有限性:一个算法只能包含有限个具体操作步骤,必须在要求的有限时间内完成。

(2) 可行性:算法的每一步骤能够在计算机上实现。例如,除数为零的除法就不能执行,因而就不具备可行性。

(3) 确定性:一个算法的每个步骤都是明确的,不会产生歧义。

(4) 输入:所谓输入,是指算法在执行时需要外界提供数据。大部分算法都要求有输入,也有的算法可以没有输入。

(5) 输出:即算法的执行结果。算法都应该有输出,没有任何输出的算法显然是没有意义的。

3. 算法的表示

设计一个算法,总希望用简单直观的方式将算法精确地表示出来,常用的算法表示方式有自然语言、伪代码、框图和 N-S 图等等。

(1) 自然语言:自然语言就是人们日常生活中使用的语言。用自然语言表示算法,通俗易懂,不需要专门的学习训练,但自然语言不够精确,有时容易产生歧义。另外,一个比较复杂的算法用自然语言来描述也往往显得繁琐冗长,所以,除个别极简单的问题,一般不用自然语言表示算法。

(2) 伪代码:伪代码是指介于自然语言和计算机高级语言之间的文字符号系统,它比自然语言精确,又比计算机语言简略,没有严格的语法规则,书写比较方便,修改也比较容易。伪代码和计算机语言之间有许多类似的地方,用伪代码表示的算法比较容易转化为计算机程序。

【例 10-1】 试用伪代码表示求正整数 m,n 的最大公约数的算法。

采用欧几里德辗转相除法求 m,n 的最大公约数。在辗转相除的过程中,每做一次除法,就会有一个被除数,一个除数,一个余数。显然,各次除法中的被除数、除数、余数都不相同。这里统一用 m 表示被除数,用 n 表示除数,用 r 表示余数。

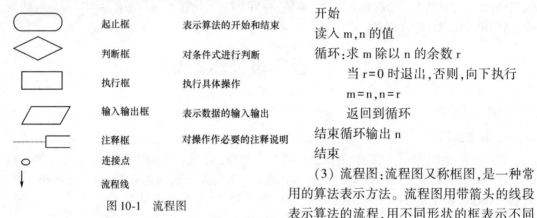

起止框	表示算法的开始和结束	开始
判断框	对条件式进行判断	读入 m,n 的值
执行框	执行具体操作	循环:求 m 除以 n 的余数 r
输入输出框	表示数据的输入输出	当 r=0 时退出,否则,向下执行
注释框	对操作作必要的注释说明	m=n,n=r
连接点		返回到循环
流程线		结束循环输出 n

开始
读入 m,n 的值
循环:求 m 除以 n 的余数 r
　当 r=0 时退出,否则,向下执行
　m=n,n=r
　返回到循环
结束循环输出 n
结束

图 10-1 流程图

(3) 流程图:流程图又称框图,是一种常用的算法表示方法。流程图用带箭头的线段表示算法的流程,用不同形状的框表示不同的操作。流程图各框及线段的含义如图 10-1 所示。

【例 10-2】 试用框图表示求正整数 m,n 的最大公约数的算法。如图 10-2 所示。

10.1.2 结构化算法

1. 三种基本结构

从上面两个例子可以看出,用流程图表示算法,逻辑清楚,直观易懂,但它使用流程线表示程序的执行顺序,允许流程线指向任何一个框,使用者可以任意让流程转来转去而不受到任何限制,于是就有可能出现算法混乱的情况。

显然,这样的算法很混乱,难以阅读,难以修改,而混乱又最容易隐藏错误。为保证算法的正确性和可靠性,人们意识到,程序设计必须规范化,不能太随意,算法必须有良好的结构。1969 年,著名的计算机科学家 E. W. Dijkstra 等人提出了结构化程序设计的重要概念,规定了程序的三种基本结构,然后由基本结构按照一定的要求排列起来组成整个算法,并且对流程线的指向作了严格限制,不允许它在基本结构之间随意转进转出。

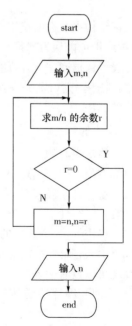

图 10-2 求最大公约数流程图

三种基本结构是:

(1)顺序结构,先执行 a 块,再执行 b 块,如图 10-3。

(2)分支结构(选择结构),其中 P 是一条件式,Yes 代表条件成立(True),No 代表条件不成立(False),根据条件成立与否,执行 a 块或 b 块,如图 10-4。

(3)循环结构(重复结构),某些程序块可以循环执行若干次,根据具体执行方式的特点,循环结构又可分为当型循环与直到型循环。

● 当型循环:特点是先判断后执行,当条件式 P1 成立时,执行 a 块,否则退出循环。显然,如果一开始 P1 就不成立,则 a 块一次也不执行,这里的条件 P1 是进入循环的条件,如图 10-5。

● 直到型循环:特点是先执行后判断,执行 a 块,直到条件 P2 成立时退出循环,显然,a 块至少要执行一次,这里的条件 P2 是退出循环的条件,如图 10-6。

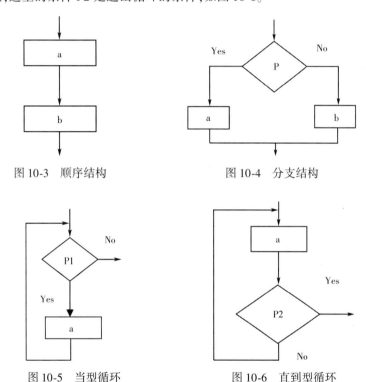

图 10-3　顺序结构　　　　图 10-4　分支结构

图 10-5　当型循环　　　　图 10-6　直到型循环

我们如果在算法设计时只用到三种基本结构,那么,算法的可靠性和清晰程度就会大大提高。实践已经证明,对任何一个问题,只用三种基本结构就可以构造一个完整的算法,也就是说,由基本结构组成的算法可以解决任何复杂的问题。

完全由基本结构组成的算法称为结构化算法。

2. N-S 图

既然任何一个复杂问题的结构化算法都可表示为一系列基本结构的顺序排列,那么,基本结构之间的流程线显然就是不必要的了。

为此,I. Nassi 和 B. Shneiderman 在 1973 年提出了一种新的流程图形式,在这种流程图中去掉了流程线,基本结构用矩形框表示(框内还可以包含其他的框),用一系列的矩形框依次排列成一个大矩形框(即问题的完整算法),这种流程图称为 N-S 图。

N-S 图表示的三种基本结构如图 10-7 所示:

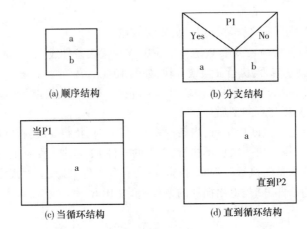

(a) 顺序结构　　　　　　　　(b) 分支结构

(c) 当循环结构　　　　　　　(d) 直到循环结构

图 10-7　N-S 图

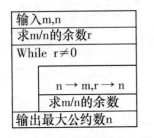

图 10-8　求最大公约数 N-S 图

【例 10-3】　试用 N-S 图表示求正整数 m,n 的最大公约数的算法。如图 10-8 所示。

N-S 图表示的算法,逻辑清楚,条理分明,由于取消了箭头,一般不会出现混乱现象。通过上面的例子,读者对 N-S 图和框图的用法有了一定的了解。

10.1.3　怎样设计结构化算法

结构化算法的设计,应遵循这样几个原则:模块化,自顶向下,逐步求精。

1. 模块化

所谓模块化,就是将一个大任务分成若干个较小的部分,每一小部分承担一定的功能,称为“功能模块”。各模块可以独立设计、编码、调试、修改、扩充。

一个好的模块应具有高度的独立性和较强的功能,即要求不同模块间的联系越小越好,模块内部不同的语句成分之间联系越紧密越好。

2. 自顶向下

自顶向下就是从全局着眼,将问题自上而下逐层分解。

顶层设计,顶层设计就是设计主模块,主模块处于整个算法的顶层,它是所讨论问题的总体描述。

第二层设计,第二层设计是将主模块所概括的总问题初步分解为若干个低一级的子问题,然后将各子问题概括为第二层模块。

以此类推,逐层对上一层模块进行分解,逐层构造出新的模块,直到足够简单明确,便于理解和表达为止。

犹如一棵树由树根、树干、树枝、树叶等等组成一样,自顶向下的设计方法就是先稳固根本,扶正主干,然后再修剪枝叶。这样,如需要改变一些底层模块的算法或功能,只需作局部的调整修改,而不会影响到整个算法的总体结构,正如对一棵树的枝叶进行修剪并不会危及树的正常生长。

显而易见,当上层模块发生重大变动后,其下层模块必然会受影响,所以对上层模块的设计要考虑周到,一旦设计完成,就不要随便改动,以便集中精力设计其下一层模块。

3. 逐步求精

我们在解决一个复杂问题时,一般总是先考虑解题的大致步骤,得到一个大概的抽象算法,然后,再经过一系列逐步明确化、精细化的过程,由粗略到细致,由抽象到具体,最后设计出一个详尽精确的算法。这种方法称为逐步求精或逐步细化。

逐步求精,就是将一个复杂问题的解法逐步具体化,这是结构化设计的重要环节,一般来说,自顶向下逐步求精的过程通常也是模块化的过程。

§10.2　程序文件的建立、编辑和运行

程序是为完成某项任务需要执行的命令序列,这些命令按照一定的结构有机地结合在一起,并以文件的形式存放在磁盘上,称为程序文件或命令文件,文件的扩展名是 .PRG。程序执行时,由系统将命令文件从磁盘调入内存运行,其命令序列在执行过程中,一般不需要人为干预。在 VFP 系统环境下,建立编辑程序文件有多种方式,这里主要介绍三种方式:①菜单方式;②使用"项目管理器";③命令方式。

10.2.1　菜单方式

从"文件"菜单中选择"新建"命令,可以打开"程序"编辑窗口以建立和编辑程序,具体操作步骤如下:

(1) 从"文件"菜单中选择"新建"命令,系统弹出"新建"对话框。

(2) 在"新建"对话框的文件类型区域中选择"程序"单选项。

(3) 单击"新建文件"按钮,系统弹出"程序"编辑窗口,如图 10-9 所示。

(4) 在"程序"编辑窗口中输入或编辑程序。输入的程序如下:

```
* EX10-1. PRG
SET TALK OFF
USE Student
ACCE "请输入待查姓名" TO NA
LOCA FOR 姓名=NA
? "姓名:"+姓名
? "性别:"+性别
? "年龄:"+STR(YEAR(DATE( ))-YEAR(出生日期),2,0)
? "入学成绩:"+STR(入学成绩,7,2)
? "系别:"+系别
USE
RETURN
```

图 10-9　"程序"编辑窗口

(5) 程序输入完成以后,从"文件"菜单中选择"保存"命令,或按[CTRL]+[W],系统弹出"另存为"对话框。在"另存为"对话框的"保存文档为"编辑框中输入要保存的程序名(例如 EX10-1),在"保存在"组合框中选择要保存的程序所在的文件夹。

(6) 单击"保存"按钮。

从"程序"菜单中选择"运行"命令,可以运行指定的程序,具体操作步骤如下:

(1) 从"程序"菜单中选择"运行"命令,系统弹出"运行"对话框,如图 10-10 所示。

(2) 在"运行"对话框中选择要运行的程序。

（3）单击"运行"按钮，系统即运行选择的程序。

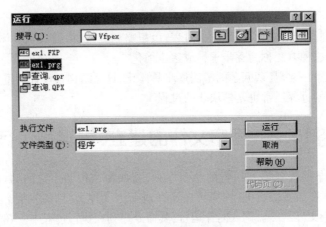

图 10-10 "运行"对话框

运行程序文件，也可以在命令窗口中直接输入命令：DO EX10-1，即可执行程序。

该程序的功能是根据输入的学生姓名，查询学生的基本信息（假设当前日期是：2005-9-10）。

程序执行结果如下：

请输入待查姓名：刘平 　　　　　　&& 通过键盘输入：刘平

姓名：刘平

性别：男

年龄：17

入学成绩：575.00

系别：医学系

10.2.2 使用"项目管理器"建立程序

在"项目管理器"中可以新建、编辑和运行程序，具体操作步骤如下：

（1）首先打开"项目管理器"窗口。

（2）在打开的"项目管理器"窗口中选择"代码"选项卡，如图 10-11 所示。

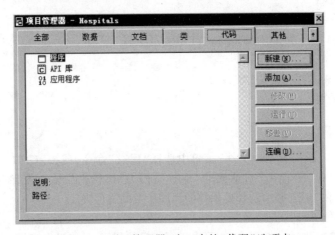

图 10-11 "项目管理器"窗口中的"代码"选项卡

（3）在"代码"选项卡中选择"程序"选项,然后单击"新建"按钮,系统弹出"程序"编辑窗口。

（4）在"程序"编辑窗口中输入程序。

（5）输入完成以后,从"文件"菜单中选择"保存"命令,系统弹出"另存为"对话框。

（6）在"另存为"对话框的"保存文件为"编辑框中输入要保存的文件名,在"保存在"组合框中选择保存文件的位置。

（7）单击"保存"按钮,程序文件名出现在项目管理器中的"代码"选项卡中,如图 10-12 所示。

（8）关闭"程序"编辑窗口。

（9）在"代码"选项卡中选择要运行的程序,单击"运行"按钮,运行程序。

图 10-12　使用"项目管理器"建立的程序

10.2.3　命令方式

1. 建立或编辑程序

在命令窗口中输入 MODIFY COMMAND 命令,可以建立或编辑指定的程序文件。

命令格式:

MODIFY COMMAND［<FileName>］［NOEDIT］［SAME］［SAVE］

命令功能:

打开程序文件编辑窗口,建立或编辑指定的程序文件。

命令说明:

1）FileName 参数指定要建立或编辑的程序文件名称。其扩展名 . PRG 可缺省,系统默认。若缺省该项,系统自动选择"程序 1"。

2）［NOEDIT］指定不能更改程序文件。

3）［SAME］防止编辑窗口为活动窗口。

4）［SAVE］在激活其他窗口后,保持编辑窗口是打开的。

【例 10-4】　在命令窗口中建立一个程序文件 EX10-4,其功能是根据学生表 Student 计算和显示各系的入学成绩总和。

在命令窗口中输入:MODIFY COMMAND EX10-4,打开程序编辑器窗口,然后输入如下命令:

```
* ex10-4
set talk off
```

```
set safety off
use student
index on 系别 to ixb
total to hz on 系别 fields 入学成绩
use hz
brow fields 系别,入学成绩
use
return
```

程序输入结束按[CTRL]+[W]存盘退出。

2. 运行程序

在命令窗口中输入 DO 命令,可以运行指定的程序。

命令格式:

DO <FileName>

命令功能:

运行指定的程序文件。执行的程序可以不含扩展名,VFP 按以下顺序查找并执行这些扩展名的同名文件。

. EXE(可执行文件)

. APP(应用程序文件)

. FXP(已编译的应用程序文件)

. PRG(程序文件)

命令说明:

FileName 参数是要运行的程序名称。此外 DO 命令还执行扩展名为 . MPR(菜单文件)、. SCX(表单文件)和 . QPR(查询文件)的文件。

例如,要执行前面建立的程序文件 EX10-4,只需在命令窗口中输入:DO EX10-4,执行结果如图 10-13 所示。

图 10-13　程序汇总显示结果

3. 程序结束命令

命令格式:

RETURN

CANCEL

QUIT

命令功能:

程序或过程结束时,当执行 RETURN,则控制返回到调用程序;当执行到 CANCEL 命令时,则程序控制返回到命令窗口;当执行到 QUIT 时,则退出 VFP 返回系统。

§10.3　程序中常用命令

在建立程序的过程中,VFP 提供了一些需要经常使用的命令。例如,为设置系统环境,提供了系统状态设置命令;为在程序运行状态交互式地给变量提供数据,提供了键盘交互式输入命令;为在屏幕指定位置输入或输出信息,提供了格式输入、输出命令等。

10.3.1 常用的系统状态设置命令

(1) SET TALK ON|OFF:控制是否在屏幕上显示命令执行的响应信息。默认状态为显示。在程序中通常将其设置为 OFF。

(2) SET ECHO ON|OFF:控制是否打开跟踪窗口,观察程序的运行。默认状态为关闭跟踪窗口。在程序调试时可以将其设置为 ON,在程序调试完成以后,应将其设置为 OFF。

(3) SET STEP ON|OFF:控制是否打开跟踪窗口以单步执行命令的方式跟踪程序的执行。默认状态为以非单步执行命令的方式跟踪程序的执行。

(4) SET ESCAPE ON|OFF:控制是否允许用户按[Esc]键取消程序的执行。默认状态为允许用户按[Esc]键取消程序的执行,即:SET ESCAPE ON。

(5) SET PATH TO [Path]:设置文件的搜索路径。

【例10-5】 如果 Student 表存储在非当前路径(假设为 D:\VFP)下,那么若要在程序中打开该表,应在程序的开始处使用如下命令:

SET PATH TO D:\VFP

(6) SET DELETED ON|OFF:控制是否显示逻辑删除的记录。默认状态为显示逻辑删除的记录。

(7) SET CONSOLE ON|OFF:是否打开或关闭屏幕显示。

(8) SET DEFAULT TO 盘号:设置缺省的驱动器。

(9) SET DEVICE TO SCREEN|PRINT:设置输出设备是屏幕或打印机。

(10) SET FILTER TO <条件>:设置过滤条件。

(11) SET FORMAT TO <格式文件>:打开指定的屏幕格式文件。

(12) SET PROCEDURE <过程文件名>:打开指定的过程文件。

(13) SET EXACT ON|OFF:设置是否允许精确比较。

10.3.2 交互式数据输入命令

一个数据库管理系统,一般都包含数据输入、数据处理和输出结果三大主要功能,实现数据的输入和输出是数据库管理系统不可缺少的功能。后面将陆续介绍数据输入和输出语句的功能和用法。下面首先介绍交互式数据输入命令的使用方法。VFP 为程序提供了三种常用的交互式数据输入命令:ACCEPT 命令;INPUT 命令;WAIT 命令。在程序执行时,可以用这三个命令通过键盘交互地向程序中的变量提供数据。

1. 接收字符命令 ACCEPT

命令格式:

ACCEPT[<cMessageText>] TO <VarName>

命令功能:

在程序执行到该命令时,暂停程序的执行,在屏幕上显示提示信息,等待用户通过键盘输入字符串给内存变量,以回车键作为输入结束。

命令说明:

1) cMessageText 参数为用户设置的提示信息。缺省时不输出任何信息。

2) VarName 参数为接收数据的字符型内存变量。

3) ACCEPT 命令将用户的输入一律作为字符串接受,输入的字符串可以不使用定界符。字符总数不超过 254。

【例10-6】 编写程序在 Student 表中查找某一指定学生的基本情况信息。

* EX10-6. PRG

```
SET TALK OFF
SELECT 1
USE Student
ACCEPT "请输入待查学生姓名:" TO XM
LOCATE FOR 姓名=XM
DISPLAY 学号,姓名,性别,系别,入学成绩
USE
RETURN
```

当执行上述程序时,系统首先在屏幕上显示用户设置的提示信息"请输入待查学生姓名:",然后等待用户从键盘输入数据。在输入姓名以后,系统首先将姓名保存到内存变量 XM 中,然后查找并在屏幕上显示该学生的基本情况。

```
Do EX10-6
请输入待查学生姓名:刘平
```

记录号	学号	姓名	性别	系别	入学成绩
2	20051102	刘平	男	医学系	575

2. 数据输入命令 INPUT

命令格式:

INPUT [cMessageText] TO <VarName>

命令功能:

程序执行到该命令时,在屏幕上显示提示信息,暂停程序执行,让用户输入数据,输入的内容可以是数值、日期、逻辑和字符类型的数据,并将其保存到指定的内存变量中,按回车结束。

命令说明:

1) cMessageText 参数为用户设置的提示信息。若省略,则执行此命令时屏幕上仅有光标出现。最后给出提示内容以使程序运行更为清楚。

2) VarName 参数为内存变量名。

3) INPUT 命令可以为内存变量输入数值、日期值、逻辑值和字符串。如果要输入日期值,那么输入的日期值应采用花括号"{ }"括起来,或使用函数 CTOD( )进行数据类型转换;如果要输入逻辑值,那么输入的逻辑值应使用英文句点"."括起来;如果要输入字符串,字符串应使用定界符。

4) INPUT 命令通常用于输入数值、日期值和逻辑值。

【例 10-7】 利用 Student 表,试编写一程序以显示所有年龄大于等于任一给定值的学生基本情况。(假设当前日期是:2005-9-10)

```
* EX10-7. prg
SET TALK OFF
SELECT A
USE Student
INPUT "请输入年龄:" TO AGE
BROWSE FIELDS 学号,姓名,出生日期,入学成绩 FOR Year(date())-Year(出生日期)>=AGE
USE
RETURN
```

在执行上述程序时,系统首先在屏幕上显示:"请输入年龄:",然后等待用户从键盘输入数

据。在输入了年龄 18 以后,系统首先将其保存到内存变量 AGE 中,然后在屏幕上显示所有年龄大于等于 18 的学生基本情况,显示结果如图 10-14 所示。

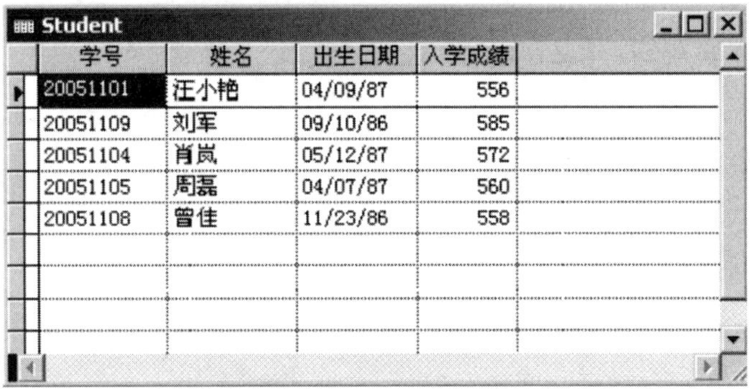

图 10-14　程序执行结果显示

3. 接收单个字符和等待命令 WAIT

命令格式:

WAIT[cMessageText][TO VarName]

[WINDOW[AT nRow,nColumn]]

[TIMEOUT nSeconds]

命令功能:

在程序执行到该命令时,在屏幕上显示提示信息内容,等待用户从键盘输入一个字符,并将其保存到指定的内存变量中,然后执行下一条命令。

命令说明:

1) cMessageText 参数为用户设置的提示信息内容,可以是任意的字符串,若省略,则提示信息默认为"按任意键继续……"。

2) VarName 参数为字符型内存变量,只能接收一个字符。

3) WINDOW 子句用于在屏幕上显示一个系统信息窗口,用以显示提示信息。AT nRow,nColumn 子句设置窗口在屏幕上的显示位置。若省略该子句,则系统将提示窗口在屏幕左上角显示。

4) TIMEOUT nSeconds 子句设置等待用户从键盘输入字符的时间。nSeconds 为等待的秒数。如果在规定时间内用户没有输入字符,则系统中止该命令的执行,自动执行下一条语句。

5) WAIT 命令在接收了用户输入的任意一个字符以后,自动执行下一条命令,不需按回车键。

6) WAIT 命令一般用于两种情况,其一只接收单个字符,其二暂停程序执行。

【例 10-8】　在 Student 表中,每次显示 3 个记录就暂停,等待用户按任意键显示下面 3 个记录。

```
* EX10-8. prg
SET TALK OFF
USE Student
LIST NEXT 3
WAIT "按任意键继续!" WINDOW
SKIP
LIST NEXT 3
```

```
WAIT "按任意键继续!" WINDOW
SKIP
LIST NEXT 3
WAIT "按任意键继续!" WINDOW
LIST NEXT 3
USE
RETU
```

10.3.3　非格式输出命令

VFP 为程序提供了一种简单的输出命令? |??,在对程序输出格式要求不高时可以使用该命令。

命令格式:

? |?? <ExpressionList>

命令功能:

首先计算各表达式的值,然后按要求输出。? 在新的一行输出,?? 在当前行输出。

命令说明:

(1) ExpressionList 参数是要输出的表达式表,各表达式之间要用逗号分隔。

(2) 表达式的类型任意。

(3) 若省略表达式,则输出一空行。

【例 10-9】　试编写一程序在教师表 Teacher 和课程表 Subject 中查找某一指定教师,并显示该教师的姓名、职称、课时津贴以及讲授课程。

```
* EX10-9. prg
SET TALK OFF
SELECT A
USE Subject
INDEX ON 课程号 TO IKC
SELECT B
USE Teacher
SET RELATION TO 课程号 INTO A
ACCEPT "请输入教师姓名:" TO XM
LOCATE FOR 姓名=XM
? "姓名:"+姓名
? "职称:"+职称
? "课时津贴:"
?? 课时津贴                && 不提行在上一行后面接着显示
? "讲授课程:"+A.课程名称
SET RELATION TO
CLOSE ALL
RETURN
```

在执行上述程序时,若要查找"周义文",那么执行结果如下:

姓名:周义文

职称:教授

课时津贴:3240.0

讲授课程:大学计算机基础

10.3.4　基本屏幕输入输出命令

1. 格式输出命令

命令格式:

@ <nRow, nColumn> SAY <eExpression>[PICTURE <PictureString>]

[FUNCTION <FunctionString>]

命令功能:

在指定行列位置<nRow, nColumn>开始按规定的格式输出表达式<eExpression>的值。

命令说明:

(1) PICTURE<PictureString>和 FUNCTION <FunctionString>用于指定表达式的显示格式。

(2) 格式符<PictureString>是一个字符串,对输出数据的某一位进行描述,一个符号代表一位,见表 10-1。

(3) 功能符<FunctionString>对数据的整体进行描述,见表 10-2。

表 10-1　PICTURE 格式符代码表

代码	含义	代码	含义
A	只允许字母	L	只允许逻辑型数据
N	只允许字母或数字	X	允许任何字符
Y	只允许逻辑数据且小写换大写	9	只允许数字
#	允许数字,空格和正负号	!	小写转换成大写
$	数值前显示货币符号	.	指定小数点位置
,	分隔多位数	*	数值前显示星号

表 10-2　FUNCTION 功能符代码表

代码	含义	代码	含义
A	只允许字符字母	B	数值数据在显示区左对齐
C	在正数之后显示 CR 表示贷款	D	使用当前的 Set Date 日期格式
E	使用欧洲日期格式 dd/mm/yy	L	数值显示时显示前导0,而不是空格
X	在负数后面显示 DB 表示借贷	T	去掉表达式首尾空格
S(n)	限制字符显示的宽度为 n 个字符	Z	数值为 0 时用空格显示
(	将负数括在括号内	!	将小写字母转化成大写字母
*	用科学计数法显示	$	用 Set CURRENCY 指定货币格式显示

【例 10-10】　在程序编辑窗口中输入如下内容:

```
＊EX10-10. PRG
a=123. 456
b=" Visual FoxPro"
@ 5,20 say b
@ 6,20 say b picture   "!!!!!!!!!!!!!!"
@ 7,20 say a
@ 8,20 say a picture   " * * * * * . * * "
@ 9,20 say a picture   "$ $ $ $ $. $ $"
retu
```

运行上面程序结果显示如下：

　　Visual FoxPro

　　VISUAL FOXPRO

　　　　　　123.456

　　＊＊123.45

　　$123.45

【例10-11】　根据输入的学号,查询该学生的基本信息。程序如下:

＊EX10-11. prg

SET TALK OFF

USE Student

ACCE "请输入待查学生学号:" TO XH

LOCA FOR 学号＝XH

@ 10,5 SAY "姓名:"+姓名

@ 10,20 SAY "性别:"+性别

@ 10,30 SAY "年龄:"+STR(Year(date( ))-Year(出生日期) ,2)

@ 10,40 SAY "系别:"+系别

@ 10,55 SAY "团员否:"+IIF(团员否,"团员","非团员")

@ 10,70 SAY "入学成绩:"

@ ROW( ),COL( )+1 SAY 入学成绩 PICTURE "＊＊＊＊.＊＊"

USE

RETU

运行上面程序结果显示如下:

请输入待查学生学号:20051101　　　　　　&& 从键盘输入学生学号:20051101

姓名:汪小艳　性别:女　年龄:18　系别:医学系　团员否:团员　入学成绩:＊556.00

2. 选择格式输出设备

命令格式:

SET DEVICE TO SCREEN|PRINT

命令功能:

该命令控制格式输出命令输出信息的设备。TO SCREEN 向屏幕输出;TO PRINT 输出到打印机。

3. 格式输入命令

命令格式:

@ <nRow,nColumn> [SAY <cMessageText>] GET <VarName>

[PICTURE <PictureString>]

[FUNCTION<FunctionString>]

[RANGE <nExpression1 , nExpression2>]

[VALID <lExpression3>]

READ [SAVE]

命令功能:

在指定行、列位置<nRow, nColumn>首先显示提示信息<cMessageText>,接着按规定的格式反显 GET 后变量的值;当执行 READ 命令时,子命令 GET 被激活,其变量值处于编辑状态。一个

READ 语句可以激活多个在它前面的 GET 子命令。

命令说明:

1) 命令中的功能符和格式符代码及其含义如表 10-1 和表 10-2。

2) 命令的执行过程是,系统先在指定的行列显示 SAY 后的提示信息,在提示信息后显示 GET 变量的值,若<VarName>是内存变量事前必须赋值,且变量值的显示区域是反显,当顺序执行 READ 语句后,反显的变量值被激活;此时,可编辑变量的值,按回车键可结束此过程。

3) 一个 READ 命令可激活多个 GET 的编辑区,因此,只要 GET 语句是在 READ 语句前排列,当第一个 GET 激活变量值编辑后光标可自动跳到下一个 GET 编辑区,依次执行。

4) RANGE 中数值表达式 1 和 2,表示数据编辑和显示的下限和上限(即有效范围)。表达式 1 和 2 也可以是日期表达式。

5) VALID 后的<lExpression3>是逻辑表达式,表示数据编辑和显示的条件范围。

【例 10-12】 指定坐标位置的输入格式。在程序窗口中输入以下代码,然后执行。

```
* EX10-12. PRG
set talk off
var1 = space(20)
var2 = 0
var3 = date()
var4 = . f.
clear
@ 4,15 say "编辑字符" get var1 function "s14!"
@ 5,15 say "数字:" get var2 picture "9999. 99" range 100,5000
@ 6,15 say "编辑日期:" get var3 valid var3<ctod("12/31/99")
@ 7,15 say "编辑逻辑:" get var4 picture "Y"
read
retu
```

执行上述程序时,依次输入数据:"World Wide Web Virtual Hospital",1234. 88,09/01/98,和 y。其中 var1 可以接收 20 个字符,显示前 14 个。屏幕显示为:

编辑字符:World Wide Web

编辑数字:1234. 88

编辑日期:09/01/98

编辑逻辑:Y

【例 10-13】 利用格式输入语句给学生表添加一个记录。编写程序 EX10-13. PRG 如图 10-15 所示。

上面程序执行后,在表的尾部添加一个记录,并显示添加的记录。

10. 3. 5 文本输出命令 TEXT…ENDTEXT

命令格式:

```
TEXT
      <cMessageText>
ENDTEXT
```

命令功能:

在屏幕上显示 TEXT 和 ENDTEXT 之间的所有文本信息。

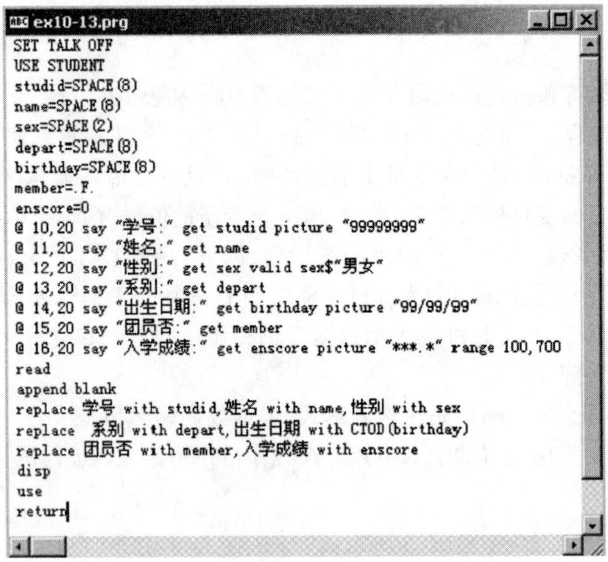

图 10-15 程序 ex10-15. prg 编写窗口

命令说明：

1）文本信息<cMessageText>包含文本，内存变量，数组元素，表达式，函数或它们的组合。

2）当使用 SET TEXTMERGE ON 时，用符号<< >>括起来的变量、函数、表达式、数组元素等，可以计算后再输出到屏幕，若 SET TEXTMERGE OFF 时，按以上原则用文本方式输出。

【例 10-14】 在屏幕上显示中文信息。

```
* ex10-14. prg
SET TEXTMERGE ON
TEXT
        好好学习,天天向上
        祝你学好计算机
        <<DATE( )>>
ENDTEXT
CANCEL
```

10.3.6 其他命令

在 VFP 的程序中，除以上命令外，还经常使用以下命令：注释语句、清除屏幕语句和返回语句等。

1. NOTE| * |&& 命令

命令格式：

NOTE| * |&& ［Comments］

命令功能：

NOTE 命令和 * 命令用于在程序中加入说明，以注明程序的名称、功能或其他备忘标记。该注释独占一行。&& 命令用于在语句末尾添加注释和说明。

命令说明：

Comments 参数为要添加的注释和说明信息。注释语句在程序中起说明作用，为非执行语句。

【例 10-15】 在下面的程序中，分别添加了三条注释语句。

＊EX10-15. PRG

NOTE 查找指定教师信息

＊仅显示教师的姓名和职称

SET TALK OFF

SELECT 1

USE Teacher

ACCEPT "请输入教师姓名:" TO XM　　　　　　　　　　&& 输入指定教师的姓名

LOCATE FOR 姓名＝XM

? "姓名:"

?? 姓名

? "职称:"

?? 职称

USE

RETURN

执行上面程序输出结果如下:

请输入教师姓名:周义文

姓名:周义文

职称:教授

2. CLEAR 命令

命令格式:

CLEAR[ALL]

命令功能:

清除屏幕上所有显示的内容。

命令说明:

ALL 子句用于释放所有内存变量、数组以及用户定义的菜单和窗口,关闭所有打开的文件,并将第 1 工作区设置为当前工作区。

3. RETRY 命令

命令格式:

RETRY

命令功能:

将程序控制返回到调用程序,并重新执行调用命令。

4. RETURN 命令

命令格式:

RETURN[<eExpression>|TO MASTER|TO <ProcedureName>]

命令功能:

结束当前程序的执行,如果该程序被上级程序调用,则系统返回到调用程序,并执行调用处的下一条语句;如果该程序无上级程序,则系统直接返回到命令窗口。

命令说明:

1) eExpression 在自定义函数中该参数将表达式的值返回到调用程序。

2) TO MASTER 子句将直接返回到主程序。如果省略该子句,则系统将逐层返回。

3) TO ProcedureName 为过程名,将程序控制返回到指定的过程。

§10.4 顺序结构与分支结构程序设计

结构化程序设计是目前在高级语言编程中普遍使用的一种编程方法。所谓结构化程序设计,就是采用自顶而下、逐步求精的设计方法和单入口单出口的控制结构。结构化程序的设计主要依靠系统提供的结构化语句而构成,基本的结构控制方式有:顺序结构、选择结构和循环结构。

10.4.1 顺序结构

顺序结构是程序设计中最简单、最常用、最基本的结构。在顺序结构中,程序是按照语句排列的先后次序逐条执行的。组成顺序结构的语句,一般包括赋值语句、输入、输出、注释和终止语句以及有关系统环境设置等。

【例10-16】 试编写一程序,在 Teacher 表中查找某一指定教师的基本情况。

```
* EX10-16. PRG
SET TALK OFF
USE Teacher
INDEX ON 姓名 TO IXM
ACCEPT "请输入姓名:" TO XM
SEEK XM
? 姓名,职称
USE
RETURN
```

执行上面程序输出结果如下:

请输入姓名:曾玲　　　　　　　　&& 从键盘输入姓名:曾玲

曾玲　副教授

上述程序是一个简单的结构化程序,其中的语句均为顺序结构。这些语句的排列顺序就是程序的执行顺序。

10.4.2 选择结构

选择结构是结构化程序设计中的基本结构之一,它用选择命令描述分支现象,根据判断条件是否满足而决定程序执行的路径。在 VFP 中,系统提供了两种选择结构语句:①单条件选择 IF…ELSE…ENDIF 语句;②多条件选择 DO CASE…ENDCASE 语句。

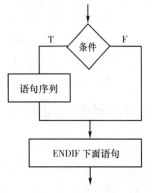

图 10-16 简单条件结构框图

1. 条件语句 IF…ELSE…ENDIF

(1) 简单条件分支结构

命令格式:

IF <lExpression>

　　[Commands]

ENDIF

命令功能:

表达式 lExpression 为给定的条件,当条件为真时,执行语句序列 Commands,否则执行 ENDIF 下面的语句,如图 10-16。

命令说明:

1) lExpression 参数是一个关系表达式或逻辑表达式。

2）如果条件不成立,那么该命令将不执行任何语句,直接执行 ENDIF 后面的命令。

3）IF 和 ENDIF 必须配对使用。

【例 10-17】 根据姓名查询表 Student 中的学生。

在前面我们已经接触过类似的查询程序,但在程序中未使用条件语句,这样的程序是不完整的。事实上在执行定位命令后,会出现两种情况,如果输入的姓名在 Student 表中存在,则显示找到的学生信息;但如果输入的姓名在表中不存在,又应该怎样显示呢？前面的查询程序不能很好地解决此类问题,下在我们通过条件语句就可以方便地解决这类问题。

```
* EX10-17. prg
SET TALK OFF
USE Student
ACCE "请输入待查姓名" TO NA
LOCA FOR 姓名 = NA
IF . NOT. EOF( )
    SET PRINT ON
    ? "姓名:" + 姓名
    ? "性别:" + 性别
    ? "入学成绩:" + STR(入学成绩,5,0)
    ? "系别:" + 系别
    SET PRINT OFF
ENDIF
USE
RETURN
```

执行上面程序时,如果输入的姓名在表中已存在,则显示学生信息,如果输入的姓名在表中不存在,则什么都不显示。如果在表中找不到输入的姓名,要给出提示信息"查无此人!",可以用后面介绍的双重条件语句来解决。

上面程序中的. NOT. EOF( )是一个在条件语句中经常使用的逻辑表达式。在 LOCATE 语句执行后,如果找到满足条件的记录,则记录指针指向该记录,函数 EOF( )为假,. NOT. EOF( )为真,表示记录定位成功;如果在表中找不到满足条件的记录,则记录指针指向结束标志,使 EOF( )函数为真,. NOT. EOF( )为假,表示记录定位不成功。

（2）双重条件分支结构 IF…ELSE…ENDIF 语句是一种双重选择结构语句。

命令格式：

```
IF <lExpression>
    [Commands1]
ELSE
    [Commands2]
ENDIF
```

命令功能：

表达式 lExpression 为给出的条件,如果条件为真,则执行语句序列 Commands1,否则执行语句序列 Commands2。然后执行 ENDIF 之后的语句,如图 10-17。

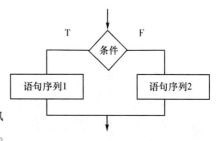

图 10-17　双重选择结构框图

命令说明:

1)IF 和 ENDIF 必须配对使用。

2)在 IF 语句中可以包含另外的 IF 语句,从而实现条件语句的嵌套。

【例10-18】 试编写一程序,根据输入的姓名在表 Student 中查询该学生的基本情况,并通过 Score 表显示该学生的各科成绩。如果未找到指定的学生记录则显示信息:"查无此人!"。

```
* EX10-18. PRG
SET TALK OFF
SELECT 1
USE Score
INDEX ON 学号 TO IXH
SELECT 2
USE Student
INDEX ON 姓名 TO IXM
SET RELATION TO 学号 INTO A
XM = SPACE(6)
@ 10,20 SAY "请输入姓名:" GET XM
READ
FIND &XM
IF . NOT. EOF( )
    CLEAR
    @ 11,25 SAY "学号:"+学号
    @ 12,25 SAY "姓名:"+姓名
    @ 13,25 SAY "年龄:"+STR( YEAR( DATE( ) )-YEAR( 出生日期))
    @ 14,25 SAY "系别:"+系别
    @ 15,25 SAY "大学计算机:"+STR(Score. 大学计算机,5)
    @ 16,25 SAY "英语:"+STR(Score. 英语,5)
    @ 17,25 SAY "高等数学:"+STR(Score. 高等数学,5)
ELSE
    WAIT "查无此人!" WINDOW TIMEOUT 10
ENDIF
SET RELATION TO
CLOSE ALL
RETURN
```

在执行上述程序时,如果 Student 表中没有要查询的学生,那么系统将在屏幕上显示信息:"查无此人!"。否则,显示找到的学生基本情况。

(3)条件函数 IIF( )

IIF(<lExpression>, <eExpression1>, <eEx-pression2>)

函数功能:

判断条件表达式<lExpression>的值,若为真,则返回表达式 1 的值,若为假,则返回表达式 2 的值。

思 考 题

条件语句和条件函数有哪些区别?在编写程序中是否可以相互代替?用条件函数编写一程序,判断从键盘输入的正整数是奇数还是偶数?

例如：

name = " zhang"

sex = " man"

NA = IIF(sex = " man" , " Mr. " , " Ms. ") +name

（4）条件语句的嵌套

使用 IF 语句的嵌套格式，可以完成复杂的条件判断，编写较为复杂的程序。IF 语句的嵌套格式如下：

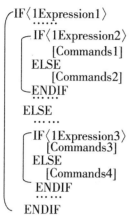

注意

　　在使用条件嵌套语句时，从上图可以看出，IF 应和它最近的 ENDIF 配对，不能交叉。否则，IF 嵌套语句存在着结构错误。

【例 10-19】　通过键盘输入考试百分制考试成绩，将百分制成绩用五级记分制来表示。"优秀"（>=90）、"良好"（>=80）、"中等"（>=70）、"及格"（>=60）、"不及格"（<60）。分别用变量 S100 和 S5 来存储百分制和五级制成绩。编写程序如下：

```
* EX10-19
SET TALK OFF
INPUT "请输入一个百分制成绩:" TO S100
IF S100>=90
    S5 = "优秀"
ELSE
    IF S100>=80
        S5 = "良好"
    ELSE
        IF S100>=70
            S5 = "中等"
        ELSE
            IF S100>=60
                S5 = "及格"
            ELSE
                S5 = "不及格"
            ENDIF
        ENDIF
    ENDIF
ENDIF
? "转换成五级制是:",S5
```

RETURN

从上面程序可以看出,条件嵌套语句虽然可以解决多条件判断问题,但是结构复杂,层次较多时嵌套关系容易出错,使用不方便,程序的可读性差。为了解决这一问题,VFP 引入了 DO CASE …ENDCASE 语句来解决多条件判断问题。

2. 多分支选择语句 DO CASE…ENDCASE

DO CASE…ENDCASE 语句是一种多重条件选择语句。

命令格式:

```
DO CASE
    CASE <lExpression1>
        [Commands1]
    CASE <lExpression2>
        [Commands2]
        ……
    CASE <lExpression n>
        [Commands n]
    [OTHERWISE
        [Commands n+1]]
ENDCASE
```

命令功能:

执行该命令时,系统依次判断给定的每一个条件表达式的值是否为真,当找到第一个条件为真时,则执行该条件下的语句序列,然后执行 ENDCASE 后面的其他语句;如果前面 n 个条件表达式的值均为假时,若有 OTHERWISE 子句,那么将无条件地执行语句序列 n+1(Commands n+1)。否则就执行 ENDCASE 后面的语句。

命令说明:

1)lExpression 是一个关系表达式或逻辑表达式,用来给出条件。当有多个条件为真时,只有最前面的为真的条件起作用。

2)DO CASE 与第一个 CASE 之间不能有任何语句。并且在该语句结构中,最多只执行一个 CASE 语句。

3)DO CASE 和 ENDCASE 必须配对使用。而且该语句只能在程序中使用。

4)DO CASE…ENDCASE 语句可以嵌套使用。

【例 10-20】 对例 10-19 的程序进行改进,利用 DO CASE 语句编写程序。

```
＊EX10-20. prg
set talk off
clear
input "请输入一个百分制成绩:" TO S100
do case
    case s100>=90
        s5="优秀"
    case s100>=80
        s5="良好"
    case s100>=70
        s5="中等"
```

```
    case s100>=60
        s5="及格"
    case s100<60
        s5="不及格"
    othe
        @ 10,20 say "输入错误!"
endcase
? s5
retu
```

【例 10-21】　编写简单菜单程序,能对表中的记录进行追加、修改、浏览和删除。

```
* EX10-21. prg
SET TALK OFF
USE Student
CLEAR
@ 5,10 SAY REPLICATE( "=",30)
@ 6,12 SAY "1. 追加 2. 修改 3. 浏览"
@ 7,12 SAY "4. 删除 5. 结束"
@ 8,10 SAY REPLICATE( "=",30)
CH=SPAC(1)
@ 9,14 SAY "请选择(1-5) " GET CH PICT "9"
READ
DO CASE
    CASE CH="1"
            APPE
    CASE CH="2"
            INPUT "请输入需修改的记录号:" TO RN
            GO RN
            EDIT
    CASE CH="3"
            BROW NOMODIFY
    CASE CH="4"
            INPUT "请输入需删除的记录号:" TO RN
            GO RN
            DELE
            PACK
    CASE CH="5"
            USE
            RETU
    OTHE
@ 10,20 SAY "选择错误!"
ENDCASE
RETU
```

```
============================
    1.追加    2.修改    3.浏览
    4.删除    5.结束
============================
         请选择(1-5)
```

图 10-18　简易菜单窗口

```
* EX10-22. prg
MEDICINE = "阿司匹林"
INPUT "输入年龄:" TO AGE
DO CASE
    CASE AGE<5
            COUNT = "4 次/天"
            MOUNT = "每次 1 片"
    CASE AGE<10
            COUNT = "4 次/天"
            MOUNT = "每次 2 片"
    OTHERWISE
            COUNT = "3 次/天"
            MOUNT = "每次 2 片"
ENDCASE
? MEDICINE+"服法是" +COUNT+" ," +MOUNT
RETURN
```

执行上面程序后,出现如图 10-18 所示的菜单,用户可以在(1-5)之间进行选择,以实现追加、修改、浏览、删除等功能。

【例 10-22】 设计一个按不同幼儿年龄服药的程序,年龄变量为 AGE,每天服药次数 COUNT,每次服药量 MOUNT。程序为:

§10.5　循　环　结　构

在程序中,经常会遇到重复性操作,重复的次数有时可知,有时未知,只有根据操作的结果确定操作是否应该结束。为了解决重复性操作问题,在 VFP 中提供了循环语句来实现这一功能。循环就是让某段程序有规律地反复执行。循环结构是程序设计的一种基本结构,通常由循环开始语句、循环体和循环结束语句构成。一个循环必须具备以下条件:

(1) 循环开始,即从哪条语句开始进行循环,也称循环的入口。

(2) 循环初始条件,即从什么状态开始循环。

(3) 循环体,即完成哪些循环操作。

(4) 循环状态的变化,循环开始后,循环的状态必须随循环的执行向循环的结束状态变化,才能使循环在有限次循环后结束。

(5) 循环的结束条件,循环必须有明确的结束条件,以判断是否继续进行循环。

VFP 提供了以下三种循环结构语句:

(1) DO WHILE …ENDDO 语句

(2) SCAN…ENDSCAN 语句

(3) FOR…ENDFOR 语句

10.5.1　DO WHILE…ENDDO 语句

命令格式:

DO WHILE <lExpression>

［Commands］
［LOOP］
［EXIT］
ENDDO

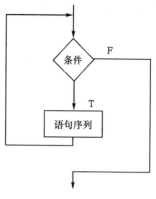

命令功能:

根据逻辑表达式的值来控制循环的结构。当〈lExpression〉的值为真时,重复执行循环体中的命令序列(Commands),直到〈lExpression〉的值为假结束循环,如图 10-19 所示。

命令说明:

1) <lExpression>是一个关系表达式或逻辑表达式,用来给出循环的条件。

图 10-19　循环结构框图

2) [LOOP]语句只能用在循环语句中。当执行到[LOOP]语句时,系统将自动忽略[LOOP]语句后面的所有其他循环体语句,而返回到循环开始语句 DO WHILE,重新判断条件进行下一轮循环。

3) [EXIT]语句也只能用在循环语句中。当执行到[EXIT]语句时,结束循环,执行 ENDDO 后面的语句。

4) [LOOP]语句和[EXIT]语句通常与条件语句配合使用,当满足给定条件时执行这两条语句。

5) DO WHILE 和 ENDDO 必须配对使用。

6) DO WHILE…ENDDO 语句可以嵌套使用,从而实现多重循环。

【例 10-23】 要列出学生表 Student 中影像系的学生名单,用 DO WHILE 循环来实现。

```
* ex-23 输出影像系学生名单
SET TALK OFF
USE Student
DO WHILE . NOT. EOF( )
   IF 系别 = "影像系"
     ? 学号,姓名,系别
   ENDIF
   SKIP
ENDDO
USE
RETURN
```

执行上面程序输出结果如下:

```
20051109   刘军     影像系
20051107   贾文     影像系
20051110   罗小平   影像系
20051108   曾佳     影像系
```

注意

本例是对表进行循环操作的一般形式,即循环开始前打开表,然后判断记录指针是否到达文件尾部,如果不到文件尾部将继续进行循环。在循环体中用 SKIP 语句改变记录指针的位置。

【例 10-24】 编写一个密码输入程序,当密码输入错误时一直要求重新输入密码,直到密码输入正确,则退出循环。

```
* EX10-26. PRG
* 密码输入程序
SET TALK OFF
PASS = "COMPUTER"
DO WHILE . T.
    ACCEPT "请输入密码:" TO PASSWORD
    IF UPPER(PASSWORD)<>PASS
        ? "密码错误,请重新输入!"
        LOOP
    ENDIF
    EXIT
ENDDO
? "密码输入正确,可以作其他处理了!"
RETURN
```

在上面程序中,只要输入的密码不是 COMPUTER(大小写均可),程序就会要求一直输入密码,直到输入正确为止。这个例子只是说明[LOOP]和[EXIT]语句的作用,其实仔细分析会发现,对程序稍做修改,就可以去掉[LOOP]语句,甚至将[LOOP]和[EXIT]语句全部去掉。怎样修改,留给读者自己思考。

【例 10-25】 计算正整数 N 的阶乘,即 N! = 1 * 2 * 3 * ……N。

分析:要计算 N 的阶乘,要使用"递推法"求解。所谓"递推",是指在前面一个(或几个)结果的基础上推出下一个结果。例如,要求 N! 的值必须先求出1! 的值,将1! ×2 得2! 的值,然后,2! ×3=3!,3! ×4=4!,4! ×5=5!,……,(N-1)! ×N=N!。这个过程就是递推,从前面的结果推出后面的结果。如果不知道3! 的值,就无法求出4! 的值。有许多实际问题没有现成的公式直接求出结果,而必须采用递推的方法逐步求出结果。

此例中,设循环变量为i,初值i=1,i 又是计数器,重复执行(N-1)次i=i+1,可以获得从1 到 N 这 N 个数,同时可以控制循环的次数。设用于累乘的变量为p,初值 p=1,重复执行 N 次 p=p *i,可以得到1!,2!,3!,……,N!。

编写程序如下:

```
* ex10-25. prg
set talk off
input "N=" TO N
i=1
p=1
do while i<=N
    p=p*i
    i=i+1
enddo
? STR(N,2)+"! =",P
retu
```

思考题

如何编写程序,计算 1! +2! +3! +……+N!。

从以上例题可以看出,循环程序通常由四部分构成。

（1）循环的初始部分。通常包括变量的初始化（如 i＝1，p＝1）和重复执行的部分（如 WHILE i<=N）。它们被编写在循环程序的开头，程序从这部分开始执行。

（2）循环体。完成循环的主要工作。它是 DO WHILE 到 ENDDO 之间的所有语句。

（3）循环的控制部分。控制循环的条件表达式。它保证循环程序按规定的循环条件正常循环，即按循环次数或控制循环的条件，恰到好处地执行完毕。

（4）循环控制变量或条件的修改部分。它保证循环体在循环的过程中，有关的控制变量或控制条件能按一定的规律变化，最终能控制循环体在执行正确的循环次数后结束。如上例中的 i＝i+1，每循环一次，i 加 1，当 i>N 时，结束循环。

思考：如何编写程序，计算 1！+2！+3！+…+N！。

【例 10-26】　斐波那契（Fibonacci）数列问题。对于这个数列，前两个数是 1,1，第三个数是前两个数之和，以后的每个数都是其前两个数之和。要求输出此数列的前 20 个数。

分析：对于此例，也是一个典型的递推问题，因为没有任何现成的公式能直接求出第 20 个数。用循环和数组来处理这个问题是非常简单的。设循环变量为 i，i 从 3 变到 20，定义数组 S(20)，设三个数组变量 S(1)、S(2) 和 S(3) 分别为第一、第二和第三个数，开始时，S(1)＝1，S(2)＝1，S(3)＝S(1)+S(2)。在求出 S(3) 后，计算 S(4)＝S(2)+S(3)，以后依次类推，一般地有 S(i)＝S(i-2)+S(i-1)，……，S(20)＝S(18)+S(19)。编写程序如下：

```
* EX10-26
DIME S(20)
S(1)＝1
S(2)＝1
i＝3
DO WHILE i<=20
  S(i)＝S(i-2)+S(i-1)
  i＝i+1
ENDDO
i＝1
DO WHILE i<=20
  ?? S(i),
  i＝i+1
ENDDO
RETURN
```

解决递推问题必须具备两个要求：（1）初始条件；（2）递推关系。在上面问题中，初始条件是：S(1)＝1，S(2)＝1；递推关系是：S(i)＝S(i-2)+S(i-1)，i＝3,4，……,20。将它们合并起来表示如下：

$$S(i)＝1 \qquad\qquad (i \leqslant 2)$$
$$S(i)＝S(i-2)+S(i-1) \qquad\qquad (i>2)$$

【例 10-27】　对以上问题，将程序进行改进，用迭代法编写程序。

分析：设三个变量 T1，T2，T3，开始时，T1＝1，T2＝2，第三个数 T3＝T1+T2。在求出第三个数后，使 T1 和 T2 分别代表数列中的第二个数和第三个数，以便求出第四个数，以后依次类推。在循环中要输出 18 个数。

编写程序如下：

```
* EX10-27
```

```
T1 = 1
T2 = 1
? T1,T2,
i = 3
DO WHILE i < = 20
  T3 = T1 + T2
  ?? T3,
  T1 = T2
  T2 = T3
  i = i + 1
ENDDO
RETURN
```

在上面程序中,用 T1,T2,T3 代表三个数。在每一次循环中它们代表不同的数。在程序运行过程中,这些变量不断地以新值取代旧值,这种不断以新值取代旧值的操作称为迭代。程序中的 T1,T2,T3 称为迭代变量,它们的值是不断更迭的,递推问题一般可以用迭代方法来处理。

【例 10-28】 用循环语句编写能反复查询 Student 表中学生情况的程序。

```
* EX10-28. prg
set talk off
use Student
111 = . t.
do while 111
  clear
  acce "请输入待查姓名:" to NA
  loca for 姓名 = NA
  if . not. eof( )
    @ 10,20 SAY "姓名:" + 姓名
    @ 10,40 SAY "性别:" + 性别
    @ 10,50 SAY "年龄:"
    @ ROW( ),COL( ) + 1 SAY INT( ( DATE( ) - 出生日期)/365 )
    @ 10,60 SAY "系别:" + 系别
  else
    @ 10,20 say "查无此人!"
  endif
  wait "继续查询吗? ( Y/N)" TO yn WINDOW
  if upper( yn) < > " Y"
    lll = . f.
  endif
enddo
use
retu
```

【例 10-29】 编写程序判断 100 ~ 999 之间的水仙花数。所谓"水仙花"数是指一个三位自然数的值等于该数各位的数字的立方和。例如,$153 = 1^3 + 5^3 + 3^3$,因此,153 是水仙花数。

分析:解决此问题的关键是如何从一个三位自然数中分离出百位数、十位数和个位数。设 i 代表这三位数,a,b,c 分别表示 i 的百位数、十位数和个位数。于是有:

1)百位数:a=INT(i/100)。例如,设 i=529,INT(529/100)=5,百位等于 5。

2)十位数:b=INT((i-100*a)/10)。例如,INT((529-100*5)/10)=2,十位数等于 2。

3)个位数:c=i-INT(i/10)*10。例如,529-INT(529/10)*10=9,个位数等于 9。

将一个自然数分离出百位数、十位数和个位数后,现在就可以编写出程序。

```
*EX10-29
i=100
DO WHILE i<=999
  a=INT(i/100)
  b=INT((i-100*a)/10)
  c=i-INT(i/10)*10
  IF i=a*a*a+b*b*b+c*c*c
    ?? i,
  ENDIF
  i=i+1
ENDDO
RETURN
```

执行上面程序后显示结果如下:

153　　370　　371　　407

在上面程序中,找出 100~999 中的水仙花数,使用了"穷举法"来解决问题。所谓穷举法就是将各种组合的可能性全部一一考虑到,对每一组合检查它是否符合给定的条件。然后将符合条件的全部输出。

【例 10-30】 有一张厚 0.5 毫米,面积足够大的纸,将它不断对折。问对折多少次后,其厚度可达珠穆朗玛峰的高度(8848 米)。

分析:每次对折都是上次厚度的 2 倍,然后用此厚度与珠穆朗玛峰的高度作比较,每次循环作一次计数,以便统计对折的次数。

```
*EX10-30. prg
N=0
H=0.5
DO WHILE H<8848000
    N=N+1
    H=2*H
ENDDO
?"对折次数:",N
CANCEL
```

运行上面程序后,输出结果如下:

对折次数:25

10.5.2　SCAN…ENDSCAN 语句

命令格式:

SCAN［Scope］［FOR <lExpression1>］［WHILE <lExpression2>］

　　　　[Commands]

　　　　[LOOP]

　　　　[EXIT]

ENDSCAN

命令功能：

　　对当前数据表中符合指定条件的记录按照命令组[Commands]进行处理。当执行 SCAN 语句时，系统首先将记录指针定位到指定范围内满足给定条件的首条记录上，然后判断 EOF( ) 函数是否为假。若为假则重复执行循环体中的命令组序列，直到 EOF( ) 函数为真时结束循环，执行 ENDSCAN 之后的语句。

命令说明：

　　1）[Scope]参数为指定的扫描范围，默认值为 ALL。

　　2）[FOR <lExpression1>]子句为给出过滤条件，将不扫描的记录过滤掉。

　　3）[WHILE <lExpression2>]子句为给定的条件。在指定的记录范围内，如果条件为真命令就执行，条件为假就结束 SCAN 循环，执行 ENDSCAN 之后的语句。

　　该语句用于对数据表和记录进行处理，根据条件控制记录指针的移动，不需专门编写控制记录指针的程序，即在该语句中隐含函数 EOF( )和命令 SKIP 的处理。

　　4）[LOOP]和[EXIT]语句的功能与 DO WHILE 循环中一样。它们通常与条件语句配合使用，当满足给定条件时执行这两条语句。

　　5）SCAN 和 ENDSCAN 必须配对使用。

　　6）SCAN…ENDSCAN 语句可以与其他循环语句嵌套使用，实现多重循环。

【例 10-31】　试利用 SCAN…ENDSCAN 语句编写一个程序，统计 Student 表中入学成绩大于等于 570 分的人数。

```
* EX10-31. prg
SET TALK OFF
CLEAR
USE Student
S = 0
SCAN FOR 入学成绩>=570
   S = S+1
ENDSCAN
?"入学成绩大于等于 570 分的学生共有"+STR(S)+"人"
USE
RETURN
```

10.5.3　FOR…ENDFOR 语句

命令格式：

```
FOR Var = nInitialValue TO nFinalValue [ STEP nIncrement ]
    [ Commands ]
    [ EXIT ]
    [ LOOP ]
```

ENDFOR|NEXT

命令功能:

系统执行该 FOR 语句时,首先将循环变量初值 nInitialValue 赋给循环控制变量 Var,并保存终值 nFinalValue 和步长值 nIncrement,然后判断循环控制变量的值是否超过终值。若未超过终值,则执行循环体中的语句序列,使循环控制变量按步长自动增值,开始下一次循环。若循环变量超过终值,则结束循环,执行 ENDFOR|NEXT 下面的语句。

命令说明:

1) Var 参数为循环控制变量,nInitialValue、nFinalValu 和 nIncrement 分别为初值、终值和步长,它们可以是正值、负值和零,但步长不能为零,步长为零时,FOR 循环将成为死循环。当步长缺省时,系统默认值为 1。

2) LOOP 和 EXIT 语句的功能和使用方法与前面介绍相同。

3) FOR 和 ENDFOR|NEXT 必须配对使用。FOR 可以和 ENDFOR 配对使用,也可以和 NEXT 配对使用。

4) FOR…ENDFOR|NEXT 语句可以嵌套使用,从而实现多重循环。

该循环语句是根据用户设置的循环变量初值、终值和步长,决定循环体内语句的执行次数,所以有时将它称作计数循环。

【**例 10-32**】　试利用 FOR…ENDFOR 语句编写一个程序,在表 Teacher 中显示课时津贴最高的前三名教师的姓名和、职称和课时津贴。

```
* ex10-32. prg
SET TALK OFF
SET SAFE OFF
CLEAR
SELECT A
USE Teacher
INDEX ON － 1 * 课时津贴 TO JT
? "姓名　职称　课时津贴"
GO TOP
FOR I = 1 TO 3
? 姓名,职称,课时津贴
SKIP
ENDFOR
USE
RETURN
```

上面程序执行后的显示结果如下:

姓名	职称	课时津贴
文静	讲师	3600.0
周义文	教授	3240.0
肖大志	副教授	2160

> **思考题**
>
> (1) 在 FOR 循环中,循环控制变量的值什么情况下是递增、递减?步长为 0 时将出现什么情况?怎样计算 FOR 循环的循环次数?
>
> (2) 三种循环语句各有哪些特点?试总结它们的最佳适用场合?

10.5.4　多重循环

循环语句中嵌套另外的循环,称为多重循环。前面介绍的三种循环语句都可以相互嵌套,形成多重循环。外层的循环称为外循环,里层的循环称为内循环。使用多重循环可以解决较复杂的应用问题。

下面以 DO WHILE 语句的二重循环为例,说明二重循环的命令格式和执行过程。

命令格式:

```
DO WHILE〈lExpression1〉
    [Commands1]
    DO WHILE〈lExpression2〉
        [Commands2]
    ENDDO
    [Commands3]
ENDDO
```

执行过程:

从外循环开始执行,判断〈lExpression1〉是否为真,若为真,执行[Commands1[语句系列后进入内循环,判断〈lExpression2〉是否为真,若为真,重复执行[Commands2]语句系列,直到〈lExpression2〉为假退出内循环,接着执行[Commands3]语句系列,然后返回外循环的开始语句,再次判断〈lExpression1〉是否为真,若为真重复上述执行过程,直到〈lExpression1〉为假时结束外循环。

> **注意**
>
> (1) 循环嵌套时,要注意嵌套的次序,内循环必须完全包含在外循环中,如图 10-20。内外循环不得交叉,如图 10-21 所示。
>
>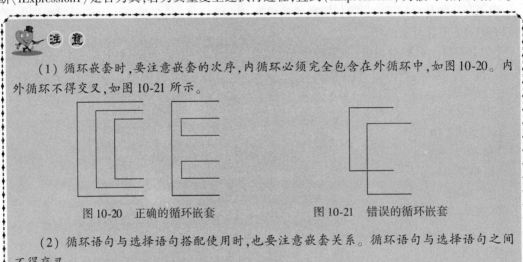
>
> 图 10-20　正确的循环嵌套　　　　图 10-21　错误的循环嵌套
>
> (2) 循环语句与选择语句搭配使用时,也要注意嵌套关系。循环语句与选择语句之间不得交叉。
>
> (3) 在书写多重循环程序时,在每层循环的 ENDDO 语句后面应加注释或说明,最好用层层缩进的格式书写,以增加程序的可读性。

【例 10-33】　用多重循环编写一个程序,在表 Student 中统计显示各系学生人数。

```
* ex10-33. prg
SET TALK OFF
SET SAFE OFF
CLEAR
SELECT 2
USE Student
INDEX ON 系别 TO IXB
GO TOP
DO WHILE . NOT. EOF( )
    S=0
    XB=系别
```

```
    DO WHILE 系别=XB
        S=S+1
        SKIP
    ENDDO
    ? TRIM(XB)+" 人数是:"+STR(S)
ENDDO
USE
RETURN
```

执行上面程序后显示结果如下:

检验系人数是:3

医学系人数是:5

影像系人数是:4

【例10-34】 设计一个程序,可以在屏幕上显示如下图形:

```
        1
       222
      33333
     4444444
    555555555
```

```
* EX10-34
* 显示图形的程序
SET TALK OFF
CLEAR                           && 清屏幕
FOR A=1 TO 5                    && 外层循环
    FOR B=1 TO 2*A-1            && 内层循环
      @ A,(15-A)+B SAY STR(A,1)  &&STR()函数把数值转化成字符
    ENDFOR
ENDFOR
RETURN
```

循环是结构化程序设计中最重要的内容,在解决实际应用问题中经常使用循环程序设计,为了更好地掌握循环程序设计方法,现将循环使用的注意事项总结如下:

(1) 首先要确定哪些操作是需要重复执行的,即确定循环体。

(2) 其次要确定循环开始和结束的条件,以便控制循环的次数,防止出现死循环。

(3) 给循环变量赋初值,使得循环能按要求正常运行。

(4) DO WHILE 与 ENDDO,FOR 与 ENDFOR,SCAN 与 ENDSCAN 必须配对使用,多重循环时内外循环不能交叉。

(5) 三种循环的比较:DO WHILE 循环语句适合于事先不知道循环次数的循环;FOR 循环语句适合于循环的次数比较明确的循环;SCAN 循环语句适合于对表记录进行逐条操作的循环。

(6) EXIT 和 LOOP 语句只能用在循环语句中,它们可嵌入循环体中任何位置,用来改变循环的次数。LOOP 语句用来结束本次循环,也称为循环短路,返回循环开始处;EXIT 语句是循环的出口,用来强制结束循环。

(7) 在多种循环中,只能从内循环跳到外循环,不能终止所有循环。

(8) 在将表记录指针作为循环控制条件的循环中,在 ENDDO/ENDFOR/ENDSCAN 语句之

前应回到进入循环时的工作区。

§10.6　数组的使用

数组是 VFP 中处理数据而采用的一种重要内存变量表达形式。当处理大批量数据时,使用数组非常简洁,在程序中处理数据方便。下面介绍 VFP 中数组的几种常用的使用方法。

10.6.1　数组的插入、删除、复制和排序函数

数组和表文件一样,可以进行插入、删除、复制和排序等操作,通过一组数组函数来实现。在某些情况下,这些函数的使用能提高程序执行效率。但需注意函数使用方法,即可直接在函数前面加赋值号"="作为执行该函数的引导符,此时,函数执行的结果是对数组的操作,而函数的返回值常量只能说明函数是否执行成功。以下列出有关的数组函数:

1. 数组插入函数

格式: AINS(<ArrayName>,<nExpression>[,2])

功能:将一个元素插入指定的行列中,数值表达式的值表示数组的哪行或哪列插入,2 表示插入列元素。且函数返回值为1。

2. 数组的删除函数

格式: ADEL(<ArrayName>,<nExpression>[,2])

功能:删除数组行和列的元素。数值表达式的值表示数组的哪行或哪列删除,2 表示删除列元素。且函数返回值为1。

3. 数组的复制函数

格式:ACOPY(<SourceArrayName>,<DestArrayName>[,<nFirstSourceElement>
　　　　[,<nNumberElements>[,<nFirstDestElement>]]])

功能:将源数组指定元素开始的若干个元素复制到目标数组中。<nFirstSourceElement>表示源数组起始元素,<nNumberElements>表示复制元素的个数,<nFirstDestElement>表示目标数组起始元素。函数返回复制的元素个数。

4. 数组排序函数

格式: ASORT(<ArrayName>[,<nStartElement>[,<nNumberSorted>[,<0|1>]]])

功能:将一个数组的元素进行排序,子句中 0 表示升序,1 表示降序。<nStartElement>表示起始元素或起始行号,<nNumberSorted>表示排序元素个数或行数。如果排序成功,则函数返回数值1,否则返回-1。

10.6.2　数组与数据表之间的数据传递

在 VFP 中,数组和表之间的数据传递有多种方法,但 SCATTER 和 GATHER 命令使用较为灵活。

1. 将数据表中的数据传递给数组

命令格式:

SCATTER [FIELDS <FieldNameList>] TO <ArrayName>[MEMO]

命令功能:

将当前表文件中当前记录指定的字段值顺序地传递给数组中各数组元素。MEMO 用于字

段名表中指定的备注字段。

命令说明：

1）FIELDS <FieldNameList>规定参与数据传送的字段及顺序。若缺省该子句,则顺序传送所有字段。

2）字段类型决定了相应数组元素的类型。

3）若数组元素多于要传送的字段个数,则多余的数组元素保持原值不变。

4）若数组不存在或大小小于字段数,则系统自动生成一个满足要求的新数组。

【例10-35】　将表 Student 中的第 3 号记录传至数组 LYAN。在命令窗口中输入下列命令：

DIME LYAN(4)

USE Student

GO 3

DISP

记录号	学号	姓名	性别	系别	出生日期	团员否	入学成绩	相片	简历
3	20051109	刘军	男	影像系	10/09/86	. T.	585	gen	memo

SCAT FIEL 学号,姓名,系别,入学成绩 TO LYAN

DISP MEMORY

```
LYAN            Pub         A
    (    1)                 C "20051109"
    (    2)                 C "刘军"
    (    3)                 C "影像系"
    (    4)                 N 585        (            585.00000000)
```

已定义　　　1 个变量,　　　占用了 47 个字节

1023 个变量可用

2. 将数组中的数据传递给数据表的命令

命令格式：

GATHER FROM <ArrayName>[FIELDS <FieldNameList>][MEMO]

命令功能：

将数组中的数据顺序传递给当前表文件当前记录中指定的字段。

命令说明：

1）数组元素少于字段数,则多余的字段保持原值不变。

2）数组元素多于字段数,则多余的数组元素不传送。

3）数组元素的类型必须与对应的字段类型一致,否则将产生数据类型不匹配的错误。

【例10-36】　将数组 LYAN 传送到表 Student 的尾部。

LYAN(1)= "20051120"

LYAN(2)= "肖丽"

Use Student

append blank

Gather from LYAN fiel 学号,姓名,系别,入学成绩

Brow

显示结果如图 10-22 所示。

【例10-37】　冒泡法排序。用冒泡排序将 n 个数组元素按由小到大进行排序。

Student

学号	姓名	性别	系别	出生日期	团员否	入学成绩	相片	简历
20051101	汪小艳	女	医学系	04/09/87	T	556	gen	memo
20051102	刘平	男	医学系	12/10/88	T	575	gen	memo
20051109	刘军	男	影像系	09/10/86	T	585	gen	memo
20051103	王小林	女	医学系	07/20/88	F	562	gen	memo
20051104	肖岚	女	检验系	05/12/87	T	572	gen	memo
20051105	周磊	男	检验系	04/07/87	T	560	gen	memo
20051106	何艾波	男	检验系	01/05/88	F	556	gen	memo
20051107	贾文	女	影像系	06/23/88	T	578	gen	memo
20051110	罗小平	女	影像系	10/01/88	T	568	gen	memo
20051108	曾佳	女	影像系	11/23/86	T	558	gen	memo
20051116	张維	女	医学系	/ /			gen	memo
20051115	张維	女	医学系	12/09/80	T	569	gen	memo
20051120	肖丽		影像系	/ /		585	gen	memo

图 10-22　增加记录后表 Student 的浏览窗口

为了理解冒泡排序算法,需要先介绍把数组中 n 个数据元素中最大的那个数放到最后一个位置的算法。

1) 从 a(1)到 a(n),将相邻两个数两两进行比较,即 a(1)和 a(2)比,a(2)和 a(3)比,…,a(n-1)和 a(n)比;

2) 在每次比较中,若前一个数比后一个数大,则对调两个数,使大的放到后面,小的放到前面;否则,不进行对调。第一轮进行 n-1 次比较后,a(1)到 a(n)中最大的数移入到 a(n)。

3) 继续用上述方法,进行第二轮排序。把 a(1)到 a(n-1)中最大的数移入 a(n-1)中;第三轮接着再把 a(1)到 a(n-2)中最大的数移入 a(n-2)中,……,直到第 n-1 轮排序,把 a(1)和 a(2)中最大的数移入 a(2)中。到此,排序完毕,数组元素 a(1),a(2),…,a(n)变成了由小到大的有序数列。

这种排序方法在排序过程中,使小的数就如气泡一样逐层上浮,而大的数逐个下层,因此被形象比喻成“冒泡”,故称这种排序算法为冒泡法。

在此题中,通过随机函数产生 n 个两位整数,存入数组 A 中。然后用冒泡法对这 n 个数组元素按由小到大进行排序。编写程序如下:

```
* EX10-37
SET TALK OFF
INPUT "n=" TO n
DIME a(n)
FOR i=1 TO n
  a(i)=INT(10+90*RAND())
ENDFOR
FOR j=1 TO n-1
  FOR i=1 TO n-j
    IF a(i)>a(i+1)
      T=a(i)
      a(i)=a(i+1)
      a(i+1)=T
    ENDIF
  ENDFOR
ENDFOR
FOR i=1 TO n
```

```
    ?? a(i),
ENDFOR
RETURN
```

在上面程序中,外循环用于控制排序的轮数,循环变量设为 j,j 从 1 到 n-1,即 n 个数据需要排序 n-1 轮。内循环实现对相邻数据进行两两比较,循环变量设为 i,相邻数据比较次数第一轮为 n-1,第二轮为 n-2,第三轮为 n-3,……,第 n-1 轮为 1,因此,i 从 1 到 n-j。在内循环中,当条件 a(i)>a(i+1)成立,即前面数比后面数大,这时将 a(i)和 a(i+1)进行交换,执行三个命令,T=a(i),a(i)=a(i+1),a(i+1)=T,如果条件 a(i)>a(i+1)不成立,即前面数比后面数小,这时就不交换数据。

第 j 轮排序完成,就将 a(1),a(2),……,a(n-j+1)中最大的数移入 a(n-j+1)中,j=1,2,……,n-1。经过 n-1 轮排序后,a(1),a(2),……,a(n)就成为了由小到大的有序数组。

思 考 题

(1) 如果要用冒泡排序法将数组元素 a(1),a(2),……,a(n)按由大到小进行排列,其程序应该如何编写?

(2) 如果使用数组排序函数 ASORT( )来编写程序,上面问题就变得非常简单了。请自己完成程序的编写。

---

§10.7　过程与自定义函数

在程序设计中经常会发现,有些运算和操作要反复出现。这些重复运算的处理程序是相同的,不同的是每次重复使用的数据不一样。如果在程序中,相同的程序段要反复多次出现,结果是程序变得冗长,占用内存空间多,程序运行效率低,不利于程序的优化。

为了解决这一程序冗余的问题,可以将多次重复出现的程序段编制成子程序、过程或函数,给它们取一名字,然后通过名字就可方便地重复"调用"它们,以提高程序的使用效率,达到多次使用的目的。子程序、过程和函数程序设计是程序设计中的一项非常重要的技术,是编写程序的重要方法和结构形式,在程序设计时,它们都作为一个相对独立的功能模块(或程序段)被使用。由于功能模块是相对独立的,程序执行时可多次调用,这样,提高了程序代码的可读性和可维护性。

10.7.1　子程序

1. 调用与返回

子程序是一个相对独立的程序。它在编写时和普通的程序是一样的。但是子程序一般不独立运行,它需要通过另外一个程序调用,这个调用程序称为主程序,被调用程序为子程序。

主程序和子程序之间的关系是:主程序可以调用子程序,但不能被其他程序调用;子程序可以调用子程序,但不能调用主程序。

读者已知执行 DO 命令能运行 VFP 程序,其实 DO 命令也可用来执行子程序模块。主程序执行时遇到 DO 命令,执行就转向子程序,称为调用子程序。子程序执行到 RETURN 语句,就会返回到主程序中转出处的下一语句继续执行程序,称为从子程序返回。

2. 子程序的建立

子程序和主程序都是命令文件,具有同样的扩展名 .PRG,可用有关建立编辑程序文件的方法来建立子程序。

3. 带参数子程序的调用与返回

DO 命令允许带一个 WITH 子句,用来进行参数传递。

命令格式:

DO <ProgramFileName1>[WITH <ParameterList>] [IN <ProgramFileName2>]

命令功能:

调用执行子程序1(ProgramFileName1),并将参数表(ParameterList)中的参数传递到子程序1中。

命令说明:

1) 参数表中的参数可以是表达式,但若为内存变量必须具有初值。

2) 当程序名1是 IN 子句(程序名2)中的一个过程时,DO 命令调用该过程。

调用子程序时参数表中的参数要传送给子程序,子程序中也必须设置相应的参数接收语句。VFP 的 PARAMETERS 命令就具有接收参数和回送参数值的作用。

命令格式:

PARAMETERS <ParameterList>

命令功能:

指定内存变量以接收 DO 命令发送的参数值,返回主程序时把内存变量值回送给调用程序中相应的内存变量。

命令说明:

1) PARAMETERS 必须是被调用程序的第一个语句。

2) 命令中的参数被 VFP 默认为私有变量,返回主程序时回送参数值后即被清除。私有变量的概念请参阅 10.7.3 小节。

3) 命令中的参数依次与调用命令 WITH 子句中的参数相对应,形参个数不得少于实参。

【例10-38】 设计一个计算圆面积的子程序,并要求在主程序中带参数调用它。

主程序:

```
* ex10-38. prg
area=0
@5,10 say "请输入半径:" GET radii DEFAULT 0      && 设半径的默认值为0
READ
DO sub with radii,area
? "圆面积=",area
RETURN
```

子程序:

```
* sub. prg
PARAMETERS r,s
s=PI( ) * r * r              &&VFP 的 PI 函数返回 π 值
RETURN                    && 返回主程序
```

上述程序中,在调用子程序前,调用语句中的参变量都赋了值;在调用子程序时,调用语句的 radii 值传送给子程序的参数 r,子程序计算面积返回主程序时变量 s 的值回送给变量 area。

4. 返回语句 RETURN

命令格式:

RETURN [TO MASTER|TO <ProgramFileName>|<Expression>]

命令功能:

返回主程序,或命令窗口。

命令说明:

1) TO MASTER,直接返回最上级主程序。

2) 返回程序将执行 DO 语句的下一条语句。

3) TO <ProgramFileName>强制返回到指定的程序文件。

4) RETURN <Expression>用在自定义函数中,返回函数值。

5. 子程序调用的嵌套

主程序与子程序的概念是相对的,子程序还可调用它自己的子程序。即子程序可以嵌套调用。VFP 的返回命令包含了因嵌套而引出的多种返回方式。子程序的嵌套形式有:①逐层调用,逐层返回,如图 10-23;②直接返回主控程序,如图 10-24。

顺便指出,任何时候要退出 VFP,只要执行命令 QUIT。

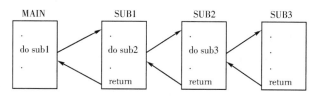

图 10-23　逐层调用,逐层返回示意图

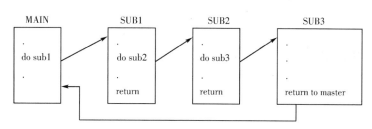

图 10-24　直接返回主控程序示意图

10.7.2　过程

如果将一个程序中的每个模块(主程序、子程序)分别保存为一个. PRG 文件,则每执行一个模块就要打开一次文件,必然增加总的运行时间,降低程序运行的效率。为此 VFP 在一个. PRG 文件中设置多个程序模块,并将主程序以外的每个模块定义为一个过程,这种文件可称为"过程文件",过程文件仍使用. PRG 为扩展名。

1. 过程的结构

PROCEDURE <ProcedureName>

PARAMETERS <VarName1>,<VarName2>,…

<Statement>

ENDPROC

2. 过程结构说明

(1) PROCEDURE 指明过程的开始;ENDPROC 指明过程的结束。

(2) 过程开始紧接是过程名 ProcedureName,过程名的命名规则:①必须以字母或下划线开头,可以包含字母,数字和下划线的任意组合;②过程名的长度小于 255 个字符。

（3）PARAMETERS：指明过程所需的参数，<VarName1>，<VarName2>是形式参数（简称形参）变量，其作用域仅限于本过程及被调用过程（由它调用的其他过程）中。若过程中不使用参数变量，则 PARAMETERS 命令不能在过程中出现；若过程有参数，则 PARAMETER 命令必须紧位于 PROCEDURE 命令之后的第一行。VFP 中 PARAMETER 命令后可有参数 27 个。

（4）<Statement>是指过程中的命令或代码序列。

（5）RETURN 命令可用在过程序列命令的最后，它用来结束过程，并将控制权交还给调用程序。也可以不使用 RETURN 命令，但过程执行时，还是要执行一条隐含的 RETURN 命令，它返回给调用程序的逻辑值 .T. 。

3. 过程的调用

（1）过程调用格式：DO <ProcedureName>［WITH <ParameterList>］［IN<FileName>］

（2）调用功能说明：<ProcedureName>被调用的过程名，<ParameterList>是调用时需传递的参数，此参数称实在参数（即实参），它可以是常量、变量、表达式。［IN <FileName>］指明过程所在的文件。

4. 过程调用时的参数传递

参数传递实现了同一过程不同应用特征的调用，以及数据共享的目的。参数传递过程必须遵循以下规则。

（1）过程中具有 PARAMETER 命令的过程称为有参过程，调用有参过程中的实参与过程中的形参均从左依次开始一一传递，实参数目不能超过形参的数目，多余形参的值为逻辑假值，若实参数目大于形参数目，将产生错误。

（2）有参过程调用时，参数传递常用两种方式，按值传递和按地址传递。

（3）按值传递，是执行调用命令时，将实参的常量、变量或表达式的值传递给形参，然后执行过程中其他命令序列，这时形参值的改变，调用返回时，不改变实参的值（或形参值的改变不影响实参值的改变）。

（4）按地址传递，是将实参本身的地址（实参变量的地址）传递给形参，使形参和实参共用一个地址单元实现数据的传递，此时形参值的改变将同时引起实参值的改变。

（5）未指出有参过程调用，系统默认按地址方式传递。如果参数用括号"（）"括起，此时是强制参数按值的方式传递引用。

（6）在 VFP 中，可以在设计程序调用过程时，先使用如下系统命令，设定参数传递方式

$$\text{SET UDFPARMS TO ［REFERENCE|VALUE］}$$

命令中 REFERENCE 指定地址传递方式，VALUE 指定值传递方式。本命令设置后就永久有效，直到再次使用其改变设置为止。

【例 10-39】 将例 10-32 的程序改变为过程调用。下面程序说明了过程的用法及参数是如何传递的。

```
* ex10-39. prg
SET DECIMALS TO 2            && 设置小数保留两位
area=0
@ 8,20 say "请输入半径:" get radii default 0
read
do js with radii,area
? "圆面积=",area
return
```

```
PROCEDURE js
PARAMETERS r,s
S=PI( ) * r * r
Return
ENDPROC
```

10.7.3　变量的作用域

一个过程文件可以有很多过程,每个过程都可能有自己要处理的内存变量。这时,不同过程中内存变量之间的关系就非常重要,如果处理不当,许许多多变量相互影响,将给系统带来很大隐患。因此,必须合理清晰地安排变量的作用域。变量的作用域是指程序中能对此变量进行存取的范围。

若以变量的作用域来分类,内存变量可分为公共变量,局部变量和本地变量三类。

1. 公共变量

在任何模块中都可使用的变量称为公共变量,公共变量可用下述命令来建立。

命令格式:

PUBLIC <MemVarList>

命令功能:

将内存变量表<MemVarList>指定的变量设置为公共变量,并将这些变量的初值均赋以 . F. 。

命令说明:

1）若下层模块中建立的内存变量要供上层模块使用,或某模块中建立的内存变量要供并列模块使用,必须将这种变量设置成公共变量。

2）VFP 默认命令窗口中定义的变量都是公共变量,但这样定义的变量不能在程序方式下利用。

3）程序终止执行时公共变量不会自动清除,而只能用清除内存变量的命令来清除。

2. 局部变量

VFP 默认程序中定义的变量是局部变量,局部变量仅在定义它的模块及其下层模块中有效,而在定义它的模块运行结束时自动清除。

局部变量允许与上层模块的变量同名,但此时为分清两者是不同的变量,需要采用暂时屏蔽上级模块变量的办法。下述命令声明的局部变量就能起这样的作用。

命令格式:

PRIVATE [<MemVarList>][ALL[LIKE|EXCEPT <VarNameList>]]

命令功能:

声明局部变量并隐藏上级模块的同名变量,直到声明它的程序、过程或自定义函数执行结束后,才恢复使用先前隐藏的变量。

命令说明:

1）凡是用 PRIVATE 说明的变量都是局部变量,若有子句[ALL LIKE|EXCEPT],则内存变量名可以使用通配符? 和 * 。

2）局部变量的作用域:

A. 当上级过程的局部变量与它们调用的下级过程的局部变量不同名时,上级过程的局部变量作用域包含下级过程,即它们在下级过程中继续有效。

B. 当下级过程存在与上级过程同名的局部变量时,上级过程局部变量的作用域不包含下级过程。下级过程的同名局部变量实际上是新的变量。它们与上级过程的同名变量毫无关系。上级局部变量进入下级过程时被"屏蔽"了,直到退出下级过程时才恢复。

3)"声明"与"建立"不一样,前者仅指变量的类型,后者包括类型与值。PUBLIC 命令除声明变量的类型外还赋了初值,故称为建立;而 PRIVATE 并不自动对变量赋值,仅是声明而已。

4)在程序模块调用时,参数接收命令 PARAMETERS 声明的参变量也是局部变量,与 PRIVATE 命令作用相同。

【例 10-40】 局部变量的使用。

```
* ex10-40. prg
set talk off
clear
do aa
return
proc aa
priv x,y
? ".... proc aa...."
x = 100
y = 200
? x,y
do bb
? ".... proc aa...."
? x,y
do cc
? ".... proc aa...."
? x,y
return
proc bb
priv x,y
? ".... proc bb...."
x = 1
y = 2
? x,y
return
proc cc
? ".... proc cc...."
? x,y
x = 10
y = 20
? x,y
return
```

上面程序执行结果如下:

.... proc aa....

```
        100          200
.... proc bb....
          1          2
.... proc aa....
        100          200
.... proc cc....
        100          200
         10          20
.... proc aa....
         10          20
```

3. 本地变量

本地变量只能在建立它的模块中使用,而且不能在高层或低层模块中使用,该模块运行结束时本地变量就自动释放。

命令格式:

LOCAL <MemVarList>

命令功能:

将内存变量表<MemVarList>指定的变量设置为本地变量,并将这些变量的初值均赋以 . F. 。

注　意

　　LOCAL 与 LOCATE 前 4 个字母相同,故不可缩写。

10. 7. 4　自定义函数

VFP 本身提供 400 多个标准的库函数,除此之外,还允许用户自行定义函数,即用户自定义函数。

1. 自定义函数结构

FUNCTION FunctionName

　　　〔PARAMETER<VarName1 , VarName2 , ···>〕

　　　〔<Statement>〕

　　　RETURN <ReturnValue>

ENDFUNC

2. 自定义函数说明

(1) FUNCTION 指明自定义函数的开始,FunctionName 为自定义函数名。函数名命名规则,函数名的长度与过程一样。ENDFUNC 指明自定义函数的结束。

(2) 语句序列<Statement>组成为函数体,用于进行各种处理。简单的函数其函数体也可为空。

(3) 自定义函数的调用为两种方式,即过程调用方式和系统函数调用方式。

● 过程调用方式:此种方式,自定义函数等同于过程,调用命令使用

DO FunctionName 〔WITH <ParameterList>〕〔IN <FileName>〕

同时实参和形参的定义、传递的规则与过程应用一样。并且自定义函数中 RETURN 的返回值无效。

● 系统调用方式:此时自定义函数与系统函数的地位一样,调用方法相同。参数传递使用值传递,且强调返回值,即使用 RETURN 后的 ReturnValue。ReturnValue 可是常量、变量和表达式运算后的值。它的值就是函数值。若缺省该语句,则返回的函数值为 . T. 。

(4) 自定义函数的函数名不能和 VFP 系统函数同名,也不能和内存变量同名。

3. 自定义函数应用举例

【例10-41】 设计一个自定义函数,用来求一元一次方程 AX+B＝0 的根。

因为该方程中有 A,B 两个参数,所以函数格式可设计为

$$ROOT(<nExpression1>,<nExpression2>)$$

其中 ROOT 是建立函数时定义的函数名,数值表达式1<nExpression1>表示方程的一次项系数,数值表达式2<nExpression2>表示常数项。自定义的求根函数 ROOT. PRG 如下:

```
* root. prg
PARAMETERS a,b
RETURN IIF(a=0,"无解",-b/a)
```

上述 ROOT 函数中的 IIF 函数是标准函数,其功能类似于 IF 语句。若 A＝0,它的值是字符串"无解",否则返回−B/A 的值。

现在使用下述命令调用 ROOT 函数来解方程 3X+1＝0

```
? "X=",ROOT(3,1)
```

显示结果:

```
X=-0. 3333
```

10.7.5 过程和自定义函数的使用

在 VFP 中应用过程和自定义函数时,它们既可以与调用它的主程序放在一起作为一个程序文件,也可以单独把多个过程和自定义函数放在一起作为一个"过程文件",或作为"存储式过程"存储在数据库中。我们先对过程文件的使用作一简要说明。

1. 过程文件基本格式

```
PROCEDURE <ProcName1>
        <Statement1>
ENDPROC
PROCEDURE <ProcName2>
        <Statement2>
ENDPROC
……
FUNCTION <FuncName1>
        <Statement3>
ENDFUNC
FUNCTION <FuncName2>
        <Statement4>
ENDFUNC
……
```

说明:过程文件的扩展名为 PRG,过程文件的建立和编辑与程序文件相同。

2. 过程文件的使用

使用过程文件必须先打开过程文件。其命令是:

```
SET PROCEDURE TO <ProcFileName>
```

ProcFileName 为过程文件名,扩展名为 . PRG,使用时可省略。过程文件使用完后,应关闭,关闭命令是:

```
SET PROCEDURE TO
```
或 CLOSE PROCEDURE

【例 10-42】 编写一个独立的自定义函数文件。其功能是判断一个自然数是否是素数。

编写程序如下：

```
* deffun
FUNCTION PRINUM
   PARAMETER n
   FOR i = 2 TO n-1        && 判能否被 2 ~ n-1 整除
      IF MOD(n,i) = 0
         RETURN .F.        && 如果能被整除,则返回.F.,即 n 不是素数
      ENDIF
   ENDFOR
   RETURN .T.              && 如果所有的数都不能被整除,则返回.T.,即 n 是素数
ENDFUNC
```

首先使用命令打开过程文件,然后再使用函数。

```
SET PROCEDURE TO DEFFUN
? PRINUM(17) , PRINUM(25)
   .T.       .F.
```

以上结果表明,17 是素数,而 25 不是素数。

§10.8 程序调试方法

10.8.1 调试的概念

编好的程序难免有错,必须反复地检查改正,直至达到预定设计要求方能投入使用。程序调试的目的就是检查并纠正程序中的错误,以保证程序的可靠运行。调试通常分三步进行:检查程序是否存在错误,确定出错的位置,纠正错误。

调试需要经验,关键在查错,有时查出错误,但难以确定错误的位置,这就无法纠正错误,纠正错误要掌握程序设计技术与技巧。

1. 程序中常见错误

(1) 语法错误:系统执行命令时都要进行语法检查,不符合语法规定就会提示出错信息,例如命令字拼写错、命令格式写错、使用了未定义的变量、数据类型不匹配、操作的文件不存在等。

(2) 超出系统允许范围的错误:例如文件太大(不能大于2GB)、嵌套层数超过允许范围(DO命令允许128层嵌套循环)等。

(3) 逻辑错误:逻辑错误指程序设计的差错,例如计算或处理逻辑有错。

2. 查错技术

查错技术可分两类,一类是静态检查,例如阅读程序,从而找出程序中的错误;另一类是动态检查,即通过执行程序来考察执行结果是否与设计要求相符。动态检查又有以下方法。

(1) 设置断点:若程序执行到某语句处能自动暂停运行,该处称为断点。

在调试程序时用户常用插入暂停语句的办法来设置断点,例如要看程序某处变量 Y 的值,只要在该处插入下面两个语句:

```
?"Y=",Y               && 显示 Y 值
```

WAIT WINDOW   && 程序暂停执行

程序运行后,调试者根据变量 Y 显示的值来判断引起错误的语句在断点前还是在断点后。除输出某些变量的中间结果外,还可使用 DISP MEMORY,DISP STATUS 等命令来得到更多的运行信息以帮助寻找错误原因和位置。

(2) 单步执行:一次执行一个命令。

(3) 跟踪:在程序执行过程中跟踪某些信息的变化,有的系统还能显示执行过的语句的行号。

(4) 设置错误陷阱:在程序中设置错误陷阱可以捕捉可能发生的错误,这时若发生错误就会中断程序运行并转去执行预先编制的处理程序,处理完后再返回中断处继续执行原程序。例如 ON ERROR 命令用于设置错误陷阱,函数 ERROR( )和 MESSAGE( )可用于出错处理。

10.8.2 调试器

VFP 提供了一个称为"调试器"的程序调试工具,用户可通过调试设置、执行程序和修改程序来完成程序调试。调试设置包括为程序设置断点,设置监视表达式,设置要显示的变量、数组等;执行程序有多种方式,用于观察各种设置的动态执行结果;如果发现错误,允许当场切入程序修改方式。

用户可利用调试器窗口的菜单,快捷菜单或工具栏的按钮来进行操作。

1. 打开调试器窗口

打开调试器窗口的方法有两种:

(1) 选定 VFP 工具菜单的调试器命令。

(2) 在命令窗口键入 DEBUG 命令。

2. 调试器窗口的组成(如图 10-25)

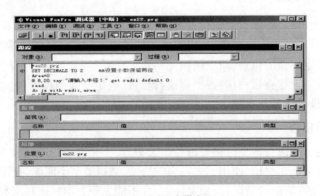

图 10-25 调试器窗口

在"调试器"窗口中可打开 5 个子窗口。调试器窗口打开后,只要在该窗口的窗口菜单中选定跟踪、监视、局部、调用堆栈或输出命令,就可以打开相应子窗口。

(1) 跟踪窗口:在调试器窗口中选定文件菜单的打开命令就可选定一个程序,被选出的程序将显示在跟踪窗口中,以便调试和观察。

跟踪窗口左端的竖条中可显示某些符号,常见的符号及其意义如下所示:

⇨ 正要执行的代码行

● 断点

在跟踪窗口中可为程序设置断点。双击某代码行行首,竖条中便显示出一个圆点,表示该语句被设置为断点。双击圆点则能取消断点。

(2) 监视窗口:监视窗口用于设置监视表达式,并能显示监视表达式及其当前值。

要设置的表达式可在监视文本框键入,按回车键后表达式便添入文本框下方的列表框中,该列表框将显示当前监视表达式的名字、值与数据类型。

也可将 VFP 任一窗口中的文本拖至监视窗口来创建监视表达式;双击监视表达式就可对它进行编辑。

(3) 局部窗口:该窗口用于显示程序、过程或方法程序中的所有变量、数组、对象以及对象成员。位置文本框显示用于局部窗口的程序或过程的名字,该文本框下的列表框用于显示变量的名称、值与数据类型。

(4) 调用堆栈窗口:该窗口可以显示正在执行的过程、程序和方法程序。若一个程序被另一个程序调用时,则两个程序的名字均显示在调用堆栈窗口中。

(5) 调试输出窗口:该窗口用于显示活动程序、过程或方法程序代码的输出。

3. 调试器窗口的调试菜单

调试菜单包含用于程序执行、修改与终止的命令。

现将其中常用的菜单命令解释如下:

(1) 执行:开始执行在跟踪窗口中打开的程序。

(2) 继续执行:从当前代码行开始执行跟踪窗口中的程序,遇到断点就暂停执行。

(3) 单步:逐行执行代码。如果下一行代码调用了函数、方法程序或者过程,那么该函数、方法程序或过程在后台执行。

(4) 单步跟踪:逐行执行代码。

(5) 运行到光标处:执行从当前行指示器到光标所在行之间的代码。

该菜单中有一定位修改命令可用于打开文本编辑窗口。在程序执行暂停时,选定调试菜单的定位修改命令后会出现一个取消程序信息框,选定其中的"是"按钮就切换到文本编辑窗口,便可修改程序。

调试菜单的取消命令用于关闭程序,并终止程序执行。

小　　结

1. 程序是一系列指令的有序集合。Visual FoxPro 命令文件就是程序,执行时按照文件中命令的语句顺序和各种控制结构去执行文件中的命令。需要掌握命令文件的编辑、存储与执行方法,以及在命令文件中的人机对话命令。

2. 三种基本的程序结构。

顺序结构:根据语句物理顺序依次执行各语句。

分支结构:根据条件选择执行某些语句。选择是程序的基本结构之一,程序将出现"分支"。从顺序结构的角度看,并不是每次执行时所有语句均执行,而是根据对条件的判断控制程序走向,这就是"选择"意义所在。由于程序具有自动判断与选择的功能,所以当使用了选择结构以后,程序就能自动地执行使用者预先对数据处理的安排。

循环结构:在条件成立的前提下反复执行某些语句。循环是程序设计中的一种重要的方法,在 Visual FoxPro 的程序设计中更为重要。介绍了三种循环结构,DO WHLIE 适合循环次数不太确定的循环;FOR 循环结构适合于循环次数确定的循环;SCAN 循环适合于对数据表记录进行操作的循环。要将多次执行的命令序列作为执行的内容存放在循环体中,特别要注意循环执行条件的控制,使循环条件在循环的进行中不断向终止状态变化,不能产生死循环。

3. 在多模块程序设计中,应将一些经常被调用的程序段设计成过程、子程序和自定义函数,注意子模块的返回和参数的传递。过程和自定义函数的相同之处在于都是完成特定功能的命令序列的集合体,都可以存储在调用程序中或者独立存储;不同之处在于过程不必返回一个值,而自定义函数必须有返回值。

习　题　十

一、选择题

1. 结构化程序设计的三种基本逻辑结构是(　　)。

　　A. 选择结构、循环结构和嵌套结构　　　　B. 顺序结构、循环结构和选择结构

　　C. 选择结构、循环结构和模块结构　　　　D. 顺序结构、递归结构和循环结构

2. 以下语句中(　　)是循环结构语句。

　　A. SCAN…ENDSCAN　　　　　　　　　B. IF…ENDIF

　　C. FOR…ENDFOR　　　　　　　　　　D. DO…ENDDO

3. 以下语句中(　　)是分支结构语句。

　　A. CASE…ENDCASE　　　　　　　　　B. DO…ENDDO

　　C. IF…ENDIF　　　　　　　　　　　　D. SCAN…ENDSCAN

4. LOOP 和 EXIT 可出现在(　　)语句的命令行中。

　　A. IF…ENDIF　　　　　　　　　　　　B. CASE…ENDCASE

　　C. DO…ENDDO　　　　　　　　　　　D. FOR…ENDFOR

5. WAIT 命令给出内存变量输入数据时,内存变量所获得的数据是(　　)。

　　A. 任意长度的字符串　　　　　　　　　B. 一个字符和一个回车符

　　C. 数值型数据　　　　　　　　　　　　D. 一个字符

6. 下列命令的执行结果是(　　)。

　　PARA = 123.456

　　@ 2,10 SAY PARA PICTURE " ＊ ＊ ＊,＊ ＊ ＊.＊ ＊"

　　A. ＊ ＊ ＊ ＊123.45　　　　　　　　　B. ＊ ＊ ,123.456

　　C. ,123.45　　　　　　　　　　　　　　D. A,B,C 都不对

7. 在下面的 DO 循环中,一共要循环(　　)次。

　　K = 1

　　DO　WHILE　K<=8

　　　　K = K+2

　　ENDDO

　　A. 9　　　　　B. 8　　　　　C. 5　　　　　D. 4

8. 执行下列命令时,第三条命令中的函数 ROW( )、COL( )的值分别为(　　)。

　　@ 5,10 SAY "四川计算机等级考试"

　　@ ROW ( )+1,COL( )+1 SAY "二级笔试"

　　@ ROW( ),COL( ) SAY "试卷"

　　A. 5、23　　　B. 6、37　　　C. 6、36　　　D. 5、37

二、填空题

1. Visual FoxPro6.0 的工作方式有＿＿＿＿种。

2. 构成分支结构的语句有＿＿＿＿个。

3. 构成循环结构的语句有＿＿＿＿个。

4. 建立程序文件有＿＿＿＿种方法。

5. 程序文件的扩展名为＿＿＿＿。

6. SCAN……ENDSCAN 结构的语句,是通过_____控制循环。

7. 分支结构语句和循环结构语句中的条件表达式,可以是_____或_____。

8. 调用过程要使用_____命令。

三、阅读程序

1. 设有数据表 A1. DBF:

记录号	BH(编号)	SL(数量)
1	A1	10
2	A2	20
3	A3	30
4	A4	25
5	A5	15

现有程序段:

```
USE A1
STORE 0 TO M,S,N
DO WHILE . NOT. EOF( )
    IF SL>=20
        S=S+SL
        N=N+1
    ELSE
            M=M+1
    ENDIF
    SKIP
ENDDO
? "M=",M,"N="+STR(N),"S=",S
```

(1) 程序运行结束屏幕显示的是什么?

(2) STR(N)的作用是什么?

2. 程序段如下:

```
SET TALK OFF
CLEAR
STORE . T. TO A
STORE 0 TO B
DO WHIL A
  STORE B+1 TO B
  IF INT(B/3)=B/3
    ? "B=",B
  ELSE
    LOOP
  ENDIF
  IF B>15
    STORE . F. TO A
  ENDIF
ENDDO
```

```
SET TALK ON
RETU
```

程序运行过程中 B 的值依次为：

3. 有如下程序：

```
 * MAIN. prg
SET TALK OFF
AB = "BA"
DO SUB1
? VAL( AB)
RETURN
 * SUB1. prg
AB = AB+"999"
? AB
RETURN
```

则执行 MAIN 后，屏幕显示的结果是：

四、程序填空

1. 按程序中的要求填空。

```
SET TALK OFF
ACCEPT "输入数据库名:" TO KM
USE &KM
 *连续显示 1-5 条记录

_____
WAIT
GO BOTTOM
 *显示最后 4 条记录

_____
LIST REST
USE
RETURN
```

2. 逐条显示数据表 STUD. DBF 中的所有记录。

```
SET TALK OFF
USE STUD
N = 1
DO WHILE_____
    DISPLAY

    _____
    WAIT "按任意键显示下一条记录!"
    N = N+1
ENDDO
USE
RETURN
```

3. 设学生情况表 XSK. DBF 中有学号、姓名、性别等字段，成绩库 CJK. DBF 中有学号、数学、物理、英语、总分等字段.

```
SET TALK OFF
SELECT 2
USE CJK
SELECT 1
USE XSK
*将表 XSK. DBF 与 CJK. DBF 按要求进行连接
JOIN WITH B TO ZK_____FIELDS 学号,姓名,性别,总分
SELECT 3
USE ZK
GO BOTTOM
*从表的尾部向头部方向进行查询
DO WHILE_____
  IF 总分>=240
    ? 学号,姓名,性别,总分
    WAIT "按任意键继续查询……"
  ENDIF

  _____
ENDDO
CLOSE ALL
RETURN
```

第11章　面向对象的程序设计

VFP 不仅支持传统的面向过程的程序设计(结构化程序设计),还支持面向对象的程序设计(Object Oriented Program,简称 OOP)。面向过程的程序设计思想的核心是功能的分解,将一个实际问题分解成若干功能模块,然后根据模块的功能来编写一些过程和函数,需要从代码的第一行一直编写到最后一行。这种方法编写的程序可重用差,维护困难。面向对象的程序设计,是当今众多编程语言中编程效率高、功能强大、使用灵活、最有特色的一种程序设计模式,它打破了传统的结构化程序设计的模式,将传统程序设计中的"数据"和"程序"统一到一个可重用的单元中,这个单元称为类(Class)。类中的数据称为属性,类中的函数称为方法。类可以派生出子类,而派生子类的类称为父类。根据类的继承性,子类具有父类全部的属性和方法。

对象是类在使用时的一个实例,是面向对象的程序设计方法中一个基本设计单元,对象同样具有对应类全部的属性和方法。对象具有可复制性,复制后的对象具有原来对象的所有属性和方法。传统的面向过程的编程方法,主要对流程和程序模块进行设计,而面向对象的程序设计主要以对象为核心,考虑对象的构造以及与对象有关属性和方法的设计。面向对象的程序设计,通过抽象思维方法,把复杂的问题简化成易于理解的模型及模型间的关系,通过类的可继承性及对象的可复制性,大大简化了复杂程序的设计过程,提高了程序设计的效率,这是程序设计在思维和方法及编程技术上的一次巨大进步。

§11.1　面向对象的程序设计概念

11.1.1　面向对象程序设计的特点

面向对象的程序设计是 20 世纪 80 年代初提出的,这种程序设计引入了全新的编程概念、思维方式、设计方法和编程技术。面向对象的程序设计,以对象为基本设计单元,不是单纯地从代码的第一行一直编到最后一行,而是考虑如何创建对象,利用对象来简化程序设计。

结构化程序设计突出的是过程,即如何做,它强调代码的功能是如何实现的问题。而面向对象的程序设计突出的是对象,即做什么,它将大量的工作由相应的对象来完成,程序员只需说明对象完成的具体任务。

面向对象的程序设计方法在软件开发方面有如下特点:

(1) 符合人们习惯的思维方法,即由抽象到具体、由简单到复杂这一循序渐进的过程,便于分析和解决复杂的应用问题。

(2) 易于软件功能的维护和软件的持续性开发。

(3) 利用继承的方式缩短程序开发周期,提高程序设计效率。

(4) 与可视化技术相结合,改善了软件开发时的工作界面。

VFP 作为一个面向对象的数据库管理系统,在数据库管理中引入对象的概念,使传统数据库的功能得到最大的扩展。

11.1.2　类(Class)

1. 对象和类的概念

在应用领域中凡是有意义的、与所要解决问题有关的任何事物都可以称作对象。对象在现实生活中到处可见,例如,人、汽车、电脑都是对象,它们是可见对象,还有不可见对象,例如,思想、感情、认识等。在 VFP 中,程序的一个表单是一个对象,一个命令按钮、一个输入框和一个微调控件都是一个对象。每个对象都具有描述其特征的属性及附属于它的行为。例如,一个人有姓名、性别、身高、体重等特征,具有说话、行走等行为,在 VFP 中一个命令按钮有大小、提示文字、颜色等特性,又有按下、弹起、移动等行为。

在现实世界中,人们习惯于把具有相似特征的事物归为一类。类是概括客观事物的基本特征以及事物外观和行为的模板。例如,自然界所有生物可以看成类,所有动物是生物类派生的子类。动物类不仅继承了生物类的全部特征,而且还扩展了自己的新特征。

在面向对象的程序设计技术中,类是定义为一组具有相同数据和相似操作的对象的集合;或者说,类是创建对象实例的模板,是同种对象的集合与抽象,它包含所创建对象的属性描述和行为特征的定义。类是一个型,而对象是这个型的一个实例。类和对象虽然关系密切,但类和对象是两个不同的概念,类包含了有关对象的特征和行为信息,它是对象的框架。例如,某医学院的全体学生是一个类,这个类中的一个具体学生是类的实例,即是一个对象。又例如,桥梁是抽象的概念,重庆长江大桥、西湖断桥就是具体的。我们把抽象的"桥"看成类,而具体的一座桥,如重庆长江大桥看成是对象。

又例如,在 VFP 的某一表单上有三个命令按钮,分别为[输入]Command1、[查询]Command2、[退出]Command3。这三个按钮都是对象,虽然它们完成不同的功能,但它们都具有大小、颜色、样式等属性,还有按下、弹起、移动等事件。因此它们是同一类事物,可以用 Command 类来定义。事实上 Command 类是 VFP 中的一个基类。

注意

对象和类的概念很相近,但又有不同。类是对象的抽象描述,对象则是类的实例。类是抽象的,对象是具体的。

2. 类的基本特征

在 VFP 中,类有子类,类具有封装性、继承性和多态性等特点,这些特点提高了代码的可重用性和易维护性,使程序编写更加简洁。

(1) 子类:一个类可以派生出许多子类,一个子类可以拥有其父类的全部功能。例如,所有电话是一个基类,它的子类可以有很多种,但都具有基类电话的基本属性,用户还可以添加自己需要的其他功能。又例如,水果是类,苹果是它的子类,而红富士、黄元帅等苹果品种又是苹果类的子类,在这里,水果也称为是苹果的父类,苹果也可称为是红富士、黄元帅等的父类。具体的一个红富士苹果就是一个对象。子类可以重复使用代码,定义子类是减少代码的一条途径。先找到与自己所需要的最相似的对象,然后对它进行定制。

(2) 封装性:封装是一种组织软件的方法,将对象的属性和方法代码包装在一起,构造一个具有独立含义的软件,称为封装。封装的目的是将对象的内部代码、相互关系和内部复杂性隐藏起来,用户只需知道该对象具有什么功能以及如何使用该对象,而不必了解这些功能是如何实现的。例如,当你在办公室内安装一部电话的时候,你也许并不关心这部电话在内部如何接收呼叫,怎样启动或终止与交换台的连接,以及如何将拨号转换为电子信号。你所要知道的全部信息就是你可以拿起听筒,拨打合适的电话号码,然后与你要找的人讲话。在这里,如何建立连接的复杂性被隐藏起来。例如,你可以把确定列表框选项的属性和执行的代码封装在一个控件里,然后把该控件加到表单中。

(3) 继承性:子类不但具有父类的全部属性和方法,而且允许用户根据需要对已有的属性和方法进行修改,或添加新的属性和方法,这种特性称为类的继承性。有了类的继承,用户在编写程序时,可以把具有普遍意义的类通过继承引用到程序中,并只需添加或修改较少的属性、方法,从而减少代码的编写工作,提高了软件的可重用性。继承性只在软件中体现,而不可能在硬件中实现。若发现类中有一个小错误,用户不必逐一修改子类的代码,只需要在类中改动一处,然后这个变动将体现在全部子类中。

（4）多态性：类的多态性是指一些相关的类包括同名的方法和程序，但方法程序的内容不同。在运行时，根据不同的对象、类及触发的事件、控件、焦点确定调用哪种方法。多态性是灵巧的面向对象形态的切换。

3. 类的类型

在 VFP 中，类的分类如下：

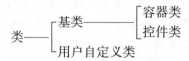

● **基类**：指在 VFP 中内部定义的类，用户可直接使用，例如，表单（Form）、命令按钮（Command Button）就是一个基类。

● **容器类**：可以包含其他对象的类，被包含的对象可以进行访问。例如，表单是一个容器类，在表单中可包含一组控件，在设计和运行时均可访问这些对象。

● **控件类**：可以包含在容器类中，并由用户派生的基类。它的封装比容器类更为严密，控件类不能容纳其他对象，也不能作为其他对象的父对象。例如，在命令按钮（Command Button）中就不能包含其他的对象。

● **用户类**：以基类为基础由用户创建定义的类，可以增添所需要的属性和方法。

根据在运行时组件是否可见，将类分为可视类和不可视类。例如，文本框、命令按钮等都是可视类，计时器是不可视类。可视类主要用于用户界面设计，而不可视类主要用于程序功能的管理。

4. 类的层次结构

VFP 中的类有一定的层次，不同层次的类可派生不同特点的子类。必要时，VFP 将在类的层次结构中逐层向上查找事件的代码并执行。当用户要创建类时，可以从 VFP 的基类中派生。VFP 类的层次结构请参考图 11-1。

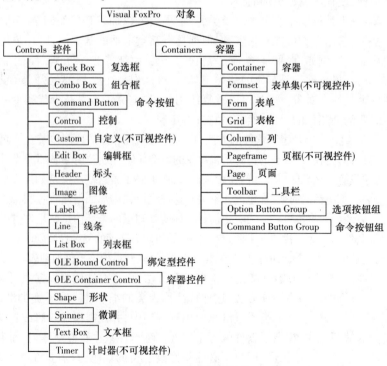

图 11-1　VFP 类的层次结构

11.1.3　对象(Object)的基本特征

在应用领域中凡是有意义的、与所要解决问题有关系的任何事物都可以称作对象。对象在现实生活中是常见的,一个学生、一所学校、一台电脑都是对象。一台电脑由显示器、机箱、光盘驱动器、硬盘、键盘、鼠标等构成,其中的每一个部件又是一个对象,即电脑对象由多个子对象组成,这时称电脑是一个容器对象。

在面向对象程序设计中,对象是由描述该对象属性的数据以及可以对这些数据施加所有操作封装在一起而构成的统一体。一个表单、一个按钮、一个标签等都可以作为一个对象。

将对象的属性和方法集成到对象的内部包装起来,隐藏对象内部的细节及复杂性,使它们成为一个统一体,这就是对象的封装性。封装可以提高对象的维护功能及使用功能。

为了提高程序设计的灵活性,在面向对象的程序设计中引入了多态性概念。多态性指对一个动作赋予一个名字,则该名字在类层次中是共享的,而层次中每一个类对该动作的实现,是以自己的方式来定义的。例如,在程序中向屏幕显示文本和向打印机输出文本,每个对象都可以有打印和显示的方法,只要告诉对象将文本定位在什么位置,对象将调用自己的方法来完成打印和显示。

面向对象的程序设计主要是建立在类和对象的基础上。在 VFP 中,表单控件上的可视类图标是 VFP 系统设计好的标准控件类,通过将这些类实例化,可以得到真正的控件对象。也就是当在表单上面放一个控件时,就将类转换为对象,即创建了一个控件对象,简称为控件。

在 VFP 中,类与对象的关系非常密切,但又是两个不同的概念。类是对对象共同特征和行为的抽象,同时也是生成对象的蓝图或模具;而对象是类的一个具体的实例。例如,在图 11-2 中,表单控件上的"编辑框"控件是类,它确定了编辑框的属性、方法和事件。表单上显示的是两个编辑框对象,是类的实例化,它们继承了编辑框类的特征,也可以根据需要修改各自的属性。例如编辑框的大小、字体、颜色和滚动条的形式等;也具有移动、更新、光标定位到编辑框等方法。

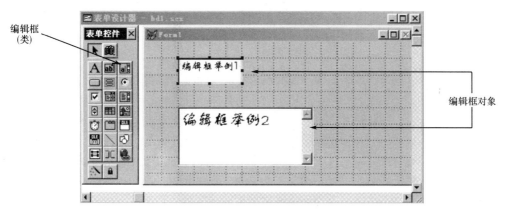

图 11-2　表单上的"编辑框"控件

11.1.4　对象的属性、方法和事件

VFP 的对象具有自己的属性、事件和方法,可以把属性看做一个对象的性质,把事件看做对象的响应,把方法看做对象的动作,它构成了对象的三要素。

1. 对象的属性(Property)

属性是针对对象的一种描述。用来描述对象的特性和状态,不同的对象有不同的属性,而每个对象又可以由若干属性来描述。例如,电视机至少有开和关两种状态,黑白与彩色两种类型,还可有频道、声音、制式、亮度等属性。因此，通过控制对象的属性就可操作对象。在面向对象的编程中，常见的属性有标题（Caption）、名称（Name）、背景色（Back color）、字体大小（Font size）、是否可见（Visible）等。通过修改或设置某些属性便能有效地控制对象的外观和操作。

属性值的设置或修改可以通过属性窗口来进行，也可以通过编程的方法在程序运行的时候来改变对象的属性。在程序中设置属性的一般格式是：

ThisForm. Object. Property = Value

例如，使一个标签对象的"Caption"属性赋值为"医学影像专业学生的计算机应用能力"，在程序代码中的书写形式为：

Thisform. label1. Caption = "医学影像专业学生的计算机应用能力"

上述命令一次只能对对象的一个属性赋值，如果要同时对对象的多个属性赋值，可使用以下命令：

WITH［Parent.］Object

　　｛. Property = Value｝……

ENDWITH

【例11-1】 下述命令将文本框中文字设置为：字体为'MS Sans Serif'、大小12磅、粗体、前景色为黑色、背景色为灰色。

WITH THISFORM. TextBox1

　　. FONTNAME = 'MS Sans Serif'

　　. FONTSIZE = 12

　　. FONTBOLD = . T.

　　. FORECOLOR = RGB（0,0,0）

　　. BACKCOLOR = RGB（192,192,192）

ENDWITH

> 注意
>
> 　　对象的有些属性是只读的，不能改变；有些属性是被保护的，只能通过对象所提供的方法去改变；有些属性是隐藏的，在对象外部是看不到的。
>
> 　　在后面表11-7列出了表单及控件的常用属性。

2. 对象的事件（Event）

所谓事件，是由 VFP 预先定义好的、能够被对象识别的动作，如单击鼠标（Click）事件、双击鼠标（Dblclick）事件、装入表单（Load）事件、移动鼠标（Mouse Move）事件等，不同的对象能识别的事件不完全相同。对象的事件是固定的，用户不能建立新的事件，也不能删除已有的事件。为此，VFP 提供了丰富的内部事件，这些事件足以满足 Windows 中绝大部分操作的需要。

事件过程（Event Procedure）是为处理特定事件而编写的一段程序。当事件由用户触发（如Click事件）或由系统触发（如Load事件）时，对象就会对该事件做出响应（Respond）。响应某个事件后所执行的程序代码就是事件过程。一个对象可以识别一个或多个事件，因此可以使用一个或多个事件过程对用户或系统的事件做出响应。

虽然一个对象可以拥有多个事件过程，但在程序中使用哪些事件过程，则由程序员根据程序的具体要求来确定。对于必须响应的事件需要编写该事件的事件过程，而不必理会的事件则不需要编写事件过程，只要交给 VFP 的默认处理程序即可，例如命令按钮的 Click 事件是最重要的事件，而 MouseUp 事件则可有可无，完全根据程序员的需要而定。

例如，单击"改变大小"命令按钮，使一个标签对象的"FontSize"字体大小属性改为20磅，需要编写程序代码。

编写"改变大小"命令按钮 Command1 的 Click 事件代码：

Thisform. Label1. FontSize＝20

将 VFP 中的核心事件集中在表 11-1，这些事件适用于大多数控件。

注意

通常情况下，事件是由用户的交互操作产生的，但也有由系统激活的，如计时器中 Timer 事件。

表 11-1　VFP 中的核心事件

事件	说　　明	事件	说　　明
Load	当表单或表单集被加载时发生	Unload	当从内存中释放表单或表单集时发生
Init	创建对象时发生	LostFocus	当对象失去焦点时发生
Destroy	从内存释放对象时发生	KeyPress	当用户按压并释放键时发生
Click	单击对象时发生	MouseDown	在对象上按下鼠标按键时发生
DblClick	双击对象时发生	MouseMove	当鼠标移动时发生
RightClick	右击对象时发生	MouseUp	在对象上释放鼠标按键时发生
GotFocus	当对象获取焦点时发生		

3. 对象的方法（Method）

方法是附属于对象的行为和动作，方法反映了对象的功能，其代码是与对象相关联的过程，称为方法程序。方法程序是系统专为对象设计的过程，不同于一般的 VFP 过程。方法程序紧密地和对象联系在一起。

与事件过程类似，VFP 的方法属于对象的内部函数，只是方法用于完成某种特定的功能而不一定响应某一事件，如添加对象（Add Object）方法、绘制矩形（Box）方法、释放表单（Release）方法等。方法也被"封装"在对象中，不同的对象具有不同的内部方法。VFP 提供了百余个内部方法供不同的对象调用。与事件不同的是，根据需要用户可自行建立新方法。表单对象的新方法可在编程时建立，一般对象的新方法需在定义类时建立。

方法的引用与 VFP 中一般过程不同，其引用方式如下：

Object. Method［（［ParameterList］）］

如果需要方法的返回值，则括号不能省略。

例如，单击"关闭"命令按钮，使表单运行结束，可以使用"Release"方法。

编写"关闭"命令按钮 Command1 的 Click 事件代码如下：

Thisform. Release

在 VFP 中，系统将对象的所有属性、事件和方法均放在同一属性窗口中，用户可以通过同一代码窗口设置属性，编写事件程序和方法代码。

11.1.5　事件驱动程序设计

在传统的面向过程的应用程序中，应用程序自身控制了执行哪一部分代码和按何种顺序执行代码，即代码的执行是从第一行开始，随着程序流向执行代码的不同部分。程序执行的先后次序由设计人员编写的代码决定，用户无法改变程序的执行流程。

在 VFP 中，程序的执行发生了根本的变化。程序的执行首先等待某个事件的发生，然后再去执行处理此事件的事件过程，即事件驱动程序设计方式。这些事件的顺序决定了代码执行的顺序，因此应用程序每次运行时所经过的代码的路径可能都是不同的。

VFP 程序的执行步骤如下：

（1）启动应用程序，装载和显示表单。

（2）表单或表单上的控件等待事件的发生。

（3）事件发生时，执行对应的事件过程。

（4）重复执行步骤（2）和（3）。

如此反复执行，直到遇到"CANCEL"或"QUIT"等结束语句结束程序的运行或关闭表单，强行停止程序的运行。

11.1.6 VFP 中的操作符

1. 点(.) 操作符

在一个对象、属性、方法或事件之前使用点(.)。

<Container>. <Object>

<Object>. <Property>

<Object>. <Method>

<Object>. <Event>

例如：MyFormSet. Form1. Text1. FONTNAME = "MS Sans Serif"

在表单集中，对表单 Form1 下的对象 Text1 的字体属性设置为 MS Sans Serif。

2. THIS 操作符

THIS 操作符完成下列功能：

（1）在创建一个对象的新特性之前引用该对象。

（2）指向活动表单。

例如：THIS. <Object>

   THIS. <Property>

   THIS. <Method>

THIS 是对当前一个对象的属性或方法的引用。

例如：THIS. Caption = "确定"

3. THISFORM 操作符

THISFORM 指向包含着对象的当前表单。

例如：

THISFORM. <Object>

THISFORM. <Property>

THISFORM. <Method>

THISFORM 是包含对象、属性或方法的活动表单的引用。使用 THISFORM，可以在不使用多重父属性的情况下，引用表单上的对象或属性。

下面的例子更改了命令按钮的标题和字体颜色：

THISFORM. Command1. Caption = "取消"

THISFORM. Command1. Forecolor = RGB(0,0,255)

4. THISFORMSET 操作符

THISFORMSET 完成引用包含对象的表单集 FormSet。

例如：

THISFORMSET. <Object>

THISFORMSET. <Property>

THISFORMSET. <Method>

THISFORMSET 是包含对象、属性或方法的表单集的引用。

下面的例子更改了命令按钮标题和颜色。

THISFORMSET. Form1. Command1. Caption = "退出"

THISFORMSET. Form1. Command1. Forecolor = RGB(0,0,255)

11.1.7　建立简单的应用程序

在前面,已简要介绍了面向对象程序设计的基本概念,对面向对象的程序设计的基本知识已经有了一个初步的认识。下面通过一个简单的例子来说明完整建立面向对象程序的过程。

建立一个简单程序分为以下几步进行:

(1) 建立应用程序的用户界面,进入表单设计器添加对象。

(2) 在表单上按要求设置对象的属性。

(3) 选择对象事件及编写事件过程代码。

(4) 运行表单。

【例 11-2】　编写一个计算圆面积的程序。

1. 建立用户界面

要建立面向对象程序,首先要明确这个程序执行后的界面,美观的界面会给程序增添光彩。其次,考虑在程序中应设置哪些控件,对控件进行操作将发生哪些事件以及控件间的关系等,然后建立表单。单击文件菜单中的"新建",选择"表单",再选择"新建文件",进入"表单设计器"。在新表单上添加控件来进行用户界面的设计,如图 11-3 是计算圆面积的程序设计界面。

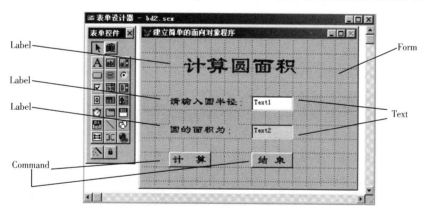

图 11-3　计算圆面积的程序设计界面

本例中共涉及 8 个对象,1 个 Form(表单)、3 个 Label(标签)、2 个 Text(文本框)和 2 个 Command(命令按钮)。标签用来显示信息,不能用于输入;文本框可用来输入输出数据;命令按钮用来执行有关操作;表单是其他对象的载体。

2. 对象属性的设置

建立对象后,就开始设置对象的属性值。属性是对象特征的表示,各类对象中都有默认的属性值,设置对象的属性是为了使对象符合应用程序的需要。属性的设置可以通过两种方法实现。通常对于反映对象的外观特征的一些不变的属性应在界面设计阶段完成,而一些内在的可变的属性则在编程中实现。

界面设计阶段进行属性设置的步骤和方法:

(1) 打开属性窗口,选中待设置属性的对象。

(2) 在属性窗口中对选中对象的属性值进行输入或修改。

本例中各控件对象的有关属性设置见表11-2。

表11-2 属性设置

对象	属性	属性值	说明
Form1	Caption	建立简单的面向对象程序	窗口标题
Label1	Caption	计算圆面积	标题
	Fontsize	30	字号
	Fontname	隶书	字体
	ForeColor	0,0,160	蓝色
	BackStyle	0-透明	背景类型
Label2	Caption	请输入圆的半径:	输入提示
	Fontname	隶书	字体
Label3	Caption	圆的面积为:	输出提示
	Fontname	隶书	字体
Text1	Alignment	0-左	文本对齐方式
	InputMask	999.99	3位整数,2位小数
Text2	DisableBackColor	250,220,130	只读文本框黄色背景
	ReadOnly	T-真	文本内容只读
Command1	Caption	计算	按钮标题
	Fontname	隶书	字体
Command2	Caption	结束	按钮标题
	Fontname	隶书	字体

3. 选择对象事件过程及编程

建立用户界面并为每个对象设置了属性后,就要考虑用什么事件来激发对象执行所需的操作。这涉及选择对象的事件和编写事件过程代码,本例中用"计算"和"结束"按钮的 Click 事件。编程总是在代码窗口进行的。选中对象,且双击对象,即出现代码窗口,在窗口中输入代码,如图 11-4、图 11-5 分别是"计算"和"结束"按钮的 Click 事件代码。

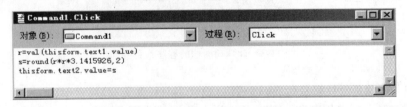

图 11-4 "计算"按钮的 Click 事件代码

图 11-5 "结束"按钮的 Click 事件代码

这里对象是 Command1 和 Command2,激发事件是 Click(鼠标单击)。每当鼠标单击【计算】按钮时,就会根据文本框 Text1 中输入的半径值,计算出圆面积的值,并在文本框 Text2 中以只读方式显示输出。当单击【结束】按钮时,程序就运行结束。

4. 运行表单

在未退出“表单设计器”时,单击“常用工具栏”中的“运行”按钮“!”,或在“表单”菜单中选择“执行表单”命令。

当运行表单后,就可以得到漂亮的“计算圆面积”的界面。如图 11-6 所示。从这个例子我们可以看出,使用面向对象的程序设计方法,只要编写少量的代码,就能灵活的设计出具有 Windows 风格的应用程序。

图 11-6　“计算圆面积”的程序运行界面

§11.2　表单程序设计

在 VFP 系统中,表单(Form)是数据库应用系统的主要工作界面。由于它具有窗口的特点,也将表单称为屏幕或窗口。表单是一种容器类对象,可以包含所有其他容器类对象或控件类对象。它为用户提供了一个图形化的、可人机交互的数据输入、输出及编辑环境,为设计良好的用户界面,提供了丰富的工具集,如表单、类、控件、菜单和工具栏等。一个数据库应用系统能否赢得用户的好评,很大程度上取决于表单设计的优劣。通过表单程序设计,可以使用户进一步了解面向对象程序设计的特点和优点。因此,表单程序设计也是学习面向对象程序设计的重要内容和关键环节。

表单可以使用表单向导、表单设计器来创建。表单向导可快速地创建一个简单的基于单表或多表的表单,可作为表单设计开始的一个雏形。表单设计器功能强大,使得表单的设计工作既快捷又容易。

11.2.1　创建表单

表单可以属于某一个项目,也可以独立于任何项目之外单独存在,其文件扩展名为 .SCX。在项目管理器中创建的表单隶属于该项目管理器。

在 VFP 中,可以用以下任意一种方法创建表单:

(1) 使用表单向导。

(2) 使用“表单设计器”。

用向导创建表单,向导将向您提出一系列问题,然后根据您的回答生成表单。在生成的表单中,含有一组标准的定位按钮,使用这些按钮可以定位数据表中的记录,在表单中显示不同记录的值,并可以编辑记录或搜索记录。使用表单向导创建表单分为两种,一种是“表单向导”,生成的基于一个表的表单;另一种是“一对多表单向导”,生成基于两个表的表单,两个表通过关键字进行关联。下面结合“Managers. pjx”项目文件中的数据库表 Student 和 Score,分别介绍两种表单向导的使用。

1. 使用表单向导创建单数据库表表单

【例 11-3】　用“表单向导”建立学生基本情况表单。操作步骤如下:

(1) 打开“Manaers. pjx”项目文件,在“文档”选项卡中,选择“表单”选项。

(2) 单击“新建”按钮,系统弹出“新建表单”对话框,如图 11-7 所示。

(3) 在“新建表单”对话框中单击“表单向导”按钮,系统弹出“向导选取”对话框,如图 11-8 所示。

图 11-7 "新建表单"对话框　　　　　　　图 11-8 "向导选取"对话框

（4）在"向导选取"对话框中选择"表单向导"，单击"确定"按钮，进入"表单向导"——步骤 1 对话框，创建一个能对数据库表进行简单操作的界面，如图 11-9 所示。

（5）在上图的"数据库和表"组合框中选取数据库 STUDENTS. DBC，并且选取"Student. dbf"表，选取表中的字段并添加到"选定字段"列表框，单击"下一步"按钮，进入"表单向导"——步骤 2 对话框，如图 11-10 所示。

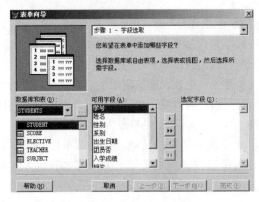

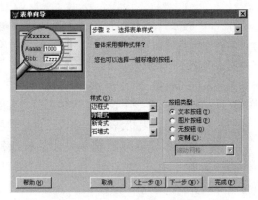

图 11-9 "表单向导"——步骤 1 对话框　　　图 11-10 "表单向导"——步骤 2 对话框

（6）"表单向导"——步骤 2 对话框用于确定表单的外观效果。在"样式"列表框中，系统提供了 9 种不同风格的显示记录字段的样式，4 种按钮类型，可选择一种样式的按钮类型。本例中选择"浮雕式"显示效果和"文本按钮"，单击"下一步"按钮，进入"表单向导"——步骤 3 对话框，如图 11-11 所示。

（7）选择排序依据。最多可以选择三个排序依据，此例选择"学号"字段作为排序的关键字，并选择"升序"单选项，单击"下一步"按钮，进入"表单向导"——步骤 4 对话框，如图 11-12 所示。

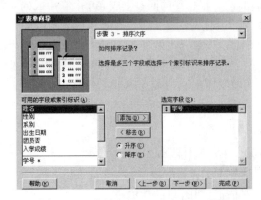

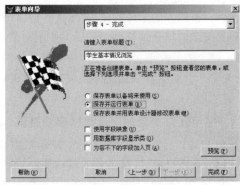

图 11-11 "表单向导"——步骤 3 对话框　　　图 11-12 "表单向导"——步骤 4 对话框

（8）在"表单向导"——步骤 4 对话框中，首先在"请键入表单标题"文本框中输入"学生基本情况浏览"，定义表单标题。选择"保存并运行表单"单选项。单击"预览"按钮可以浏览所设计的表单的效果。

最后单击"完成"按钮，保存表单文件名为"EX11-3.scx"。该表单将在保存后自动运行，结果如图 11-13 所示。

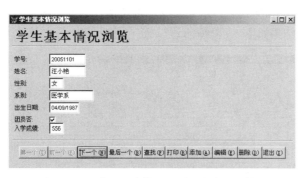

图 11-13　"学生基本情况浏览"表单运行结果

2. 使用向导创建一对多表单

【例 11-4】　用表单向导建立学生成绩表单。操作步骤如下：

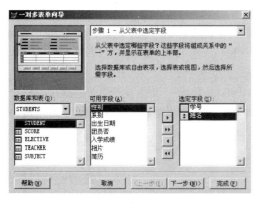

图 11-14　"一对多表单向导"——步骤 1 对话框

（1）按照创建单数据库表表单的前三步操作以打开"向导选取"对话框。在对话框中选择"一对多表单向导"，单击"确定"按钮，系统弹出"一对多表单向导"——步骤 1 对话框，如图 11-14 所示。

（2）在"一对多表单向导"对话框中，选择父表及相应中的字段。这里选择父表为"Student.dbf"，在"选定字段"中添加学号、姓名字段，单击"下一步"按钮，进入"一对多表单向导"——步骤 2 对话框。如图 11-15 所示。

（3）选取子表中的字段。在"一对多表单向导"——步骤 2 对话框中，选择"Score.dbf"为子表，然后选取字段：大学计算机、英语、高等数学、总分。单击"下一步"按钮，进入"一对多表单向导"——步骤 3 对话框，如图 11-16 所示。

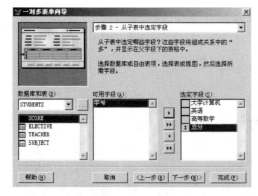

图 11-15　"一对多表单向导"——步骤 2 对话框

图 11-16　"一对多表单向导"——步骤 3 对话框

（4）建立父表和子表间的关系。在"一对多表单向导"——步骤3对话框中，指定父表和子表之间的关系，左边为父表，右边为子表，本例中父子表的联结为默认的"Student. 学号 = Score. 学号"。

（5）选择表单的样式和单表相同。

（6）选择排序依据字段和单表类似。这里选择排序依据字段为"学号"。

（7）在"表单向导"完成对话框中，定义表单标题为"学生成绩浏览"，保存表单文件名为"EX11-4. scx"，其运行结果如图 11-17 所示。

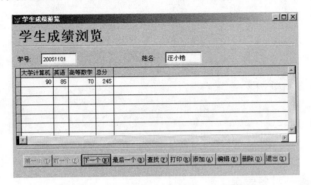

图 11-17　"学生成绩浏览"表单运行结果

对于 VFP 的初学者来说，表单向导既能够快速掌握表单的一些基本概念，了解表单的基本功能，又得到表单的一个范例，为今后使用表单设计器创建普通表单打下了基础。

11.2.2　表单设计器

如果不想使用表单向导创建表单，那么可以使用表单设计器。"表单设计器"是设计用户界面的基本工具，绝大多数的表单是通过"表单设计器"创建的。"表单设计器"不仅可以创建表单，还可以修改表单，还可以创建与数据库表相关的表单或与数据库表无关的独立表单，如显示某些信息的表单或对话框等。熟练掌握"表单设计器"，可以方法灵活地设计 Windows 风格的各种精美界面。

要进入"表单设计器"创建表单，可以通过项目管理器，也可以通过菜单方式，还可以通过命令方式。

1. 通过项目管理器进入"表单设计器"

（1）在"项目管理器"中，选择"表单"选项。

（2）单击"新建"按钮，选择"新建表单"，系统弹出"表单设计器"窗口，如图 11-18 所示。

这时创建的表单应隶属于项目管理器。

2. 通过菜单进入"表单设计器"

（1）从"文件"菜单中选择"新建"命令。

（2）在"文件类型"区域中选择"表单"单选项。

（3）单击"新建文件"按钮，进入"表单设计器"窗口，如图 11-18 所示。

这里创建的表单不属于任何项目。

3. 用 CREATE 命令创建表单

在命令窗口中输入命令：CREATE FORM <表单文件名>，也可以进入"表单设计器"创建表单。例如，在命令窗口中输入：CREATE FORM TEST，就可以创建一个文件名为 TEST 的表单。

"表单设计器"窗口如图 11-18 所示。主要包括"表单设计器"工具栏、"表单控件"工具栏、"布局"工具栏、"调色板"工具栏。

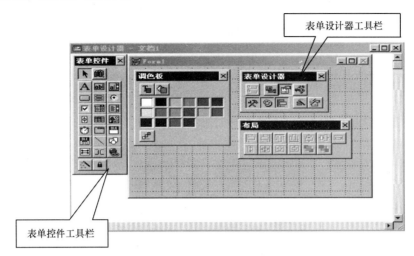

图 11-18 "表单设计器"窗口

11.2.3 "表单设计器"工具栏

"表单设计器"工具栏主要用于设置设计模式,并控制相关窗口和工具栏的显示。"表单设计器"工具栏如图 11-18 所示。工具栏包括 9 个命令按钮,其主要功能如表 11-3 所示。

表 11-3 "表单设计器"工具栏命令按钮

命令按钮	功能	说 明
	设置 Tab 键次序	在设计模式和 Tab 键次序方式之间切换,Tab 键次序方式设置对象的 Tab 键次序方式。当表单含有一个或多个对象时可用
	数据环境	显示"数据环境设计器"
	属性窗口	显示当前对象的属性窗口
	代码窗口	显示当前对象的"代码"窗口,以便查看和编辑代码
	"表单控件"工具栏	显示或隐藏"表单控件"工具栏
	"调色板"工具栏	显示或隐藏"调色板"工具栏
	"布局"工具栏	显示或隐藏"布局"工具栏
	表单生成器	运行"表单生成器",可用一种简单、交互的方法把字段作为控件添加到表单上,并可以定义表单的样式和布局
	自动格式	运行"自动格式生成器",可用一种简单、交互的方法为选定控件应用格式化样式。要使用此按钮应先选定一个或多个控件

11.2.4 "表单控件"工具栏

表单控件是指放在一个表单中用以显示数据、执行操作或使表单更容易阅读的一种图形对象。用户可以使用"表单控件"工具栏在表单上绘制各种需要的控件。当打开"表单设计器"窗口时,"表单控件"工具栏会自动显示。还可以从"显示"菜单中选择"工具栏"命令来显示指定的工具栏。但要注意的是,只有在表单设计器窗口中工作时,"表单控件"工具栏上的按钮才处于可用状态。

表单控件工具栏上设置有 25 个按钮,每个按钮代表一个控件。使用该工具栏可以在表单上创建控件。方法是单击需要的控件按钮,将鼠标指针移动到表单上,然后在表单的控件放置处单击或把控件拖至所需的位置,就把该控件添加到表单上。有关表单控件详细内容,将在后面详细讲解。表 11-4 列出了常用表单控件及其功能。

表 11-4　常用表单控件

图标	名　称	说　明
A	标签(Label)	创建一个标签对象,用于保存不希望用户改动的文本,如复选框上面或图形下面的标题
abl	文本框(Text Box)	创建用于单行数据输入的文本框对象,用户可以在其中输入或更改单行文本
al	编辑框(Edit Box)	创建用于多行数据输入的编辑对象,用户可以在其中输入或更改多行文本
▭	命令按钮(Command Button)	创建命令按钮对象,用于执行命令
▤	命令按钮组(Command Group)	创建命令按钮组对象,用于把相关的命令编成组
⦿	选项按钮组(Option Group)	创建选项按钮对象,用于显示多个选项,用户只能从中选择一项
☑	复选框(Check Box)	创建复选框对象,允许用户选择开头状态,或显示多个选项,用户可从中选择多项
▤	组合框(Combo Box)	创建组合框或下拉列表框对象,用户可以从列表项中选择一项或人工输入一个值
▤	列表框(List Box)	创建列表框对象,用于显示供用户选择的列表项。当列表项很多,不能同时显示时,列表可以滚动
⯭	微调(Spinner)	创建微调对象,用于接受给定范围之内的数值输入
▦	表格(Grid)	创建表格对象,用于在电子表格样式的表格中显示数据
🖼	图像(Image)	创建图像对象,在表单上显示图像
⏱	计时器(Timer)	创建计时器对象,以设定的时间间隔捕捉计时器事件。此控件在运行时不可见
▭	页框(Page Frame)	创建页框对象,显示多个页面
OLE	Active X 控件(Active X Control)	创建 OLE 容器对象,向应用程序中添加 OLE 对象
OLE	Active X 绑定控件(Active X Bound Control)	创建 OLE 绑定对象,可用于向应用程序中添加 OLE 对象。与 OLE 容器控件不同的是,OLE 绑定型控件绑定在一个通用字段上
╲	线条(Line)	创建线条对象,设计时用于在表单上画各种类型的线条
⬠	形状(Shape)	创建形状对象,设计时用于在表单上画各种类型的形状。可以画矩形、圆角矩形、正方形、圆角正方形、椭圆或圆
⊞	容器(Container)	创建容器对象,在容器中可以包含其他控件
⦆⦅	分隔符(Separator)	创建分隔符对象,在工具栏的控件间加上空格
🌐	超级链接(Hyper Link)	使用"超级链接"可以跳转到 Internet 或 Intranet 的一个目标地址上

11.2.5　"布局"工具栏

单击布局工具栏按钮,弹出布局工具栏。使用布局工具栏可以在表单上对齐和调整多个控

件的位置。调整控件的位置首先要选择控件,选择控件的操作步骤如下:

(1) 单击控件,选择单个控件。

(2) 按 Shift 键,单击控件可选择多个控件。

(3) 按下鼠标左键,在表单上拖动出一个方框,方框中的控件被选定。

选定控件后,可使用布局工具栏中的工具调整控件的布局。如图 11-19 所示。

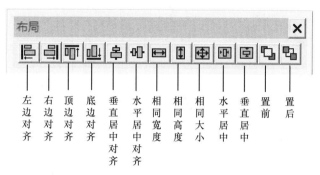

图 11-19　"布局"工具按钮

其他工具的使用比较简单,这里就不一一介绍了。

11.2.6　为表单设置数据环境

数据环境是一种容器类对象,表单集、表单、报表和标签均具有数据环境。表单的数据环境附属于表单,定义了表单使用的数据源,包含建立表单时所需要的全部数据库表、自由表、视图和关系。其特点是可随表单一起保存。当表单被打开或者运行时,数据环境将自动打开它所包含的全部表和视图;当表单被关闭时,数据环境也跟随着一起自动关闭其所包含的所有表和视图。例如,数据环境中所包含的表和视图中的字段,可自动出现在属性窗口的 ControlSource 属性的设置框中,供用户为控件选择相应的数据源。

1. 打开数据环境设计器

首先进入表单设计器,从"显示"菜单中选择"数据环境"命令,或单击"表单设计器"工具栏上的"数据环境"按钮,即可进入数据环境设计器。例如,要为学生基本情况浏览表单

注意

数据环境设计器需在表单设计状态下才能打开。

设置数据环境,首先选择一种方式进入学生基本情况浏览表单的表单设计器窗口,然后从"显示"菜单中选择"数据环境"命令,即可进入数据环境设计器。如图 11-20 所示。

2. 常用数据环境属性

图 11-20　数据环境设计器窗口

每个表单都包含有一个数据环境,数据环境本身是一个对象,它包含与表单相互作用的表或视图,以及表单所要求的表之间的关系。在表单运行时数据环境可自动打开、关闭表和视图。这一功能是由数据环境的以下两个属性来设置的。

AutoOpenTabes 属性:用于控制在运行表单时是否打开数据环境中的表和视图。缺省值是真(. T.),表示自动打开。

AutoCloseTables 属性:用于控制在关闭或者释

放表单或者表单集时是否自动关闭表和视图。缺省值是真(. T.),表示自动关闭。

表 11-5 给出了常用的数据环境属性和与表单及控件的数据源相关的属性。

表 11-5　数据环境的主要属性设置

属　　性	说　　明	默认设置
AutoCloseTables	控制当释放表或表单集时,是否关闭表或视图	"真"(. T.)
AutoOpenTables	控制当运行表单时,是否打开数据环境中的表或视图	"真"(. T.)
InitialSelectedAlias	当运行表单时选定的表或视图	如果没有指定,在运行时首先加到"数据环境设计器"中的临时表最先被选定
Filter	排除不满足条件的记录	
ControSource	指定与文本框、编辑框、列表框、组合框及表格中的一列等对象建立联系的数据源(某个字段)	
RecordSource	指定与表格控制建立联系的数据源	

3. 向数据环境添加、移去表或视图

在 VFP 中,可以使用数据环境设计器来设置数据环境,并将其与表单一起存储。数据环境是由表、视图以及表之间的关联组成的。因此,创建数据环境时,必须将表和视图添加到数据环境中。对于添加到数据环境中的表、视图以及关联,都可以从数据环境中移去。而且从数据环境中移去一个表时,该表所涉及的全部关联将移去。

向数据环境添加表或视图,其操作步骤如下:

(1) 在"数据环境设计器"中,按右键弹出快捷菜单,在快捷菜单中选择"添加"命令。

(2) 在"添加表或视图"对话框中选择表或视图。

将表从数据环境中移去时,其操作步骤为:

(1) 在数据环境设计器中选择要移去的表或视图。

(2) 在"数据环境"中按右键弹出快捷菜单,在快捷菜单中选择"移去"命令。

4. 关系的设置与编辑

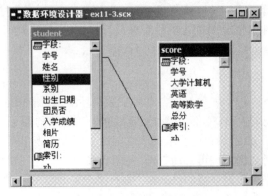

图 11-21　数据环境设计器

如果表具有在数据库中设置的永久关系,这些关系将自动地添加到数据环境中。如果表间没有永久的关系,可以在数据环境设计器中设置这些关系。

若要在数据环境中设置关系,将字段从主表拖曳到与相关表相匹配的索引标识上或相关表的字段上即可。关系设置好以后,在主表和相关表之间有一条连线,表示两表之间的关系,如图 11-21 所示。

若要编辑关系属性,在"属性"窗口的对象列表框中选择要编辑的关系,然后按提示进行编辑。

11.2.7　表单的属性窗口

设置属性、调用方法以及编写事件响应程序是表单设计的主要工作。设置表单属性一般是在属性窗口中完成。如果在窗口中没有出现表单的属性窗口,可以单击"表单设计器"工具栏上的"属性"按钮。属性窗口如图 11-22 所示。

属性窗口的结构如图 11-22 所示,可通过直观的界面操作来设置表单的属性。每次选中不同的对象,属性窗口显示的内容也有所不同,因为不同的对象有不同的属性,图 11-22 显示的是表单"Form1"的属性。表 11-6 列出了在表单设计中使用的常用表单属性。

图 11-22　表单的属性窗口

表 11-6　常用的表单属性

属性名	作　用
Auto Center	用于控制表单初始化时是否总是位于 VFP 窗口或其父表单的中央
Back Color	用于确定表单的背景颜色
Border Style	用于控制表单是否有边框:系统(可调)、单线、双线
Caption	表单的标题
Closable	用于控制表单的标题栏中的关闭按钮是否能用
Control Box	用于控制表单的标题栏中是否有控制按钮
Max Button	用于控制表单的标题栏中是否有极大化按钮
Min Button	用于控制表单的标题栏中是否有极小化按钮
Movable	用于控制表单是否可移动
Title Bar	用于控制表单是否有标题栏
Window State	用于控制表单是极小化、极大化还是正常状态
Window Type	用于控制表单是模式表单还是无模式表单(默认),若表单是模式表单,则用户在访问 Windows 屏幕中其他任何对象前必须关闭该表单

在"属性"窗口中包含了所有选定的表单或控件、数据环境、表、关系的属性、事件和方法程序列表。通过"属性"窗口可以对这些属性值进行设置或更改。"属性"窗口由对象、选项卡、属性设置框、属性列表和属性说明信息组成。

1. 对象

对象选项用来标识表单中当前选定的对象。当前所显示的对象是系统默认的 Form1 对象,它表示可以为 Form1 设置或更改属性。如图 12-22,图中有一个向下的箭头,单击该箭头可以看到一个包含当前表单、表单集和全部控件的列表。用户可在列表中选择表单或控件,这和在表单窗口选定对象的效果是一致的。

2. 选项卡

选项卡的作用是按照分类的形式来显示属性、事件、方法程序。当分别单击全部、数据、方法程序、布局和其他选项卡时,将分别显示不同的界面。

3. 属性设置框

属性设置选项用来更改属性列表中的属性。属性设置选项的左边有三个图形按钮,分别是接受按钮、取消按钮和函数按钮。单击接受按钮可以确认对某属性的更改;单击取消按钮会取消更改,恢复属性以前的值;单击函数按钮则可以打开表达式生成器,将表达式生成器中生成的表达式的值将作为属性值。

4. 属性列表

属性列表选项是一个包含两列的列表,它显示了所有可在设计时更改的属性和它们的当前值。对于具有预定值的属性,在属性列表中双击属性名可以遍历所有的可选项。如果要恢复属性原有的默认值,可以在"属性"窗口中的属性栏,单击鼠标右键,然后在属性快捷菜单中选择"重置为默认值"命令。

> **注　意**
>
> 在属性框中以斜体显示的属性值则表明那些属性、事件和方法程序是只读的,用户不能修改的;而用户修改过的属性值将以黑体显示。

5. 属性说明信息

在"属性"窗口的最后,给出了所选属性的简短说明信息。

11.2.8　代码编辑窗口

在表单设计器的代码编辑窗口,可以为事件或方法程序编写代码。代码窗口包含两个组合框和一个列表框,如图 11-23 所示。其中,对象组合框用于重新确定对象,过程组合框用来确定所需的事件或方法和程序,代码则在列表框中输入。通过下列中任意一种方法均可打开代码编辑窗口。

图 11-23　"代码编辑"窗口

● 双击表单或控件。
● 选定表单或控件快捷菜单中的"代码"命令。
● 选定"显示"菜单下的"代码"命令。
● 双击属性窗口的事件或方法程序选项。

11.2.9 表单程序设计

几乎每一个应用程序都至少有一个表单。表单是一个可处理的对象,它有自己的属性、事件和方法。通过设置表单的属性,可以设计符合用户要求的界面。通过执行程序代码,使表单能够执行用户界面中所指定的任务。使用表单设计器进行表单程序设计的一般过程如下:

(1)分析表单应实现的功能。
(2)创建表单,设置外观。
(3)根据需要设置数据环境。
(4)在表单上添加所需要的对象并调整其位置、大小和整体布局。
(5)利用属性窗口设置对象的初始属性。
(6)为对象编写程序代码以完成预定的要求。

下面通过两个例子介绍使用表单设计器设计基本表单程序的方法。

【例 11-5】 创建一个表单,在表单下部创建两个命令按钮,其中一个用于结束程序退出表单的运行,另一个控制显示信息,当按钮上出现"显示"标题时,单击该按钮则显示信息"祝您学好 Visual FoxPro,顺利通过等级考试!",同时该按钮的标题变为"不显示"。再单击则取消刚才的显示信息且该按钮的标题又变为"显示"。

操作步骤:

(1)打开表单设计器,建立一个新表单,表单标题的初始属性为 Form1。

(2)在表单中添加一个"标签"对象。在"表单控件"工具栏中单击"标签"按钮。然后在表单上半部适当位置拖出一个矩形区域,生成一个标签框 Label1。

(3)在表单底部添加两个命令按钮。Command1 和 Command2。用户可以用鼠标拖拽对象,改变其在表单上的位置,也可以通过拖曳对象四周的 8 个控制句柄改变其大小。添加了对象的表单如图 11-24 所示。

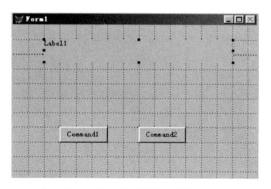

(4)设置对象的属性。单击表单空白区,选中表单,设置表单的属性。在表单属性窗口更改 Caption 属性为"表单练习 1";选中 Label1 标签,在属性窗口更改其 Caption 属性为"祝您学好 Visual FoxPro,顺利通过等级考试!",FontBold 属性更改为 . T. ,FontSize 属性更改为

图 11-24 添加了对象的表单

12;选中 Command1 按钮,在其属性窗口设置 Caption 属性为"不显示";选中 Command2 按钮,在其属性窗口设置 Caption 属性为"退出"。

(5)为命令按钮 Command1 编写程序代码。为控件编写代码必须首先打开相应控件的代码编辑器窗口,方法是将光标放在该控件对象上,双击鼠标,进入代码编辑器窗口,如图 11-25 所示。

在对象下拉列表中选择对象"Command1",在过程下拉列表中选择事件"Click",然后编写事件过程,如图 11-25 所示。

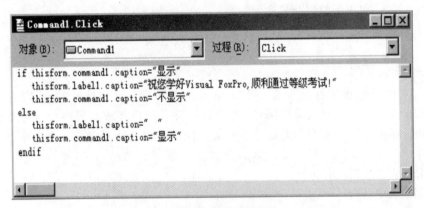

```
Command1.Click

对象(B):  Command1        过程(R):  Click

if thisform.command1.caption="显示"
   thisform.label1.caption="祝您学好Visual FoxPro,顺利通过等级考试!"
   thisform.command1.caption="不显示"
else
   thisform.label1.caption="  "
   thisform.command1.caption="显示"
endif
```

图 11-25 代码编辑器窗口

（6）为命令按钮 Command2 编写程序代码。方法与 Command1 相同,在过程下拉列表中选择"Click",然后输入如下代码:

Thisform. release

然后关闭代码编辑器窗口,进入表单设计器窗口,表单程序设计完成。

在表单的设计过程中,可以从"表单"菜单中选择"运行表单"命令试运行表单,检查是否有错误并修改。最后关闭表单设计器,以"EX11-5. scx"保存表单,然后运行该表单,显示如图 11-26 所示的画面,单击其中的按钮,观察是否能够达到设计的目的。

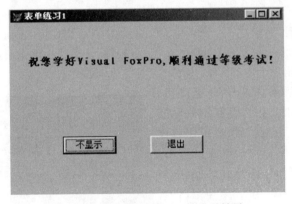

表单练习1

祝您学好Visual FoxPro,顺利通过等级考试!

不显示   退出

图 11-26 运行表单练习 1 的显示结果

【例 11-6】 建立一个表单,在该表单中包括 Student. dbf 表和 Score. dbf 表中的部分字段,将字段设置成只能浏览不能修改。在表单的底部设置三个命令按钮,分别是"上一记录"、"下一记录"和"退出"。

操作步骤:

（1）在"文件"菜单中选择"新建"命令,在新建对话框中选择"表单",打开表单设计器。

（2）设置表单的 Caption 属性为"表单实例"。在表单上添加一标签"Label1"并调整其大小,在属性窗口将该标签的 Caption 属性设置为"学生情况浏览",FontBold 属性更改为 . T. ,FontSize 属性更改为 16。

（3）设置表单的数据环境。用鼠标右击表单,在快捷菜单上选择"数据环境"命令,进入数据环境设计器。从"数据环境"菜单中选择"添加"命令,在"添加表或视图"对话框中添加 Student. dbf 表和 Score. dbf 表到数据环境设计器窗口中,如图 11-27 所示。在数据环境设计器中拖曳 Student. dbf 表中的字段"学号"到 Score. dbf 表中的"学号"上,建立两表之间的关系,如图 11-28。如果在数据库设计器中已建立了两个表的关联关系,此步可省略。拖曳 Student. dbf 表中的字段学号、姓名、系别和 Score. dbf 表中的大学计算机、英语和高等数学字段到表单上,如图 11-29 所示。然后关闭数据环境设计器。

图 11-27　"添加表或视图"对话框　　　　图 11-28　数据环境设计器

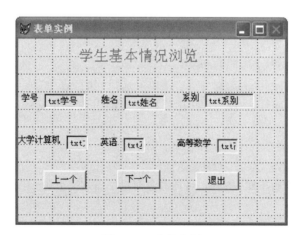

图 11-29　表单实例

(4)调整各对象的位置和大小,使其有序排列。设置各文本框的 ReadOnly 属性值为真(. T.),使各字段只能显示不能修改。

(5)在表单底部添加三个命令按钮,"Command1"、"Command2"、"Command3"。通过属性窗口设置其"Caption"属性分别为"上一记录"、"下一记录"、"退出"。

(6)分别为三个命令按钮的 Click 事件编写以下代码:

Command1(上一记录)

Skip-1

If bof( )

　Go top

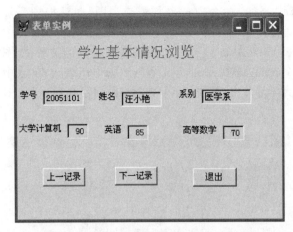

图11-30 学生基本情况浏览表单运行结果

```
Endif
Thisform. refresh
Command2(下一记录)
Skip
If eof( )
    Go bottom
Endif
Thisform. refresh
Command3(退出)
Thisform. release
```

保存该表单为"EX11-6. scx",在"表单"菜单中选择"执行表单"命令,运行该表单,其结果显示如图11-30所示。

11.2.10 表单的保存

当表单创建完成之后,需要将表单保存起来。如果表单未保存,则系统会给出提示,要求保存当前表单。要保存表单,可选择"文件"菜单下的"保存"命令来完成。表单文件的扩展名为". scx",在保存的同时,系统自动创建一个与表单文件同名而扩展名为". sct"的备注文件。

11.2.11 表单的运行

表单的运行有两种方法:

(1) 在表单设计器中,可直接从"表单"菜单下选择"执行表单"命令或单击"常用工具栏"中的"运行"按钮"!"来运行表单。也可在项目管理器中选中表单的文件名,再单击"运行"按钮。

(2) 在命令窗口或者在程序中运行表单。命令格式如下:

DO FORM   <表单名>

例如,要执行表单文件 EX11-6. scx,可在命令窗口中输入以下命令:

DO FORM EX11-6

§11.3 表单的属性、事件和方法

在 VFP 中,表单及各种控件都是对象。在面向对象的程序设计中,对象是程序设计的基本元素。对象是封装了属性、方法和事件的实体。而属性是对象的数据,方法则是对象中包含的代码,事件则是对象的响应。

11.3.1 表单的属性

任何对象都有自己的属性,属性表明对象的性质、特征和行为,如名称、大小、颜色、标题、样式、所处的位置等。每个表单及其控件都有它的一组属性,通常这些属性的大部分是相同的。表单及其控件的属性可以通过属性窗口在设计时设置,也可以通过编写代码在程序运行时设置。在表11-7中给出了具有通用性的常用表单及控件属性。

表11-7　表单及控件常用属性

属　性	说　明	属　性	说　明
Caption	指定对象的标题	Alignment	指定对象文本的对齐方式
Name	指定对象的名字	AutoSize	是否自动调整大小以适应内容
Value	指定对象当前的取值	Height	指定屏幕上一个对象的高度
Format	指定对象的输入和输出格式	Width	指定屏幕上一个对象的宽度
InputMask	指定在控件中如何输入和显示数据	Left	对象左边相对于父对象的位置
PasswordChar	指定在文本框中是否使用占位符	Top	对象上边相对于父对象的位置
ReadOnly	指定用户是否可以编辑控件	Movable	运行时表单能否移动
FontName	指定对象文本的字体名	Closable	标题栏中关闭按钮是否有效
FontSize	指定对象文本的字体大小	ControlBox	是否取消标题栏所有的按钮
ForeColor	指定对象中的前景色	MaxButton	指定表单是否有最大化按钮
BackColor	指定对象内部的背景色	MinButton	指定表单是否有最小化按钮
BackStyle	指定对象背景是否透明	WindowState	指定运行时是最大化或最小化
BorderStyle	指定边框样式	Visible	指定对象是可见还是隐藏
AlwaysOnTop	是否处于其他窗口之上	Enabled	指定对象是否可用
AutoCenter	是否在 VFP 主窗口同自动居中		

表单创建后,可以设置表单的属性,其操作步骤如下:

(1) 在"显示"菜单中选择"属性"命令,或在表单上单击鼠标右键,在弹出的快捷菜单中选择"属性"命令,打开属性窗口。

(2) 用户可在属性列表框中选择一个属性名,然后根据属性的不同进行不同的操作。

1) 如果属性值是简单的文本信息,可直接在属性编辑框中输入,如 Caption 属性,指定表单标题文本,在属性编辑框中输入"表单实例",于是该文本就显示在表单标题栏。

2) 如果属性值需要进行多项选择,编辑框则出现一个下拉列表框,这时可以单击下三角按钮,在下拉列表框中选择需要的值。如 FontName(字体)属性,可在显示的下拉列表框中选择一种字体。

3) 有些属性的值可能是文件名或由比较复杂的元素构成,在属性编辑窗口右边有一个按钮
。如 ForeColor(前景色),可单击该按钮,在弹出的"颜色"对话框中选择一种颜色。也可以直接在属性编辑框中输入颜色中所含红、绿、蓝的数字,其范围在 0～255 之间,各数字之间用逗号","分隔。如果要在命令中设置该参数,要使用颜色函数 RGB( ),其使用格式如下:

格式:RGB(n1,n2,n3)

返回值:根据一组红(n1)、绿(n2)、蓝(n3)颜色数字返回一个单一的颜色值。

例如:

THISFORM. ForcColor = RGB(255,0,0)

表单的其他属性值的设置方法与此类似,这里不再重述。一旦用户重新设置了属性的参数值,该属性值将用黑体显示。

11.3.2　表单的事件及事件过程

事件是一种预先定义好的可以被对象识别的行为和动作,它可以被用户或系统来激发。每个表单及其控件都有多个事件,一个事件对应于一个程序,称为事件过程。事件一旦被激发,系

统立即去执行与事件对应的过程。待事件过程执行完成后,系统又处于等待某事件发生的状态,这种方式称为事件驱动程序方式。在多数情况下,事件是由用户的交互行为产生的,例如,当用户打开电脑,便激发了一个事件,同样,当用户对计算机进行操作时,也会激发若干事件,比如,程序在运行,电源在工作等等。只有少数事件是由系统激发,比如,时钟事件。事件集合是事先固定的,用户不能进行扩充。表11-8列出了表单中常用事件。

表 11-8 常用表单事件

事 件	事件的激发	事 件	事件的激发
Activate	当一个表单变成活动表单时	Interactivechang	用户使用键盘和鼠标改变控件值时
Load	在创建对象之前	GotFocus	对象接收到焦点
Init	当对象创建时(在 Load 之后)	LostFocus	对象失去焦点
Destroy	释放一个对象时	KeyPress	当用户按下或释放一个键
Unload	释放所有对象后(在 Destroy 之后)	MouesDown	当用户按下鼠标键
Click	用户鼠标单击对象	MouseMove	当用户移动鼠标到对象
DblClick	用户鼠标双击对象	MouseUp	当用户释放鼠标
RightClick	用户鼠标右击对象	Error	当发生错误时

在 VFP 中,事件是面向对象程序设计的重要概念,是设计事件驱动程序的基础。下面将表单中几个常用的事件作一些说明。

1. Activate 事件

当激活表单、表单集对象时,将发生 Activate。

格式:PROCEDURE Object. Activate

此事件的触发取决于对象的类型。当表单集中的一个表单获得焦点,或调用表单集的 Show 方法时,激活表单集对象;当用户单击一个表单,或者调用表单对象的 Show 方法时,激活表单对象。Activate 事件触发后,首先激活表单集,然后是表单。

2. Load 事件

格式:PROCEDURE Object. Load

Load 事件发生在 Activate(激活)和 GotFocus(焦点)事件之前,因此可以在该事件中为表单中其他控件的使用做一些准备工作,如某些控件的数据源所使用的变量。但是需要说明的是,Load 事件发生时,表单中各控件还未装入,不能直接设置各控件的属性参数。

在该事件过程中定义的变量为局部变量,不能为其他控件所引用。如果其他控件要引用该变量,必须将其定义为全局变量。例如,若数组 X 要被其他多个控件引用,而且还要相互传送数据,则应对数组 X 进行设置:

PUBLIC X

DIMENSION X(3)

X(1)= "医学系"

X(2)= "检验系"

X(3)= "影象系"

3. Init 事件

Init 事件在创建对象时发生。对于表单集和其他容器对象来说,容器中对象的 Init 事件在容器的 Init 事件之前发生,因此容器的 Init 事件可以访问容器中的对象。容器中对象的 Init 事件的发生顺序与它们添加到容器中的顺序相同。

格式:PROCEDURE Object. Init

　　[LPARAMETERS <Param1,Param2,……>]

说明:

(1) Param1,Param2,…… 是形式参数,接收由调用表单命令中 WITH <VarName1,VarName1,……>传递的实参值。

(2) 在该事件代码中必须在第一条语句用 LPARAMETERS 或 PARAMETERS 语句列出的每一个参数。LPARAMETERS 命令和 PARAMETERS 命令略有不同,前者的参数是本地变量,而后者的参数是局部变量。

4. Destroy 事件

当释放一个对象时发生。一个容器对象的 Destroy 事件在它所包含的任何一个对象的 Destroy 事件之前发生器;容器的 Destroy 事件在它所包含的各对象释放之前引用它们。该事件应用于各种控件。

5. Unload 事件

Unload 事件是在释放表单集或表单之前发生的最后一个事件。Unload 事件发生在 Destroy 事件和所有包含的对象被释放之后,故在该事件中不能再引用表单原有的控件。

11.3.3　表单的方法程序调用

方法就是对象的内部函数,即封装在对象中的程序代码。不同的对象有不同的方法集。例如在命令按钮对象中,调用 Move 方法可以移动按钮的位置。在表单对象中,Release 方法可以释放表单。方法程序过程代码由系统定义,对用户是不可见的,但可以通过代码编辑窗口对方法进行扩展,而事件却不能,这是和事件不相同的性质。表 11-9 列出了表单对象的常用方法。

表 11-9　表单对象的常用方法

方法程序	用　途	方法程序	用　途
AddObject	在表单对象中增加一个对象	Move	移动一个对象
Box	在表单对象上画一个矩形	Print	在表单对象上打印一个字符串
Circle	在表单对象上画一个圆弧或一个圆	Pset	给表单上的一个点设置指定的颜色
Cls	清除一个表单中的图形和文本	Refresh	重新绘制表单或控件,并更新所有值
Clear	清除控件中的内容	Release	从内存中释放表单集
Draw	重新绘制表单对象	SaveAs	将对象存入.SCX 文件中
Hide	隐藏表单、表单集或控件	Show	显示表单
Line	在表单对象上绘制一条线		

1. Cls 清除方法

Cls 清除程序运行期间的图形和打印语句生成的文本和图形。

说明:

(1) 该方法不清除设计期间用 Picture 属性控件和创建在表单上的背景图形。

(2) 该方法将 CurrentX 和 CurrentY 属性重新设置为 0。

2. Pset 画点方法

格式:Object. Pset([nXCoord,nYCoord])

功能:将一个表单或 VFP 主窗口中的一个点设置成前景色。

说明:

(1) 绘图方式下的坐标,左上角为坐标原点(0,0),X 轴方向向右,Y 轴方向向下。

(2) nXCoord 是设置点的横坐标,nYCoord 是设置点的纵坐标。

(3) 所画点的大小由 DrawWidth 属性决定。当 DrawWidth 设置为 1 时,该方法把单个像素设置成指定颜色;当 DrawWidth 的值大于 1 时,点在指定坐标居中对齐。画点的方法取决于 DrawMode 和 DrawStyle 属性的设置。

(4) 调用该方法时,将 nXCoord 和 nYCoord 属性设置成指定的坐标。

3. Line 画线方法

格式:Object. Line([nXCoord1,nYCoord1,] nXCoord2,nYCoord2)

功能:在表单对象中画一条直线。

说明:

(1) nXCoord1,nYCoord1 指定线条起始点的坐标。如果省略,则使用当前坐标值 CurrentX 和 CurrentY。

(2) nXCoord2,nYCoord2 指定线条终点坐标。

4. Box 画矩形方法

格式:Object. Box([nXCoord1,nYCoord1,] nXCoord2,nYCoord2)

功能:在表单对象上画矩形。

说明:

(1) nXCoord1,nYCoord1 指定矩形起始点的坐标。如果省略,则使用当前坐标值 CurrentX 和 CurrentY。

(2) nXCoord2,nYCoord2 指定矩形的终点坐标。

5. Circle 画圆

格式:Object. Circle(nRadius,nXCoord,nYCoord [,nAspect])

功能:在表单上画一个圆或椭圆。

说明:

(1) nRadius 指定圆或椭圆的半径。

(2) nXCoord,nYCoord 指定圆或椭圆的中心坐标。

(3) 度量单位由表单的 ScalMode 属性确定,属性值取 3 表示以像素为单位(默认),取 0(Foxels)表示以表单中当前字体字符的平均高度和宽度为单位。

(4) nAspect 指定圆的纵横比。默认值是 1,生成一个圆。大于 1 的值将生成一个垂直方向的椭圆;小于 1 的值将生成一个水平方向的椭圆。

(5) 要控件圆或椭圆的线宽,可以设置 DrawWidth 属性。

6. Release 释放表单方法

格式:Object. Release

功能:从内存中释放表单集或表单。

【例 11-7】 在表单上以鼠标单击处为圆心画圆,半径为表单宽度的 1/8。然后双击鼠标擦去这些圆。

操作步骤如下:

1) 创建表单,其 Name 属性设置为 Form1,Caption 属性设为"画圆"。

2) Form1 的 MouseDown 事件代码编写如下:

```
LPARAMETERS nButton,nShift,nXCoord,nYCoord    && 后两项参数接收鼠标单击处的坐标
THISFORM. scalemode = 3                        && 表单坐标以像素为单位
x = nXCoord                                     && 圆心横坐标
y = nYCoord                                     && 圆心纵坐标
r = THISFORM. width/8                          && 取圆半径为表单宽度的 1/8
THISFORM. Circle( r,x,y )                       && 调用表单的画圆方法程序
```

3）Form1 的 DblClick(鼠标双击事件)事件代码如下：

```
THISFORM. Cls
```

11.3.4　事件中的参数

从前面介绍的内容可以看出，有许多事件或方法程序是带有参数的。例如，Pset、Box 和 Circle 方法中本身就含有参数。但对于事件中的参数，其表示的含义是不同的。下面将几个常用事件中的参数含义进行说明。

1. MouseDown 事件

当用户单击一个鼠标键时，MouseDown 事件发生。

格式：PROCEDURE Object. MouseDown

　　　　LPARAMETERS nButton,nShift,nXCoord,nYCoord

说明：

（1）nButton 参数，事件一旦触发，该参数得到一个值，表示操作时单击了哪一个鼠标键。其值 1、2、4 分别对应于鼠标的左、右、中键。

（2）nShift 参数，事件一旦触发，该参数得到一个值，表示按了哪个键。其值为 1 表示按了 Shift 键，其值为 2 表示按了 Ctrl 键，其值为 6 表示按了 Ctrl 和 Alt 组合键。

（3）nXCoord 和 nYCoord 参数，分别表示鼠标指针当前的横坐标和纵坐标。

（4）即使不需要引用 LPARAMETERS 命令中的参数，也不能删除该行，否则会出现错误。

2. MouseMove 事件

当用户在一个对象上移动鼠标时，MouseMove 事件发生。

参数与 MouseDown 事件相同。

3. MoseUp 事件

当用户释放一个鼠标键时，MoseUp 事件发生。

参数与 MouseDown 事件相同。

11.3.5　表单中的对象

在 VFP 的表单中常用对象有以下几类：

（1）控件(Control)。放在一个表单上用来显示数据、执行操作或使表单更易阅读的一种图形对象，如文本框、矩形或命令按钮等。VFP 控件包括复选框、编辑框、标签、线条、图像、形状等等。可以使用"表单控件"工具栏在表单上绘制控件。如图 11-31 所示。

（2）容器(Container)。容器可以作为其他对象的父对象。例如，一个表单作为一个容器，是放在其中的复选框的父对象。在表单中常用的容器有命令按钮组、表单集、表单、表格、选项按钮组、页框等。

（3）用户自定义类(Use-Defined Class)。与 VFP 基类相似，但由用户自己定义，使用时和基类一样。并且可用来派生子类。

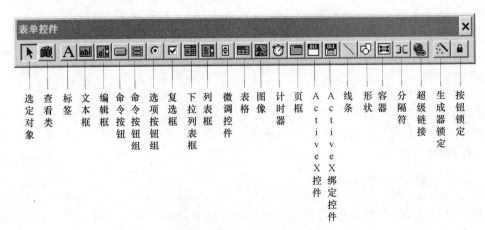

图 11-31　表单控件工具栏

（4）OLE 对象。在表单或通用型字段中，可以包含从其他应用程序中得来的特殊的功能或数据称为 OLE 对象，例如文本数据、声音数据、图片数据或视频数据。通过使用 OLE 对象可以扩展 VFP 的功能。

§11.4　常用表单控件及应用

表单是应用程序的界面，也是进行应用系统开发的基础。在 VFP 中，用户可以使用"表单控件"工具栏中提供的控件来构造表单。表单控件的基本操作包括创建控件、调整控件和设置控件属性等。下面简单介绍控件的基本操作。

11.4.1　控件的基本操作

将控件加到表单中后，可以对控件进行各种操作，如选择、移动、缩放、删除和复制。

1. 选择控件

在对表单操作之前，要选择控件，如果只是选择一个控件，请单击该控件。单击后控件周围会出现八个黑色的小方框，我们称其为尺寸句柄。如果想同时选择多个控件，可以有以下两种方法：

（1）按住［Shift］键，然后分别单击每个要选择的控件。用这种方法可以选择多个不相邻控件。

（2）如想选择某一区域内的控件，请单击表单控件工具栏上的"选定对象"按钮，然后拖动鼠标在表单上画个矩形框，将其所选的控件围在其中，再释放鼠标左键。这样，在矩形内的控件都被选中。

如果想撤销选择操作，单击表单上的空白位置，而要撤销被选中的多个控件中的某个，按住 Shift 键单击该控件即可。

2. 移动控件

当用户觉得某个控件在表单上位置不合适，先选中需要移动的控件，按住鼠标不放，拖动到适当的位置，最后释放鼠标。

3. 缩放控件

首先选中要缩放的控件，再拖动上下两个句柄来改变控件的高度，拖动左右两个句柄来改变控件的宽度,拖动角上的句柄可以同时改变控件的宽度和高度。

4. 删除控件

选中需要删除的控件,然后按[Del]键。若误删后想恢复被误删的控件,按[Ctrl]+[Z]或者选择"编辑"菜单下的"撤销"命令。

5. 复制控件

选中待复制的控件,选择"编辑"菜单中的"复制"命令,然后选择"粘贴"命令,再用鼠标将其移到合适的位置。

6. 调整和对齐控件

调整和对齐控件是要按某个布局来排放控件,首先选择被调整和对齐的控件,然后单击布局工具栏上的某个布局按钮。

当控件创建后,就会在属性窗口的对象选项下拉列表框中看到该对象的名字,在选定控件后,可对其设置属性,设置方法在前已介绍,这里不再重复。对不同的控件,有一些需要用户设置,而另一些属性是系统默认的,用户不需设置。

下面就表单程序设计中经常使用的控件予以简单介绍。

11.4.2　标签 **A**

1. 标签(Label)的功能

标签主要用来显示一些指定的文本信息。在设计时可以直接修改其中的文本,利用标签显示文本,只需将要显示的文本直接赋给标签的标题(Caption)属性就可以了。Caption 属性中最多可以包含 256 个字符。在运行表单时,不能在标签控件中直接编辑,但在程序运行中可以用"Thisform. label1. Caption="字符串""语句动态地改变文本。

2. 标签常用的属性

Caption:标签的标题属性,用于显示标签控件中的文本信息。

AutoSize:确定是否根据标题的长度自动调整标签大小。系统默认为"假"(. F.)。

WordWrap:确定当标签标题超宽时,能否用多行方式显示标题。系统默认为"假"(. F.)。

ForeColor:标题的字符颜色。

BackStyle:确定标签的背景是否透明,当背景设置为透明(0)时,可以显示标签后面的画面。

FontName:确定标题的字体,系统默认为Arial。

FontSize:确定标题的字体大小。系统默认为 9 号字。

> **注意**
>
> 　标签主要用来显示文本信息,除非有特殊要求,一般不为标签编写事件方法程序。

11.4.3　文本框 **abl**

1. 文本框(Text)的功能

利用文本框,可以显示或编辑内存变量、数组元素或字段的内容。所有标准的编辑功能都可在文本框中使用。例如,剪切、复制和粘贴等。

说明:

(1) 文本框允许用户在表单上输入或查看文本,它允许用户添加或编辑保存在表中非备注型字段中的数据,还可以编辑内存变量、数组元素。

(2) 可以通过属性 ControlSource 把内存变量或字段设置为文本框的数据源。例如将学生表的"学号"字段设置为文本框的数据源后,在表单运行时,如果修改文本框的内容,则修改后的内容不仅会回送给字段,而且也会保存在文本框的 Value 属性中。

(3) 在文本框中可以输入任何字符型、数值型、逻辑型等其他非备注型数据,如果未给文本框指定数据源,则系统默认数据类型为字符型。

(4) 利用文本框的 InputMask 属性,可以为文本框设置输入格式。例如,设置 InputMask 属性为"999. 99"的形式,则用户只能输入最多 3 位整数、2 位小数的数值。如果将 InputMask 属性设置为"Y",则只能输入逻辑值。用户输入的值将保存在属性 Value 中。

(5) 利用 PasswordChar 属性,可以为文本框设置密码保护。当用户输入口令时不能显示口令本身,只能显示一串星号(﹡)。方法是要把文本框的 PasswordChar 属性设置为"﹡"号。这样,输入文本框的任何字符都将显示成"﹡",而实际输入的内容保存在属性 Value 中。例如,用代码形式设置该属性的格式如下:

THISFORM. Text1. PasswordChar = " ﹡ "

运行时,输入任意一个字符,在文本框中都显示一个"﹡"。

2. 文本框的常用属性

Alignment:文本框中的内容是采用左对齐、右对齐、居中还是自动对齐。

ControlSource:设置文本框的数据来源。

InputMask:设置文本框中输入值的格式和范围,即输入掩码。

PasswordChar:设置输入口令时显示的字符。

Value:用于保存文本框中的值,其值可以是任意类型,它的初值可以决定文本框中值的类型。

ReadOnly:确定文本框是否只读。其值为逻辑值,默认值是"假"(. F.)。

Tabstop:确定输入焦点是否能用 Tab 键移到文本框。

Visible:创建的对象在运行时是否可见。其值为逻辑值,默认值是"真"(. T.),创建的对象可见。

Enabled:逻辑值,确定对象能否响应用户引发的事件。默认值是"真"(. T.),对象可以响应事件。

3. 焦点方法 SetFocus

在表单中往往包含多个操作对象,但在同一时刻只能选择一个对象进行操作。如果某一对象被选中,则该对象就获得了焦点(SetFocus)。对象获得焦点的标志是文本框内出现光标,命令按钮上出现虚线方框等。用户可以用按 Tab 键来替换对象的焦点,也可以单击对象使其获得焦点。如果要在代码中调用该方法程序,使其控件获得焦点,则可以使用以下格式:

格式:THISFORM. <控件>. SetFocus

功能:使指定控件获得焦点。

如果要使用 SetFocus 方法使文本框获得焦点,必须首先要使控件的 Enabled 和 Visible 属性设置成"真"(. T.)。控件一旦获得了焦点,用户的任何输入都是针对这个控件的。

例如:

THISFORM. Text1. SetFocus   && 使文本框控件获得焦点

4. 焦点事件

GotFocus:当通过用户操作或执行程序代码使对象接收到焦点时,该事件就会发生。用户可以为表单中控件的 GotFocus 事件编写程序代码。

LostFocus:在操作中对象失去焦点后,该事件就会发生。

Valid:在控件失去焦点之前发生该事件。

5. 文本框使用举例

图 11-32　检验口令表单

【例 11-8】　创建一个如图 11-32 所示的检验口令的表单,如果输入正确的口令"computer",就会显示"口令正确",否则显示"口令错误"信息。

首先将表单 Form1 的 Caption 属性设置为"表单练习 3";再添加两个标签 Label1 和 Label2,label1 的 Caption 属性设置为"请输入口令";Label2 的 Caption 属性设置为"　",AutoSize 属性设置为"真"(. T.);再添加一个文本框 Text1,把 Password Char 属性设置为"＊",Value 属性设置为"　"。最后为 Text1 的 Valid 事件编写如下代码:

```
str = lower( this. value)        && 把字符串转换为小写字母
if str = "computer"
      thisform. label2. caption = "口令正确"
else
      thisform. label2. caption = "口令错误"
this. enabled = . F.              && 使文本框不能再使用
endif
```

说明:

(1) 上面程序代码中使用了 Valid 事件,它的含义是在文本框失去输入焦点时前发生,即当输入口令并按回车键以后自动检验口令。也可以使用 LostFocus 事件,其作用一样。

(2) 如果希望将上面问题进行改进,密码最多输入三次,程序又应该如何编写? 请自己思考。

> **注意**
>
> 标签和文本框的区别。
> (1) 文本框主要用于显示或编辑变量,可以设置数据源,数据源可以是内存变量,也可以是字段;而标签主要用于显示信息,没有数据源。
> (2) 文本框可以编辑数据,而标签不能直接编辑,只能在程序中动态地改变标题属性的值。
> (3) 标签不能用[Tab]键选择,文本框可以。

11.4.4　命令按钮和命令按钮组

1. 命令按钮(Command Button)

命令按钮用来启动执行某一动作的事件,这些事件的操作代码通常放在命令按钮的 Click 事件中。当用户要完成某一特定的操作时,可单击这个命令按钮。几乎所有的表单中都要设置一个或多个命令按钮,通过鼠标单击命令按钮下达某种指令,让计算机完成相应的操作。

命令按钮的常用属性如下:

Cancel:指定当用户按下[Esc]键时,执行与命令按钮的 Click 事件相关的代码。

Caption：用来设置按钮的标题，如"退出"，"保存"等。

Enabled：设置命令按钮是否有效，为了避免误操作，可把 Enabled 设置为无效，使该按钮变成灰色，从而不能使用。默认值为". T. "。

Picture：显示在按钮上的". bmp"位图文件。

DisabledPicture：当按钮失效时，显示的". bmp"位图文件。

DownPicture：当按钮按下时，显示的". bmp"位图文件。

Visible：命令按钮在运行时是否可见。其值为逻辑值，默认值是". T. "，命令按钮在运行时可见。

命令按钮的常见事件如下：

Click：鼠标左键单击按钮控件，该事件发生。

DblClick：当连续两次快速按下鼠标左键并释放时，此事件发生。

RightClick：当用户在控件上按下并释放鼠标右键时，此事件发生。

2. 命令按钮组（Command Button Group）

如果用户需要在表单上创建多个命令按钮，而这些按钮所执行的代码又彼此相关，这时，可以将它们作为一个整体，创建命令按钮组。命令按钮组控件是表单上的一种容器，它可以包含多个按钮，并能统一管理这些按钮。命令按钮组及其中的按钮各有自己的属性、事件和方法程序，因而可以对它们进行单个操作，也可以把它们作为一个整体进行操作。它们可以共用一个 Click 事件，也可以独立的使用一个 Click 事件，这给用户管理各按钮并给按钮编写程序代码提供了极大的方便。

命令按钮组的常用属性如下：

BackStyle：命令按钮组的背景是否透明。

ButtonCount：按钮组中命令按钮的个数。

Value：命令按钮组中的各按钮被自动赋予了一个编号1、2、3、4，……等；在运行表单时只要用户单击某个按钮，则 Value 属性将获取该按钮的编号值。

可以利用控制生成器来创建和设置命令按钮组属性。命令按钮组的创建过程如下：

（1）单击"表单控件"工具栏中的"命令按钮组"按钮，再在表单中单击鼠标，就创建了默认为只有两个按钮的命令按钮组。对其单击鼠标右键，在出现的快捷菜单中选择"生成器"命令，则出现"命令组生成器"对话框。在"命令组生成器"对话框中通过"按钮"和"布局"两个选项卡，可以方便地设置命令按钮组的常用属性。如图 11-33 和图 11-34 所示。

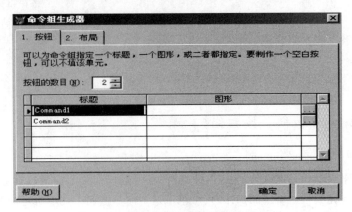

图 11-33　命令组生成器的"按钮"选项卡

（2）在"按钮"选项卡中，"按钮的数目"微调文本框可以指定按钮的个数，相当于属性 But-

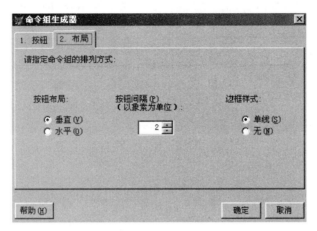

图 11-34　命令组生成器的"布局"选项卡

tonCount 的值。在"标题"栏中可以为每个按钮指定名称,相当于 Caption 属性。在"图形"栏,还可以为每个按钮指定一个显示图形。

（3）在"布局"选项卡中,用户可以指定按钮的水平排列或垂直排列方向;可以指定按钮之间的距离;还可以指定按钮组的外部是否有包围它的单线框。

建议用户通过生成器来设置命令按钮组的属性,其操作方便、直观,而且排列整齐、大小一致、分布均匀、外观优美。

3. 控件生成器

控件生成器是用来帮助用户设置表单控件属性的工具。控件生成器可重复使用,因此,可以多次地打开某一控件的生成器来设置控件的属性。

VFP 为许多通用的表单控件,例如,表格、列表框、组合框、命令按钮组和选项按钮组等提供了生成器。如果要激活生成器,只需在表单中选定对象单击鼠标右键,在弹出的快捷菜单中选择"生成器"命令即可。使用这些生成器可以很方便地设置其控件的属性。

【例 11-9】　创建一个查询学生情况的表单。

设置步骤如下:

（1）建立应用程序用户界面与设置对象属性:选择"新建"表单,进入表单设计器,首先设置数据环境,添加学生表 Student 到数据环境中,创建两个命令按钮 Command1,Command2,其 Caption 属性分别设置为"查询"和"退出"。两个标签 Lable1,Lable2,其 Caption 属性分别设为"学生基本情况查询"和"输入待查学生姓名",1 个文本框 Text1。表单的 Caption 属性设为"学生查询实例"。在数据环境中,将字段"学号"、"姓名"、"系别"和"入学成绩"用鼠标直接拖到表单上。各个控件在表单上的布局如图 11-35 所示。

（2）编写代码:"查询"按钮的 Click 事件代码:

locate for alltrim(姓名) = alltrim(thisform. text1. value)

thisform. refresh

"退出"按钮的 click 事件代码:

thisform. release

表单 Form1 的 Activate 事件代码:

go bott

skip

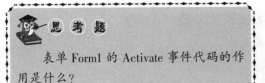

思考题

表单 Form1 的 Activate 事件代码的作用是什么？

文本框 Text1 的 Value 属性接收键盘输入的姓名。这里将文本框 Text1 的内容与 Student 表中所有记录中的姓名字段进行比较，若找到指定的姓名，则刷新表单，显示学生情况，注意，这里用字符串精确等于比较是避免姓名与空串比较成功的情况，并用 ALLTRIM 函数去掉姓名字段和文本框内容中的前后空格。

运行该表单，在第一个文本框中输入姓名，点击查询按钮，将显示该同学的学号、姓名、系别和入学成绩，最后的运行结果如图 11-36 所示。

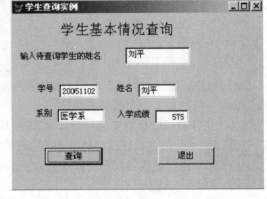

图 11-35　学生查询表单实例　　　图 11-36　学生查询表单运行结果显示

【例 11-10】　随机产生 14 个两位整数，找出其最大值、最小值和平均值。

分析：问题可以分为两部分，一个是产生 14 个随机整数，一个是对这 14 个整数求最大最小以及平均值。为此，需要使用数组。

将 14 个随机整数存入数组 a 中，数组元素为 a(1),a(2),……,a(14)。要求数组中的最大值和最小值，可以采用以下方法：

1）用冒泡排序算法，对 a(1),a(2),……,a(14)按由小到大顺序排序，排序后 a(1)为最小值，a(14)为最大值。

2）直接用排序函数 ASORT()对数组进行排序，只需执行下面命令：

ASORT(a,1,14,0)

上面函数参数中，1 表示从第 1 元素开始排序，14 表示数组长度为 14,0 表示按升序排序。排序后 a(1)为最小值，a(14)为最大值。

3）编写程序代码求最大值和最小值。设变量 Max 和 Min 分别存放最大值和最小值，并设变量初值：Max = 10,Min = 99，为什么初值要这么设？因为两位整数中最大的数是 99，而最小的数是 10。下面就如何求最大数、最小数的方法进行说明。

求最大数：将 a(1)到 a(14)分别和 Max 进行比较，若 a(i)>=Max，则将 a(i)存入 Max 中，反之则不作处理，比较完成后，Max 中存入的就是最大数。例如，有 5 个数分别是：65,78,88,56,85，分别存入 a(1)到 a(5)中，现将这些数和 Max 进行比较：

a(1)>=Max，即 65>=10，条件成立，Max = 65

a(2)>=Max，即 78>=65，条件成立，Max = 78

a(3)>=Max，即 88>=78，条件成立，Max = 88

a(4)>=Max,即 56>=88,条件不成立,

a(5)>=Max,即 85>=88,条件不成立

比较完成后,Max=88,88 为最大数。

求最小数:将 a(1)到 a(14)分别和 Min 进行比较,若 a(i)<Min,则将 a(i)存入 Min 中,反之则不作处理,比较完成后,Min 中存入的就是最小数。

设置步骤如下:

(1)建立应用程序用户界面与设置对象属性:选择"新建"表单,进入表单设计器,首先添加 5 个标签 Label1-Label5 和一个命令按钮组 Commandgourp1,并按如图 11-37 设置各个控件的属性。

Label1 用于在表单上显示"14 个随机整数是:"。

Label2 用于在表单上显示产生的 14 个随机整数。

Label3 显示最大值。

Label4 显示最小值。

Label5 显示平均值。

Commandgourp1 命令按钮组中有三个按钮,分别是"重置"、"确定"和"关闭",其功能分别是重新产生随机数、计算显示最大值、最小值和平均值、退出关闭表单。

(2)编写代码:随机整数的生成由表单的 Activate 事件代码完成:

```
PUBLIC a(14)        && 因为要在不同的过程中使用数组,故声明为 PUBLIC
P="   "
FOR i=1 TO 14
  a(i)=INT(RAND()*90)+10      && 产生 10 到 100 之间的随机整数
  p=p+STR(a(i),3)+" ,"
ENDFOR
THISFORM. Label2. Caption=ALLT(LEFT(p,LEN(p)-1))   && 显示产生的 14 个数组元素
THISFORM. Label3. Caption="最大值="
THISFORM. Label4. Caption="最小值="
THISFORM. Label5. Caption="平均值="
```

求最大、最小以及平均值由"确定"按钮 Command2 的 Click 事件代码完成:

```
  Min=99
  Max=10
  s=0
  FOR I=1 TO 14
    IF a(i)>=Max
      Max=a(i)
    ENDIF
    IF a(i)<Min
      Min=a(i)
    ENDIF
    s=s+a(i)
  NEXT
THISFORM. Label3. Caption="最大值="+STR(Max,3)
THISFORM. Label4. Caption="最小值="+STR(Min,3)
```

THISFORM. Label5. Caption = "平均值 = " + STR (s/14,6,2)

重置按钮 Command1 的 Click 事件代码：

THISFORM. Activate

关闭按钮 Command3 的 Click 事件代码：

THISFORM. Release

表单程序运行后的显示结果如下（图 11-37）：

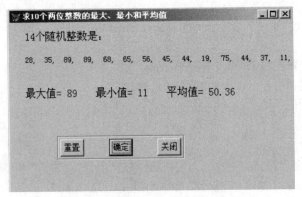

图 11-37 求最大值、最小值和平均值

11.4.5 编辑框

1. 编辑框（Edit）的功能

在编辑框中能够录入和编辑长字段、备注型字段或大量的多行文本，允许自动换行并能用方向键 PageUp 和 PageDown 键以及滚动条来浏览文本内容。用编辑框来录入和编辑备注字段时，只需要把编辑框的数据源属性 ControlSource 设置为表的备注字段名即可。在 VFP 中所有标准的编辑功能，剪切、复制和粘贴等，在编辑框中都可以使用。编辑框和文本框的主要区别如下：

（1）编辑框只能适合于输入和编辑字符型数据，而文本框则可以编辑字符、数值、日期和逻辑 4 种类型的数据。

（2）编辑框可以输入和编辑多段字符，按回车键后不终止编辑操作，而文本框中只能输入和编辑一段字符，按回车键后就结束操作。

（3）编辑框可以自动换行并能用翻页键 PageUp 和 PageDown 以及滚动条来浏览文本，而文本框则无此功能。

2. 编辑框常用属性

ControlSource：设置编辑框的数据来源，通常是表的备注型字段。

ReadOnly：用户能否修改编辑框中的文本，可以用于设置编辑框的只读属性。默认为 . F. 。

ScrollBars：决定文本框是否具有垂直滚动条。当值为 0 时，无滚动条，默认值为 2，有滚动条。

Value：用此属性保存编辑框中的内容。

可以用编辑框生成器来设置其属性，操作非常简单、方便。

3. 编辑框常用事件

GotFocus：当编辑框对象接收焦点时触发该事件。

InteractiveChange：当更改编辑框对象的文本值时触发事件。

LostFocus：当编辑框对象失去焦点时触发该事件。

【例 11-11】　编辑框的应用。设计一个如图 11-38 所示的显示学生简历的表单。

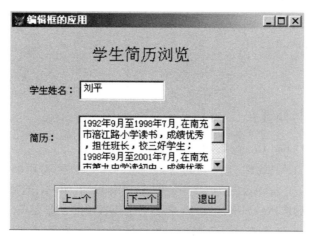

图 11-38　"学生简历浏览"表单界面

设置步骤如下：

1）建立应用程序用户界面与设置对象属性：选择"新建"表单，进入表单设计器，首先添加学生表 Student 到数据环境，设置一个命令按钮组 CommandGroup1，1 个文本框 Text1，3 个标签 Lable1，Lable2，Lable3，一个编辑框 Edit1，并按如图 11-37 设置各个控件的属性。

Lable1 用于在表单上显示"学生简历浏览"，字体大小 16。

Lable2 用于在表单上显示"学生姓名："。

Lable3 用于在表单上显示"简历："。

Commandgourp1 命令按钮组中有三个按钮，分别是"上一个"、"下一个"和"退出"，其功能分别是上移一记录、下移一记录、退出关闭表单。可用生成器来设置其属性。

2）将文本框 Text1 的数据源设置为 Student. 姓名，将编辑框的数据源设置为 Student. 简历。

3）编写代码：命令按钮组 CommandGroup1 的 Click 事件代码如下（图 11-37）：

```
do case
   case this. value＝1
       skip -1
       if BOF( )
          go top
          this. command1. enabled＝. f.        && 当指针指向首记录时，使"上一个"按钮无效
       endif
       this. command2. enabled＝. t.
       thisform. refresh
   case this. value＝2
       skip
       if EOF( )
          go bottom
```

```
        this. command2. enabled = . f.        && 当指针指向尾记录时,使"下一个"按钮无效
    endif
    this. command1. enabled = . t.
    thisform. refresh
case this. value = 3
    thisform. release
endcase
```

将上面表单文件保存为文件名 EX11-11. SCX,运行该表单后,结果显示如图 11-38 所示。

11.4.6 选项按钮组 ⊙

1. 选项按钮组(Option Group)的功能

选项按钮组又称为单选按钮,是一个包含单选项的容器控件,常用于从多项控制中选择其中一个。它可以包含多个选项按钮,但这些按钮是互相排斥的,用户只能从中选取一个。选项按钮旁的圆点指示当前的选择。如果选项的个数不确定或选项的个数太多,则应该使用列表框等其他对象。

2. 选项按钮组的常用属性

ButtonCount:设置选项按钮组中按钮的个数。

ControlSource:设置按钮的数据来源,常用于设置表中某一逻辑字段。

Value:指定选项按钮组中哪一项被选中。如果按钮的数据源为数值型,当前第 n 个按钮被选中,则 Value 的值就为 n。如果按钮的数据源是字符型时,Value 的值等于选中按钮的 Caption 属性值的哪个按钮被选中。如果没有一项选中,选项按钮组的 Value 属性为 0。

在程序运行时,可以通过指定选项按钮的名称和属性值来重新设置这些属性。

例如:

THISFORM. Optiongroup1. Value = 0   && 设置整个选项按钮组所有按钮的值

THISFORM. Optiongroup1. Option1. Value = 1   && 设置选项按钮组第一个按钮的值

还可以在运行时使用 Buttons 属性,并指定选项按钮在组中的索引号来设置这些属性。例如,上面第二条命令也可以写成如下形式:

THISFORM. Optiongroup1. Buttons(1). Value = 1

3. 选项按钮组的创建和设置

利用"表单控件"工具栏,在表单上添加一选项按钮组控件,将出现有两个选项按钮的选项按钮组。使用鼠标右键单击选项按钮组,在弹出的快捷菜单中选择"生成器"命令,系统弹出"选项组生成器"对话框,如图 11-39 所示。

在上面"选项组生成器"对话框中,按钮的数目设置为 4,标题分别设置为:"教授"、"副教授"、"讲师"和"助教",如图 11-40 所示。

在布局选项卡中设置"按钮布局"为"水平"。设置完成后的显示结果如图 11-41 所示。

通过对选项按钮组生成器的设置,就创建了一个完美的选项按钮组。除了可以使用"生成器"进行设置以外,用户还可以用属性窗口编辑、修改选项按钮组以及其中任一按钮的属性。

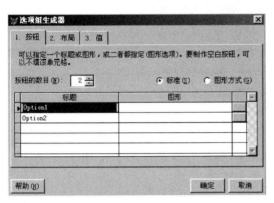

图 11-39 "选项组生成器"对话框　　　　图 11-40 设置属性后的"选项组生成器"对话框

4. 命令按钮组和选项按钮组应用举例

图 11-41 选项按钮组

【例 11-12】 创建一个如图 11-42 所示的表单，用命令按钮组控制记录的指针，用选项按钮组改变表单的背景颜色。

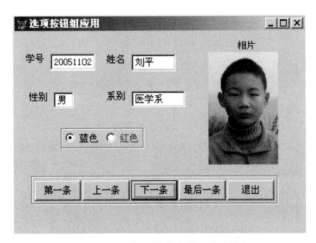

图 11-42 学生浏览表单运行结果

打开"Managers. PJX"的项目文件，选择"表单"，单击"新建"，选择"新建文件"进入表单设计器。操作步骤如下：

（1）设置表单的 Caption 属性为"选项按钮组应用"。

（2）在数据环境设计器中添加 Student. dbf 表，拖曳学号、姓名、性别、系别和照片字段到表单，调整其布局如图 11-42 所示。

（3）向表单添加含有两个按钮的选项按钮组 Option Group1 并水平排列，标题分别为"蓝色"和"红色"；利用属性窗口把两个按钮的 ForeColor 属性分别修改为"0,0,160"和"255,0,0"；为选项按钮组的 Click 事件编写如下代码：

```
do case
    case this. value=1
        thisform. backcolor=thisform. optiongroup1. option1. forecolor
    case this. value=2
```

thisform. backcolor = thisform. optiongroup1. option2. forecolor

endcase

thisform. refresh

为选项按钮组的 Init 事件(在创建对象时发生)编写如下代码:

this. value = 0   && 其作用是初始时不选择任何一项

(4) 向表单添加含有 5 个按钮的命令按钮组 CommandGroup1,并把各按钮的标题分别改为"第一条"、"上一条"、"下一条"、"最后一条"和"退出",各命令按钮水平排列。然后为 CommandGroup1 的 click 事件编写如下代码:

```
do case
    case this. value = 1
        go top
    case this. value = 2
        skip -1
        if bof( )
            go top
        endif
    case this. value = 3
        skip
        if eof( )
            go bottom
        endif
    case this. value = 4
        go bottom
    case this. value = 5
        thisform. release
endcase
thisform. refresh
```

至此表单设计完毕,运用选项按钮组可以改变表单的背景颜色,运用命令按钮组可以在文本框中前后翻阅不同的记录。

11.4.7　复选框☑

1. 复选框(CheckBox)的功能

复选框用在两种状态之间的切换,这两种状态可以是"真"或"假",用于指定某种逻辑判定。用户可以单击复选框,当其中出现一个"√"时表示逻辑条件为"真",否则为"假"。复选框往往与一个逻辑型字段或一个逻辑变量联系,当复选框的 ControlSource 属性为某一个逻辑型字段,且逻辑型字段为". T. "(真)时,则复选框被选中,否则复选框未被选中。

2. 复选框的常用属性

Caption:用于指定显示在复选框右边的文字,称该文字为复选框的标题。

ControlSource:为复选框指定数据来源,一般是表的逻辑型字段或逻辑变量。

Value:用于保存复选框的当前状态值。复选框未被选中时,Value = 0 或". F. ";复选框被选中时,Value = 1 或". T. ";当复选框变成灰色不可选取时,Value = 2。

【例11-13】 设计一个表单,要求能根据教师表 Teacher. DBF 来统计各类职称及职称任意组合后拥有的人数。

设计的表单如图 11-43 所示。设计步骤如下:

1) 创建表单 Form1,在表单上创建 1 个形状控件,4 个复选框,2 个命令按钮,1 个标签。

2) 对各控件设置属性。属性设置见表 11-10。

表 11-10 统计教师人数表单属性设置

对象	属性	属性值	说明
Form1	Caption	统计教师人数	设置表单标题
Check1	Caption	教授	设置复选框标题
Check2	Caption	副教授	
Check3	Caption	讲师	
Check4	Caption	助教	
Command1	Caption	统计	设置命令按钮标题
Command2	Caption	退出	设置命令按钮标题
Label1	Caption	共有: 人	设置标签初始显示
	AutoSize	. T.	文本

3) 在数据环境中添加教师表 Teacher。

4) Command1(统计)的 Click 事件代码:

```
STORE 0 to s1,s2,s3,s4
IF THISFORM. Check1. Value = 1          &&Check1 被选中返回 . T.
    COUNT FOR 职称 = "教授" TO s1        && 统计职称是教授的人数
ENDIF
IF THISFORM. Check2. Value = 1          &&Check2 被选中返回 . T.
    COUNT FOR 职称 = "副教授" TO s2       && 统计职称是副教授的人数
ENDIF
IF THISFORM. Check3. Value = 1          &&Check3 被选中返回 . T.
    COUNT FOR 职称 = "讲师" TO s3         && 统计职称是讲师的人数
ENDIF
IF THISFORM. Check4. Value = 1          &&Check4 被选中返回 . T.
    COUNT FOR 职称 = "助教" TO s4         && 统计职称是助教的人数
ENDIF
THISFORM. Label1. Caption = "共有:"+STR(s1+s2+s3+s4,2)+"人"  && 标签上显示的人数
```

执行上面表单程序后,显示结果如图 11-44 所示。

11.4.8 列表框和组合框

1. 列表框(ListBox)

列表框用于显示供用户选择的列表项,当列表很多不能同时显示时,将创建一个可滚动的列表,用户可以在列表中选择其中的一项或多项。但列表框不允许用户输入新值。

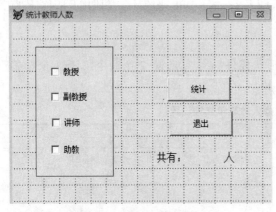

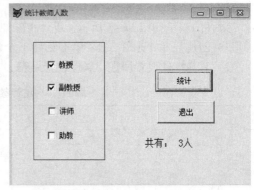

图 11-43 多选统计教师人数表单   图 11-44 多选统计教师人数执行结果

列表框的常用属性如下:

ColumnCount:设置列表框列数,默认为 0。

ListCount:指定列表中全部选项的数目。

RowSource Type:确定列表框的数据来源。RowSource 是下列一种类型之一:一个值、表的别名、SQL 语句、查询、数组、字段列表或文件列表等,如表 11-11 所示。

表 11-11 RowSource Type 表

RowSource Type	列表项的源
0	无,由程序向列表中添加项
1	值
2	别名
3	SQL 语句
4	查询
5	数组
6	字段
7	文件
8	结构
9	弹出式菜单。包含此项是为了提供向后兼容性

ControlSource:保存用户在列表框中选取值的数据表字段。

RowSource:每行中显示的数据来源。

Value:用于保存当前在列表框中选中的选项,其属性可以是数值型,也可以是字符型,默认为数值型。

在表单上创建一个列表框,然后在属性窗口中设置列表框的属性。VFP 为用户提供了一个列表框"生成器",使用鼠标右键单击列表框,选中快捷菜单中的"生成器"选项,即可打开如图 11-44 所示的"列表框生成器"。用户可以通过"生成器"方便地设置属性。

2. 组合框(ComboBox)

组合框是文本框和列表框的组合,兼有列表框和文本框的功能。有两种形式的组合框,即下拉列表框和下拉组合框。其类型由它的属性 Style 决定,如果 Style 的属性设置为 0(默认值)时为下拉组合框;如果 Style 的属性设置为 2 时将生成下拉列表框。

单击下拉组合框右侧的箭头按钮,将弹出一个选项列表,用户既可以从中选择一个选项,也

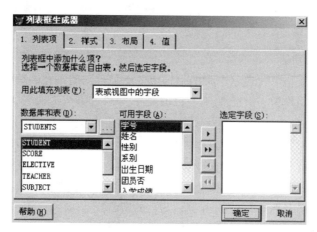

图 11-45　列表框生成器

可以直接在文本框中输入一个信息。当出现下拉列表框时,只允许用户从它的下拉列表中选择一个选项,而不允许用户在文本框中输入新值。

如果在组合框中某一选项前放了一个反斜杠(\),那么该选项被废止。如果该选项的文本以反斜杠开始,但不应该废止,那么再加一个反斜杠。

组合框的常用属性如下:

ControlSource:保存用户选择或输入值的表字段。

DisplayCount:在列表中允许显示的最大项目个数。

InputMask:对于下拉组合框,指定允许键入的数值类型。

IncrementalSearch:指定当用户键入每一个字母时,控件是否和列表中的项匹配。

RowSource:指定组合框中项的来源。

RowSourceType:指定组合框中数据源类型。组合框的 RowSourceType 属性和列表框一样。如表 11-11 所示。

Style:指定组合框是下拉组合框还是下拉列表框。

创建组合框与列表框的方法相似,可以使用组合框生成器。它们的用法与列表框生成器的用法非常类似,这里不再重复叙述。

3. 列表框和下拉列表框的区别

(1)列表框任何时候都显示它的列表项目,而下拉列表框平时只显示其中一项。当用户单击其右侧的下三角按钮后,才能显示下拉列表。如果要想突出当前选定的选项时,可使用下拉列表框。

(2)下拉列表框又分为下拉文本框和下拉列表框(Style = 2),前者允许用户输入数据,而列表框和下拉列表框都仅有选择功能。列表框和下拉列表框的界面如图 11-46 所示。

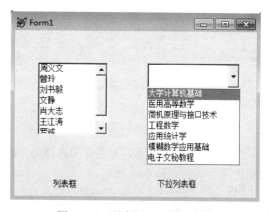

图 11-46　列表框和下拉列表框

11.4.9 表格▦

1. 表格(Grid)的功能

表格是将数据以表格形式表示出来的一种容器类控件。用于在表单或页面中显示并操作行和列中的数据。表格作为一个控件,有自己的属性、事件和方法。表格控件的一个非常有用的应用是创建一对多表单。

2. 表格的常用属性

ChildOrder:子表中与父表主要关键字相连的外部关键字。

ColumnCount:表格的列数目。如果当前表为父表,则要指定其子表的索引标识名。

RecordSource:表格中要显示的数据(默认为表的别名)。

RecordSource Type:表格中显示的数据来源类型(默认为1)。

ControlSource:在列中要显示的数据通常是一个字段名。

3. 表格的创建和设置

进入表单设计器,将一个表格添加到表单中。使用鼠标右键单击表格,在快捷菜单中选择"生成器"命令,系统将弹出"表格生成器"对话框,如图11-47所示。

表格能在表单或页面中显示并操作行和列中的数据。使用表格控件的一个非常有用的应用程序是创建一对多表单。在表单中创建一个表格控件的实例步骤如下:

(1)在对话框的"1.表格项"选项卡中的"数据库和表"列表中选择"STUDENTS"数据库和"Student"表,就可在"可用字段"列表中看到表中的所有字段。

(2)在"可用字段"列表中选择要显示在表格中的字段,然后添加到"选定字段"列表中,如图11-48所示。

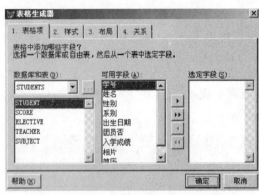

图11-47 "表格生成器"对话框

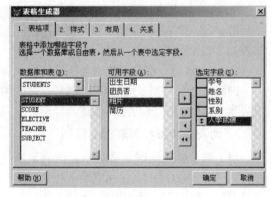

图11-48 "表格项"选项卡

(3)在对话框中选择"2.样式"选卡,可以从选项卡的"样式"列表中选取一种表格样式,如图11-49所示。

(4)如图11-49所示在对话框中选择"3.布局"选项卡,在该选项卡中可以为每列指定列标题和控件类型,如图11-50所示。

(5)在选项卡的表格中选中要设置标题的控件类型的列,就可以在"标题"框中输入该列的标题,在"控件类型"下拉列表中选择合适的控件类型。

(6)在对话框中选择"4.关系"选项卡,可以在该选项卡中设置一对多表单中父表和子表的相关索引,如图11-51所示。此例是单表,因此不必设置关系。

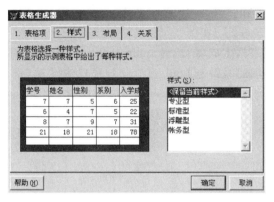

图 11-49　"样式"选项卡

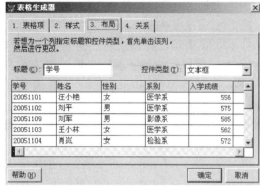

图 11-50　"布局"选项卡

（7）在对话框中单击"确定"按钮，完成对表格设置。

（8）执行表单，结果如图 11-52 所示。

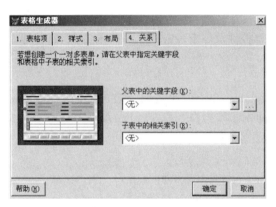

图 11-51　"关系"选项卡

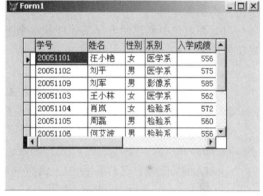

图 11-52　结果显示窗口

4. 应用举例

【例 11-14】　设计一个表单，表单名为 EX11-14. scx，左侧为创建一个列表框，显示 Student. dbf 表的学号、性别和系别三个字段；右侧为一个编辑框，每当在列表框中选择一个学号时，就在辑辑框中显示该学号的学生姓名。为了保证程序退出，设置一个退出表单的命令按钮。如图 11-53 所示。

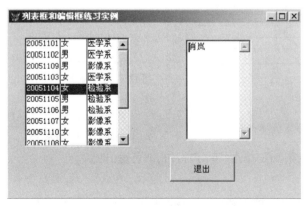

图 11-53　列表框和编辑框练习实例运行结果

首先进入表单设计器。然后按以下步骤进行操作：

（1）设置表单的 Caption 属性为"列表框和编辑框练习实例"。

（2）在表单左侧创建列表框 List1，通过"列表框生成器"选择 student. dbf 表，把学号、性别和系别字段添加到字段列表中。在表单右侧创建编辑框 Edit1，并在属性窗口中设置 ControlSource 属性为"student. 姓名"。在表单下部创建命令按钮 Command1，并设置其 Caption 属性为"退出"。

（3）为 List1 列表框的 Click 事件编写代码：

thisform. Edit1. refresh

thisform. Edit1. setfocus　　&& 让编辑框得到焦点

为"退出"命令按钮的 click 事件编写代码：

thisform. Release

当运行表单时，通过鼠标单击列表框中不同的选项，则在编辑框中将显示选中的姓名，其运行结果如图 11-53 所示。

【例 11-15】　创建一个学生成绩查询表单，文件名为 EX11-15. scx。表单界面如图 11-54 所示。操作步骤如下：

（1）在表单中创建两个标签控件和一个组合框控件及一个表格控件，一个命令按钮，并选择好位置的大小。

（2）设置好控件的字体和字号。

（3）打开"数据环境设计器"，添加学生表 student. dbf、选课表 electie. dbf 和课程表 subject. dbf。在属性框中设置好组合框和表格控件数据源。

（4）打开"代码编辑"窗口，为组合框添加 click 事件代码如下：

set safe off

select subject. 课程名称，elective. 成绩 from Student，Elective，subject ;

into table temp where Student. 学号＝Elective. 学号 and Elective. 课程号＝;

Subject. 课程号 and student. 姓名＝allt(thisform. combo1. value)

thisform. grid1. recordsourcetype＝0

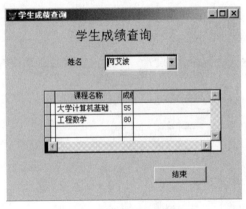

图 11-54　学生成绩查询表单

thisform. grid1. recordsource＝" temp. dbf"

thisform. refresh

上面代码的含义是：当用户选取了学生姓名组合框中的某个学生名后，在表格中将显示该学生各门课程的成绩。

为命令按钮添加 Click 事件代码如下：

THISFORM. release

（5）运行表单。在组合框中选取学生名后，将在表格中显示该同学的所有课程的成绩。如图 11-54 所示。

这样就设计了一个具有互动功能的表单。在组合框中，每当选择一个学生，都会在表格中显示其所有课程的成绩信息，单击"退出"按钮，即可退出表单。

11.4.10　微调控件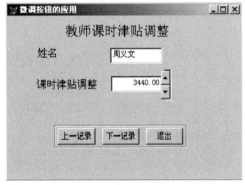

1. 微调控件(Spinner)的功能

使用微调控件,可以通过"微调"值来进行选择或输入数据值。每按一次向上或向下的箭头,就可以增加或减少微调值。用户可以通过设置 Increment 属性,来确定增加或减少的步长。

2. 微调控件的常用属性

Increment:每次单击向上或向下按钮时增加和减少的值。

KeyboardHighValue:键入到微调文本框中的最高值。

KeyboardLowValue:键入到微调文本框中的最低值。

SpinnerHighValue:单击向上按钮时,微调控件能显示的最高值。

SpinnerLowValue:单击向下按钮时,微调控件能显示的最低值。

Value:微调文本框的当前值。

3. 微调控件的事件

UpClick:当单击上箭头按钮时,此事件发生。

DownClick:当单击下箭头按钮时,此事件发生。

4. 应用举例

【例 11-16】　创建调整教师课时津贴表单,使用微调按钮进行调整。如图 11-55 所示。

在表单设计器中进行如下操作:

(1) 在表单中创建三个标签控件和两文本框控件,一个命令按钮组控件,一个微调控件,并选择好位置的大小。

(2) 设置好控件的属性以及字体、字号。

(3) 打开"数据环境设计器",添加教师表 teacher. dbf。将 Text1 的数据源设为 Teacher. 姓名,将 Text2 的数据源设为 Teacher. 课时津贴。

(4) 打开"代码编辑"窗口,为微调控件 Spinner1 的 UpClick 事件编写如下代码:

Thisform. Text2. Value=Thisform. Text2. Value+50

同样为 Spinner1 的 DownClick 事件编写如下代码:

Thisform. Text2. Value ＝ Thisform. Text2. Value−50

为命令按钮组 GroupCommand1 的 Click 事件编写代码如下:

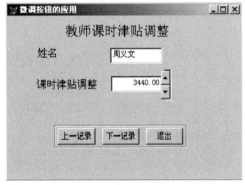

图 11-55　课时津贴调整表单运行结果

```
do case
    case this. value=1
        skip −1
        if BOF( )
            go top
        endif
        thisform. refresh
    case this. value=2
```

```
        skip
        if EOF( )
           go  bottom
        endif
        thisform. refresh
    case this. value = 3
        thisform. release
endcase
```

保存表单,然后运行该表单,其显示结果如图 11-55 所示。

说明:在上面表单中,可以取消 Text2,直接利用微调文本框的 Value 属性,将该属性的数据源设置为 Teacher. 课时津贴,再将 Increment 属性设置为 50,其余不变,表单程序将会变得更加简单。请自己按照此思路,将上面表单程序进行改进。

【例 11-17】 创建一个微调文本框来调整日期。

微调文本框一般为数值型,不能存入日期型数据。但是可以将微调控件和文本框结合起来使用,就可以调整多种类型的数据。方法是先创建一个文本框,在文本框右边放置一个微调控件,调整微调控件的大小,使其只显示按钮,和上例中的方法一样。

在表单设计器中进行如下操作:

1)建立表单,在表单中创建一个文本框 Text1,一个微调按钮 Spinner1。设置文本框的 Enabled 属性为 .T. ,从而不允许通过键盘修改日期。将表单的标题设为"微调按钮"。

图 11-56　微调控件实例

2)在表单的 Load 事件中编写代码如下:

SET DATE TO LONG && 将日期设置为 LONG,以便可以显示中国式日期:×年×月×日

3)在文本框 Text1 的 Init 事件中编写代码如下:

THISFORM. Text1. Value = DATE( )

4)为微调控件 Spinner1 的 UpClick 事件编写代码:

Thisform. Text1. Value = Thisform. Text1. Value+1

5)为微调控件 Spinner1 的 DownClick 事件编写代码:

Thisform. Text1. Value = Thisform. Text1. Value-1

执行上面表单后,显示结果如图 11-56 所示。

11.4.11　页框📖

1. 页框控件(PageFrame)的功能

创建页框对象,可以显示多个页面。页框是包含页面的容器控件,页面又可包含控件。因此,页框能扩展表单的表面面积,并分类组织对象。可以在页框、页面或控件上设置属性。使用页框和页面可以创建带选项卡的表单和对话框。页框中可以通过标题来选择页面,当前被选中的页面就是活动页面,在任何时刻只有一个活动页面,而只有活动页面中的控件才是可见。也可以把页框想象为有多层页面的三维容器,只有最上层页面中的控件才是可见和活动的。

2. 页框的常用属性

Tabs:确定页面的选项卡是否可见。

TabStyle:选项卡是否都是相同的大小,并且都与页框的宽度相同。默认值为 0,这时可以调整每个页面选项卡的宽度,以容纳标题;设置为 1 时,不能调整每个页面选项卡的宽度。

PageCount：页框的页面数。

ActivePage：设置和返回页框对象中活动页面的页码。例如：

Thisform. Pageframe1. ActivePage＝3　　&& 将第三页面设置为活动页面

Caption：是页面的标题，即选项卡的标题。

3. 页框常用方法

Refresh：刷新活动的页面。

要编辑页框控件，在表单上放好一个页框后，先设置其页面个数（由 PageCount 属性确定），然后右击，在弹出的快捷菜单中选择"编辑"命令即可编辑。

【例 11-18】　页框控件应用实例。

在表单中创建一个页框控件应用实例，其操作步骤如下：

（1）在表单设计器的"表单控件"工具栏上单击页框图标，然后在表单上建立页框。

（2）在页框"属性"窗口中选择 PageCount 属性，并在属性设置框中输入 4，将页框中包含的页数设置为 4 页。

（3）在页框上单击鼠标右键，打开快捷菜单，从中选择"编辑"命令，将页框激活为容器。页框的边框变宽，表示它处于活动状态。

（4）在要设置属性的页面选项卡上单击，选中该选项卡，然后将页面的 Caption 属性分别设置为"第一页、第二页、第三页、第四页"。

（5）在页框中选择要添加控件的页面选项卡，然后像在表单中添加控件一样，在页面中添加所需的控件。例如，在每个页面中添加一个命令按钮，将它的 Caption 属性设置为"我在第几页"。

在命令按钮的 Click 事件中写入如下程序代码：

NO＝"我在第"＋ALLTRIM（STR（THISFORM. Page-frame1. ACTIVEPAGE））＋"页面中"

MESSAGEBOX（NO,0＋64＋0,"信息窗口"）

（6）执行这个表单，然后选择第 1 页，并单击其上的命令按钮。结果如图 11-57 所示。

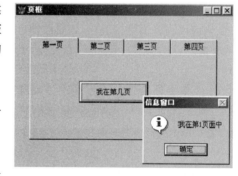

图 11-57　页框实例

注释：①Activepage 属性的作用是返回页框对象中活动页的页码。②MessageBox 是消息框函数。字符 NO 指定在对话框中显示的文本。第二项"0＋64＋0"中，第一个"0"指定仅有"确定"按钮；"64"指定信息（i）图标；第二个"0"指定第一个按钮为默认按钮。

11.4.12　计时器

1. 计时器控件（Timer）的功能

计时器控件对时间作出反应，让计时器以一定的时间间隔重复地执行某种操作。计时器通常用来检查系统时钟，确定是否到了应该执行某一任务的时间。对于其他一些后台处理，计时器也很有用。注意，计时器是一个不可视控件，在运行时刻不可见，它与用户的操作独立。

2. 计时器的常用属性

Enabled：若想让计时器在表单加载时就开始工作，应将这个属性设置为"真"（. T. ），否则将这个属性设置为"假"（. F. ）。也可以选择一个外部事件（如命令按钮的 Click 事件）启动计时器。

Interval：两个 Timer 事件之间间隔的毫秒数，其属性值为 1000 时，与时钟的秒动作一致。范围从 0 ~ 2147483647(596.5 小时)。

3. 计时器的常用事件

Rest：该事件重置计时器控制，让它从 0 开始。

Timer：该事件是周期性，当一个计时器的时间间隔过去后，系统将产生一个 Timer 事件。可以通过检查一些普通条件(如系统时钟)来对这个事件作出响应。

【例 11-19】 在表单上创建一个计时器。

在表单上创建计时器实例，其操作步骤如下：

(1) 在表单上放置一个计时器控件。

每个计时器都有一个 Interval 属性，它指定了一个计时器事件和下一个计时器事件之间的毫秒数。如果计时器有效，它将以近似等间隔的时间接收一个事件(Timer 事件)。

(2) 在使用计时器编程时，必须考虑 Interval 属性的几条限制：

● 时间间隔范围从 0 ~ 2147483647，包括 0 和 2147483647，这意味着最长时间间隔约为 596.5 小时(超过 24 天)。

● 间隔并不能保证经历时间的精确度。为确保其精确度，计时器应及时检查系统时钟，不以内部累积的时间为准。

● 系统每秒钟产生 18 次时钟跳动，虽然 Interval 属性是以毫秒作为计量单位，但间隔的真正精确度不会超过 1/18s。

● 应用程序向系统提交繁重的任务，比如很长的循环、大量的计算，或磁盘、网络、端口的访问，则应用程序不能按 Interval 属性指定的频率来接受计时器事件。

● 对计时器进行初始化，也就是：若想让计时器在表单加载时就开始工作，应将 Enabled 属性设置为"真"(.T.)，否则将这个属性设置为"假"(.F.)。也可以选择一个外部事件(如命令按钮的 click 事件)启动计时器操作。这里将计时器的 Enabled 属性设置为"真"。

设置 Timer 事件之间间隔的毫秒数，将它的 Interval 属性设置为"1000"(1 秒)。

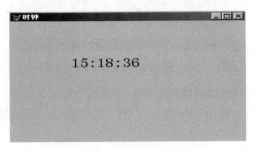

图 11-58 时钟实例运行结果

(3) 用同样的方法在表单上放置一个标签控件。

在计时器控件的 Timer 事件中写入如下程序代码：

```
IF THISFORM. Label1. Caption ! = Time( )
&& 1 秒刷新一次系统时间
    THISFORM. Label1. Caption = Time( )
ENDIF
```

这样，就设计好了一个电子时钟程序。

执行表单后，结果显示如图 11-58 所示。

11.4.13 图像

1. 图像控件(Image)的功能

图像控件允许在表单中显示图片。为了美化表单，用户有时想在表单上显示一幅图像，此时用户可以把图像(Image)添加到表单中。图像控件具有自己的属性、事件和方法，在运行时可动态地改变它，可以用单击、双击和其他方式来交互地使用图像控件。

2. 图像的常用属性

Picture：指定要显示的图片文件(.bmp、.jpg、.gif 文件)。或通用字段。用户可在属性编辑框直接输入图像文件的路径和文件名称；也可单击右侧的按钮，在"打开"对话框中选择图像文件。选定后,图像立即显示在图像控件的位置上。

BorderStyle:决定图像是否具有可见的边框、背景是否透明。

Stretch:图像大小的调节控制,可以设置图像的剪裁方式。

11.4.14 形状控件 🖻

1. 形状控件(Shape)的功能

形状控件可以创建一个矩形或圆角矩形、圆或椭圆。形状有助于以可视方式将表单中的组件归成组。将相关项联系起来有助于用户设计出精美的界面,使您的应用程序更加完善。

2. 形状控件的常用属性

Curvature:0(直角)~99(圆或椭圆)的一个值。

FillStyle:确定形状是透明还是具有一个指定的背景填充方案。

SpecialEffet:确定形状是平面还是三维的。仅当 Curvature 属性设置为 0 才有效。

BackColor:设置所画图形的背景颜色。

11.4.15 线条控件 ╲

1. 线条控件(Line)的功能

线条控件显示水平、垂直或者倾斜的线条,但不能直接修改这些线条。不过,因为线条控件同样具有其他控件所具有的一组完整属性、事件和方法,因此线条控件可以对事件作出发应,可以在运行时动态地改变线条。

2. 线条控件的常用属性

BorderWidth:指定线宽为多少像素点。

LineSlant:当线条不为水平或垂直时,线条倾斜的角度。

11.4.16 容器控件 ▣

在容器控件中,可以包含各种不同类型控件对象。这些控件既可以是普通控件,又可以是容器控件。

向 Container 容器控件添加控件的操作步骤如下:

(1)单击表单控件工具栏的容器控件工具 ▣。

(2)在表单上拖动一个方框。

(3)用鼠标右键单击容器控件,在弹出的快捷菜单中选择"编辑"命令。

(4)选择表单控件工具栏上的任一控件工具,在容器控件上拖出一个控件。

注释:①如果容器未被激活,即使将控件置于容器中,也不会被容器包含。②要装入的控件必须是新建的,将表单上已有控件拖动到容器内无效。③要检查一个控件是否包含在容器控件中,可拖动容器,若控件随之移动便已包含在容器之中。

11.4.17 应用举例

【例 11-20】 趣味猜数程序。由计算机系统随机产生一个两位整数,让你来猜猜这个数是什么?用户猜一个数后,计算机判断正误,如果猜错了,给出提示信息:"太大,请重新输数"或"太小,请重新输数";如果猜对了,给出"完全正确! 恭喜你猜对了。"同时系统将记录猜数的次数和所用的时间。如果不想猜了,系统可以给出答案,并重新开始猜数。需要说明的是,只要方法正确,是完全可以用最小次数猜对计算机产生的这个数。

设计猜数表单程序,操作步骤如下:

1)建立一个表单,在表单上创建 8 个标签控件 Label1 ~Label8,1 个文本框 Text1,2 个命令按钮 Command1,Command2,1 个形状控件 Shape1,1 个命令按钮组 CommandGroup1,1 个时钟控件 Timer1,按如图 11-59 进行布局。

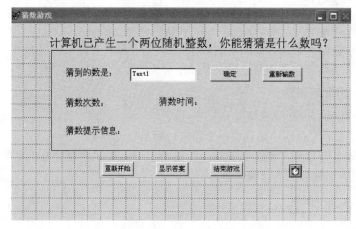

图 11-59　猜数游戏表单

2)设置每一控件的属性。按表 11-12 进行设置。

表 11-12　猜数游戏表单属性设置

对象	属性	属性值	说明
Form1	Caption	猜数游戏	设置表单标题
Shape1			美化界面
Label1	Caption	计算机已产生一个两位随机整数,你能猜猜是什么数吗?	界面显示信息
Label2	Caption	猜到的数是:	界面显示信息
Label3	Caption	猜数次数:	界面显示信息
Label4	Caption	无	存放猜数次数
Label5	Caption	猜数提示信息:	界面显示信息
Label6	Caption	无	存放猜数提示信息
Label7	Caption	猜数时间:	界面显示信息
Label8	Caption	无	存放猜数所用时间
Text1	Value	0	从键盘输入猜出的数
Command1	Caption	确定	设置命令按钮标题
Command2	Caption	重新输数	设置命令按钮标题
CommandGroup1	Command1	重新开始	设置按钮标题
	Command1	显示答案	
	Command1	结束游戏	
Timer1	Interval	1000	设 Timer 事件的间隔为 1 秒

3)编写程序代码。

为表单 Form1 的 Load 事件编写代码如下:

```
PUBLIC nu,s,t1,t2                && 定义 nu,s,t1,t2 为全局变量,以便于在其他模块中调用
nu = int(10+rand( ) * 90)        && 随机产生一个两位数的整数,存入变量 nu 中
s = 0                            && 变量 s 用于存放猜数次数,赋初值为 0
t1 = 0                           && 变量 t1 用于存放所用时间的秒,赋初值为 0
t2 = 0                           && 变量 t2 用于存放所用时间的分,赋初值为 0
```

为 Command1(确定)的 Click 事件编写代码如下:

```
s = s+1                          && 统计猜数次数
thisform. label4. caption = str(s,2)
m = thisform. text1. value       && 将猜出的数存放到变量 m 中
m = val(m)
do case
    case m<nu                    && 将猜出的数与答案的数 nu 进行比较
      thisform. label6. caption = "太小! 请重新输数。"
    case m>nu
      thisform. label6. caption = "太大! 请重新输数。"
    case m = nu
      thisform. label6. caption = "完全正确! 恭喜你猜对了!"
      thisform. text1. readonly = . t.
      thisform. command2. visible = . f.
      thisform. timer1. enabled = . f.  && 猜对后,停止猜数所用时间统计,Timer1 暂停
endcase
```

为 Command2(重新输数)的 Click 事件编写代码如下:

```
thisform. text1. value = ""
thisform. text1. setfocus         && 使文本框 Text1 获得焦点,重新输数
thisform. label6. caption = ""
```

为时钟 Timer1 的 Timer 事件编写代码如下:

```
if t1<60
    t1 = t1+1                     && 秒数统计
else
    t1 = 0                        && 当秒数大于等于 60 时,秒数 t1 = 0
    t2 = t2+1                     && 使分数加 1
endif
thisform. label8. caption = str(t2,3)+":"+str(t1,2)        && 在表单上显示猜数所用时间
```

为命令按钮组 CommandGroup1 中的第一个按钮"重新开始"编写 Click 事件代码如下:

```
thisform. text1. value = ""
thisform. text1. setfocus         && 使文本框 Text1 获得焦点
thisform. label4. caption = ""    && 清除表单上原来显示的统计信息
thisform. label6. caption = ""
thisform. text1. readonly = . f.
thisform. command2. visible = . t.
thisform. timer1. enabled = . t.  && 启动时钟 Timer1,重新开始统计时间
nu = int(10+rand( ) * 90)         && 重新产生一个两位随机整数
```

s = 0　　　　　　　　　　　　　　&& 使统计变量全部清零,准备重新开始进行统计

t1 = 0

t2 = 0

为命令按钮组 CommandGroup1 中的第二个按钮"显示答案"编写 Click 事件代码如下:

thisform. label6. caption = " 产生的数是" +str(nu ,2)　　&& 显示系统产生的数

为命令按钮组 CommandGroup1 中的第三个按钮"结束游戏"编写 Click 事件代码如下:

thisform. release

4) 运行表单程序。执行上面表单程序后显示结果如图 11-60。

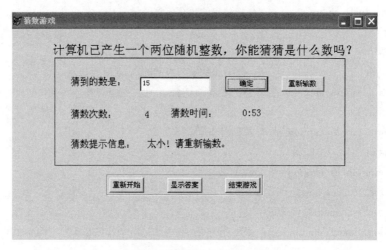

图 11-60　猜数游戏表单执行结果

　　在系统产生一个随机整数后,要用最少时间猜出此数,猜数的方法要得当,不能将所有两位整数依次用来和答案进行比较,这样比较的效率太低。正确的方法是采用二分查找算法来解决猜数问题,只有这样才能快速地找出答案。下面举例说明二分查找算法的基本思想。

　　假设系统产生的随机整数是 88,存入变量 T 中,T = 88。那么应该怎样采用二分查找算法来猜出此数呢?

　　第 1 次:在 10 到 99 之间取中间值,然后取整,即 $A = 10 + INT((99-10)/2) = 54$,将 A 与 T 比较,$A<T$,太小,未猜中,那么此数应在 54 到 99 之间;

　　第 2 次:取 54 到 99 之间的中间值。$A = 54 + INT((99-54)/2) = 76$,$A<T$,太小,未猜中,那么此数应在 76 到 99 之间;

　　第 3 次:取 76 到 99 之间的中间值。$A = 76 + INT((99-76)/2) = 87$,$A<T$,太小,未猜中,那么此数应在 87 到 99 之间;

　　第 4 次:取 87 到 99 之间的中间值。$A = 87 + INT((99-87)/2) = 93$,$A>T$,太大,未猜中,那么此数应在 87 到 93 之间;

　　第 5 次:取 87 到 93 之间的中间值。取 $A = 87 + INT((93-87)/2) = 90$,$A>T$,太大,未猜中,那么此数应在 87 到 90 之间;

　　第 6 次:取 87 到 90 之间的中间值。取 $A = 87 + INT((90-87)/2) = 88$,$A = T$,猜中,猜数结束。

　　二分查找的基本思想:在一个有序表中,取中间元素作比较对象,若给定值与中间元素的关键字相等,则查找成功;若给定值小于中间元素的关键字,则在中间元素的左半区继续查找;若给定值大于中间元素的关键字,则在中间元素的右半区继续查找。不断重复上述查找过程,直到查找成功,或所查找的区域无数据元素,查找失败。在上例中,第 1 次取 54 就是中间值,54 比 88

小,那就应该在右半区内查找,即 54 到 99 之间查找,第 2 次取 54 到 99 之间的中间值 76,76 还是比 88 小,继续在右半区域内查找,即在 76 到 99 之间查找,按此办法重复上述查找过程,直到查找成功。

§11.5　Active X 控件

本节介绍如何在 VFP 中通过使用 Active X 控件,来扩展 VFP 的功能。

11.5.1　Active X 控件概述

1. 认识 Active X 控件

Active X 是由微软公司根据 COM(Component Object Model)模型规范,研究开发出来的一种新技术。Active X 代表了 Internet 与应用程序的一种集成策略,是业界的新技术的小型快速的可重用组件。当然,当了解了 Windows API 技术后,还可以更进一步使用 .DLL 动态连接库技术。

在 Internet 中 Active X 的数量不断增多,现在应用程序中也开始了 Active X 的使用。原来在 16 位 Windows 3.X 年代的 OLE(.OCXS)技术现已被称作 Active X 控件,OLE 文档被称作 Active X 文档。Active X 已经扩展为适应 Internet、Intranet、商用应用程序、家庭应用的开发控件。Microsoft 公司已经发布了许多有关 Active X 控件,有许多公司也在专门制作这种控件。

2. VFP 中 Active X 控件的使用

在安装 VFP 时,将按照默认设置安装 Active X 控件(.OCX 文件)。可以将 Active X 控件与您的应用程序一起发布。利用 VFP 的 OLE 容器控件可以将 Active X 控件添加到应用程序的表单中。但是,你必须知道哪些控件是在 VFP 中可以使用的,它的版本是否是可以使用的,是否有时间限制和其他限制。

Active X 控件封装了功能、属性、事件和方法程序。Active X 控件的扩展名为 .OCX。Active X 控件还包括了完成特定任务的内部对象。大多数 Active X 控件可以在 VFP 中使用,包括新型的文本框、日历、计算器以及其他复杂的控件。一些 Active X 控件甚至还附加了其他功能,如访问电子邮件系统、访问计算机的通信端口等。因此,将一个 Active X 控件合并到 VFP 后,就可以像基类一样来使用其中的对象。与 VFP 一起发布的 Active X 控件有:

(1) Windows 95 控件:例如 Rich Text 和 TreeView 控件。

(2) 系统控件:例如 Communications 和 MAPI 控件。

11.5.2　在表单中添加 Active X 控件

在表单中添加 Active X 控件之前,首先选择 VFP 的主菜单栏的"工具"菜单栏下面的"选项"命令,在打开的对话框中的控件选项卡上添加 Active X 控件。这是使用 Active X 控件的关键。许多人说无法使用 Active X 控件,那是您还没有找到正确的途径。

1. Active X 控件的引用

在工具选项卡中添加 Active X 控件的方法:

(1) 在 VFP 中执行"工具"菜单中的"选项"命令,打开"选项"对话框。

(2) 在对话框中单击"控件"标签,打开控件选项卡,如图 11-61。

(3) 在控件选项卡中单击"Active X 控件"单选按钮,就可以在"选定"列表中看到系统中所有的 Active X 控件,如图 11-62。

(4) 在"选定"列表中单击要使用的 Active X 控件左侧的复选框,选定该控件。

（5）单击"确定"按钮，关闭"选项"对话框。这样就可在表单中添加选择的 Active X 控件了。

在表单中添加 Active X 控件的方法：

（1）在表单设计器中的"表单控件"工具栏上单击"查看类"工具按钮，打开一个快捷菜单。

（2）执行菜单中的"Active X 控件"命令，就可以在"表单控件"工具栏中看到所选定的 Active X 控件。

（3）在"表单控件"工具栏上单击将要添加到表单中的 Active X 控件按钮，这时就可以看到光标指针成"十"字形光标。

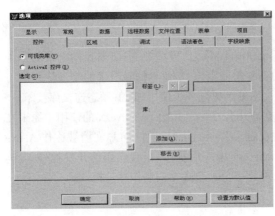

图 11-61　选项对话框

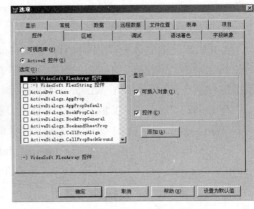

图 11-62　选取 Active X 控件

（4）在表单的适当位置按下鼠标左键并拖动，这时会看到一个表示绘制控件大小的虚线框。

（5）当虚线框达到所需大小后，松开鼠标左键，即可将 Active X 控件添加到表单中，如图 11-63。

2. Active X 控件的属性设置

除了在表单设计器的"属性"窗口中设置控件的属性外，Active X 控件还提供了一个设置其特有属性的对话框。虽然每个 Active X 控件的"属性"对话框各不相同，但设置的方法基本相同。这里以"Tree View"控件为例进行介绍，其他的 Active X 控件的具体设置请参考控件的帮助信息。

（1）在表单中选定添加 Active X 控件，并单击鼠标右键打开快捷菜单。

（2）执行"日历"命令，打开日历属性对话框，如图 11-64。

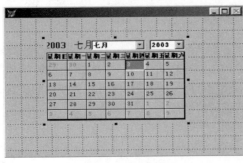

图 11-63　日历控件

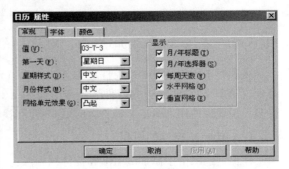

图 11-64　日历属性对话框

（3）在日历属性对话框中包括：常规、字体、颜色三个选项卡，用户可以根据需要进行相应的设置。

§11.6　用户定义类

通常在进行应用程序设计时,把大量的属性、方法和事件定义在一个类中,用户可以根据需要使用这个类创建多个对象。

创建用户定义类有以下目的:

(1) 封装通用功能,提高程序开发效率。

(2) 赋予应用程序统一的外观和风格。

11.6.1　类的建立

创建用户定义类的步骤为:

(1) 新建类:选定"文件"菜单的"新建"命令,在弹出的"新建"对话框中选定"类"选项按钮,然后选定"新建文件"按钮,出现新建类对话框如图11-65。

(2) 在新建类对话框中指定新建类所需的类库、基类与类名。

"存储于"文本框:用于指定新类库名或已有类库名。类库名可包含路径,否则使用默认路径,类库文件的扩展名为. vcx。

"派生于"下拉列表框:用于指定派生子类的基类。

"类名"文本框:用于指定用户定义的类名。

(3) 设置好新建类对话框,点击"确定"按钮,出现类设计器,类设计器的基本操作与表单设计器的操作相同,可以查看和编辑类的属性,编写类的事件和方法的程序代码。

【例11-21】　创建一个带有确认功能的"退出按钮"类。

(1) 新建类。

(2) 设置新建类对话框(如图11-65,图11-66):在"类名"文本框中输入"退出按钮";在"派生于"下拉列表中选择"CommandButton";在"存储于"文本框中输入类库名"用户定义控件"。

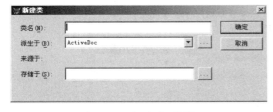

图11-65　新建类对话框

图11-66　新建"退出按钮"类对话框

(3) 在类设计器中为"退出按钮"设置属性和事件:设置好新建类对话框后出现类设计器窗口,如图11-67。

在属性对话框将"退出按钮"类的 Caption 属性改为"退出",这样在按钮上显示"退出"两个字,如图11-67。

双击"退出按钮"窗口内的"退出"按钮打开代码窗口,选择"Click"事件,键入如下代码:

if messagebox("一定要退出吗?",4+48,"请确认")= 6

　　　　　&& 信息框中包含"是"和"否"按钮,图标显示感叹号,按"是"按钮返回数值6

　　thisform. release　　&& 退出表单

endif

(4) 关闭类设计器窗口,这样就建立了一个用户定义控件(. vcx)类库文件,在该类库中创建了一个以 CommandButton 为基类的"退出按钮"类。

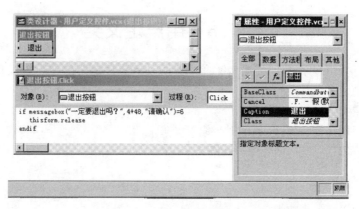

图 11-67 类设计器

关于创建类的说明：

（1）一个类库中可容纳多个类，在已有的类库中创建类时，通过单击"新建类"对话框的"存储于"文本框右侧的按钮选定一个已有的类库。

（2）创建用户定义类的子类，此时子类已不是由基类派生，而是派生于用户定义类，应通过单击"新建类"对话框的"派生于"列表框右侧的按钮选定一个用户定义类。

11.6.2 用户定义类的编辑

1. 修改用户定义类

若要修改用户定义类的属性、事件或方法程序代码，其操作步骤如下：

（1）选择"文件"菜单的"打开"命令，在"打开"对话框中，选择文件类型"可视类库（.vcx）"，选择用户创建的类库文件。

（2）单击"确定"按钮，在出现的类名列表中选择要修改的类名，如图 11-68。

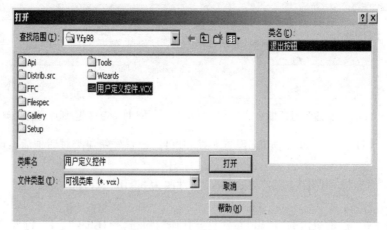

图 11-68 指定类库，并在类库中指定一个要修改的类

（3）出现类设计器，修改该类的属性、事件代码等。

2. 删除类库中的一个类

有两种方法可删除类库中的指定类。

（1）用 REMOVE CLASS

命令格式：REMOVE CLASS <类名> OF <类库名>

（2）在项目管理器中的类选项卡中添加类库，然后选定类库中的一个类，选定"移去"按钮。

11.6.3　用户定义类的使用

在设计表单时，若要用到用户定义类的对象，就要将用户定义类添加到表单控件工具栏中，可以使用表单控件工具栏的"查看类"按钮实现。

将[例 11-22]中创建的"退出按钮"类添加到表单控件工具栏。

新建或打开一表单，在出现的表单设计器窗口中，选定表单控件工具栏的查看类按钮（见图 11-69），在弹出的菜单中选定"添加"命令，在打开对话框中选定"用户定义控件.vcx"类库文件，单击"确定"按钮，在表单控件中将出现"退出"按钮，便可将"退出"按钮添加到表单上，当运行表单时，单击该按钮便可确认并退出表单，而不需设置任何属性和编辑事件代码。

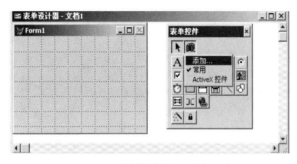

图 11-69　表单控件的用户定义类

小　　结

1. 对象可以是任何的物理实体或人为概念。属性是对象用于区别于其他对象的一组值，即描述对象的静态特性。方法程序是对象所能完成动作的一系列代码，用于描述对象的动态特性。事件是一个由用户或系统触发的特定的动作，每一个对象都可以对若干事件进行响应。

2. 表单是 Visual FoxPro 程序的主要界面，表单设计是 Visual FoxPro 程序设计的重要组成部分。表单的基本操作包括创建、设计、修改、运行。

3. 控件是表单中的部件，用于显示信息、接受用户输入或控制程序的执行。控件的主要操作包括：

（1）创建控件：通过表单控件工具栏在表单中添加控件。

（2）编辑控件：对控件进行选定、移动、复制、删除、布局等操作。

（3）设置属性：通过属性窗口对控件属性进行设定。

（4）编写事件方法程序：编写当某一事件发生时要执行的程序代码。

4. Visual FoxPro 程序设计过程可以总结为三个主要步骤：

（1）设计用户界面。

（2）设置属性。

（3）编写事件方法程序。

5. 使用"数据环境"可以把表单与需要使用的数据库或表联系起来，打开表单时，数据库和表自动跟随打开，关闭表单时，数据库或表也跟随关闭。

6. 使用"数据绑定"可以把控件与表中的字段联系起来，当表中记录的指针移动时，控件中显示的数据也会相应自动变化。可以从数据环境中把字段拖到表单中，系统会自动创建相应的控件,并把控件与数据源绑定。

7. 常用控件可以根据其功能进行如下分类:

(1) 显示信息:标签。

(2) 接受输入:文本框、编辑框、微调控件。

(3) 提供选择:选项按钮组、复选框、列表框、组合框。

(4) 执行命令:命令按钮、命令按钮组。

8. 表格控件、页框控件和容器控件都属于容器类控件。

习题十一

一、选择题

1. 下面关于属性、方法和事件的叙述中,错误的是(   )。

   A. 属性用于描述对象的状态,方法用于表示对象的行为

   B. 基于同一个类产生的两个对象可以分别设置自己的属性值

   C. 事件代码也可以像方法一样被显示调用

   D. 在新建一个表单时,可以添加新的属性、方法和事件

2. 在下面关于面向对象数据库的叙述中,错误的是(   )。

   A. 每一对象在系统中都有唯一的标识

   B. 事件作用于对象,对象识别事件并作出相应反应

   C. 一个子类能够继承所有父类的属性和方法

   D. 一个父类包括其所有子类的属性和方法

3. 在 Visual FoxPro 的数据工作期窗口,使用 SET RELATION 命令可以建立两个表之间的关联,这种关联是(   )。

   A. 永久性关联   B. 永久性关联或临时性关联

   C. 临时性关联   D. 永久性关联和临时性关联

4. 编辑框(EditBox)的 HideSelection 属性是(   )。

   A. 指定当编辑框失去焦点时,编辑框是否被隐藏

   B. 指定当编辑框失去焦点时,编辑框中选定的文本是否仍显示为选定状态

   C. 指定当编辑框失去焦点时,编辑框中选定的文本是否仍有效

   D. 指定当编辑框失去焦点时,编辑框中选定的文本是否为只读

5. 计时器控件的两个主要属性是(   )。

   A. enabled   B. caption   C. interval   D. value

6. 以下控件中(   )是非容器类控件。

   A. form   B. label   C. page   D. container

7. 以下控件中(   )是容器类控件。

   A. text   B. form   C. label   D. commandbutton

8. 以下资源中(   )可以作为文本框控件的数据来源。

   A. 数值型字段   B. 内存变量   C. 字符型字段   D. 备注型字段

9. 决定微调控件的最大值的是(   )属性。

   A. keyboardhighvalue   B. value   C. keyboardlowvalue   D. interval

10. 创建类时要定义类的(   )。

    A. 名称   B. 属性   C. 事件   D. 方法

二、填空题

1. 属性是用来描述_____参数。

2. 建立类可以在类设计器中完成,也可能通过_____创建类。

3. 方法是附属于对象的_____和_____。

4. 容器类中的对象是_____修改的。

5. 控件类不能_____其他对象。

6. 类具有多态性、_____和_____。

7. 类的两种类型是_____和_____。

8. 派生的新类,将_____父类的所有属性。

9. 创建类的方法有_____种。

10. 命令按钮是_____类。

11. 建立表单有 3 种方法,它们是_____、_____、_____。

12. 在表单设计器中,_____修改用表单向导创建的表单。

13. 由表单向导创建的表单,主要是依靠_____而定。

14. 表单的设计是基于_____编程的思想。

15. 表单可以拥有_____个属性。

16. 表单也称为_____或_____。

17. 在表单中可以使用_____种基类控件。

18. 表格控件使用的数据资源大多数是来自_____和_____。

19. 标签控件_____数据源属性。

20. 在设计表单时,计时器控件是_____,在运行表单时,计时器控件是_____。

21. 文本框控件的主要属性是_____。

22. 要想定义标签的 caption 属性值的大小,要定义标签的_____属性。

23. 计时器控件的 enabled 属性是用于控制计时器_____和_____。

24. 单选按钮控件的主要属性是_____和_____。

25. 组合框控件是由一个_____和_____组成。

26. Buttoncount 属性是用来定义命令按钮组控件的_____个数。

三、创建表单

创建一表单如图 11-70 所示(名为 test. scx)。要求:

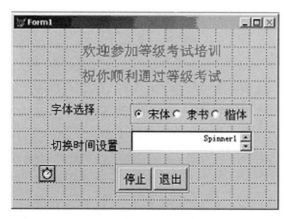

图 11-70

1. 当执行表单后,屏幕字幕显示"欢迎参加等级考试培训",间隔一定时间(可通过 spinner 对象将此间隔时间设置为 100 毫秒~3 秒),屏幕显示"祝你顺利通过等级考试",再间隔相同的时间屏幕同时显示"欢迎参加等级考试培训"和"祝你顺利通过等级考试"。然后按照上述规律循环切换显示。

2. 能够通过字体选择设置所显示字幕的字体,当选择宋体时,字幕文字以红色显示,当选择楷体时,字幕以绿色显示,当选择隶书时,字幕以蓝色显示(rgb(255,0,0)表示红色,rgb(0,255,0)表示绿色,rgb(0,0,255)表示蓝色)。

3. 当按下退出按钮时,结束程序的运行;当按下停止按钮时,按钮上的文字变成"启动",同时字幕切换暂停,当按下启动时,字幕切换又恢复,同时,按钮上的文字变成"停止"。

第 12 章　菜单程序设计

在应用程序中,用户最先接触到的是菜单。菜单系统由菜单栏、菜单标题、菜单以及菜单项组成,它通常处于程序的主窗口之中,是应用程序主框架的一个重要组成部分。因此,提供给用户友好的菜单界面,是程序设计中的一个重要方面。

设计一个完整的菜单系统主要有以下步骤:

(1) 规划菜单系统。确定需要哪些菜单、哪几个菜单要有子菜单及各菜单应有哪些菜单项。

(2) 创建图形化的菜单界面。利用菜单设计器创建规划好的菜单及子菜单。

(3) 实现具体功能。制定菜单要执行的任务。

(4) 生成菜单程序。生成扩展名为 . MPR 的菜单程序代码。

(5) 运行程序。运行已生成的 . MPR 菜单程序。

§12.1　建立菜单

在 VFP 中,可以采用三种方式创建菜单:①使用"项目管理器";②使用"文件"菜单中的"新建"命令;③使用 CREATE MENU 命令。

12.1.1　使用"项目管理器"创建菜单

若要使用"项目管理器"创建菜单,应按下列步骤操作:

(1) 打开"项目管理器",在"其他"选项卡中选择"菜单"选项。

(2) 单击"新建"按钮,在"新建菜单"对话框中单击"菜单"按钮,系统即打开"菜单设计器"窗口,如图 12-1 所示。

(3) 在"菜单设计器"窗口中,通过直观的操作即可创建用户菜单。

图 12-1　"菜单设计器"窗口

12.1.2　使用"新建"命令创建菜单

若要使用"新建"命令创建菜单,应按下列步骤操作:

(1) 从"文件"菜单中选择"新建"命令,系统弹出"新建"对话框。

(2) 在"文件类型"区域中选择"菜单"单选项。

(3) 单击"新建文件"按钮,在"新建菜单"对话框中单击"菜单"按钮,系统即打开"菜单设计器"窗口。

(4) 在"菜单设计器"窗口中,通过直观的操作可以方便地创建用户满意的菜单。

12.1.3　使用 CREATE MENU 命令创建菜单

VFP 提供了 CREATE MENU 命令在命令窗口或程序中直接创建菜单。

命令格式:

CREATE MENU［FileName|?］

命令功能:

该命令用于在命令窗口或程序中直接创建一个菜单。

命令说明:

(1) FileName 参数用于指定要创建的菜单名称。

(2) ? 参数用于在执行该命令时打开"创建"对话框以输入要创建的菜单名称。

12.1.4　在"菜单设计器"窗口中创建菜单

使用"菜单设计器"可以创建菜单、菜单项、菜单项的子菜单和分隔相关菜单组的线条等。在"菜单设计器"窗口中,"菜单名称"列用来输入菜单的名称,首先在"菜单名称"文本框中输入主菜单中各子菜单的名称,然后在"结果"组合框中选择适当的选项,如图 12-2 所示。"结果"组合框用于确定要创建的菜单或菜单项将完成何种功能。"结果"组合框共有四个选项,其功能如下:

"命令"选项:用于在文本框中输入一条命令。该命令与创建的菜单项一一对应。选择该菜单项时将执行此命令。

"填充名称"选项:用于在文本框中为菜单项命名,该名称用来供其他程序调用。

"子菜单"选项:用于创建一个子菜单。选择"子菜单"选项以后,单击其后的"创建"按钮,可以建立一个子菜单。如果是修改菜单,则显示"编辑"按钮。

"过程"选项:为创建的菜单项建立一个对应的过程程序。选择"过程"选项以后,单击其后的"创建"按钮,可以建立一个过程程序。如果是修改菜单,则显示"编辑"按钮。

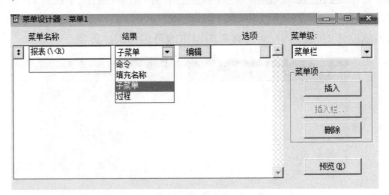

图 12-2　"菜单设计器"窗口的"结果"组合框

在"菜单设计器"窗口中,单击"插入"按钮可以在当前菜单或菜单项之前插入一个新的菜单或菜单项;单击"删除"按钮可以删除当前菜单或菜单项;单击"预览"按钮可以在运行菜单程序之前预览菜单的实际效果;"菜单级"组合框用于确定当前设计的子菜单在菜单系统层次结构中的位置,若为"菜单栏"选项,则表示目前正在设计系统的主菜单。"菜单级"组合框提供了由较低一级的菜单返回上一级菜单的途径。

在打开"菜单设计器"窗口以后,可以直接从"菜单"菜单中选择"快速菜单"命令,系统将打开 VFP 系统菜单的"菜单设计器"窗口,如图 12-3 所示。

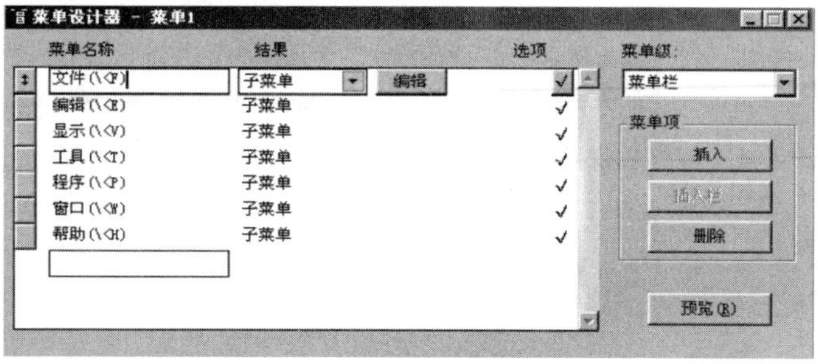

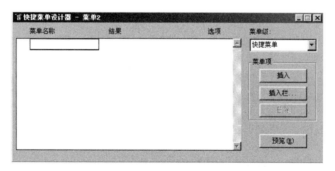

图 12-3　系统菜单的"菜单设计器"

在系统菜单的"菜单设计器"窗口中,用户可以在系统菜单的基础上经过编辑修改生成用户自己的菜单。

12.1.5　创建快捷菜单

在 VFP 中,用户可以创建自己的快捷菜单。在控件或对象上单击右键时,系统将弹出该快捷菜单,可以快速展示当前对象可用的所有功能。

可以像创建菜单那样使用"项目管理器"、"新建"命令或 CREATE MENU 命令创建快捷菜单。

若要使用"项目管理器"创建快捷菜单,应按下列步骤操作:

(1) 打开"项目管理器",在"其他"选项卡中选择"菜单"选项。

(2) 单击"新建"按钮,系统弹出"新建菜单"对话框。

(3) 在"新建菜单"对话框中单击"快捷菜单"按钮,系统即打开"快捷菜单设计器"窗口,如图 12-4 所示。

图 12-4　"快捷菜单设计器"窗口

(4) 在"快捷菜单设计器"窗口中,通过直观的操作即可创建用户的快捷菜单。

"快捷菜单设计器"窗口与"菜单设计器"窗口结构是相同的,操作方式和步骤几乎也是一样的。但是,在"快捷菜单设计器"窗口中,"插入栏"按钮是可用的。单击"插入栏"按钮,系统将弹出"插入系统菜单栏"对话框,如图 12-5 所示。

利用"插入系统菜单栏"对话框可以为快捷菜单添加系统菜单命令。

12.1.6　生成菜单程序

在"菜单设计器"或"快捷菜单设计器"中,菜单或快捷菜单设计完成以后,若要使用该菜单或快捷菜单,那么必须要生成菜单程序。

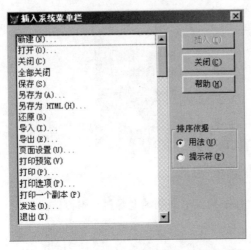

图 12-5 "插入系统菜单栏"对话框

生成菜单程序,其操作步骤如下:

(1) 在"菜单设计器"或"快捷菜单设计器"中设计完菜单或快捷菜单。

(2) 单击"保存"按钮保存设计的菜单。

(3) 从"菜单"菜单中选择"生成"命令,系统弹出"生成菜单"对话框,如图 12-6 所示。

(4) 在"生成菜单"对话框中确定菜单程序的保存位置,然后单击"生成"按钮即可。

生成的菜单程序是一个独立的文件,其扩展名为 . MPR。若要调用菜单程序,可以在程序中或命令窗口中执行如下命令:

DO MenuFileName. MPR

若要调用快捷菜单程序,可以在程序或命令窗口中执行如下命令:

ON KEY LABEL RIGHTMOUSE DO MenuFileName. MPR

若要将快捷菜单程序与某一个控件对应,那么应在该控件的 RightClick 事件过程中添加如下命令:

DO MenuFileName. MPR

图 12-6 "生成菜单"对话框

§12.2 为菜单指定任务

在创建菜单系统时,必须为菜单和菜单项指定任务,这样菜单设计的任务才算完成。菜单选项的任务,可以是子菜单、命令或者程序。

12.2.1 为菜单指定子菜单

在"菜单设计器"窗口中,若要在菜单栏中创建一个菜单或在下拉菜单中创建一个子菜单,应在"结果"组合框中选择"子菜单"选项。

【例 12-1】 在 VFP 的系统菜单栏中添加"报表(R)"菜单,操作如下:

(1) 打开"项目管理器",在"其他"选项卡中选择"菜单"选项。

(2) 单击"新建"按钮,在"新建菜单"对话框中单击"菜单"按钮,系统即打开"菜单设计器"窗口。

(3) 从"菜单"菜单中选择"快速菜单"选项,系统将打开 VFP 系统菜单的"菜单设计器"窗口,如图 12-7 所示。

(4) 在"菜单设计器"窗口中选择"窗口"子菜单行,单击"插入"按钮,系统即在"窗口"子菜单行前插入了一个空白行。

(5) 在空白行的"菜单名称"文本框中输入"报表(\<R)",在"结果"组合框中选择"子菜单"选项。

图 12-7　系统菜单的"菜单设计器"窗口

（6）单击"保存"按钮,将菜单命名为"System"。

（7）从"菜单"菜单中选择"生成"命令,系统弹出"生成菜单"对话框。

（8）在"生成菜单"对话框中确定菜单程序的保存位置,单击"生成"按钮。

（9）在"项目管理器"中选择要执行的菜单,单击"运行"按钮,系统即在 VFP 菜单中添加"报表(R)"菜单,如图 12-8 所示。

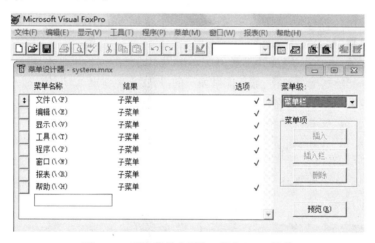

图 12-8　系统菜单中添加"报表(R)"菜单

12.2.2　为菜单指定命令

在"菜单设计器"窗口中,若要在菜单中创建一个菜单项并将 VFP 的一条命令分配给该菜单项,应在"结果"组合框中选择"命令"选项。

【例 12-2】　若要在 VFP 菜单栏的"报表(R)"菜单中添加"学生基本情况表(S)"菜单项并将相应的报表利用 REPORT FORM 命令分配给这个菜单项,那么应做如下的操作:

（1）打开"项目管理器",在"其他"选项卡中选择"System"菜单。

（2）单击"修改"按钮,在"菜单设计器"窗口中选择"报表"子菜单行。

（3）单击"编辑"按钮,系统即打开"报表"菜单的"菜单设计器"窗口。

（4）在"报表"菜单的"菜单设计器"窗口中,创建"学生基本情况表(\<S)"菜单项,并将相应的报表利用 REPORT FORM 命令分配给这个菜单项,如图 12-9 所示。

（5）在"菜单级"组合框中选择"菜单栏"选项返回主菜单的"菜单设计器"窗口。单击"保存"按钮,保存设计的菜单。

（6）从"菜单"菜单中选择"生成"命令,在"生成菜单"对话框中确定菜单程序的保存位置,

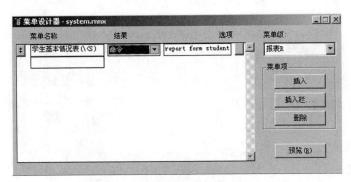

图 12-9　分配了命令的菜单项

然后单击"生成"按钮。

（7）在"项目管理器"中选择要执行的菜单，单击"运行"按钮，系统即在"报表（R）"菜单中添加"学生基本情况表（S）"菜单项。

12. 2. 3　为菜单指定过程

在"菜单设计器"窗口中，若要在菜单中创建一个菜单项并将 VFP 的一个过程程序分配给该菜单项，应在"结果"组合框中选择"过程"选项。

【例 12-3】　在 VFP 菜单栏的"显示（V）"菜单中添加"浏览学生基本情况（D）"菜单项并将一个过程程序分配给这个菜单项，那么应做如下的操作：

（1）打开"项目管理器"，在"其他"选项卡中选择"System"菜单。

（2）单击"修改"按钮，在"菜单设计器"窗口中选择"显示"子菜单行。

（3）单击"编辑"按钮，在"显示"菜单的"菜单设计器"窗口的"菜单名称"文本框中创建"浏览学生基本情况（\<D）"。

（4）在"结果"组合框选择"过程"选项。单击"创建"或"编辑"按钮，系统打开程序编辑器窗口，如图 12-10 所示。

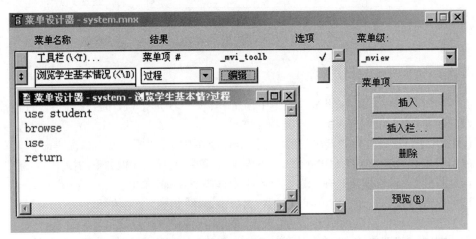

图 12-10　"程序编辑器"窗口

（5）在程序编辑器窗口中输入相应的过程程序并保存，关闭该程序编辑器窗口。

（6）在"菜单级"组合框中选择"菜单栏"选项返回主菜单的"菜单设计器"窗口。

（7）单击"保存"按钮，保存设计的菜单。

（8）从"菜单"菜单中选择"生成"命令，在"生成菜单"对话框中确定菜单程序的保存位置，然后单击"生成"按钮。

（9）在"项目管理器"中选择要执行的菜单，单击"运行"按钮，系统即在"显示(V)"菜单中添加"浏览学生基本情况(D)"菜单项。

§12.3　定义键盘访问键和快捷键

用户可以为创建的每一个菜单或菜单项设置键盘访问键，也可以根据需要为创建的菜单项设置键盘快捷键。

12.3.1　定义键盘访问键

在"菜单设计器"窗口的"菜单名称"文本框中创建菜单标题时，可以通过在其后输入"(\<R)"的方式为菜单或菜单项定义键盘访问键，其中 R 为要设置的键盘访问键。

在[例12-1]和[例12-2]，用户分别为"报表(R)"菜单、"学生基本情况表(S)"菜单项定义了键盘访问键 R 和 S。

12.3.2　定义键盘快捷键

若要为指定的菜单项定义键盘快捷键，操作步骤如下：

（1）打开指定的"菜单设计器"。

（2）在"菜单设计器"窗口中选择要定义键盘快捷键的菜单项。

（3）单击该菜单项所在行最右边的"选项"按钮，系统弹出"提示选项"对话框，如图 12-11 所示。

（4）在"提示选项"对话框中，选择"键标签"文本框。

（5）按下键盘快捷键（例如，[Ctrl]+[S]）。

（6）单击"确定"按钮，返回"菜单设计器"窗口。

（7）单击"保存"按钮保存设计的菜单。

（8）从"菜单"菜单中选择"生成"命令，在"生成菜单"对话框中确定菜单程序的保存位置，单击"生成"按钮。

图 12-11　"提示选项"对话框

（9）在"项目管理器"中选择要执行的菜单，单击"运行"按钮，则为选择的菜单项定义了键盘快捷键。

§12.4　菜单项的逻辑分组

一个菜单通常有多个菜单项，每一个菜单项完成一个特定的任务。为了方便用户在菜单中选择命令，将相关或近似的菜单项放置在一起构成一个组，称为对菜单进行逻辑分组。逻辑分组就是将相关或近似的菜单项用一条直线单独分隔开。

为菜单项进行逻辑分组，首先在"菜单设计器"窗口中选择一个独立的空白行，然后在"菜单名称"文本框中输入"\-"。这样，系统即以该行为界对菜单项进行逻辑分组。

图 12-12 显示了系统对"文件"菜单所进行的逻辑分组以及在"菜单设计器"窗口中进行的

逻辑分组设置。

图 12-12 对"文件"菜单进行逻辑分组

§12.5 为顶层表单添加菜单

顶层表单中的菜单是出现在单文档界面(SDI)窗口中的菜单。使用菜单设计器创建的用户菜单默认显示在系统窗口中,不是显示在窗口的顶层,而是第二层,即可以看到系统主窗口标题栏中的标题。如果希望定义的菜单出现在窗口的顶层,就必须设计单文档界面菜单。

设计单文档界面菜单即为顶层表单添加菜单。其创建过程与创建普通菜单完全相同,只是必须在设计菜单时指出该菜单使用的是"顶层表单",并需要在表单中使用一些相应的命令。

为顶层表单添加菜单时,涉及的命令分别介绍如下:

1. 在表单的 Init 事件代码中添加调用菜单程序的命令

命令格式:DO <FileName> With This [,"MenuName"]

说明:

(1) FileName:用来指定被调用的菜单程序文件。

(2) This:表示当前表单对象的引用。

(3) MenuName:可以是被添加的一个条形菜单的内部名字。

2. 在表单的 Destroy 事件代码中添加清除菜单命令

命令格式:Release Menu <MenuName>[Extended]

功能:执行此命令后,可在关闭表单时同时清除菜单,释放其占用的内存空间。

说明:Extended 表示在清除条形菜单时一起清除下属的所有子菜单。

【例 12-4】 为学生管理顶层表单添加菜单。

操作步骤如下:

(1)用菜单设计器建立一个学生管理的菜单系统,文件名为:顶层菜单. MPR。然后打开此菜单。如图 12-13 所示。

(2) 在系统主菜单中,选择"显示"菜单下的"常规选项"命令,打开"常规选项"对话框,在此对话框中选中"顶层表单"复选框,如图 12-14 所示。然后单击"确定"按钮,返回到"菜单设计"窗口。

(3) 将修改后的菜单保存,并生成菜单可执行程序"顶层菜单. MPR"。

(4) 打开表单文件"学生管理. SCX",并将其属性"ShowWindow"设置为 2,使其成为顶层表单,如图 12-15 所示。

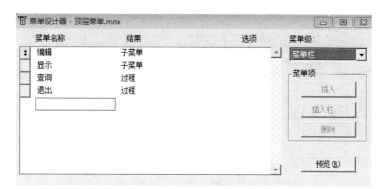

图 12-13 学生管理菜单

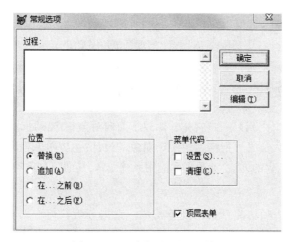

图 12-14 "常规选项"对话框

图 12-15 学生管理表单

（5）打开代码窗口，在表单的 Init 事件中添加调用菜单的命令。

Do 顶层菜单.MPR With This,"cd"

（6）打开代码窗口，在表单的 Destroy 事件中添加清除菜单的命令。

Thisform.release

Release Menus cd Extended

（7）在系统主窗口中，选择"表单"菜单下的"执行表单"命令,运行"学生管理"表单,运行结果如图 12-16 所示。

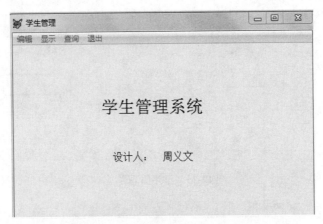

图 12-16　学生管理系统顶层菜单

§12.6　综合程序设计方法简介

VFP 是一种可视化程序设计语言,它充分体现了面向对象程序设计语言的特点。在面向对象的程序设计中,程序设计人员必须把精力集中于对象的设计,主要考虑程序应实现的功能,即主要考虑做什么。按照软件工程的方法,就数据库应用系统而言,其面向对象的程序设计步骤如下。

1. 需求分析

需求分析由数据分析和功能分析两部分构成。数据分析获得应用系统应该包含的所有数据,并以此作为数据库设计的依据;而功能分析,要抽象归纳出应用系统应具备的功能,并以此作为程序设计的依据。

2. 数据库设计

数据库的结构是否合理,对编制数据库应用系统有极大的影响,需求分析完成之后,首先要进行数据库设计。

数据库设计分为概念设计和逻辑设计。概念设计的作用是把需求分析所得的数据转化为相应的实体模型;逻辑设计是将实体模型转化为 VFP 所支持的关系模型,进行性能评估和规范化处理,并设计数据安全性和完整性。

3. 应用程序设计

应用程序设计由设计和编码两个阶段构成。设计阶段完成图形用户界面设计和对象设置;编码阶段完成对象属性定义和事件过程编码。

4. 软件测试

应用程序完成之后,应对系统进行测试,以检验系统各个部分的正确性。

5. 应用程序管理和发布

(1) 应用程序的管理:在应用程序开发和测试工作完成以后,将创建的数据库应用系统编译成 .EXE 可执行文件,使其能脱离 VFP 的环境独立运行。在 VFP 中,完成该项工作可以通过项目管理器来实现。进入项目管理器之后编译应用程序的操作步骤如下:

● 添加和设置主程序:根据系统的规定,每一个项目文件中,都必须设置一个主文件,作为应用系统起始执行的文件。主文件可以是一个过程、程序、菜单或表单。在项目管理器中,通过

"项目"菜单的"设置主文件"选项,即可将选定的程序、过程、菜单或表单设置为主文件,设置的主文件在项目管理器中将以黑体形式显示,以便和其他文件相区别。

● 指定需要包含和排除的文件:项目管理器中的文件可分为包含和排除两种类型。所谓"包含"文件是指在编译时被编译到可执行文件.EXE 中,能成为内部代码的组成部分,用户或应用程序不能对其进行单独编辑和修改,在项目管理器中,被设置成"包含"的文件带有 Φ 标志;所谓"排除"选项即是指除"包含"文件以外的文件,其特征是没有编译进可执行文件.EXE 中,用户或应用程序可以单独编辑该文件。

在项目管理器中单击选中一个文件,再选取"项目"菜单中"包含"或"排除"选项即可完成相应文件类型的设置。

● 连编:所谓"连编"就是将指定的主文件和相关的各模块文件按选定的类型编译成.EXE 可执行文件的过程。在项目管理器中,单击"连编"按钮,出现"连编选项"对话框,选择"连编可执行文件"单选按钮即可完成连编操作。

(2)应用程序的发布:应用程序编译成.EXE 可执行文件后,可用 VFP 提供的"安装向导"为应用程序创建安装程序和发布磁盘,使它能够方便地安装到其他计算机上使用。

(3)系统维护:在系统正式运行后,就进入了维护阶段,由于各种原因,系统在运行中可能会出现这样或那样的错误,需要及时修改。另外,由于外部环境和用户需求的变化,也可能要对系统进行必要的修改。

小　结

1. 应用系统通常由若干相对独立的功能模块组成,各功能模块集成起来才能完成系统的全部功能,菜单就是将各功能模块进行集成。

2. 掌握菜单的概念和设计菜单的一般步骤。

3. 在 Visual FoxPro 中设计菜单通常通过菜单设计器来完成。因此要掌握菜单设计器的使用方法,能熟练地用菜单设计器创建菜单。

4. 创建菜单首先应创建菜单栏,再创建各个菜单中的菜单项。菜单项必须与一个命令、过程或系统变量联系起来才是有效的菜单项。创建菜单项的简单方法是从系统菜单中复制自己需要的项目。菜单必须生成菜单程序后才能运行。

习题十二

一、选择题

1. 设计菜单要完成哪些操作(　　　)。
  A. 创建主菜单及子菜单　　　　　　B. 指定各菜单任务
  C. 浏览菜单　　　　　　　　　　　D. 生成菜单程序

2. 在一个系统中,使多个表单协调工作,可以使用(　　　)。
  A. 工具栏　　　B. 菜单栏　　　C. 单选按钮组　　　D. 命令按钮组

二、填空题

1. 设计系统菜单,可以通过_____完成。

2. 菜单栏是用于放置菜单_____。

3. 菜单标题是_____。

4. 菜单的任务可以是_____、_____、_____。

5. 菜单的调用是通过_____完成的。

附　　录

附录一　Visual FoxPro 命令概要

命　　令	功　　能
#DEFINE…#UNDEF	创建和释放编译期间所用的常量
#IF…#ENDIF	根据条件决定是否编译某段源代码
#IFDEF|#IFNDEF…ENDIF	根据某个编译常量决定是否编译某段代码
#INCLUDE	告诉预处理器去处理指定头文件的内容
&&	标明命令行尾注释的开始
*	标明程序中注释行的开始
::操作符	在子类方法程序中运行父类的方法程序
\-\\	输出文本行
? \??	计算表达式的值,并输出计算结果
???	把结果输出到打印机
@…BOX	使用指定的坐标绘方框,现用 Shape 控件代替
@…CLASS	创建一个能够用 ERAD 激活的控件或对象
@…CLEAR	清除窗口的部分区域
@…EDIT-编辑框部分	创建一个编辑框,现用 EditBox 控件代替
@…FILL	更改屏幕某区域内已有文本的颜色
@…GET-复选框命令	创建一个复选框,现用 CheckBox 控件代替
@…GET-组合框命令	创建一个组合框,现用 ComboBox 控件代替
@…GET-按钮命令	创建一个命令按钮,现用 CommandButton 控件代替
@…GET-列表框命令	创建一个列表框,现用 ListBox 控件代替
@…GET-选项按钮命令	创建一组选项按钮,现用 OptionGroup 控件代替
@…GET-微调命令	创建一个微调控件,现用 Spinner 控件代替
@…GET-文本框命令	创建一个文本框,现用 TextBox 控件代替
@…GET-透明按钮命令	创建一个透明命令按钮,现用 CommandButton 控件代替
@…MENU	创建一个菜单,现用菜单设计器和 CREATE MENU 命令
@…PROMPT	创建一个菜单栏,现用菜单设计器和 CREATE MENU 命令
@…SAY	在指定的行列显示或打印结果,现用 Label 控件、TextBox 控件代替
@…SAY-Pictures & OLE	显示图片和 OLE 对象,现用 Image,OLE Bound,OLE Container 控件代替
@…SCROLL	将窗口中的某区域向上、下、左、右移动
@…TO	画一个方框、圆或者椭圆,现用 Shape 控件代替
ACCEPT	从显示屏接受字符串,现用 TextBox 控件代替
ACTIVATE MENU	显示并激活一个菜单栏

续表

命　　令	功　　能
ACTIVATE POPUP	显示并激活一个菜单
ACTIVATE SCREEN	将所有后续结果输出到 Visual FoxPro 的主窗口
ACTIVATE WINDOW	显示并激活一个或多个窗口
ADD CLASS	向一个.VCX 可视类库中添加类定义
ADD TABLE	向当前打开的数据库中添加一个自由表
ALTER TABLE-SQL	以编程方式修改表结构
APPEND	在表的末尾添加一个或者多个记录
APPEND FROM	将其他文件中的记录添加到当前表的末尾
APPEND FROM ARRAY	将数组的行作为记录添加到当前表中
APPEND GENERAL	从文件导入一个 OLE 对象,并将此对象置于数据库的通用字段中
APPEND MEMO	将文本文件的内容复制到备注字段中
APPEND PROCEDURES	将文本文件的内部存储过程追加到当前数据库的内部存储过程中
ASSERT	若指定的逻辑表达式为假,则显示一个消息框
AVERAGE	计算数值型表达式或者字段的算术平均值
BEGIN TRANSACTION	开始一个事务
BLANK	清除当前记录所有字段的数据
BROWSE	打开浏览窗口
BUILD APP	创建.APP 为扩展名的应用程序
BUILD DLL	创建一个动态链接库
BUILD EXE	创建一个可执行文件
BUILD PROJECT	创建并且联编一个项目文件
CALCULATE	对表中的字段或字段表达式执行财务和统计操作
CALL	执行由 LOAD 命令放入内存的二进制文件、外部命令或外部函数
CANCEL	终止当前运行的 Visual FoxPro 程序文件
CD|CHDIR	将默认的 Visual FoxPro 目录改为指定的目录
CHANGE	显示要编辑的字段
CLEAR	清除屏幕,或从内存中释放指定项
CLEAR RESOURCES	从内存中清除资源文件
CLOSE	关闭各种类型的文件
CLOSE MEMO	关闭备注编辑窗口
COMPILE	编译程序文件,并生成对应的目标文件
COMPILE DATABASE	编译数据库中的内部存储过程
COMPILE FORM	编译表单对象
CONTINUE	继续执行前面的 LOCATE 命令
COPY FILE	复制任意类型的文件
COPY INDEXES	由单索引文件(扩展名为.IDX)创建复合索引文件
COPY MEMO	将当前记录的备注字段的内容拷贝到一个文本文件中

命　令	功　能
COPY PROCEDURES	将当前数据库中的内部存储过程复制到文本文件中
COPY STRUCTURE	创建一个同当前表具有相同数据结构的空表
COPY STRUCTURE EXTENDED	将当前表的结构复制到新表中
COPY TAG	由复合索引文件中的某一索引标识创建一个单索引文件(扩展名为.IDX)
COPY TO	将当前表中的数据拷贝到指定新文件中
COPY TO ARRAY	将当前表中的数据拷贝到数组中
COUNT	计算表记录数目
CREATE	创建一个新的 Visual FoxPro 表
CREATE CLASS	打开类设计器,创建一个新的类定义
CREATE CLASSLIB	以.VCX 为扩展名创建一个新的可视类库文件
CREATE COLOR SET	从当前颜色选项中生成一个新的颜色集
CREATE CONNECTION	创建一个命名联接,并把它存储在当前数据库中
CREATE CURSOR-SQL	创建临时表
CREATE DATABASE	创建并打开数据库
CREATE FORM	打开表单设计器
CREATE FROM	利用 COPY STRUCTURE EXTENDED 命令建立的文件创建一个表
CREATE LABEL	启动标签设计器,制作标签
CREATE MENU	启动菜单设计器,创建菜单
CREATE PROJECT	打开项目管理器,并创建一个项目
CREATE QUERY	打开查询设计器
CREATE REPORT	在报表设计器打开一个报表
CREATE REPORT…	快速报表命令,以编程方式创建一个报表
CREATE SCREEN…	快速屏幕命令,以编程方式创建屏幕画面
CREATE SCREEN	打开表单设计器
CREATE SQL VIEW	显示视图设计器,创建一个 SQL 视图
CREATE TABLE-SQL	创建具有指定字段的表
CREATE TRIGGER	创建一个表的触发器
CREATE VIEW	从 FoxPro 环境中生成一个视图文件
DEACTIVATE MENU	使一个用户自定义菜单栏失效,并将它从屏幕上移开
DEACTIVATE POPUP	关闭用 DEFINE POPUP 创建的菜单
DEACTIVATE WINDOW	使窗口失效,并将它们从屏幕上移开
DEBUG	打开 Visual FoxPro 调试器
DEBUGOUT	将表达式的值显示在"调试输出"窗口中
DECLARE	创建一维或二维数组
DECLARE-DLL	在一个外部 Windows 32 位的动态链接库(.DLL)中注册一个函数
DEFINE BAR	在 DEFINE POPUP 创建的菜单上创建一个菜单项
DEFINE BOX	在打印文本周围画一个框

续表

命　令	功　能
DEFINE CLASS	创建一个用户自定义的类或者子类,同时定义这个类或者子类的属性、事件和方法程序
DEFINE MENU	创建一个菜单栏
DEFINE PAD	在菜单栏上创建菜单标题
DEFINE POPUP	创建菜单
DEFINE WINDOW	创建一个窗口,并定义其属性
DELETE	给要删除的记录做标记
DELETE FROM-SQL	给要删除的记录做标记
DELETE CONNECTION	从当前的数据库中删除一个命名联接
DELETE DATABASE	从磁盘上删除一个数据库
DELETE FILE	从磁盘上删除一个文件
DELETE TAG	删除复合索引文件(.CDX)中的索引标识
DELETE TRIGGER	从当前数据库移去一个表的触发器
DELETE VIEW	从当前数据库中删除一个 SQL 视图
DIMENSION	创建一维或二维的内存变量数组
DIR 或 DIRECTORY	显示一个目录或文件夹中的文件信息
DISPLAY	在窗口中显示当前表的信息
DISPLAY CONNECTIONS	在窗口中显示当前数据库中的命名联接的信息
DISPLAY DATABASE	显示当前数据库的信息
DISPLAY DLLS	显示 32 位 Windows 动态链接库函数的信息
DISPLAY FILES	显示文件的信息
DISPLAY MEMORY	显示内存或者数组的当前内容
DISPLAY OBJECTS	显示一个或者一组对象的信息
DISPLAY PROCEDURES	显示当前数据库中内部存储过程的名称
DISPLAY STATUS	显示 Visual FoxPro 环境的状态
DISPLAY STRUCTURE	显示表的结构
DISPLAY TABLES	显示当前数据库中的所有表及其相关信息
DISPLAY VIEWS	显示当前数据库中视图的信息
DO	执行一个 Visual FoxPro 程序或者过程
DO CASE…ENDCASE	执行第一组条件表达式计算为"真"(.T.)的命令
DOEVENTS	执行所有等待的 Windows 事件
DO FORM	运行已编译的表单或者表单集
DO WHILE…ENDDO	在条件循环中运行一组命令
DROP TABLE	把表从数据库中移出,并从磁盘中删除
DROP VIEW	从当前数据库中删除视图
EDIT	显示要编辑的字段
EJECT	向打印机发送换页符

续表

命　令	功　能
EJECT PAGE	向打印机发出条件走纸的指令
END TRANSACTION	结束当前事务
ERASE	从磁盘上删除一个文件
ERROR	生成一个 Visual FoxPro 错误信息
EXIT	退出 DO WHILE, FOR 或 SCAN 循环
EXPORT	从表中将数据复制到不同格式的文件中
EXTERNAL	对未定义的引用,向应用程序编译器发出警告
FILER	打开名称为"文件管理器"的文件维护程序
FIND	现用 SEEK 命令来代替
FLUSH	将对表和索引所作出的改动存入磁盘
FOR…ENDFOR	按指定的次数执行一系列命令
FOR EACH…ENDFOR	对数组中或集合中的每一个元素执行一系列命令
FUNCTION	定义一个用户自定义函数
GATHER	将选定表中当前记录的数据替换为某个数组、内存变量组或对象中的数据
GETEXPR	显示表达式生成器,以便创建一个表达式,并将表达式存储在一个内存变量或数组元素中
GO|GOTO	移动记录指针,使它指向指定记录号的记录
HELP	打开帮助窗口
HIDE MENU	隐藏用户自定义的活动菜单栏
HIED POPUP	隐藏用 Define Popup 命令创建的活动菜单
HIDE WINDOW	隐藏一个活动窗口
IF…ENDIF	根据逻辑表达式,有条件地执行一系列命令
IMPORT	从外部文件格式导入数据,创建一个 FoxPro 新表
INDEX	创建一个索引文件
INPUT	从键盘输入数据,送入一个内存变量或元素
INSERT	在当前表中插入新记录
INSERT INTO-SQL	在表尾追加一个包含指定字段值的记录
JOIN	联接两个已有的表来创建新表
KEYBOARD	将指定的字符表达式放入键盘缓冲区
LABEL	从一个表或者标签定义文件中打印标签
LIST	显示表或者环境信息
LIST CONNECTIONS	显示当前数据库中命名联接的信息
LIST DATABASE	显示当前数据库的信息
LIST DLLS	显示有关 32 位 Windows DLL 函数的信息
LIST FILES	显示文件信息
LIST MEMORY	显示变量信息
LIST OBJECTS	显示一个或者一组对象的信息

续表

命 令	功 能
LIST PROCEDURES	显示数据库中内部存储过程的名称
LIST STATUS	显示状态信息
LIST TABLES	显示存储在当前数据库中的所有表及其信息
LIST VIEWS	显示当前数据库中的 SQL 视图的信息
LOAD	将一个二进制文件、外部命令或者外部函数装入内存
LOCAL	创建一个本地内存变量或者内存变量数组
LOCATE	按顺序查找满足指定逻辑表达式的第一个记录
LPARAMETERS	指定本地参数,接受调用程序传递来的数据
MD|MKDIR	在磁盘上创一个新目录
MENU	创建菜单系统
MENU TO	激活菜单栏
MODIFY CLASS	打开类设计器,允许修改已有的类定义或创建新的类定义
MODIFY COMMAND	打开编辑窗口,以便修改或创建程序文件
MODIFY CONNECTION	显示联接设计器,允许交互地修改当前数据库中储存的命名联接
MODIFY DATABASE	打开数据库设计器,允许交互地修改当前数据库
MODIFY FILE	打开编辑窗口,以便修改或创建一个文本文件
MODIFY FORM	打开表单设计器,允许修改或创建表单
MODIFY GENERAL	打开当前记录中通用字段的编辑窗口
MODIFY LABEL	修改或创建标签,并把它们保存到标签定义文件中
MODIFY MEMO	打开一个编辑窗口,以便编辑备注字段
MODIFY MENU	打开菜单设计器,以便修改或创建菜单系统
MODIFY PROCEDURE	打开 Visual FoxPro 文本编辑器,为当前数据库创建或修改内部存储过程
MODIFY PROJECT	打开项目管理器,以便修改或创建项目文件
MODIFY QUERY	打开查询设计器,以便修改或创建查询
MODIFY REPORT	打开报表设计器,以便修改或创建报表
MODIFY SCREEN	打开表单设计器,以便修改或创建表单
MODIFY STRUCTURE	显示"表结构"对话框,允许在对话框中修改表的结构
MODIFY VIEW	显示视图设计器,允许修改已有的 SQL 视图
MODIFY WINDOW	修改窗口
MOUSE	单击、双击、移动或拖动鼠标
MOVE POPUP	把菜单移到新的位置
MOVE WINDOW	把窗口移动到新的位置
ON BAR	指定要激活的菜单或菜单栏
ON ERROR	指定发生错误时要执行的命令
ON ESCAPE	程序或命令执行期间,指定按 Esc 键时所执行的命令
ON EXIT BAR	离开指定的菜单项时执行一个命令
ON KEY LABEL	当按下指定的键(组合键)或单击鼠标时,执行指定的命令

续表

命 令	功 能
ON PAD	指定选定菜单标题时要激活的菜单或菜单栏
ON PAGE	当打印输出到达报表指定行,或使用 Eject Page 时,指定执行的命令
ON READERROR	指定为响应数据输入错误而执行的命令
ON SELECTION BAR	指定选定菜单项时执行的命令
ON SELECTION MENU	指定选定菜单栏的任何菜单标题时执行的命令
ON SELECTION PAD	指定选定菜单栏上的菜单标题时执行的命令
ON SELECTION POPUP	指定选定弹出式菜单的任一菜单项时执行的命令
ON SHUTDOWN	当试图退出 Visual FoxPro,Microsoft Windows 时,执行指定的命令
OPEN DATABASE	打开数据库
PACK	对当前表中具有删除标记的所有记录作永久删除
PACK DATABASE	从当前数据库中删除已作删除标记的记录
PARAMETERS	把调用程序传递过来的数据赋给私有内存变量或数组
PLAY MACRO	执行一个键盘宏
POP KEY	恢复用 PUSH KEY 命令放入栈内的 ON KEY LABEL 指定的键值
POP POPUP	恢复用 PUSH POPUP 放入栈内的指定的菜单定义
PRINT JOB…ENDPPINT JOB	激活打印作业中系统内存变量的设置
PRIVATE	在当前程序文件中指定隐藏调用程序中定义的内存变量或数组
PROCEDURE	标出一个过程的开始
PUBLIC	定义全局内存变量或数组
PUSH KEY	把所有当前 ON KEY LABEL 命令设置放入内存堆栈中
PUSH MENU	把菜单栏定义放入内存的菜单栏定义堆栈中
PUSH POPUP	把菜单定义放入内存的菜单定义堆栈中
QUIT	结束当前运行的 Visual FoxPro,并把控制返回给操作系统
RD丨RMDIR	从磁盘上删除目录
READ	激活控件,现用表单设计器代替
READ EVENTS	开始事件处理
READ MENU	激活菜单,现用菜单设计器创建菜单
RECALL	在选定表中,去掉指定记录的删除标记
REGIONAL	创建局部内存变量和数组
REINDEX	重建已打开的索引文件
RELEASE	从内存中删除内存变量或数组
RELEASE BAR	从内存中删除指定菜单项或所有菜单项
RELEASE CLASSLIB	关闭包含类定义的. VCX 可视类库
RELEASE LIBRARY	从内存中删除一个单独的外部 API 库
RELEASE MENUS	从内存中删除用户自定义的菜单栏
RELEASE MODULE	从内存中删除一个单独的二进制文件、外部命令或外部函数
RELEASE PAD	从内存中删除指定的菜单标题或所有菜单标题

续表

命　令	功　能
RELEASE POPUPS	从内存中删除指定的菜单或所有菜单
RELEASE PROCEDURE	关闭用 SET PROCEDURE 打开的过程
RELEASE WINDOWS	从内存中删除窗口
RELEASE CLASS	从.VCX 可视类库中删除类定义
RELEASE TABLE	从当前数据库中删除表
RENAME	把文件名改为新文件名
RENAME CLASS	对包含在.VCX 可视类库的类定义重新命名
RENAME CONNECTION	给当前数据库中已命名的联接重新命名
RENAME TABLE	重新命名当前数据库的表
RENAME VIEW	重新命名当前数据库的 SQL 视图
REPLACE	更新表记录
REPLACE FROM ARRAY	用数组中的值更新字段数据
REPORT FORM	显示或打印报表
RESTORE FROM	检索内存文件或备注字段中的内存变量和数组,并把它们放入内存中
RESTORE MACROS	把保存在键盘宏文件或备注字段中的键盘宏还原到内存中
RESTORE SCREEN	恢复先前保存在屏幕缓冲区、内存变量或数组元素中的窗口
RESTORE WINDOW	把保存在窗口文件或备注字段中的窗口定义或窗口状态恢复到内存
RESUME	继续执行挂起的程序
RETRY	重新执行同一个命令
RETURN	把程序控制返回给调用程序
ROLLBACK	取消当前事务期间所作的任何改变
RUN|!	运行外部操作命令或程序
SAVE MACROS	把一组键盘宏保存到键盘宏文件或备注字段中
SAVE SCREEN	把窗口的图像保存到屏幕缓冲区、内存变量或数组元素中
SAVE TO	把当前内存变量或数组存储到内存变量文件或备注字段中
SAVE WINDOWS	把窗口定义保存到窗口文件或备注字段中
SCAN…ENDSCAN	记录指针遍历当前选表,并对所有满足指定条件的记录执行一组命令
SCATTER	把当前记录的数据复制到一组变量或数组中
SCEOLL	向下、下、左或右滚动窗口的一个区域
SEEK	在当前表中查找首次出现的、索引关键字与通用表达式匹配的记录
SELECT	激活指定的工作区
SELECT-SQL	从表中查询数据
SET	打开数据工作期窗口
SET ALTERNATE	把?,??,DISPLAY 或 LIST 命令创建的屏幕或打印输出定向到一个文本文件
SET ANSI	确定 Visual FoxPro SQL 命令中如何用操作符=对不同长度字符串进行比较
SET ASSERTS	是否执行 ASSERT 命令
SET AUTOSAVE	当退出 READ 或返回到命令窗口时,确定 VFP 是否把缓冲区中的数据保存到磁盘上

续表

命　　令	功　　能
SET BELL	打开或关上计算机的铃声,并设置铃声属性
SET BLINK	设置闪烁属性或高密度属性
SET BLOCKSIZE	指定 VFP 如何为保存备注字段分配磁盘空间
SET BORDER	为要创建的框、菜单和窗口定义边框,现用 BorderStyle Property 代替
SET BRSTATUS	控制浏览窗口中状态栏的显示
SET CARRY	确定是否将当前记录的数据送到新记录中
SET CENTURY	确定是否显示日期表达式的世纪部分
SET CLASSLIB	打开一个包含类定义的.VCX 可视类库
SET CLEAR	当 SET FORMAT 执行时,确定是否清除 VFP 主窗口
SET CLOCK	确定是否显示系统时钟
SET COLLATE	指定在后续索引和排序操作中字符字段的排序顺序
SET COLOR OF	指定用户自定义菜单和窗口的颜色
SET COLOR OF SCHEME	指定配色方案中的颜色
SET COLOR SET	加载已定义的颜色集
SET COLOR TO	指定用户自定义菜单和窗口的颜色
SET COMPATIBLE	控制与 FoxBASE+以及其他 Xbase 语言的兼容性
SET CONFIRM	指定是否可以通过在文本框中键入最后一个字符来退出文本框
SET CONSOLE	启用或废止从程序内向窗口的输出
SET COVERAGE	开启或关闭编辑日志,或指定一个文本文件,编辑日志的所有信息将输出到其中
SET CPCOMPILE	指定编译程序的代码页
SET CPDIALOG	打开表时,指定是否显示"代码页"对话框
SET CURRENCY	定义货币符号,并且指定货币符号在数值、货币、浮点数和双精度数表表达式中的显示位置
SET CURSOR	VFP 等待输入时,确定是否显示插入点
SET DATEBASE	激活指定的表单的数据工作期
SET DATE	指定日期表达式(日期时间表达式)的显示格式
SET DEBUG	从 VFP 的菜单系统中打开调试窗口和跟踪窗口
SET DEBUGOUT	将调试结果输出到文件
SET DECIMALS	显示数值表达式时,指定小数位数
SET DEFAULT	指定缺省驱动器、目录和文件夹
SET DELETED	指定 VFP 是否处理带有删除标记的记录
SET DELIMITED	指定是否分隔文本框
SET DEVELOPMENT	在运行程序时,比较目标文件的编译时间与程序的创建日期时间
SET DEVICE	指定@…SAY 产生的输出定向到屏幕、打印机或文件中
SET DISPLAY	在支持不同显示方式的监视器上允许更改当前显示方式
SET DOHISTORY	把程序中执行过的命令放入命令窗口或文本文件中
SET ECHO	打开程序调试跟踪器及窗口

命　　令	功　　能
SET ESCAPE	按下 Esc 键时,中断所执行的程序和命令
SET EVENTLIST	指定调试时跟踪的事件
SET EVENTTRACKING	开启或关闭事件跟踪,或将事件跟踪结果输出到文件
SET EXACT	指定精确或模糊规则来比较两个不同长度的字符串
SET EXCLUSIVE	指定 VFP 以独占方式还是以共享方式打开表
SET FDOW	指定一星期的第一天
SET FIELDS	指定可以访问表中的哪些字段
SET FILTER	指定访问当前表中记录时必须满足的条件
SET FIXED	数值数据显示时,指定小数位数是否固定
SET FULLPATH	指定 CDX( )、DBF( )、IDX( ) 和 NDX( ) 是否返回文件名中的路径
SET FUNCTION	把表达式(键盘宏)赋给功能键或组合键
SET FWEEK	指定一年的第一周要满足的条件
SET HEADINGS	指定显示文件内容时,是否显示字段的列标头
SET HELP	启用或废止 VFP 的联机帮助功能,或指定一个帮助文件
SET HELPFILTER	让 VFP 在帮助窗口显示.DBF 风格帮助主题的子集
SET HOURS	将系统时钟设置成 12 或 24 小时格式
SET INDEX	打开索引文件
SET KEY	指定基于索引键的访问记录范围
SET KEYCOMP	控制 VFP 的击键位置
SET LIBRRY	打开一外部 API(应用程序接口)库文件
SET LOCK	激活或废止在某些命令中的自动锁定文件
SET LOGERRORS	确定 VFP 是否将编译错误消息送到一个文本文件中
SET MACKEY	指定显示"宏键定义"对话框的单个键或组合键
SET MARGIN	设定打印的左页边距,并对所有定向到打印机的输出结果都起作用
SET MARK OF	为菜单标题或菜单项指定标记字符
SET MARK TO	指定日期表达式或显示时的分隔符
SET MEMOWIDTH	指定备注字段和字符表达式的显示宽度
SET MESSAGE	定义在 VFP 主窗口或图形状态栏中显示的信息
SET MOUSE	设置鼠标能否使用,并控制鼠标的灵敏度
SET MULTILOCKS	可以用 LOCK( ) 或 RLOCK( ) 锁住多个记录
SET NEAR	FIND 或 SEEK 查找命令不成功时,确定记录指针停留的位置
SET NOCPTRANS	防止把已打开表中的选定字段转到另一个代码页
SET NOTIFY	显示某种系统信息
SET NULL	确定 ALTER TABLE、CREATE TABLR 和 INSERT-SQL 命令是否支持 null 值
SET NULLDISPLAY	指定 null 值显示时对应的字符串
SET ODOMETER	为处理记录的命令设置计数器的报告间隔

命　令	功　能
SET OLEOBJECT	VFP 找不到对象时,指定是否在"Windows Registry"中查找
SET OPTIMIZE	使用 Rushmore 优化
SET ORDER	为表指定一个控制索引文件或索引标识
SET PALETTE	使用 VFP 使用默认调色板
SET PATH	指定文件搜索路径
SET PDSETUP	加载打印机驱动程序的设置,或清除当前打印机驱动程序设置
SET POINT	显示数值表达式或货币表达式时,确定小数点字符
SET PRINTER	指定输出到打印机
SET PROCEDURE	打开一个过程文件
SET READBORDER	确定是否是@ …GET 创建的文件框周围放上边框
SET REFRESH	当网络上其他用户修改记录时,确定是否更新浏览窗口
SET RELATION	建立两个或多个已打开的表之间的关系
SET RELATION OFF	解除当前选定工作区父表与相关子表间已建立的关系
SET REPROCESS	指定一次锁定尝试不成功时,再尝试加锁的次数或时间
SET RESOURCE	指定或更新资源文件
SET SAFETY	在改写已有文件之前,确定是否显示对话框
SET SCOREBOARD	指定在何处显示 NUM LOCK、CAPS LOCK 和 INSERT 等键的状态
SET SECONDS	当显示日期时间值时,指定显示时间部分的秒
SET SEPARATOR	在小数点的左边,指定每三位数一组所用的分隔字符
SET SHADOWS	给窗口、菜单、对话框和警告信息上放上阴影
SET SKIP	在表之间建立一对多的关系
SET SKIP OF	启用或废止用户自定义菜单或 VFP 系统菜单的菜单栏、菜单标题或菜单项
SET SPACE	设置? 或?? 命令时,确定字段或表达式之间是否要显示一个空格
SET STATUS	显示或删除字符表示的状态栏
SET STATUS BAR	显示或删除图形状态栏
SET STEP	为程序调试打开跟踪窗口并挂起程序
SET STICKY	在选择一个菜单项、按 Esc 键或在菜单区域外单击鼠标之前,指定菜单保持拉下状态
SET SYSFORMATS	指定 VFP 系统设置是否随当前 Windows 系统设置而更新
SET SYSMENU	在程序运行期间,启用或废止 VFP 系统菜单栏,并对其重新配置
SET TALK	确定是否显示命令结果
SET TEXTMERGE	指定是否对文本合并分隔符括起的内容进行计算,允许指定文本合并输出
SET TEXTMERGE DELIMETERS	指定文本合并分隔符
SET TOPIC	激活 VFP 帮助系统时,指定打开的帮助主题
SET TOPIC ID	激活 VFP 帮助系统时,指定显示的帮助主题
SET TRBETWEEN	在跟踪窗口的断点之间启用或废止跟踪
SET TYPEAHEAD	指定键盘输入缓冲区可以储存的最大字符数

命　　令	功　　能
SET UDFPARMS	指定参数传递方式(按值传递或引用传递)
SET UNIQUE	指定有重复索引关键字值的记录是否被保留在索引文件中
SET VIEW	打开或关闭数据工作期窗口,或从一个视图文件中恢复 VFP 环境
SET WINDOW OF MEMO	指定可以编辑备注字段的窗口
SHOW GET	重新显示所指定到内存变量、数组元素或字段的控件
SHOW GETS	重新显示所有控件
SHOW MENU	显示用户自定义菜单栏,而不激活该菜单
SHOW OBJECT	重新显示指定控件
SHOW POPUP	显示用 DEFINE POPUP 定义的菜单,但不激活它们
SHOW WINDOW	显示窗口,而不激活它们
SIZE POPUP	改变用 DEFINE POPUP 创建的菜单大小
SIZE WINDOW	更改窗口的大小
SKIP	使记录指针在表中向前或向后移动
SORT	对当前表排序,并将排序后的记录输出到一个新表中
STORE	把数据储存到内存变量、数组或数组元素中
SUM	对当前表的指定数值字段或全部数值字段进行求和
SUSPEND	暂停程序的执行,并返回到 VFP 交互状态
TEXT…ENDTEXT	输出若干行文本、表达式和函数的结果
TOTAL	计算当前表中数值字段的总和
TYPE	显示文件的内容
UNLOCK	从表中释放记录锁定,多个记录锁定或文件锁定
UPDATE-SQL	以新值更新表中的记录
UPDATE	用其他表的数据更新当前选定工作区中打开的表
USE	打开表及其相关索引文件,或打开一个 SQL 视图;关闭表
VALIDATE DATABASE	保证当前数据库中表和索引位置的正确性
WAIT	显示信息并暂停 VFP 的执行
WITH…ENDWITH	给对象指定多个属性
ZAP	从表中删除所有记录,只留下表的结构
ZOOM WINDOW	改变窗口的大小及位置

附录二　Visual FoxPro 6.0 主要函数

函　　数	功　　能
&	宏代换函数
ABS(nExpression)	求绝对值
ACLASS((ArrayName,oExpression)	将对象的类名代入数组
ACOPY (SourceArrayName, DestinationArrayName [, nFirsr-SourceElement[,nNumberElements[,nFirst-DestElement]]])	复制数组
ACOS(nExpression)	返回弧度制余弦值
ADATABASES(ArrayName)	将打开的数据库的名字代入数组
ADBOBJECTS(ArrayName,cSetting)	将当前数据库中表等对象的名字代入数组
ADDBS(cPath)	在路径末尾加反斜杠
ADEL(ArrayName,nElementNumber[,2])	删除一维数组元素,或二维数组行或列
ADIR(ArrayName[,cFileSkeleton[,cAttribute]])	文件信息写入数组并返回文件数
AELEMENT(ArrayName,nRowSubscript[,nColumnSubscript])	由数组下标返回数组元素号
AERROR(ArrayName)	创建包含最近 VFP,OLE,或 ODBC 错误信息的数组
AFIELDS(ArrayName[,nWorkArea|cTableAlias])	当前表的结构存入数组并返回字段数
AFONT(ArrayName[,cFontName[,nFontSize]])	字体名、字体尺寸代入数组
AGETCLASS (ArrayName [, cLibraryName [, cClassName [, cTitileText[,cFileNameCaption[,cButtonCapt-ion]]]]])	在打开对话框中显示类库,并创建包含类库名和所选类的数组
AGETFILEVERSION(ArrayName,cFileName)	创建包含 Windows 版本文件信息的数组
AINS(ArrayName,nElementNumber[,2])	一维数组的插入元素。二维数组插入行或列
AINSTANCE(ArrayName,cClassName)	类的实例代入数组,并返回实例数
ALEN(ArrayName[,nArrayAttribute])	返回数组元素数,行或列数
ALIAS(nWorkArea|cTableAlias))	返回表的别名,或指定工作区的别名
ALINES(ArrayName,cExpression[,lTrim])	字符表达式或备注型字段按行复制到数组
ALLTRIM(cExpression)	删除字符串前后空格
AMEMBERS(ArrayName,ObjectName|cClassName[,1|2])	对象的属性,过程,对象成员名代入数组
AMOUSEOBJ(ArrayName[,1])	创建包含鼠标指针位置信息的数组
ANETRESOURCES(ArrayName, cNetworkName,nResourceType)	网络共享打印机名代入数组,返回资源数
APRINTERS(ArrayName)	Windows 打印管理器当前打印机名代入数组
ASC(cExpression)	取字符串首字符的 ASCII 码值
ASCAN (ArrayName, eExpression [, nStartElement [, nElements-Searched]])	数组中找指定表达式
ASELOBJ(ArrayName,[1|2])	表单设计器当前控件的对象引用代入数组
ASIN(nExpression)	求反正弦值

续表

函 数	功 能
ASORT (ArrayName [, nStartElement [, nNumber-Sorted [, nSortOrder]]])	将数组元素排序
ASUBSCRIPT(ArrayName , nElementNumber , nSubscript)	从数组元素序号返回该元素行或列的下标
AT(cSearchExpression , cExpressionSearched [, nOc-Currence])	求子字符串起始位置
AT_C(cSearchExpression , cExpressionSearched [, nOccurrence])	可用于双字节字符表达式,对于单字节同 AT
ATAN(nExpression)	求反正切值
ATC(cSearchExpression , cExpressionSearched [, nOc-currence])	类似 AT,但不分大小写
ATCC(cSearchExpression , cExpressionSearched [, noccurrence])	类似 AT_C,但不分大小写
ATCLINE(cSearchExpression , cExpressionSearched)	子串行号函数
ATLINE(cSearchExpression , cExpressionSearched)	子串行号函数,但不分大小写
ATN2(nYCoordinate , nXCoordinate)	由坐标值求反正切值
AUSED(ArrayName [, nDataSessionNumber])	表的别名和工作区代入数组
AVCXCLASSES(ArrayName. cLibraryName)	类库中类的信息代入数组
BAR( )	返回所选弹出式菜单或 VFP 菜单命令项号
BETWEEN(eTestValue , eLowValue , eHighValue)	表达式值是否在其他两个表达式值之间
BINTOC(nExpression [, nSize])	整型值转换为二进制字符
BITAND(nExpression1 , nExpression2)	返回两个数字按二进制的结果
BITCLEAR(nExpression1 , nExpression2)	对数字中指定的二进制位置零,并返回结果
BITLSHIFT(nExpression1 , nExpression2)	返回数字二进制左移结果
BITNOT(nExpression)	返回数字按二进制 NOT 操作的结果
BITOR(nExpression1 , nExpression2)	返回数字按二进制 OR 操作的结果
BITRSHIFT(nExpression1 , nExpression2)	返回数字二进制右移结果
BITSET(nExpression1 , nExpression2)	对数字中指定的二进制位置1,并返回结果
BITTEST(nExpression1 , nExpression2)	若数字中指定的二进位置1返回.T.
BITXOR(nExpression1 , nExpression2)	返回数字按二进制 XOR 操作的结果
BOF([nWorkArea l cTableAlias])	记录指针移动到文件头否
CANDIDATE([nlndexNumber] [, nWorkArea l cTableAlias])	索引标识是候选索引否
CAPSLOCK([lExpression])	返回 CAPSLOCK 键状态 on 或 off
CDOW(dExpression l tExpression)	返回英文星期几
CDX(nIndexNumber [, nWorkArea l cTableAlias])	返回复合索引文件名
CEILING(nExpression)	返回不小于某值的最小整数
CHR(nANSICode)	由 ASCII 码转相应字符
CHRSAW([nSeconds])	键盘缓冲区是否有字符
CHRTRAN (cSearchedExpression , cSearchEx-pression , cReplacementExpression)	替换字符
CHRTRANC(cSearched , cSearchFor , cReplacement)	替换双字节字符,对于单字节等同 CHRTRAN
CMONTH(dExpression l tExpression)	返回英文月份

续表

函　　数	功　　能
CNTBAR(cMenuName)	返回菜单项数
CNTPAD(cMenuBarName)	返回菜单标题数
COL()	返回光标所在列,现用 CurrentX 属性代替
COMPOBJ(oExpression1,oExpression2)	比较两个对象属性相同否
COS(nExpression)	返回余弦值
CPCONVERT(nCurrentCodePage,nNewCodePage,cExpression)	备注型字段或字符表达式转换为另一代码页
CPCURRENT([1|2])	返回 VFP 配置文件或操作系统代码页
CPDBF([nWorkArea|cTableAlias])	返回打开的表被标记的代码页
CREATEBINARY(cExpression)	转换字符型数据为二进制字符串
CREATEOBJECT(ClassName[,eParameter1,eParameter2...])	从类定义创建对象
CREATEOBJECTEX(cCLSID|cPROGID,cComputerName)	创建远程计算机上注册为 COM 对象的实例
CREATEOFFLINE(ViewName[,cPath])	取消存在的视图
CTOBIN(cExpression)	二进制字符转换为整型值
CTOD(cExpression)	日期字符串转换为日期型
CTOT(cCharacterExpression)	从字符表达式返回日期时间
CURDIR()	返回 DOS 当前目录
CURSORGETPROP(cProperty[,nWorkArea|cTableAlias])	返回为表或临时表设置的当前属性
CURSORSETPROP(cProperty[,eExpression][,cTableAlias In-WorkArea])	为表或临时表设置属性
CURVAL(cExpression[,cTableAlias|nWorkArea])	直接从磁盘返回字段值
DATE([nYear,nMonth,nDay])	返回当前系统日期
DATETIME([nYear,nMonth,nDay[,nHours[,nMinutes[,nSe-conds]]]])	返回当前日期时间
DAY(dExpression|tExpression)	返回日期数
DBC()	返回当前数据库名
DBF([cTableAlias|nWorkArea])	指定工作区中的表名
DBGETPROP()	返回当前数据库,字段,表或视图的属性
DBSETPROP(cName,cType,cProperty,ePropertyValue)	为当前数据库,字段,表或视图的设置属性
DBUSED(cDatabaseName)	数据库是否打开
DDEAbortTrans(nTransactionNumber)	中断 DDE 处理
DDEAdvise(nChannelNumber,cItemName,cUDFName,nLinkType)	创建或关闭一个温式或热式连接
DDEEnabled([lExpression1|nChannelNumber[,lEx-pression2]])	允许或禁止 DDE 处理,或返回 DDE 状态
DDEExecute(nChannelNumber,cCommand[,cUDFName])	利用 DDE,执行服务器的命令
DDEInitiate(cServiceName,cTopicName)	建立 DDE 通道。初始化 DDE 对话
DDELastError()	返回最后一次 DDE 函数的错误
DDEPoke(nChannelNumber,cItemName,cDataSent[,cDataFormat[,cUDFName]])	在客户和服务器之间传送数据

续表

函　　数	功　　能
DDERequest(nChannelNumber,cItemName[,cDataFormat[,cUD-FName]])	向服务器程序获取数据
DDESetOption(cOption[,nTimeoutValue|lExpression])	改变或返回 DDE 的设置
DDESetService(cServiceName,cOption[,cDataFormat|lExpres-sion])	创建、释放或修改 DDE 服务名和设置
DDETerminate(nChannelNumber|cServiceName)	关闭 DDE 通道
DELETED(CcTableAlias|nWorkArea))	指定工作区当前记录是否有删除标记
DIFFERENCE(cExpression1,cExpression2)	用数表示两字符串拼法区别
DIRECTORY(cDirectoryName)	目录在磁盘上找到返回.T.
DISKSPACE([cVolumeName])	返回磁盘可用空间字节数
DMY(dExpression|tExpression)	以 day-month-year 格式返回日期
DOW(dExpression|tExpression[,nFirstDayOfWeek])	返回星期几
DRIVETYPE(cDrive)	返回驱动器类型
DTOC(dExpression|tExpression[,1])	日期型转字符型
DTOR(nExpression)	度转为弧度
DTOS(dExpression|tExpression)	以 yyyymmdd 格式返回字符串日期
DTOT(dDateExpression)	从日期表达式返回日期时间
EMPTY(eExpression)	表达式是否为空
EOF([nWorkarea|cTableAlias])	记录指针是否在表尾后
ERROR( )	返回错误号
EVALUATE(cExpression)	返回表达式的值
EXP(nExpression)	返回指数值
FCHSIZE(nFileHandle,nNewFileSize)	改变文件的大小
FCLOSE(nFileHandle)	关闭文件或通信口
FCOUNT([nWorkArea|cTableAlias])	返回字段数
FCREATE(cFileName[,nFileAttribute])	创建并打开低级文件
FDATE(cFileName[,nType])	返回最后修改日期或日期时间
FEOF(nFileHandle)	指针是否指向文件尾部
FERROR( )	返回执行文件的出错信息号
FFLUSH(nFileHandle)	存盘
FGETS(nFileHandle[,nBytes])	取文件内容
FIELD(nFieldNumber[,nWorkArea|cTableAlias])	返回字段名
FILE(cFileName)	指定文件名是否存在
FILETOSTR(cFileName)	以字符串返回文件内容
FILTER([nWorkArea|cTableAlias])	SET FTLTER 中设置的过滤器
FKLABEL(nFunctionKeyNumber)	返回功能键名
FKMAX( )	可编程功能键个数

续表

函　数	功　能
FLOCK([nWorkArea|cTableAlias])	企图对当前表或指定表加锁
FLOOR(nExpression)	返回不大于指定数的最大整数
FONTMETRIC（nAttribute［，cFontName，nFontSize［，cFont-Style］］）	从当前安装的操作系统字体返回字体属性
FOPEN(cFileName[,nAttribute])	打开文件
FOR([nIndexNumber[,nWorkArea|cTableAlias]])	返回索引表达式
FOUND([nWorkArea|cTableAlias])	最近一次搜索数据是否成功
FPUTS(nFileHandle,cExpression[,nCharactersWritten])	向文件中写内容
FREAD(nFileHandle,nBytes)	读文件内容
FSEEK(nFileHandle.,nBytesMoved［,nRelativePosition］)	移动文件指针
FSIZE(cFieldName[,nWorkArea|cTableAlias]|cFileName)	指定字段字节数
FTIME(cFileName)	返回文件最后修改时间
FULLPATH(cFileName1[,nMSDOSPath|cFileName2])	路径函数
FV(nPayment,nInterestRate,nPeriods)	未来值函数
FWRITE（nFileHandle,cExpression[,nCharactersWritten])	向文件写内容
GETBAR(MenuItemName,nMenuPosition)	返回菜单项数
GETCOLOR([nDefaultColorNumber])	显示窗口颜色对话框,返回所选颜色数
GETCP([nCodePage][,cText][,cDialogTitle])	显示代码页对话框
GETDIR([cDirectory[,cText]])	显示选择目录对话框
GETENV(cVariableName)	返回指定的 MS-DOS 环境变量内容
GETFILE([cFileExtensions][,cText]［,cOpenBut-TonCaption］［,nButtonType][,cTitleBarCaption])	显示打开对话框,返回所选文件名
GETFLDSTATE（cFieldName | nFieldNumber［，cTableAlias | nWorkArea］)	表或临时表的字段被编辑返回数字
GETFONT(cFontName[,nFontSize[,cFontStyle]])	显示字体对话框,返回选取的字体名
GETHOST()	返回对象引用
GETOBJECT(FileName[,ClassName])	激活自动对象,创建对象引用
GETPAD(cMenuBarName,nMenuBarPosition)	返回菜单标题
GETPEM(oObjectName|cClassName,cProperty|cEvent|cMethod)	返回属性值或事件或方法程序的代码
GETPICT([cFileExteiisions][,cFileNameCaption[,cOpenButton-	显示打开图像对话框,返回所选图像文件名
GETPRINTER()	显示打印对话框,返回所选打印机名
GOMONTH(dExpression|tExpression,nNumberOfMonths)	返回指定月的日期
HEADER([nWorkArea|cTableAlias])	返回当前表或指定表头部字节数
HOME([nLocation])	返回 VFP 和 Visual Studio 目录名
HOUR(tExpression)	返回小时
IIF(lExpression,eExpression1,eExpression2)	IIF 函数,类似于 IF…ENDIF

续表

函　数	功　能
INDBC(cDatabaseObjectName,cType)	指定的数据库是当前数据库返回.T.
INDEXSEEK (eExpressionC, lMovePointer [, nWorkArea | cTableAlias [, nIndexNumber | cIDXIndexFileName | cTag-Name]]])	不移动记录指针搜索索引表
INKEY([nSeconds][,cHideCursor])	返回所按键的 ASCII 码
INLIST(eExpression1,eExpression2[,eExpression3...])	表达式是否在表达式清单中
INSMODE([lExpression])	返回或设置 INSERT 方式
INT(nExpression)	取整
ISALPHA(cExpression)	字符串是否以数字开头
ISBLANK(eExpression)	表达式是否空格
ISCOLOR( )	是否在彩色方式下运行
ISDIGIT(cExpression)	字符串是否以数字开头
ISEXCLUSIVE([cTableAlias | nWorkArea | cDatabaseName [, nType]])	表或数据库独占打开返回.T.
ISFLOCKED([nWorkArea|cTableAlias])	返回表锁定状态
ISLOWER(cExpression)	字符串是否以小写字母开头
ISMOUSE( )	有鼠标硬件返回.T.
ISNULL(eExpression)	表达式是 NULL 值返回.T.
ISREADONLY([nWorkArea|cTableAlias])	决定表是否只读打开
ISRLOCKED([nRecordNumber,[nWorkArea|cTableAlias]])	返回记录锁定状态
ISUPPER(cExpression)	字符串是否以大写字母开头
JUSTDRIVE(cPath)	从全路径返回驱动器字符
JVSTEXT(cPath)	从全路径返回 3 个字符的扩展名
JUSTFNAME(cFileName)	从全路径返回文件名
JUSTPATH(cFileName)	返回路径
JUSTSTEM(cFileName)	返回文件主名
KEY([CDXFileName,] nIndexNumber[,nWorkArea|cTableAlias])	返回索引关键表达式
KEYMATCH(eIndexKey [, nIndexNumber [, nWorkArea | cTableAlias]])	搜索索引标识或索引文件
LASTKEY( )	取最后按键值
LEFT(cExpression,nExpression)	字符串左子串函数
LEFTC(cExpression,nExpression)	字符串左子串函数,用于双字节字符
LEN(cExpression)	字符串长度函数
LENC(cExpression)	字符串长度函数,用于双字节字符
LIKE(cExpression1,cExpression2)	字符串包含函数
LIKEC(cExpression1,cExpression2)	字符串包含函数,用于双字节字符
LINENO([1])	返回从主程序开始的程序执行行数
LOADPICTURE([cFileName])	创建图形对象引用

续表

函　数	功　能
LOCFILE（cFileName［,cFileExtensions］［,cFileNameCaption］）	查找文件函数
LOCK（［nWorkArea｜cTableAlias］｜［cRecordNum-berList, nWorkArea｜cTableAlias］）	当前记录加锁
LOG（nExpression）	求自然对数函数
LOG10（nExpression）	求常用对数函数
LOOKUP（ReturnField,eSearchExpression,Searched-Field［,cTag- Name］）	搜索表中匹配的第 1 个记录
LOWER（cExpression）	大写转换小写
LTRIM（cExpression）	除去字符串前导空格
LUPDATE（［nWorkArea｜cTableAlias］）	返回表的最后修改日期
MAX（eExpression1,eExpression2［,eExpression3...］）	求最大值
MCOL（［cWindowName［,nScaleMode］］）	返回鼠标指针在窗口中列的位置
MDX（nIndexNumber［,nWorkArea｜cTableAlias］）	由序号返回.cdx 索引文件名
MDY（dExpression｜tExpression）	返回 month-day-year 格式日期或日期时间
MEMLINES（MemoFieldName）	返回备注型字段行数
MEMORY（）	返回内存可用空间
MENU（）	返回活动菜单项名
MESSAGE（［1］）	由 ON ERROR 所得的出错信息字符串
MESSAGEBOX（cMessageText［,nDialogBoxType［,cTitleBar- Text］］）	显示信息对话框
MIN（eExpression1,eExpression2［,eExpression3...］）	求最小值函数
MINUTE（tExpression）	从日期时间表达式返回分钟
MLINE（MemoFieldName,nLineNumber［,nNumberOfCharacters］）	从备注型字段返回指定行
MOD（nDividend,nDivisor）	相除返回余数
MONTH（dExpression｜tExpression）	求月份函数
MRKBAR（cMenuName,nMenuItemNumber｜cSystemMenuItemName）	菜单项是否作标识
MRKBAD（cMenuBarName,cMenuTitleName）	菜单标题是否作标识
MROW（［cWindowName［,nScaleMode］］）	返回鼠标指针在窗口中列的位置
MTON（mExpression）	从货币表达式返回数值
MWINDOW（［cWindowName］）	鼠标指针是否指定在窗口内
NDX（nIndexNumber［,nWorkArea｜cTableAlias］）	返回索引文件名
NEWOBJECT（cClassName［,cModule［,cInApplication［,eParame- ter1,eParameter2....］］］）	从.vcx 类库或程序创建新类或对象
NTOM（nExpression）	数值转换为货币
NUMLOCK（［lExpression］）	返回或设置 NUMLOCKS 键状态
OBJTOCLIENT（ObjectName,nPosition）	返回控件或与表单有关的对象的位置或大小
OCCURS（eSearchExpression,cExpressionSearched）	返回字符表达式出现次数

续表

函　　数	功　　能
OEMTOANSI( )	将 OEM 字符转换成 ANSI 字符集中相应字符
OLDVAL(cExpression[,cTablcAlias|nWorkArea])	返回源字段值
ON(cONCommand[,KeyLabelName])	返回发生指定情况时执行的命令
ORDER([nWorkArea|cTableAlias[,nPath]])	返回控制索引文件或标识名
OS([1|2])	返回操作系统名和版本号
PAD([cMenuTitle[,cMenuBarName]])	返回菜单标题
PADL(eExpression,nResultSize[,cPadCharacter])	返回串,并在左边、右边、两头加字符
PARAMETERS( )	返回调用程序时传递参数个数
PAYMENT(nPrincipal,nInterestRate,nPayments)	分期付款函数
PCOL( )	返回打印机头当前列坐标
PCOUNT( )	返回经过当前程序的参数个数
PEMSTATUS (oObjectName | cClassName, cProperty | cEvent | cMethod|cObject, nAttribute)	返回属性
PI( )	返回 π 常数
POPUP([cMenuName])	返回活动菜单名
PRIMARY([nIndexNumber] [,nWorkArea|cTableAlias])	主索引标识返回. T.
PRINTSTATUS( )	打印机在线返回. T.
PRMBAR(MenuName,nMenuItemNumber)	返回菜单项文本
PRMPAD(MenuBarName,MenuTitleName)	返回菜单标题文本
PROGRAM([nLevel])	返回当前执行程序的程序名
PROMPT( )	返回所选的菜单标题的文本
PROPER(cExpression)	首字母大写,其余字母小写形式
PROW( )	返回打印机头当前行坐标
PRTINFO(nPrinterSetting[,cPrinterName])	返回当前指定的打印机设置
PUTFILE([cCustomText] [,cFileName] [,cFileExtensions])	引用 Save As 对话框,返回指定的文件名
RAND([nSeedValue])	得 0 ~ 1 之间一个随机数
RAT(cSearchExpression,cExpressionSearched[,nOccurrence])	返回最后一个子串位置
RATLINE(cSearchExpression,cExpressionSearched)	返回最后行号
RECCOUNT([nWorkArea|cTableAlias])	返回记录个数
RECNO([nWorkArea|cTableAlias])	返回当前记录号
RECSIZE([nWorkArea|cTableAlias])	返回记录长度
REFRESH[nRecords [,nRecordOffset]][,cTableAlias|nWorkArea])	更新数据
RELATION (nRelationNumber[,nWorkArea|cTableAlias])	返回关联表达式
REPLICATE(cExpression,nTimes)	返回重复字符串
REQUERY([nWorkArea|cTableAlias])	搜索数据
RGB(nRedValue,nGreenValue,nblueValue)	返回颜色值

函　　数	功　　能
RGBSCHEME(nColorSchemeNumber[,nColorPairPositionJ]	返回 RGB 色彩对
RIGHT(cExpression,nCharacters)	返回字符串的右子串
RLOCK([nWorkArea ∣ cTableAlias] ∣ [cRecordNumberList, nWorkArea∣cTableAlias])	记录加锁
ROUND(nExpression,nDecimalPlaces)	四舍五入
ROW()	光标行坐标
RTOD(nExpression)	弧度转化为角度
RTRIM(cExpression)	去掉字符串尾部空格
SAVEPICTURE(oObjectReference,cFileName)	创建位图文件
SCHEME(nSchemeNumber[,nColorPairNumber])	返回一个颜色对
SCOLS()	屏幕列数函数
SEC(tExpression)	返回秒
SECONDS()	返回经过秒数
SEEK(eExpression[,nWorkArea∣cTableAlias[,nindexNumber∣cI-DXIndexFileName∣cTagName]])	索引查找函数
SELECT([0∣1∣cTableAlias])	返回当前工作区号
SET(cSETCommand[,1∣eExpression∣2∣3])	返回指定 SET 命令的状态
SIGN(nExpression)	符号函数,返回数值 1,-1,或 0
SIN(nExpression)	求正弦值
SKPBAR(cMemiuame,MenuItemNumber)	决定菜单项是否可用
SKPPAD(cMenuBarName,cMenuTitleName)	决定菜单标题是否可用
SOUNDEX(cExpression)	字符串语音描述
SPACE(nSpaces)	产生空格字符串
SQLCANCEL(nConnectionHandle)	取消执行 SQL 语句查询
SQRT(nExpression)	求平方根
SROWS()	返回 VFP 主屏幕可用行数
STR(nExpression[,nLength[,nDecimalPlaces]])	数字型转换成字符型
STRCONV(cExpression,nConversionSetting[,nLocaleID])	字符表达式转换为单精度或双精度描述的串
STRTOFILE(cExpression,cFileName[,lAdditive])	字符串写入文件
STRTRAN(cSearched,cSearchFor[,cReplacement][,nStartoccur-rence][,nNumberofoccurrences])	子串替换
STUFF(cExpression, nStartReplacement, nCharacter-sReplaced, cReplacement)	修改字符串
SUBSTR(cExpression,nStartPosition[,nCharactersReturned])	求子串
SYS()	返回 VFP 的系统信息
SYS(0)	返回网络机器信息
SYS(1)	旧历函数
SYS(2)	返回当天秒数

续表

函　　　数	功　　　能
SYS(3)	取文件名函数
SYS(5)	默认驱动器函数
SYS(6)	打印机设置函数
SYS(7)	格式文件名函数
SYS(9)	VFP 序列号函数
SYS(10)	新历函数
SYS(11)	旧历函数
SYS(12)	内存变量函数
SYS(13)	打印机状态函数
SYS(14)	索引表达式函数
SYS(15)	转换字符函数
SYS(16)	执行程序名函数
SYS(17)	中央处理器类型函数
SYS(21)	控制索引号函数
SYS(22)	控制标识或索引名函数
SYS(23)	EMS 存储空间函数
SYS(24)	EMS 限制函数
SYS(100)	SET CONSOLE 状态函数
SYS(101)	SET DEVICE 状态函数
SYS(102)	SET PRINTER 状态函数
SYS(103)	SET TALK 状态函数
SYS(1001)	内存总空间函数
SYS(1016)	用户占用内存函数
SYS(1037)	打印设置对话框函数
SYS(1270)	对象位置函数
SYS(1271)	对象的.SCX 文件函数
SYS(2000)	输出文件名函数
SYS(2001)	指定 SET 命令当前值函数
SYS(2002)	光标状态函数
SYS(2003)	当前目录函数
SYS(2004)	系统路径函数
SYS(2005)	当前源文件名函数
SYS(2006)	图形卡和显示器函数
SYS(2010)	返回 CONFIG.SYS 中文件设置
SYS(2011)	加锁状态函数
SYS(2012)	备注型字段数据块尺寸函数
SYS(2013)	系统菜单内部名函数

续表

函　　数	功　　能
SYS(2014)	文件最短路径函数
SYS(2015)	唯一过程名函数
SYS(2018)	错误参数函数
SYS(2019)	VFP 配置文件名和位置函数
SYS(2020)	返回默认盘空间
SYS(2021)	索引条件函数
SYS(2022)	簇函数
SYS(2023)	返回临时文件路径
SYS(2029)	表类型函数
SYSMETRIC(nScreenElement)	返回窗口类型显示元素的大小
TAG([CDXFileName,]nTagNumber[,nWorkArea|cTableAlias])	返回一个.CDX 中的标识名或.IDX 索引文件名
TAGCOUNT([CDXFileName[,nExpression|cExpression]])	返回.CDX 标识或.IDX 索引数
TAGNO([IndexName[,CDXFileName[,nExpression|cExpression]]])	返回.CDX 标识或.IDX 索引位置
TAN(nExpression)	正切函数
TARGET(nRelationshipNumber[,nWorkArea|cTableAlias])	被关联表的别名
TIME([nExpression])	返回系统时间
TRANSFORM(eExpression,[cFormatCodes])	按格式返回字符串
TRIM(eExpression)	去掉字符串尾部空格
TTOC(tExpression[,1|2])	将日期时间转换为字符串
TTOD(tExpression)	从日期时间返回日期
TXNLEVEL( )	返回当前处理的级数
TXTWIDTH(cExpression[,cFontName,nFontSize[,cFontStyle]])	返回字符表达式的长度
TYPE(cExpression)	返回表达式类型
UPDATED( )	现用 InteractiveChange 或 Programmaticchange 事件来代替
UPPER(cExpression)	小写变大写
USED([nWorkArea1|cTableAlias])	决定别名是否已用或表被打开
VAL(cExpression)	字符串转换为数字型
VARTYPE(eExpression[,lNullDataType])	返回表达式数据类型
VERSION(nExpression)	FoxPro 版本函数
WBORDER([WindowName])	窗口边框函数
WCHILD([WindowName][nChildWindow])	子窗函数
WCOLS([WindowName])	窗口列函数
WEEK(dExpression|tExpression[,nFirstWeek][,nFirstDayOfWeek])	返回一年的星期数
WEXIST(WindowName)	窗口存在函数

函　　数	功　　能
WFONT(nFontAttribute[,WindowName])	返回当前窗口的字体的名称、类型和大小
WLAST([WindowName])	前一窗口函数
WLCOL([WindowName])	窗口列坐标函数
WLROW([WindowName])	窗口横坐标函数
WMAXIMUM([WindowName])	窗口是否最大函数
WMINIMUM([WindowName])	窗口是否最小函数
WONTOP([WindowName])	最前窗口函数
WOUTPUT([WindowName])	输出窗口函数
WPARENT([WindowName])	父窗函数
WROWS([WindowName])	返回窗口行数
WTITLE([WindowName])	返回窗口标题
WVISIBLE(WindowName)	窗口是否被激活并且未隐藏
YEAR(dExpression | tExpression)	返回日期型数据的年份